Zschenderlein
Kompakt-Training
Buchführung 2 – Vertiefung

Besuchen Sie uns im Internet unter www.kiehl.de

Kompakt-Training
Praktische Betriebswirtschaft
Herausgeber Professor Klaus Olfert

www.kiehl.de

Buchführung 2 – Vertiefung

Von
OStR Dipl.-Hdl. Oliver Zschenderlein

5., aktualisierte Auflage

Herausgeber:
Prof. Klaus Olfert
76530 Baden-Baden

ISBN 978-3-470-**58785**-1 · 5. aktualisierte Auflage 2020

Kiehl ist eine Marke des NWB Verlags
www.kiehl.de

Satz: Ansichtssachen, Egelsbach
Druck: Stückle Druck & Verlag, Ettenheim

Kompakt-Training Praktische Betriebswirtschaft

Das Kompakt-Training Praktische Betriebswirtschaft ist aus der Notwendigkeit entstanden, dass Wissen immer häufiger unter erheblichem Zeit- und Erfolgsdruck erworben oder reaktiviert werden muss. Den vielfältigen betriebswirtschaftlichen Fakten und Zusammenhängen, die aufzunehmen sind, stehen eng begrenzte Zeitbudgets gegenüber.

Die vorliegende Fachbuchreihe ist darauf ausgerichtet, die Leser darin zu unterstützen, rasch und fundiert in die verschiedenen betriebswirtschaftlichen Themenbereiche einzudringen sowie diese aufzufrischen. Sie eignet sich in besonderer Weise für:

- Studierende an Fachhochschulen, Akademien und Universitäten
- Fortzubildende an öffentlichen und privaten Bildungsinstitutionen
- Fach- und Führungskräfte in Unternehmen und sonstigen Organisationen.

Das Kompakt-Training Praktische Betriebswirtschaft ist auch zum Selbststudium sehr gut geeignet, nicht zuletzt wegen seiner herausragenden Gestaltungsmerkmale. Jeder einzelne Band der Fachbuchreihe zeichnet sich u. a. aus durch:

- kompakte und praxisbezogene Darstellung
- systematischen und lernfreundlichen Aufbau
- viele einprägsame Beispiele, Tabellen, Abbildungen
- 50 praxisbezogene Übungen mit Lösungen
- MiniLex mit 150 - 200 Stichworten.

Für Anregungen, die der weiteren Verbesserung dieses Lernkonzeptes dienen, bin ich dankbar.

Prof. Klaus Olfert
Herausgeber

Feedbackhinweis

Kein Produkt ist so gut, dass es nicht noch verbessert werden könnte. Ihre Meinung ist uns wichtig. Was gefällt Ihnen gut? Was können wir in Ihren Augen verbessern? Bitte schreiben Sie einfach eine E-Mail an: **feedback@kiehl.de**

Als kleines Dankeschön verlosen wir unter allen Teilnehmern einmal pro Monat ein Buchgeschenk!

Vorwort zur 5. Auflage

Der zweite Band des „Kompakt-Training Buchführung" befasst sich zunächst mit steuerlichen Besonderheiten der alltäglichen Buchführungspraxis, welche das im ersten Band vermittelte Grundwissen übersteigen.

Hierzu gehören Themengebiete wie

- Leasing-Vorgänge
- Zins- und Dividendenerträge
- Import und Export von Waren
- nichtabzugsfähige Betriebsausgaben und
- Reisekosten.

Anschließend werden zentrale Fragen der Jahresabschlussvorbereitung betrachtet. Der vorliegende Band behandelt hierbei die folgenden Themengebiete des Handels- und Steuerrechts und die hiermit im Zusammenhang stehenden Buchungen:

- Bewertungsgrundsätze
- Bewertungsmaßstäbe
- zeitliche Abgrenzung von Aufwendungen und Erträgen
- Bewertung des Anlagevermögens
- Bewertung des Umlaufvermögens
- Bewertung der Verbindlichkeiten.

Zahlreiche Beispiele, Schaubilder und Übungsaufgaben mit Lösungen unterstützen das selbstständige Lernen. Wichtige Begriffe der behandelten Themengebiete sind am Ende des Buchs im MiniLex erläutert.

Dem vorliegenden Band liegen – wie bei dem Grundlagenband – die in der steuerlichen Buchführungspraxis am häufigsten verwendeten DATEV-Kontenrahmen SKR 03 und SKR 04 in der ab 2020 gültigen Fassung zugrunde.

Auf die Berücksichtigung der Umsatzsteuer-Absenkung von 19 % auf 16 % und von 7 % auf 5 % für den Zeitraum vom 01.07.2020 bis zum 31.12.2020 wurde bewusst verzichtet, da es sich nur um eine temporäre Regelung handelt, die zum 01.01.2021 ihre Gültigkeit verliert. Beispiele, Fälle und Aufgaben, die zeitlich in diesen „Absenkungszeitraum" fallen, sind deshalb mit den zum 30.06.2020 geltenden Umsatzsteuersätzen von 19 % bzw. 7 % dargestellt und gelöst.

Im Hinblick auf zukünftige Überarbeitungen sind Verfasser und Verlag für konstruktive Kritik, Hinweise auf Fehler (die sich trotz mehrfacher und gewissenhafter Korrektur leider nicht ganz vermeiden lassen) und Verbesserungsvorschläge stets dankbar; gern auch auf elektronischem Wege an die folgende E-Mail-Adresse: **buchkompakt@aol.com**.

Oliver Zschenderlein
Koblenz, im Dezember 2020

Benutzungshinweise

Aufgaben/Fälle

Die Aufgaben/Fälle im Übungsteil dienen der Wissens- und Verständniskontrolle. Auf sie wird jeweils im Textteil hingewiesen:

Aufgabe 1 > Seite 239
Aufgabe 2 > Seite 239

Der Übungsteil befindet sich als „blauer Teil" am Ende des Buches. Es wird empfohlen, die Aufgaben/Fälle unmittelbar nach Bearbeitung der entsprechenden Textstellen zu lösen.

Diese Symbole erleichtern Ihnen die Arbeit mit diesem Buch:

TIPP

Hier finden Sie nützliche Hinweise zum Thema.

MERKE

Das X macht auf wichtige Merksätze oder Definitionen aufmerksam.

ACHTUNG

Das Ausrufezeichen steht für Beachtenswertes, wie z. B. Fehler, die immer wieder vorkommen, typische Stolpersteine oder wichtige Ausnahmen.

INFO

Hier erhalten Sie nützliche Zusatz- und Hintergrundinformationen zum Thema.

RECHTSGRUNDLAGEN

Das Paragrafenzeichen verweist auf rechtliche Grundlagen, wie z. B. Gesetzestexte.

MEDIEN

Das Maus-Symbol weist Sie auf andere Medien hin. Sie finden hier Hinweise z. B. auf Download-Möglichkeiten von Zusatzmaterialien, auf Audio-Medien oder auf die Website von Kiehl.

Aus Gründen der Praktikabilität und besseren Lesbarkeit wird darauf verzichtet, jeweils männliche und weibliche Personenbezeichnungen zu verwenden. So können z. B. Mitarbeiter, Arbeitnehmer, Vorgesetzte grundsätzlich sowohl männliche als auch weibliche Personen sein.

Bearbeitungshinweis

Das vorliegende Buch ist so konzipiert, dass jeder Buchführungslernende – unabhängig von dem in der Praxis verwendeten Kontenrahmen – den Stoff erarbeiten und vertiefen kann.

Aufgrund der mittlerweile in allen Wirtschaftszweigen weiten Verbreitung der DATEV-Kontenrahmen SKR 03 und SKR 04 sind zusätzlich zu den neutralen Kontobezeichnungen die Kontonummern des SKR 03 und des SKR 04 angegeben. Die vollständigen Kontenrahmen finden Sie im Anhang des Buches ab S. 327.

A	Aktiva
Abschn.	Abschnitt
AB	Anfangsbestand
Abs.	Absatz
AfA	Absetzung für Abnutzung
AG	Aktiengesellschaft
AK	Anschaffungskosten
AktG	Aktiengesetz
a LuL	aus Lieferungen und Leistungen
AM	Automatik
AN	Arbeitnehmer
ANK	Anschaffungsnebenkosten
AO	Abgabenordnung
ArblV	Arbeitslosenversicherung
Art.	Artikel
AV	Anlagevermögen
BA	Betriebsausgabe/n
BdF, BMF	Bundesministerium der Finanzen
BE	Betriebseinahme/n
BFH	Bundesfinanzhof
BGA	Betriebs- und Geschäftsausstattung
BGB	Bürgerliches Gesetzbuch
BGBl	Bundesgesetzblatt
BStBl	Bundessteuerblatt
BV	Betriebsvermögen
DATEV, Datev	Datenverarbeitungsorganisation des steuerberatenden Berufes in der Bundesrepublik Deutschland eG
e. G., eG	eingetragene Genossenschaft
e. K.	eingetragener Kaufmann
EK	Eigenkapital
EStDV	Einkommensteuer-Durchführungsverordnung
EStG	Einkommensteuergesetz
EStH	Amtliches Einkommensteuer-Handbuch
EStR	Einkommensteuer-Richtlinien
EU	Europäische Union
EUR	Euro
EUSt	Einfuhrumsatzsteuer
e. V.	eingetragener Verein
EWB	Einzelwertberichtigung
FA	Finanzamt
FK	Fremdkapital
Ford. a LuL	Forderungen aus Lieferungen und Leistungen
GmbH	Gesellschaft mit beschränkter Haftung
GoB	Grundsätze ordnungsmäßiger Buchführung
GuV	Gewinn- und Verlustrechnung
GWG	geringwertiges Wirtschaftsgut
H	Hinweis, Haben
HGB	Handelsgesetzbuch
HK	Herstellungskosten
IAB	Investitionsabzugsbetrag
i. d. R.	in der Regel
KapESt	Kapitalertragsteuer
KG	Kommanditgesellschaft
KiSt	Kirchensteuer
Kj.	Kalenderjahr
KV	Krankenversicherung
LSt	Lohnsteuer
LStDV	Lohnsteuer-Durchführungsverordnung
LuL	Lieferungen und Leistungen
OHG	offene Handelsgesellschaft
P	Passiva
p. a.	per anno (= pro Jahr)
PublG	Publizitätsgesetz

PV	Pflegeversicherung
PWB	Pauschalwertberichtigung
R	Richtlinie
RV	Rentenversicherung
Rz.	Randziffer/Randzahl
S	Soll
SachbezV	Sachbezugsverordnung
SB	Schlussbestand
SBK	Schlussbilanzkonto
SKR	Standardkontenrahmen
SolZ	Solidaritätszuschlag
StGB	Strafgesetzbuch
SV	Saldovortrag
Tz.	Textziffer/Textzahl
USt	Umsatzsteuer
UStDV	Umsatzsteuer-Durchführungsverordnung
UStG	Umsatzsteuergesetz
USt-IdNr.	Umsatzsteuer-Identifikationnummer
UStR	Umsatzsteuerrichtlinien
UV	Umlaufvermögen
Verb. a LuL	Verbindlichkeiten aus Lieferungen und Leistungen
VoSt	Vorsteuer
VZ	Veranlagungszeitraum
Wj.	Wirtschaftsjahr

A. Besonderheiten bei den laufenden Buchungen

1. Leasing

1.1 Begriff und Leasing-Arten

Der Begriff stammt aus dem angloamerikanischen Wirtschaftsraum (engl. to lease = mieten).

Als Leasing wird eine **aus der Miete abgeleitete** besondere Vertragsgestaltung zur **Finanzierung von Investitionsgütern** (Gebäude, Maschinen, Fahrzeuge etc.) bezeichnet.

Beispiel

Der Unternehmer Sebastian Labonte benötigt für sein Unternehmen ein zusätzliches Firmenfahrzeug. Der Kaufpreis des Pkw beträgt 20.000 € + 3.800 € USt.

Weil Herr Labonte keine Eigenmittel in dieser Höhe zur Verfügung hat und er keine weiteren Darlehen für sein Unternehmen aufnehmen möchte, mietet er das Fahrzeug für monatlich 400 € + 76 € USt von einer dem Autokonzern angeschlossenen Leasing-Gesellschaft. Die vertraglich vereinbarte Laufzeit des Mietvertrags beträgt 4 Jahre. Nach dem Ablauf der Mietzeit kann Herr Labonte das Fahrzeug zurückgeben oder für einen Kaufpreis von 4.000 € + 760 € USt von der Leasing-Gesellschaft erwerben.

Der in dem Beispiel beschriebene Leasing-Vertrag wird als **„Leasing mit Kaufoptionsrecht“** bezeichnet (vgl. *Olfert/Rahn/Zschenderlein*, Stichwort 551).

In der wirtschaftlichen Realität gibt es eine Vielzahl unterschiedlicher Vertragsgestaltungen des Leasings. Die Betriebswirtschaftslehre bildet hieraus je nach dem Betrachtungsgesichtspunkt verschiedene Leasing-Formen oder -Arten (vgl. *Bolin/Stephani/Wyrwa/Grefe*, S. 56 f.; *Kliewer/Zschenderlein/Schneider*, S. 741 f.; *Olfert/Rahn/Zschenderlein*, Stichwort 551).

Für Zwecke der Buchführung und Bilanzierung wird bei beweglichen Wirtschaftsgütern insbesondere zwischen den folgenden **Leasing-Arten** unterschieden:

- **Operating-Leasing**
  Das **Operating-Leasing** (auch Operate-Leasing genannt) umfasst Leasing-Verträge, die entweder nur **für eine kurze Zeit abgeschlossen** oder von beiden Vertragspartnern kurzfristig unter Einhaltung der vereinbarten Kündigungsfrist aufgelöst werden können („echte Miete“). Der Leasing-Geber (Vermieter) bleibt rechtlicher und wirtschaftlicher Eigentümer des Gegenstands.

- **Finanzierungs-Leasing**
  Das **Finanzierungs-Leasing** (auch Finance-Leasing genannt) hat überwiegend **langfristigen Charakter**. Die Vertragslaufzeit beträgt **i. d. R. mehrere Jahre**. Diese Form des Leasings ist als **Alternative zum Erwerb** des Gegenstands zu sehen. Das Finanzierungs-Leasing existiert in vielen verschiedenen Varianten, insbesondere im Hinblick auf die Rechte des Käufers nach Beendigung der „Grundmietzeit“ (z. B. Kaufoptions- oder Mietverlängerungsoptionsrecht).
  - **Grundmietzeit** ist die **vertraglich festgelegte Zeit**, während der der Vertrag bei ordnungsgemäßer Vertragserfüllung von beiden Vertragsparteien **nicht gekündigt** werden darf. Sie beträgt z. B. 24, 36, 48 oder 60 Monate.
  - Ein vereinbartes **Kaufoptionsrecht** (Option = Wahlrecht) gewährt dem Leasing-Nehmer (Mieter) die Möglichkeit, nach dem Ablauf der Grundmietzeit den Leasing-Gegenstand vom Vermieter zu erwerben. Die Höhe des Kaufpreises wird i. d. R. bereits beim Abschluss des Leasing-Vertrages festgelegt (siehe das erste Beispiel auf der Seite zuvor).
  - Ein vereinbartes **Verlängerungsoptionsrecht** gewährt dem Leasing-Nehmer die Möglichkeit, die Vertragslaufzeit nach dem Ablauf der Grundmietzeit – i. d. R. zu einer günstigen Folgemiete – zu verlängern.
- **Spezial-Leasing**
  Hierbei handelt es sich regelmäßig um Verträge über Leasing-Gegenstände, die **speziell auf die Verhältnisse des Leasing-Nehmers zugeschnitten** sind. Nach dem Ablauf der Grundmietzeit sind diese Gegenstände nur noch beim Leasing-Nehmer wirtschaftlich sinnvoll verwendbar (vgl. *Bolin/Stephani/Wyrwa/Grefe*, S. 57).

1.2 Bilanzielle Zuordnung von Leasing-Gegenständen

1.2.1 Allgemeine Zuordnungskriterien

Aus der Sicht der Buchführung stellt sich die Frage, ob der Leasing-Gegenstand im **Vermögen des Vermieters** oder im **Vermögen des Mieters** auszuweisen ist.

Für die **Zuordnung** des Leasing-Gegenstandes zum Vermieter oder Mieter ist allgemein entscheidend, wer als **wirtschaftlicher Eigentümer** des Gegenstands anzusehen ist. In der Regel ist dies derjenige, der andere von einer Einwirkung auf den Gegenstand auf Dauer ausschließen kann.

Ein weiteres Kriterium ist, dass der Herausgabeanspruch des rechtlichen Eigentümers gegen den wirtschaftlichen Eigentümer wertmäßig bedeutungslos ist (vgl. *Kotz*, S. 262).

1.2.2 Leasing-Erlass für bewegliche Wirtschaftsgüter

Für das Steuerrecht (insbesondere die Steuerbilanz) wurde die Frage der bilanziellen Zuordnung durch Erlasse des Bundesfinanzministeriums geregelt (siehe Anhang 21 des Amtlichen Einkommensteuer-Handbuchs 2019). Für bewegliche Wirtschaftgüter ist in dem Erlass vom 19.04.1971 u. a. die folgende Zuordnung vorgeschrieben:

Bilanzierung geleaster (gemieteter) beweglicher Wirtschaftsgüter

Bilanzierung beim Leasing-Geber (Vermieter)	Bilanzierung beim Leasing-Nehmer (Mieter)
► **Operating**-Leasing (kurzfristige „reine Miete")	► **Spezial**-Leasing (Mieter kann den Gegenstand nach der Grundmietzeit als Einziger nutzen)
► **Finanzierungs**-Leasing **ohne Wahlrecht (Option)** mit einer **Grundmietzeit** von **40 % - 90 %** der Nutzungsdauer des Gegenstandes (lt. AfA-Tabelle)	► **Finanzierungs**-Leasing **ohne Wahlrecht (Option)** mit einer **Grundmietzeit** von **weniger als 40 oder mehr als 90 %** der Nutzungsdauer des Gegenstandes (lt. AfA-Tabelle)
► **Finanzierungs**-Leasing mit **Kaufoption** und einer **Grundmietzeit** von **40 % - 90 %** der Nutzungsdauer des Gegenstandes (s. o.) und **Rest**-Kaufpreis ≥ Restbuchwert am Ende der Grundmietzeit	► **Finanzierungs**-Leasing mit **Kaufoption** und einer **Grundmietzeit** von **40 % - 90 %** der Nutzungsdauer des Gegenstandes (s. o.) und **Rest**-Kaufpreis < Restbuchwert am Ende der Grundmietzeit oder Grundmietzeit kleiner als 40 % oder größer als 90 % der Nutzungsdauer des Gegenstandes
► **Finanzierungs**-Leasing mit **Mietverlängerungsoption** mit einer Grundmietzeit von **40 % - 90 %** der Nutzungsdauer des Gegenstandes und **Anschlussmiete ≥** Werteverzehr (lin. Abschreibung)	► **Finanzierungs**-Leasing mit **Mietverlängerungsoption** mit einer **Grundmietzeit** von **40 % - 90 %** der Nutzungsdauer des Gegenstandes und Anschlussmiete < Werteverzehr (lin. Abschreibung) oder Grundmietzeit kleiner als 40 % oder größer als 90 % der Nutzungdauer des Gegenstandes

1.2.3 Zuordnung zum Leasing-Geber

Die Zuordnung des Leasing-Gegenstandes zum **Vermieter** (Hauptfall) hat zur Folge, dass er den Gegenstand **in seinem Anlagevermögen** ausweist (**aktiviert**) und planmäßig über die Nutzungsdauer **abschreibt**. Die **Leasing-Raten** werden bei ihm als **Erlöse** erfasst.

Der **Leasing-Nehmer** erfasst die **Leasing-Raten** als **Aufwendungen** (Betriebsausgaben). Sofern er den Gegenstand nach Ablauf der Grundmietzeit vom Leasing-Geber erwirbt, aktiviert er den Gegenstand dann in seiner Bilanz und schreibt ihn über die Restnutzungsdauer ab.

Leasing-Geber (Vermieter)	Leasing-Nehmer (Mieter)
► Aktivierung und Abschreibung des Leasing-Gegenstandes in seinem Vermögen ► Erfassung der Leasing-Raten als Erlöse ► bei späterem Verkauf: Anlagenabgang	► Erfassung der Leasing-Raten als Aufwendungen (Betriebsausgaben) ► bei späterem Erwerb des Leasing-Gegenstandes Aktivierung und Abschreibung in seinem Vermögen

Beispiel

Die buchführungspflichtige Unternehmerin Tina Brück mietet ab dem 01.02.2020 von dem Computer-Händler Scherhag in Koblenz eine Computeranlage mit mehreren Arbeitsplätzen. Die monatliche Miete beträgt 400 € + USt.

Die Leasing-Raten sind jeweils zum 1. eines Kalendermonats fällig und werden pünktlich durch Abbuchung vom Bankkonto (Lastschrift) beglichen.

Der Mietvertrag läuft über 48 Monate und ist in dieser Zeit unkündbar. Am Ende der Laufzeit kann Frau Brück die Computeranlage zurückgeben oder für 4.200 € + USt vom Computer-Händler Scherhag übernehmen.

Die Anschaffung der Computeranlage durch den Computerhändler Scherhag erfolgt am 04.01.2020 (direkte Bezahlung durch Banküberweisung). Die betriebsgewöhnliche Nutzungsdauer beträgt 5 Jahre, die Abschreibung erfolgt linear. Die Computeranlage kostet 20.000 € + USt.

Die Bilanzierung der Computeranlage erfolgt beim Leasing-Geber, weil die Grundmietzeit (4 Jahre) 80 % der Nutzungsdauer der Computeranlage beträgt und der Nettokaufpreis (4.200 €) nach der Grundmietzeit größer als der Restbuchwert (4.000 €) ist.

- **Buchungen beim Leasing-Geber (Vermieter):**

a) Aktivierung und Abschreibung des Leasing-Gegenstandes

Sollkonto – SKR 03 (SKR 04)		**Betrag** (Euro)	**Habenkonto** – SKR 03 (SKR 04)	
Sonstige BGA	0490 (0690)	20.000,00	Bank	1200 (1800)
Vorsteuer 19 %	1576 (1406)	3.800,00	Bank	1200 (1800)
Abschreibung Sachanl.	4830 (6220)	4.000,00	Sonstige BGA	0490 (0690)

b) Erfassung der Leasing-Erlöse (monatlich)

Sollkonto – SKR 03 (SKR 04)		**Betrag** (Euro)	**Habenkonto** – SKR 03 (SKR 04)	
Bank	1200 (1800)	400,00	Sonstige Erlöse betriebl.	8640 (4835)
Bank	1200 (1800)	76,00	Umsatzsteuer 19 %	1776 (3806)

Wenn der Leasing-Geber den Leasing-Gegenstand nach dem Ablauf der Grundmietzeit an den Leasing-Nehmer verkauft, muss er die Buchungen vornehmen, die beim Verkauf von Sachanlagegütern anfallen (siehe Kompakt-Training Buchführung 1, Kapitel I.7, Verkauf von Anlagegütern).

- **Buchungen beim Leasing-Nehmer (Mieter):**

Erfassung der Leasing-Raten (monatlich)

Sollkonto – SKR 03 (SKR 04)		**Betrag** (Euro)	**Habenkonto** – SKR 03 (SKR 04)	
Mietleasing	4810 (6840)	400,00	Bank	1200 (1800)
Vorsteuer 19 %	1576 (1406)	76,00	Bank	1200 (1800)

Wenn der Leasing-Nehmer den Leasing-Gegenstand nach dem Ablauf der Grundmietzeit vom Leasing-Geber kauft, muss er die Buchungen vornehmen, die bei der Anschaffung und Abschreibung von Sachanlagegütern anfallen (siehe Kompakt-Training Buchführung 1, Kapitel I.2 Anschaffung und I.5 Abschreibung).

1.2.4 Zuordnung zum Leasing-Nehmer

Bei der Zuordnung des Leasing-Gegenstandes zum **Mieter** (Ausnahmefall) liegt aus wirtschaftlicher Sicht ein **versteckter Kaufvertrag** vor, bei dem der Mieter das wirtschaftliche Eigentum erwirbt.

1.2.4.1 Buchmäßige Behandlung beim Leasing-Nehmer

Die Zuordnung des Leasing-Gegenstandes zum Leasing-Nehmer (Mieter) hat zur Folge, dass er (**der Mieter!**)

- den Gegenstand in seinem Anlagevermögen ausweist (aktiviert) und planmäßig über die Nutzungsdauer abschreibt;
- eine Verbindlichkeit gegenüber dem Leasing-Geber in Höhe der Anschaffungskosten des Gegenstandes erfasst;
- die Leasing-Raten jeweils in einen Tilgungsanteil und einen Zins- und Kostenanteil aufteilt (der Tilgungsanteil vermindert die Verbindlichkeit gegenüber dem Leasing-Geber, der Zins- und Kostenanteil ist als Betriebsausgabe abziehbar).

Beispiel

Fall wie im Beispiel zuvor (Miete einer Computeranlage), jetzt jedoch mit dem Unterschied, dass die Grundmietzeit 60 Monate, also 100 % der Nutzungsdauer beträgt. Die monatliche Miete beträgt dann 390 €.

Der Leasing-Geber weist im Leasing-Vertrag die volle Umsatzsteuer – also 19 % auf die Summe aller Leasing-Raten (60 · 390 € = 23.400 € · 19 % = 4.446 €) – ordnungsgemäß aus (siehe hierzu Abschn. 3.5 Abs. 5 UStAE). Der Leasing-Nehmer bezahlt dem Leasing-Geber die volle USt durch Banküberweisung unmittelbar nach der Übergabe des Gegenstandes.

Die Buchungen erfolgen hier **aus der Sicht des Leasing-Nehmers.**

a) Aktivierung des Leasing-Gegenstandes

Sollkonto – SKR 03 (SKR 04)		**Betrag** (Euro)	**Habenkonto** – SKR 03 (SKR 04)	
Sonstige BGA	0490 (0690)	20.000,00	Verbindlichk. 1 - 5 Jahre	1626 (3337)
Vorsteuer 19 %	1576 (1406)	4.446,00	Sonstige Verbindlichk.	1701 (3501)

b) Überweisung der vom Leasing-Geber in Rechnung gestellten Umsatzsteuer

Sollkonto – SKR 03 (SKR 04)		**Betrag** (Euro)	**Habenkonto** – SKR 03 (SKR 04)	
Sonstige Verbindl.	1701 (3501)	4.446,00	Bank	1200 (1800)

c) Abgrenzung der Zins- und Kostenanteile aller Raten (Summe)

	Summe aller Leasing-Raten in der Grundmietzeit	60 · 390 € = 23.400 €
-	Anschaffungskosten des Gegenstandes	20.000 €
=	**Summe der Zinsen und Kosten aller Raten**	**3.400 €**

Sollkonto – SKR 03 (SKR 04)	**Betrag** (Euro)	**Habenkonto** – SKR 03 (SKR 04)
Aktive Rechnungsabgr. 0980 (1900)	3.400,00	Verbindlichk. 1 - 5 Jahre 1626 (3337)

d) Erfassung der Leasing-Raten

(1) monatliche Leasing-Zahlung

Sollkonto – SKR 03 (SKR 04)	**Betrag** (Euro)	**Habenkonto** – SKR 03 (SKR 04)
Verbindlichk. 1 - 5 Jahre 1626 (3337)	390,00	Bank 1200 (1800)

(2) Zins- und Kostenanteil der jeweiligen Rate (z. B. 113,50 €)

Sollkonto – SKR 03 (SKR 04)	**Betrag** (Euro)	**Habenkonto** – SKR 03 (SKR 04)
Kaufleasing 4815 (6250)	113,50	Aktive Rechnungsabgr. 0980 (1900)

Wenn alle Leasing-Raten erfasst sind, ist der Saldo des Kontos **„Aktive Rechnungsabgrenzung** 0980 (1900)" **Null**.

MEDIEN

Die Zins- und Kostenanteile werden heutzutage mithilfe von EDV-Programmen berechnet. Eine **Aufstellung der Zins- und Kostenanteile** aller Leasing-Zahlungen kann beispielsweise mithilfe des Programms **NWB Datenbank** [→ Arbeitshilfen → Berechnungsprogramme → Betriebswirtschaft → Leasing (Detailform) → Ratenhöhe] ermittelt werden.

e) Abschreibung des Leasing-Gegenstandes

Sollkonto – SKR 03 (SKR 04)	**Betrag** (Euro)	**Habenkonto** – SKR 03 (SKR 04)
Abschreibung Sachanl. 4830 (6220)	4.000,00	Sonstige BGA 0490 (0690)

1.2.4.2 Buchmäßige Behandlung beim Leasing-Geber

Die Zuordnung des Leasing-Gegenstandes zum Leasing-Nehmer (Mieter) hat beim **Leasing-Geber (Vermieter)** zur Folge, dass dieser

- eine Forderung gegenüber dem Leasing-Nehmer in Höhe der Anschaffungskosten des Gegenstandes erfasst und
- die Leasing-Raten jeweils in einen Tilgungsanteil und einen Zins- und Kostenanteil aufteilt (der Tilgungsanteil vermindert seine Forderung gegenüber dem Leasing-Nehmer, und der Zins- und Kostenanteil ist als Betriebseinnahme zu erfassen).

Beispiel

Fall wie im Beispiel zuvor; jetzt **aus der Sicht des Leasing-Gebers**.

a) Anschaffung des Leasing-Gegenstandes (z. B. auf Ziel)

Sollkonto – SKR 03 (SKR 04)	**Betrag** (Euro)	**Habenkonto** – SKR 03 (SKR 04)
Wareneingang 3200 (5200)	20,000,00	Verbindlichk. a LuL 1600 (3300)
Vorsteuer 19 % 1576 (1406)	3.800,00	Verbindlichk. a LuL 1600 (3300)

b) Übergabe des Gegenstandes an den Leasing-Nehmer (Verschaffung des wirtschaftlichen Eigentums) = Entstehung der Forderung gegenüber dem Leasing-Nehmer

Sollkonto – SKR 03 (SKR 04)	**Betrag** (Euro)	**Habenkonto** – SKR 03 (SKR 04)
Sonstige Vermögensg. 1502 (1305)	20.000,00	Sonstige Erlöse betriebl. 8640 (4835)
Sonstige Vermögensg. 1501 (1301)	4.446,00	Umsatzsteuer 19 % 1776 (3806)

c) Erhalt der in Rechnung gestellten Umsatzsteuer vom Leasing-Nehmer

Sollkonto – SKR 03 (SKR 04)	**Betrag** (Euro)	**Habenkonto** – SKR 03 (SKR 04)
Bank 1200 (1800)	4.446,00	Sonstige Vermögensg. 1501 (1301)

d) Abgrenzung der Zins- und Kostenanteile aller Raten (Summe)

	Summe aller Leasing-Raten (netto) in der Grundmietzeit	60 · 390 € = 23.400 €
-	Netto-Anschaffungskosten des Gegenstandes	20.000 €
=	**Summe der Zinsen und Kosten aller Raten**	**3.400 €**

Sollkonto – SKR 03 (SKR 04)	**Betrag** (Euro)	**Habenkonto** – SKR 03 (SKR 04)
Sonstige Vermögensg. 1502 (1305)	3.400,00	Passive Rechnungsabgr. 0990 (3900)

e) Erfassung der Leasing-Raten

(1) monatliche Leasing-Zahlung

Sollkonto – SKR 03 (SKR 04)	**Betrag** (Euro)	**Habenkonto** – SKR 03 (SKR 04)
Bank 1200 (1800)	390,00	Sonstige Vermögensg. 1502 (1305)

(2) Zins- und Kostenanteil der jeweiligen Rate (z. B. 113,50 €)

Sollkonto – SKR 03 (SKR 04)	**Betrag** (Euro)	**Habenkonto** – SKR 03 (SKR 04)
Passive Rechnungsabr. 0990 (3900)	113,50	Zinsen u. sonst. Erträge 2650 (7110)

Aufgabe 1 > Seite 239

2. Zinserträge

2.1 Begriff

Zinsen sind der **Preis für die Überlassung von Kapital** für einen bestimmten Zeitraum. Aus der Sicht des Gläubigers (Verleiher) werden **durch die Kapitalüberlassung Zinserträge** erwirtschaftet.

Zinserträge können in vielfältiger Art und Weise erzielt werden, sei es durch

- Geldanlagen bei Banken (auf Festgeld-, Termingeld-, Geldmarktkonten o. Ä.)
- verzinsliche Wertpapiere (z. B. Inhaberschuldverschreibungen)
- Bausparguthaben
- andere verzinsliche Finanzanlagen.

Beispiel

Die Unternehmerin Svenja Krämer legt am 31.12.2019 einen Finanzmittelüberschuss ihres Unternehmens in Höhe von 60.000 € bei ihrer Hausbank für einen Zeitraum von 2 Jahren zu einem Zinssatz von 1,5 % p. a. an. Zum 31.12.2020 erhält sie von ihrer Bank vereinbarungsgemäß 900 € (brutto) als Zinsertrag, der ihrem Konto nach Abzug von Steuern gutgeschrieben wird.

2.2 Besteuerung

Betriebliche **Guthabenzinsen** unterliegen bei ihrer Gutschrift der **Kapitalertragsteuer** gem. §§ 43 ff. EStG.

Dies bedeutet, dass die erzielten Zinsen nicht in voller Höhe (brutto), sondern abzüglich **25 % Kapitalertragsteuer** (KapESt) und **5,5 % Solidaritätszuschlag** zur KapESt – also nach Steuer (netto) – ausgezahlt werden.

Beispiel

Fall wie im Beispiel zuvor.

Frau Krämer erhält von ihrer Bank die folgende Abrechnung:

	Bruttozinsen	60.000 € · 1,5 % = 900,00 €
-	KapESt	1.500 € · 25 % = 225,00 €
-	SolZ	225 € · 5,5 % = 12,38 €
=	**Nettozinsen**	**662,62 €**

Die Bank stellt dem Zinsempfänger eine Abrechnung sowie eine **Steuerbescheinigung** aus, die der Steuerpflichtige **dem Finanzamt bei der später durchzuführenden Steuerveranlagung vorlegt** (z. B. zusammen mit der Einkommensteuererklärung).

Die einbehaltenen Steuern sind bei der Veranlagung (zur Einkommen- oder zur Körperschaftsteuer) als **Vorauszahlungen auf die Steuerschuld** dem Unternehmer bzw. Unternehmen **gutzuschreiben.**

Ein **Freistellungsauftrag** (Freistellung vom Abzug der Kapitalertragsteuer gem. § 44a EStG) ist für **betriebliche** Zinserträge **nicht** zulässig!

2.3 Buchungen

Betriebliche Guthabenzinsen sind zunächst dadurch zu erfassen, dass die Nettozinsen auf dem entsprechenden Geldkonto (z. B. **„Bank“**) im **Soll** und auf dem Konto **„Zinserträge“** im **Haben** gebucht werden.

Beispiel

Fall wie im Beispiel zuvor. Die Nettozinsen werden dem Bankkonto von Frau Krämer am 31.12.2020 gutgeschrieben.

Buchung:

Sollkonto – SKR 03 (SKR 04)		**Betrag** (Euro)	**Habenkonto** – SKR 03 (SKR 04)	
Bank	1200 (1800)	662,62	Zinserträge	2650 (7110)

Im zweiten Schritt ist die Steuerbescheinigung zu erfassen.

Bei **Einzelunternehmern** und **Personengesellschaftern** werden die von der Bank einbehaltenen und bescheinigten Steuern auf die persönliche Steuer des Unternehmers angerechnet; sie werden als Steuervorauszahlung behandelt.

Diese Abzugssteuern stellen aus der **Sicht des Betriebes** Gewinn erhöhende **Zinserträge** dar, die eigentlich ihm (dem Betrieb) zustehen. Sie werden aber dem Steuerpflichtigen als Steuergutschrift zugeordnet. Aus **betrieblicher Sicht** sind diese Steuern somit **Privatentnahmen des Unternehmers**.

Beispiel

Fall wie im Beispiel zuvor. Frau Krämer erhält von ihrer Bank die folgende Steuerbescheinigung:

KapESt	900 € · 25 % = 225,00 €
SolZ	12,38 € · 5,5 % = 12,38 €
	237,38 €

Buchung:

Sollkonto – SKR 03 (SKR 04)		**Betrag** (Euro)	**Habenkonto** – SKR 03 (SKR 04)	
Privatsteuern	1810 (2150)	237,38	Zinserträge	2650 (7110)

Bei Kapitalgesellschaften, Genossenschaften und Vereinen (z. B. GmbH, e. G. oder e. V.) wird die Steuerbescheinigung auf den **Steuervorauszahlungskonten „Kapitalertragsteuer“** und **„Solidaritätszuschlag“** im **Soll** und dem Konto **„Zinserträge“** im **Haben** erfasst.

Beispiel

Fall wie im Beispiel zuvor, jetzt jedoch mit dem Unterschied, dass die Geldanlage von der Krämer **GmbH** vorgenommen wurde und die Steuerbescheinigung auf die Krämer **GmbH** ausgestellt ist.

Buchungen:

Sollkonto – SKR 03 (SKR 04)		**Betrag** (Euro)	**Habenkonto** – SKR 03 (SKR 04)	
Kapitalertragsteuer	2213 (7630)	225,00	Zinserträge	2650 (7110)
Solidaritätszuschlag	2216 (7633)	12,38	Zinserträge	2650 (7110)

Aufgabe 2 > Seite 239

2.4 Zeitliche Zuordnung

Betriebliche Guthabenzinsen, die im Laufe des Jahres entstehen, am Ende des Jahres aber noch nicht fällig sind (z. B. Finanzanlage zum 01.10.2019, Fälligkeit der Zinsen zum 01.10.2020) müssen den **Jahren ihrer Entstehung** (hier 2019 und 2020) **zeitanteilig** zugeordnet werden.

Der Abzug von KapESt und SolZ erfolgt aber erst bei der Gutschrift der Zinsen; deshalb werden die **Brutto**zinsen entsprechend ihrer Entstehung **zeitlich zugeordnet**.

Beispiel

Der Unternehmer Eric Peters legt zum 01.10.2019 einen Finanzmittelüberschuss seines Unternehmens in Höhe von 80.000 € zu 1,5 % p. a. auf einem Festgeldkonto an. Die Zinsgutschrift erfolgt am 01.10.2020. Hierbei werden von der Bank KapESt und SolZ einbehalten und Herrn Peters ordnungsgemäß bescheinigt.

(1) Aufteilung der Zinsen:

2019: 80.000 € · 1,5 % · 90/360 (01.10. - 30.12.2019) = 300 €
2020: 80.000 € · 1,5 % · 270/360 (01.01. - 30.09.2020) = 900 €

(2) Buchung der Zinsen 2019:

Die Zinsen für 2019 stellen aus der Sicht des Unternehmens von Herrn Peters eine Forderung gegenüber der Bank dar, die zum 31.12. zu erfassen ist.

Buchung:

Sollkonto – SKR 03 (SKR 04)		**Betrag** (Euro)	**Habenkonto** – SKR 03 (SKR 04)	
Sonst. Vermögensg.	1500 (1300)	300,00	Zinserträge	2650 (7110)

(3) Abrechnung der Bank zum 01.10.2020:

	Bruttozinsen	80.000 € · 1,5 % =	1.200,00 €
-	KapESt	1.200 € · 25 % =	300,00 €
-	SolZ	300 € · 5,5 % =	16,50 €
=	**Nettozinsen**		**883,50 €**

Die Nettozinsen werden dem Bankkonto von Herrn Peters gutgeschrieben. Für die einbehaltenen Steuern erhält er eine Steuerbescheinigung, die er bei seiner Einkommensteuererklärung als Steuervorauszahlung auf seine persönliche Steuerschuld berücksichtigen kann.

(4) Buchungen zum 01.10.2020:

Die Zinsen für 2019 wurden zum 31.12.2020 als Forderung gegenüber der Bank erfasst; sie sind zum 01.10.2020 bei der Zinsgutschrift auszubuchen. Gleichzeitig müssen die Zinsen für 2020 und die Steuerbescheinigung erfasst werden.

Buchungen:

Sollkonto – SKR 03 (SKR 04)		**Betrag** (Euro)	**Habenkonto** – SKR 03 (SKR 04)	
Bank	1200 (1800)	300,00	Sonstige Vermögensg.	1501 (1301)
Bank	1200 (1800)	583,50	Zinserträge	2650 (7110)
Privatsteuern	1810 (2150)	316,50	Zinserträge	2650 (7110)

Bruttozinsen 2020: 583,50 € + 316,50 € (Steuergutschrift) = **900 €**

Aufgabe 3 > Seite 240

3. Dividendenerträge

3.1 Begriff

Dividenden sind **gewinnabhängige Erträge aus Beteiligungen an Kapitalgesellschaften** (z. B. aus Aktien oder GmbH-Anteilen).

Beispiel

Die Unternehmerin Tanja Masselter legt am 02.01.2020 einen Finanzmittelüberschuss ihres Unternehmens in Höhe von 20.000 € in Aktien der XY-AG an. Zum 15.07.2020 erhält sie von der XY-AG vor Abzug von KapESt und SolZ eine Dividende in Höhe von 1.600 €, die ihrem Konto nach Abzug der Steuern gutgeschrieben wird.

3.2 Besteuerung

Dividenden unterliegen bei ihrer Ausschüttung wie Zinsen der **Kapitalertragsteuer**; diese beträgt bei Dividenden wie bei Zinserträgen **25 %**. Zusätzlich wird **5,5 % Solidaritätszuschlag zur KapESt** von der auszahlenden Stelle (i. d. R. eine Bank) einbehalten.

Die einbehaltenen Abzugssteuern werden an das Finanzamt abgeführt. Der Steuerpflichtige erhält hierüber eine Steuerbescheinigung, die auf die Jahressteuer als Vorauszahlung angerechnet wird.

Beispiel

Fall wie im Beispiel zuvor.

Frau Masselter erhält von ihrer Bank die folgende Abrechnung:

	Dividende XY-AG		1.600 €
-	KapESt	1.600 € · 25 % =	400 €
-	SolZ	400 € · 5,5 % =	22 €
=	**Nettodividende**		**1.178 €**

Nach § 3 Nr. 40d EStG ist **40 %** der Dividende (hier 40 % von 1.600 € = 640 €) **steuerfrei** (sog. **Teileinkünfteverfahren**).

Für den Betrieb ist jedoch zunächst die volle Dividende (1.600 €) ein Ertrag, der als Dividendenertrag zu erfassen ist. Der steuerfreie Teil der Dividende wird dann **außerhalb der Buchführung** vom ermittelten betrieblichen Gewinn für Zwecke der Besteuerung abgezogen.

3.3 Buchungen

Betriebliche Dividendenerträge sind zunächst dadurch zu erfassen, dass die Nettodividende auf dem entsprechenden Geldkonto (z. B. **„Bank"**) im **Soll** und auf dem Konto „**Laufende Erträge aus Anteilen an Kapitalgesellschaften** 2625 (7014)" im **Haben** gebucht werden.

Beispiel

Fall wie im Beispiel zuvor. Die Nettodividende wird dem Bankkonto von Frau Masselter am 15.07.2020 gutgeschrieben.

Buchung:

Sollkonto – SKR 03 (SKR 04)	**Betrag** (Euro)	**Habenkonto** – SKR 03 (SKR 04)
Bank 1200 (1800)	1.178,00	Lfd. Erträge aus Anteilen 2625 (7014)

Im zweiten Schritt ist die Steuerbescheinigung zu erfassen.

Bei **Einzelunternehmern** und **Personengesellschaftern** werden die von der Bank einbehaltenen und bescheinigten Steuern auf die persönliche Steuer des Unternehmers angerechnet; sie werden als Steuervorauszahlung behandelt.

Aus der **Sicht des Betriebes** sind die Steuern Gewinn erhöhende **Dividendenerträge**, die eigentlich ihm (dem Betrieb) zustehen. Sie werden aber dem Steuerpflichtigen als Steuergutschrift zugeordnet. Aus **betrieblicher Sicht** sind diese Steuern somit **Privatentnahmen des Unternehmers**.

Beispiel

Fall wie im Beispiel zuvor. Frau Masselter erhält von ihrer Bank die folgende Steuerbescheinigung:

KapESt	1.600 € · 25 % = 400 €
SolZ	400 € · 5,5 % = 22 €
	422 €

Buchung:

Sollkonto – SKR 03 (SKR 04)		**Betrag** (Euro)	**Habenkonto** – SKR 03 (SKR 04)	
Privatsteuern	1810 (2150)	422,00	Lfd. Erträge a. Anteilen ...	2625 (7014)

Bei Kapitalgesellschaften, Genossenschaften und Vereinen (z. B. GmbH, e.G. oder e. V.) wird die Steuerbescheinigung auf den **Steuervorauszahlungskonten „Kapitalertragsteuer 25 %"** und **„Solidaritätszuschlag auf KapESt 25 %"** im **Soll** und dem Konto **„Laufende Erträge aus Anteilen an Kapitalgesellschaften"** im **Haben** erfasst.

Beispiel

Fall wie im Beispiel zuvor, jetzt jedoch mit dem Unterschied, dass die Geldanlage von der Masselter **GmbH** vorgenommen wurde und die Steuerbescheinigung auf die Masselter **GmbH** ausgestellt ist.

Buchungen:

Sollkonto – SKR 03 (SKR 04)		**Betrag** (Euro)	**Habenkonto** – SKR 03 (SKR 04)	
KapESt 25 %	2213 (7630)	400,00	Lfd. Erträge a. Anteilen ...	2625 (7014)
SolZ auf KapESt 25 %	2216 (7633)	22,00	Lfd. Erträge a. Anteilen ...	2625 (7014)

Aufgabe 4 > Seite 240

4. Import und Export von Waren

4.1 Import

4.1.1 Innergemeinschaftlicher Erwerb

Der Begriff innergemeinschaftlicher Erwerb wurde durch das europäische Umsatzsteuerrecht geschaffen. Er bezeichnet insbesondere **Einkäufe von Gegenständen** (z. B. Waren) **in anderen Mitgliedstaaten der EU** für das Unternehmen im Inland.

Ein innergemeinschaftlicher Erwerb liegt nach § 1 Abs. 1 Nr. 5 i. V. mit § 1a Abs. 1 UStG z. B. dann vor, wenn

- ein Unternehmer
- von einem anderen Unternehmer in einem **anderen EU-Mitgliedsstaat**
- einen Gegenstand
- für sein Unternehmen im Inland
- gegen Entgelt erwirbt und
- der Gegenstand an den Abnehmer (Erwerber) im Inland gelangt (dabei ist es unbeachtlich, ob der Gegenstand abgeholt, befördert oder versendet wird).

Beispiel

Der Unternehmer Dietmar Fölbach betreibt in Koblenz einen Elektronikgroßhandel. Er ist zum Vorsteuerabzug berechtigt. Am 15.03.2020 kauft Herr Fölbach in Österreich 20 Wäschetrockner für 10.000 € (netto) für sein Unternehmen in Koblenz auf Ziel ein. Der Lieferant aus Wien liefert die Geräte am 17.03.2020 nach Koblenz gegen Rechnung ohne Umsatzsteuerausweis. Alle erforderlichen Form- und Nachweis-Vorschriften sind erfüllt.

Der innergemeinschaftliche Erwerb ist – im Gegensatz zu Lieferungen im Inland – nicht beim Verkäufer, sondern **beim Erwerber** steuerbar. Steuerschuldner ist somit nicht der Lieferer, sondern **der Erwerber** im Inland. Das dahinter stehende **Bestimmungslandprinzip** beinhaltet, dass Warenlieferungen zwischen Unternehmern innerhalb der EU nicht im Land des Verkaufs, sondern im Land der Bestimmung der Ware (beim Erwerber) der USt zu unterwerfen sind.

Der Erwerber berechnet sich die Umsatzsteuer auf die Ware also selbst und schuldet diese **Erwerbsteuer** dem Finanzamt.

Vorsteuerabzugsberechtigte Unternehmer können die USt auf den innergemeinschaftlichen Erwerb **gleichzeitig** als **Vorsteuer** abziehen (vgl. § 15 Abs. 1 Nr. 3 UStG). Für den vorsteuerabzugsberechtigten Erwerber entsteht dann keine USt-Zahllast aus solchen Erwerbsvorgängen.

Die **Unternehmereigenschaft des Lieferers** kann der Erwerber dadurch erkennen, dass der Lieferer seine Umsatzsteuer-Identifikationsnummer (**USt-IdNr.**) angibt und in der Rechnung keine ausländische USt ausweist, sondern den Hinweis, dass es sich (aus seiner Sicht) um eine steuerfreie innergemeinschaftliche Lieferung handelt.

Wenn der **inländische Erwerber** beim Einkauf in dem anderen EU-Mitgliedsstaat seine **USt-IdNr.** angibt, signalisiert er dem Verkäufer damit, dass er Unternehmer ist und den **Einkauf für sein Unternehmen** durchführt.

Weil innergemeinschaftliche Erwerbe und die hierauf entfallende Steuer **gesondert aufgezeichnet werden** müssen (vgl. § 22 Abs. 2 Nr. 7 UStG), sind z. B. die folgenden **speziellen Waren-, Umsatzsteuer- und Vorsteuerkonten** anzusprechen:

- Innergemeinschaftlicher Erwerb 7 % Vorsteuer 7 % Umsatzsteuer **3420 (5420)**
- Innergemeinschaftlicher Erwerb 19 % Vorsteuer 19 % Umsatzsteuer **3425 (5425)**
- Abziehbare Vorsteuer aus innergemeinschaftlichem Erwerb **1572 (1402)**
- Abziehbare Vorsteuer aus innergemeinschaftlichem Erwerb 19 % **1574 (1404)**
- Umsatzsteuer aus innergemeinschaftlichem Erwerb **1772 (3802)**
- Umsatzsteuer aus innergemeinschaftlichem Erwerb 19 % **1774 (3804)**

Beispiel

Fall wie im Beispiel zuvor (innergemeinschaftlicher Warenerwerb für 10.000 € auf Ziel). Es sind dann die folgenden Buchungssätze zu erstellen:

Sollkonto – SKR 03 (SKR 04)	**Betrag** (Euro)	**Habenkonto** – SKR 03 (SKR 04)
Innerg. Erwerb 19 % USt 3425 (5425)	10.000,00	Verbindl. a. LuL 1600 (3300)
Abz. VoSt a. innerg. Erwerb 1574 (1404)	1.900,00	USt a. innerg. Erwerb 1774 (3804)

Innergem. Erwerb 19 %

S	3425 (5425)	H
1)	10.000,00	

Verbindlichkeiten aus LuL

S	1600 (3300)	H
	1)	10.000,00

Vorsteuer 19 %

S	1574 (1404)	H
2)	1.900,00	

Umsatzsteuer 19 %

S	1774 (3804)	H
	2)	1.900,00

In der **EDV-Buchführung** (z. B. mit Datev-Programmen) wird nur der erste Buchungssatz im Buchungsprogramm eingegeben. Sofern die richtigen Automatikkonten angesprochen wurden – z. B. **3420 (5420)** oder **3425 (5425)** – wird der zweite Buchungssatz

(„Abziehbare Vorsteuer aus innergem. Erwerb an Umsatzsteuer aus innergem. Erwerb") von dem Buchungsprogramm selbstständig erstellt.

Rücksendungen
Wenn der Erwerber Ware zurückschickt (**Rücksendung**) und hierfür vom Lieferer eine Gutschrift erhält, sind die ursprünglichen Buchungen durch Korrekturbuchungen zu berichtigen.

Dies geschieht dadurch, dass der Nettobetrag auf dem Konto **„Verbindlichkeiten aus LuL"** im **Soll** und dem Konto **„Innergemeinschaftlicher Erwerb"** im **Haben** gebucht wird. Die hierauf entfallende Erwerbsteuer ist dann auf dem Konto **„Umsatzsteuer aus innergemeinschaftlichem Erwerb"** im **Soll** und dem Konto **„Abziehbare Vorsteuer aus innergemeinschaftlichem Erwerb"** im **Haben** zu erfassen.

Beispiel

Fall wie im Beispiel zuvor (innergemeinschaftlicher Warenerwerb für 10.000 € auf Ziel). Herr Fölbach schickt 4 Wäschetrockner wegen Materialmängeln zurück und erhält hierfür eine Gutschrift in Höhe von 2.000 €.

Buchungen:

Sollkonto – SKR 03 (SKR 04)		**Betrag** (Euro)	**Habenkonto** – SKR 03 (SKR 04)	
Verbindl. a LuL	1600 (3300)	2.000,00	Innerg. Erwerb 19 % USt	3425 (5425)
USt a. innerg. Erw.	1774 (3804)	380,00	Abz. VoSt a. innerg. Erw.	1574 (1404)

Preisnachlässe und -abzüge
Lieferanten gewähren ihren Kunden regelmäßig Preisnachlässe (z. B. Rabatt) oder Preisabzüge (z. B. Skonto) auf ihre Listenpreise.

- **Rabatte** werden normalerweise direkt bei der Vereinbarung des Kaufpreises oder bei der Rechnungsstellung berücksichtigt. Sie werden aus den unterschiedlichsten Motiven gewährt, beispielsweise bei der Abnahme von größeren Mengen als **Mengenrabatt** oder bei dauernder Geschäftsbeziehung als **Treuerabatt**. Der Listenpreis wird dann entweder um einen bestimmten Prozentsatz (z. B. „5 % vom Nettolistenpreis") oder um einen festen Betrag (z. B. „abzüglich 100 € Rabatt") vermindert.

  Sofern der Rabatt als sog. **„Sofort-Rabatt"** gewährt wird, vermindert der Verkäufer bereits den Listenpreis um den Rabattbetrag. In diesem Fall wird der gewährte Rabatt normalerweise nicht gesondert berücksichtigt.

  Wird ein Rabatt oder Bonus erst **nachträglich** gewährt, führt dies zu einer Reduzierung der ursprünglichen Daten.

Beispiel

Die ursprüngliche Rechnung lautete: „20 Waschmaschinen à 1.000 € = 20.000 €". Sie wurde bereits wie folgt gebucht:

Buchungen:

Sollkonto – SKR 03 (SKR 04)	**Betrag** (Euro)	**Habenkonto** – SKR 03 (SKR 04)
Innerg. Erwerb 19 % USt 3425 (5425)	20.000,00	Verbindl. a LuL 1600 (3300)
Abz. VoSt a. innerg. Erwerb 1574 (1404)	3.800,00	USt a. innerg. Erwerb 1774 (3804)

Kurze Zeit später gewährt der Verkäufer einen Rabatt in Höhe von 500 € als **Gutschrift**.

Der **nachträgliche Preisnachlass** wird dann auf dem Konto „Verbindlichkeiten a LuL" im **Soll** und auf dem Konto „Innergemeinschaftlicher Erwerb" im **Haben** gebucht. Die hierauf entfallende Erwerbsteuer und abziehbare Vorsteuer ist ebenfalls zu berichtigen:

Buchungen:

Sollkonto – SKR 03 (SKR 04)	**Betrag** (Euro)	**Habenkonto** – SKR 03 (SKR 04)
Verbindl. aus LuL 1600 (3300)	500,00	Innerg. Erwerb 19 % USt 3425 (5425)
USt a. innerg. Erwerb 1774 (3804)	95,00	Abz. VoSt a. innerg. Erw. 1574 (1404)

Aus betriebswirtschaftlichen Gründen kann es sinnvoll sein, erhaltene Preisnachlässe (hier Rabatte) **getrennt** zu erfassen (**gesonderter Ausweis** innerhalb der Buchführung).

Sie werden dann auf dem Konto **„Nachlässe aus innergemeinschaftlichem Erwerb"** (Unterkonto des Kontos „Innergemeinschaftlicher Erwerb") im **Haben** erfasst.

Der zuvor dargestellte Preisnachlass wird dann wie folgt gebucht:

Sollkonto – SKR 03 (SKR 04)	**Betrag** (Euro)	**Habenkonto** – SKR 03 (SKR 04)
Verbindl. a LuL 1600 (3300)	500,00	Nachlässe a. innerg. Erw. 3725 (5725)
USt a. innerg. Erw. 1774 (3804)	95,00	Abz. VoSt a. innerg. Erw. 1574 (1404)

Das Konto „Nachlässe aus innergemeinschaftlichem Erwerb" wird im Rahmen der Jahresabschlussvorbereitung über das Konto „Innergemeinschaftlicher Erwerb" abgeschlossen.

- Beim **Skonto** handelt es sich um einen **Abzug** vom Rechnungsbetrag, den der Kunde für die **vorzeitige Bezahlung** innerhalb eines bestimmten Zeitraums in Anspruch nehmen darf. Der Kunde erhält die Ware – wenn er den Skontoabzug in Anspruch nimmt – also günstiger.

  Damit der Unternehmer die Summe der in einem Abrechnungszeitraum erhaltenen Skontobeträge als Information erhält, werden Skonti üblicherweise **getrennt** erfasst. Die bei der Bezahlung des Wareneinkaufs aus innergemeinschaftlichem Erwerb erhaltenen Skonti werden dann auf dem Konto **„Erhaltene Skonti aus innergemeinschaftlichem Erwerb"** im **Haben** gebucht (Unterkonto des Wareneingangskontos aus innergemeinschaftlichem Erwerb). Die Umsatzsteuer- und Vorsteuerkorrektur wird dann wie bei den nachträglichen Preisnachlässen erfasst.

Beispiel

Der Unternehmer Florian Kurz kauft in Frankreich Waren für sein Unternehmen in Koblenz und erhält hierfür eine Rechnung in Höhe von 1.000 € (ohne USt). Alle erforderlichen Beleg- und Buchnachweise sind erbracht.

Die Rechnung wird wie folgt in der Buchführung erfasst:

Sollkonto – SKR 03 (SKR 04)	**Betrag** (Euro)	**Habenkonto** – SKR 03 (SKR 04)
Innerg. Erwerb 19 % USt 3425 (5425)	1.000,00	Verbindl. a LuL 1600 (3300)
Abz. VoSt a. innerg. Erw. 1574 (1404)	190,00	USt a. innerg. Erw. 1774 (3804)

Kurz bezahlt die Rechnung durch Banküberweisung unter Abzug von 2 % Skonto.

Die Bezahlung wird dann wie folgt gebucht:

Sollkonto – SKR 03 (SKR 04)	**Betrag** (Euro)	**Habenkonto** – SKR 03 (SKR 04)
Verbindl. a LuL 1600 (3300)	980,00	Bank 1200 (1800)
Verbindl. a LuL 1600 (3300)	20,00	Erhaltene Skonti aus ... 3748 (5748)
USt a. innerg. Erw. 1774 (3804)	3,80	Abz. VoSt a. innerg. Erw. 1574 (1404)

Aufgabe 5 > Seite 240

4.1.2 Einfuhr aus dem Drittlandsgebiet

Bei der Einfuhr aus dem Drittlandsgebiet handelt es sich insbesondere um **Einkäufe** in **Ländern, die nicht zur EU gehören** (z. B. Schweiz, USA etc.) für das im Inland liegende Unternehmen. Die im Drittland eingekauften **Gegenstände** werden hierbei in das **deutsche Inland befördert oder versendet**.

Im deutschen Inland unterliegt die Einfuhr der deutschen Umsatzsteuer (**Einfuhrumsatzsteuer** gem. § 1 Abs. 1 Nr. 4 UStG).

Es hängt von der vertraglichen Vereinbarung zwischen dem Lieferer und dem Abnehmer der Gegenstände ab, wer **Schuldner** der Einfuhrumsatzsteuer ist. Im **Normalfall** ist dies **der Abnehmer der Ware**. Er deklariert die Einfuhr dem deutschen Zoll und bezahlt die Einfuhrumsatzsteuer (EUSt).

Vorsteuerabzugsberechtigte Unternehmer können die **entstandene** USt auf die steuerbare Einfuhr **gleichzeitig** als Vorsteuer abziehen (vgl. § 15 Abs. 1 Nr. 2 UStG). Für den vorsteuerabzugsberechtigten Erwerber entsteht dann keine USt-Zahllast aus solchen Erwerbsvorgängen.

Der **Lieferer (Verkäufer)** stellt die **Rechnung ohne Umsatzsteuer** aus, weil sie aus seiner Sicht steuerfrei ist. Die Rechnung enthält dann einen entsprechenden Hinweis auf die Steuerbefreiung.

Beispiel

Der Unternehmer Dietmar Fölbach (Elektronikgroßhändler in Koblenz) kauft am 20.03.2020 in der Schweiz 20 Wäschetrockner für 10.000 € (netto) für sein Unternehmen auf Ziel ein. Der Lieferant aus Zürich liefert die Geräte am 22.03.2020 nach Koblenz gegen Rechnung ohne Umsatzsteuerausweis mit dem Hinweis auf die Steuerbefreiung der Lieferung. Nach den vertraglichen Vereinbarungen trägt Herr Fölbach Zoll und Einfuhrumsatzsteuer. Der Zoll beträgt 5 % des Warenwertes, die Einfuhrumsatzsteuer (EUSt) beträgt 19 % auf 10.500 € (10.000 € Warenwert + 5 % Einfuhrzoll) = 1.995 €. Herr Fölbach überweist den Zoll und die EUSt an das Hauptzollamt durch Banküberweisung.

Buchungen:

Sollkonto – SKR 03 (SKR 04)		**Betrag** (Euro)	**Habenkonto** – SKR 03 (SKR 04)	
Wareneingang	3200 (5200)	10.000,00	Verbindl. a LuL	1600 (3300)
Zölle und Einfuhrabg.	3850 (5840)	500,00	Bank	1200 (1800)
Entstandene EUSt	1588 (1433)	1.995,00	Bank	1200 (1800)

4.2 Export

4.2.1 Innergemeinschaftliche Lieferung

Der Begriff innergemeinschaftliche Lieferung wurde durch das europäische Umsatzsteuerrecht geschaffen. Er beschreibt Lieferungen (insbesondere Warenverkäufe) eines Lieferers im Inland an einen **Abnehmer in einem anderen (ausländischen) EU-Mitgliedstaat**.

Beispiel

Der Unternehmer Jan Kreuzer betreibt in Lahnstein ein Großhandelsunternehmen für Fußballartikel. Am 10.01.2020 liefert er 100 Fußbälle zum Gesamtpreis von 2.500 € (netto) an ein Sportgeschäft in Luxemburg auf Ziel. Die USt-IdNrn. des Abnehmers in Luxemburg und die USt-IdNr. von Herrn Kreuzer liegen vor.

Sofern bestimmte Voraussetzungen erfüllt werden, sind innergemeinschaftliche Lieferungen **umsatzsteuerfrei**, d. h. der Warenverkauf in den anderen EU-Staat erfolgt **ohne USt**.

Eine innergemeinschaftliche Lieferung ist nach **§ 4 Nr. 1b i. V. mit § 6a Abs. 1 UStG steuerfrei**, wenn die folgenden **Voraussetzungen** erfüllt sind:

- Beförderung oder Versendung **eines Gegenstandes**
- durch den liefernden Unternehmer oder den Abnehmer
- **vom Inland in das übrige Gemeinschaftsgebiet** und
- der **Abnehmer** ist
  - ein **Unternehmer**, der den Gegenstand für sein Unternehmen erworben hat oder
  - eine juristische Person, die nicht Unternehmer ist oder die den Gegenstand nicht für ihr Unternehmen erworben hat **oder**
  - bei der Lieferung eines neuen Fahrzeugs auch jeder andere Erwerber

  und
- der **Erwerb** des Gegenstandes **unterliegt beim Abnehmer** in einem anderen Mitgliedstaat **der Umsatzsteuer**.

Beispiel

Fall wie im Beispiel zuvor (Verkauf von Fußbällen durch einen Unternehmer im Inland an einen Unternehmer in Luxemburg für dessen Unternehmen). Die Lieferung erfolgt in Deutschland umsatzsteuerfrei, weil alle Voraussetzungen gem. § 4 Nr. 1b i. V. mit § 6a Abs. 1 UStG erfüllt sind. Der Vorgang unterliegt beim Erwerber in Luxemburg der Erwerbsteuer (dort liegt ein innergemeinschaftlicher Erwerb vor).

Die Voraussetzungen müssen nach § 6a Abs. 3 UStG vom liefernden Unternehmer nachgewiesen werden. Die §§ 17a bis 17c UStDV enthalten detaillierte Angaben über die geforderten Nachweise (siehe dort).

Weil steuerfreie Lieferungen getrennt von steuerpflichtigen Lieferungen ausgewiesen werden müssen (vgl. § 22 Abs. 2 Nr. 1 UStG), werden steuerfreie innergemeinschaftliche Lieferungen auf dem folgenden speziellen Erlöskonto im **Haben** erfasst:

Sollkonto – SKR 03 (SKR 04)	**Betrag** (Euro)	**Habenkonto** – SKR 03 (SKR 04)
		Steuerfreie innergem. Lieferungen § 4 Nr. 1b 8125 (4125)

Beispiel

Fall wie im Beispiel zuvor (steuerfreier Verkauf von Fußbällen für 2.500 € durch einen Unternehmer im Inland an einen Unternehmer in Luxemburg für dessen Unternehmen).

Buchung:

Sollkonto – SKR 03 (SKR 04)	**Betrag** (Euro)	**Habenkonto** – SKR 03 (SKR 04)
Forderungen a LuL 1400 (1200)	2.500,00	Steuerfreie innergem. L. 8125 (4125)

Preisnachlässe und Preisabzüge

Auch bei steuerfreien innergemeinschaftlichen Lieferungen werden oftmals Preisnachlässe (z. B. Rabatte) und Preisabzüge (z. B. Skonti) gewährt. Diese könnten bei der Bezahlung der Rechnung direkt auf dem Konto „**Steuerfreie innergemeinschaftliche Lieferungen § 4 Nr. 1b UStG** 8125 (4125)“ im **Soll** erfasst werden (Korrekturbuchung).

Wenn der Unternehmer jedoch die Summe der in einem Abrechnungszeitraum gewährten **nachträglichen Preisnachlässe** und **-abzüge** (z. B. Skontoabzüge) als Information haben möchte, werden die Preisnachlässe und -abzüge üblicherweise auf **getrennten Konten** erfasst. Die bei der Bezahlung der Rechnungen gewährten Skonti auf innergemeinschaftliche Lieferungen werden deshalb auf dem folgenden Konto im **Soll** erfasst (Unterkonto des Erlöskontos für steuerfreie innergem. Lieferungen):

Sollkonto – SKR 03 (SKR 04)	**Betrag** (Euro)	**Habenkonto** – SKR 03 (SKR 04)
Erlösschmälerungen aus steuerfreien innergem. Lieferungen 8924 (4724)		

Beispiel

Fall wie im Beispiel zuvor mit der Erweiterung, dass der Kunde die Rechnung unter Abzug von 2 % Skonto durch Banküberweisung bezahlt.

Buchungen:

Sollkonto – SKR 03 (SKR 04)	**Betrag** (Euro)	**Habenkonto** – SKR 03 (SKR 04)
Bank 1200 (1800)	2.450,00	Forderungen a LuL 1400 (1200)
Erlösschm. aus innerg. L. 8724 (4724)	50,00	Forderungen a LuL 1400 (1200)

Das Konto „**Erlösschmälerungen aus steuerfreien innergemeinschaftlichen Lieferungen** 8724 (4724)“ wird am Jahresende über das Konto „**Steuerfreie innergemeinschaftliche Lieferungen § 4 Nr. 1b UStG** 8125 (4125)“ abgeschlossen.

Aufgabe 6 > Seite 241

4.2.2 Ausfuhr in das Drittlandsgebiet

Eine **Ausfuhr** liegt dann vor, wenn **eine Lieferung vom Inland in ein Land** erfolgt, **das nicht zur EU gehört** (so genanntes **Drittlandsgebiet**). Die Ausfuhrlieferung in das Drittlandsgebiet ist – wie die innergemeinschaftliche Lieferung – **i. d. R. umsatzsteuerfrei**.

Eine Ausfuhrlieferung ist nach **§ 4 Nr. 1a i. V. mit § 6 Abs. 1 UStG steuerfrei**, wenn die folgenden **Voraussetzungen** erfüllt sind:

- Beförderungs- oder Versendungs**lieferung**
- durch den liefernden Unternehmer oder einen ausländischen Abnehmer
- vom Inland **in das Drittlandsgebiet** (ohne die in § 1 Abs. 3 genannten Gebiete).

Die **Voraussetzungen müssen** nach § 6 Abs. 4 UStG vom liefernden Unternehmer **nachgewiesen werden**, damit die Steuerfreiheit anerkannt wird. Die §§ 9, 10 und 13 UStDV enthalten detaillierte Angaben über die geforderten Nachweise (siehe dort sowie Abschn. 6.5 ff. UStAE).

Beispiel

Der Unternehmer Florian Hoffmann betreibt in Lahnstein ein Einzelhandelsunternehmen für Büroelektronikbedarf. Am 10.01.2020 verkauft er einen Flachbildschirm für 300 € netto an einen Abnehmer in Bern (Schweiz) auf Ziel. Herr Hoffmann schickt den Bildschirm mit DHL versandkostenfrei an den Abnehmer in Bern. Alle Buch- und Belegnachweise werden ordnungsgemäß erfüllt. Die Rechnung von Herrn Hoffmann enthält keine USt, sondern den Hinweis, dass die Lieferung aus Deutschland steuerfrei erfolgt.

Weil steuerfreie Lieferungen getrennt von steuerpflichtigen Lieferungen ausgewiesen werden müssen (vgl. § 22 Abs. 2 Nr. 1 UStG), werden steuerfreie Ausfuhrlieferungen auf dem speziellen Erlöskonto im **Haben** erfasst:

Sollkonto – SKR 03 (SKR 04)	**Betrag** (Euro)	**Habenkonto** – SKR 03 (SKR 04)
		Steuerfreie Umsätze § 4 Nr. 1a UStG 8120 (4120)

Beispiel

Fall wie im Beispiel zuvor (steuerfreier Verkauf eines Flachbildschirms für 300 € durch einen Unternehmer im Inland an einen Abnehmer in der Schweiz).

Buchung:

Sollkonto – SKR 03 (SKR 04)	**Betrag** (Euro)	**Habenkonto** – SKR 03 (SKR 04)
Forderungen a LuL 1400 (1200)	300,00	Steuerfreie Ums. § 4 Nr. 1a 8120 (4120)

Preisnachlässe und Preisabzüge:
Auch bei steuerfreien Ausfuhrlieferungen werden oftmals Preisnachlässe und Preisabzüge gewährt. Diese könnten bei der Bezahlung der Rechnung direkt auf dem Konto „**Steuerfreie Umsätze § 4 Nr. 1a UStG** 8120 (4120)" im **Soll** erfasst werden (Korrekturbuchung).

Wenn der Unternehmer jedoch die Summe der in einem Abrechnungszeitraum gewährten **nachträglichen Preisnachlässe und -abzüge** (z. B. Skontoabzüge) als Information haben möchte, werden die Preisnachlässe und -abzüge üblicherweise auf getrennten Konten erfasst. Die bei der Bezahlung der Rechnungen gewährten Skonti und andere Preisabzüge auf Ausfuhrlieferungen werden deshalb auf dem folgenden Konto im **Soll** erfasst (Unterkonto des Erlöskontos für steuerfreie Umsätze gem. § 4 Nr. 1a UStG):

Sollkonto – SKR 03 (SKR 04)	**Betrag** (Euro)	**Habenkonto** – SKR 03 (SKR 04)
Erlösschmälerungen aus steuerfreien Umsätzen § 4 Nr. 1a 8705 (4705)		

Beispiel

Fall wie im Beispiel zuvor mit der Erweiterung, dass der Kunde die Rechnung unter Abzug von 2 % Skonto durch Banküberweisung bezahlt.

Buchungen:

Sollkonto – SKR 03 (SKR 04)	**Betrag** (Euro)	**Habenkonto** – SKR 03 (SKR 04)
Bank 1200 (1800)	294,00	Forderungen a LuL 1400 (1200)
Erlösschm. aus stfr. Ums. 8705 (4705)	6,00	Forderungen a LuL 1400 (1200)

Das Konto „**Erlösschmälerungen aus steuerfreien Umsätzen § 4 Nr. 1a** 8705 (4705)" wird am Jahresende über das Konto „**Steuerfreie Umsätze § 4 Nr. 1a UStG** 8120 (4120)" abgeschlossen.

5. Nicht abzugsfähige Betriebsausgaben

5.1 Begriff

Aufwendungen, die durch den Betrieb veranlasst sind (steuerlich: Betriebsausgaben), sind bei der Gewinnermittlung grundsätzlich **Gewinn mindernd** zu erfassen.

Das **Steuerrecht** schränkt den Gewinn mindernden Abzug jedoch für bestimmte Betriebsausgaben ein; manche Aufwendungen sind hiernach sogar gänzlich vom Abzug ausgeschlossen (vgl. § 4 Abs. 5 EStG).

Ziel dieser **Beschränkung des Betriebsausgabenabzugs für bestimmte Aufwendungen** ist u.a. die Verwirklichung von Steuergerechtigkeit gegenüber Steuerpflichtigen, die vergleichbare Aufwendungen nicht oder ebenfalls nur begrenzt steuermindernd berücksichtigen können (z. B. Arbeitnehmer). Weiterhin soll verhindert werden, dass ein Spesenmissbrauch zulasten der Besteuerung stattfindet.

5.2 Überblick

Nach § 4 Abs. 5 EStG dürfen z. B. die folgenden Betriebsausgaben den Gewinn nicht mindern (Auswahl!):

- Geschenke über netto **35 €** aus betrieblichem Anlass an Personen, die nicht Arbeitnehmer des Steuerpflichtigen sind. Maßgebend ist der Wert aller einem Empfänger in einem Wirtschaftsjahr zugewendeten Geschenke (§ 4 Abs. 5 Nr. 1 EStG);
- **30 %** der ordnungsgemäß nachgewiesenen und angemessenen **Bewirtungsaufwendungen** aus geschäftlichem Anlass nach § 4 Abs. 5 Nr. 2 EStG;
- **nicht ordnungsgemäß nachgewiesene** Bewirtungsaufwendungen nach § 4 Abs. 5 Nr. 2 EStG;
- **unangemessene Bewirtungsaufwendungen** nach § 4 Abs. 5 Nr. 2 EStG;
- **Mehraufwendungen für die Verpflegung** des Steuerpflichtigen aus geschäftlichem Anlass, sofern sie die in § 9 Abs. 4a EStG genannten Pauschbeträge **übersteigen** (vgl. § 4 Abs. 5 Nr. 5 EStG).

Für Geschäftsreisen im Inland gelten 2020 und 2021 die folgenden **abziehbaren** Pauschbeträge:

Abwesenheit pro Kalendertag		**Verpflegungspauschale**
eintägige Abwesenheit	nicht länger als 8 Stunden (also 8 Stunden oder kürzer)	0 €
	länger als 8 Stunden	14 €
mehrtägige Abwesenheit mit Übernachtung	Anreisetag	14 €
	Abreisetag	14 €
24 Stunden Abwesenheit		28 €

Bei einer Tätigkeit im Ausland (Geschäftsreise in das Ausland) treten an die Stelle dieser Pauschalen länderweise unterschiedliche Pauschbeträge, die vom Bundesministerium der Finanzen im Einvernehmen mit den obersten Finanzbehörden der Länder festgesetzt werden.

- Aufwendungen für Wege des Unternehmers zwischen Wohnung und erster Betriebsstätte, so weit sie die nach § 9 EStG abzugsfähigen Aufwendungen („Entfernungspauschale") übersteigen – z. B. bei der Benutzung eines Pkw diejenigen Aufwendungen, welche die abzugsfähigen **0,30 €** pro Entfernungskilometer übersteigen [2021: 0,30 € für die ersten 20 km der Entfernung und **0,35 €** für jeden weiteren Entfernungskilometer (also ab dem 21. Kilometer)]; vgl. § 4 Abs. 5 Nr. 6 EStG;
- **Gewerbesteuer** und die darauf entfallenden Nebenleistungen (z. B. Säumnis- und Verspätungszuschläge oder Zinsen) nach § 4 Abs. 5b EStG;
- Aufwendungen für ein **häusliches Arbeitszimmer**, sofern die Aufwendungen nach § 4 Abs. 5 Nr. 6b EStG **nicht abzugsfähig** sind;
- **Geldbußen, Ordnungsgelder und Verwarnungsgelder** nach § 4 Abs. 5 Nr. 8 EStG;
- **Zinsen auf hinterzogene Steuern** nach § 4 Abs. 5 Nr. 8a EStG.

Ausführliche Informationen zu den einzelnen Kategorien der nicht abzugsfähigen Betriebsausgaben enthalten R 4.10 ff. und H 4.10 ff. EStH 2019.

Zur Klarstellung sei an dieser Stelle hervorgehoben, dass diese Aufwendungen in der **Buchführung** trotz ihrer steuerlichen Abzugsbeschränkung oder ihres Abzugsverbotes auf den entsprechenden Aufwandskonten **Gewinn mindernd erfasst** werden. Für steuerliche Zwecke werden sie dann – i. d. R. außerhalb der Buchführung – dem Gewinn oder Verlust wieder hinzugerechnet.

Beispiel

Der buchführungspflichtige Einzelunternehmer Rico Hinstorff überweist 2.300 € Gewerbesteuer-Vorauszahlung für 2020 an das Finanzamt Koblenz (Banküberweisung).

In der handelsrechtlichen Buchführung wird diese Gewerbesteuerzahlung als Aufwand – also Gewinn mindernd – auf dem Konto „Gewerbesteuer 4320 (7610)" im Soll gebucht:

Sollkonto – SKR 03 (SKR 04)		**Betrag** (Euro)	**Habenkonto** – SKR 03 (SKR 04)	
Gewerbesteuer	4320 (7610)	2.300,00	Bank	1200 (1800)

Für Zwecke der Besteuerung – z. B. Ermittlung der Einkünfte aus Gewerbebetrieb für die Veranlagung zur Einkommensteuer – wird diese **nichtabzugsfähige Betriebsausgabe** (§ 4 Abs. 5b EStG) dem **Gewinn aus der Buchführung wieder hinzugerechnet**.

Wenn sein handelsrechtlicher Gewinn (= Gewinn aus der Buchführung) für 2020 beispielsweise 85.000 € beträgt, dann belaufen sich seine einkommensteuerlichen Einkünfte aus Gewerbebetrieb auf 87.300 € (85.000 € + 2.300 € nicht abzugsfähige Gewerbesteuer).

Die Aufwandsbuchung nicht abzugsfähiger Betriebsausgaben erfolgt in der Buchführung deshalb, weil **das HGB (= Rechtsgrundlage der handelsrechtlichen Buchführung) derartige Abzugsbeschränkungen nicht vorsieht**. Außerdem wird dem Betrieb in Höhe der Aufwendungen Eigenkapital entzogen, was in der Buchführung entsprechend dokumentiert werden muss.

5.3 Geschenke aus betrieblichem Anlass

Betrieblich veranlasste Geschenke (Geld, Sachen oder Dienstleistungen) an Personen, die nicht Arbeitnehmer des Steuerpflichtigen sind (z. B. Kunden, Lieferanten und andere für den Betrieb wichtige Personen), dürfen nach § 4 Abs. 5 Nr. 1 EStG bei der Ermittlung des steuerlichen Gewinns grundsätzlich **nicht Gewinn mindernd** berücksichtigt werden.

Eine gesetzliche **Ausnahme** von diesem Abzugsverbot gewährt der Gesetzgeber für betrieblich veranlasste Geschenke, deren Anschaffungs-/Herstellungskosten **35 € pro Empfänger im Wirtschaftsjahr** (12 Monate) nicht übersteigen (**Freigrenze**). In diesem Fall sind die entstandenen Aufwendungen **steuerlich abzugsfähig**.

Sofern die 35-€-Grenze für einen Empfänger überschritten wird, sind die an ihn geleisteten Geschenke in dem Betrachtungszeitraum insgesamt nicht abziehbar (vgl. § R 4.10 Abs. 3 Satz 2 EStR).

Das **Abzugsverbot** greift **nicht**, wenn die zugewendeten Wirtschaftsgüter beim Empfänger **ausschließlich betrieblich genutzt werden können** (R 4.10 Abs. 2 Satz 4 EStR); sie sind dann also **abzugsfähig**.

Nicht als Geschenke gelten

- Kränze und Blumen bei Beerdigungen
- Preise anlässlich eines Preisausschreibens (vgl. R 4.10 Abs. 4 Satz 5 EStR).

Sie sind von dem o. a. Abzugsverbot somit auch nicht betroffen.

Bei einem **zum Vorsteuerabzug berechtigten Unternehmer** ist die 35-€-Grenze der **Nettobetrag** (Ausgabe abzüglich USt), der dem Empfänger zugewendeten Wirtschaftsgüter.

Beispiel

Der zum Vorsteuerabzug berechtigte Unternehmer Markus Balcke kauft in einem Bürofachgeschäft einen Kugelschreiber für brutto 35,70 € (inkl. 19 % USt) für sein Unternehmen und schenkt ihn seiner guten Kundin Julia Ernst zu Weihnachten. Frau Ernst hat in diesem Wirtschaftsjahr keine weiteren Geschenke von Herrn Balcke erhalten. Alle erforderlichen Buch- und Belegnachweise werden ordnungsgemäß erbracht.

Die Herrn Balcke entstandenen Aufwendungen in Höhe von 30 € (35,70 € : 1,19) sind bei der steuerlichen Gewinnermittlung abzugsfähig, weil sie die 35-€-Grenze nicht übersteigen. Die enthaltene Vorsteuer in Höhe von 5,70 € kann Herr Balcke bei der Umsatzsteuer als Vorsteuer abziehen.

Für die Anerkennung der Abzugsfähigkeit fordert der Gesetzgeber zusätzlich, dass die Aufwendungen der abzugsfähigen und der nichtabzugsfähigen Geschenke **einzeln und getrennt von den sonstigen Betriebsausgaben – z. B. auf separaten Konten – aufgezeichnet** sind (vgl. § 4 Abs. 7 EStG).

Hierfür stellen die Datev-Kontenrahmen SKR 03 (SKR 04) u. a. die folgenden Konten zur Verfügung:

- **4630 (6610)** Geschenke abzugsfähig ohne § 37b EStG
- **4635 (6620)** Geschenke nicht abzugsfähig ohne § 37b EStG
- **4638 (6625)** Geschenke ausschließlich betrieblich genutzt

Die Finanzverwaltung fordert außerdem, dass der **Name des Empfängers** aus der Buchung oder dem Buchungsbeleg ersichtlich sein muss (vgl. R 4.11 Abs. 2 Satz 1 EStR). Eine **Ausnahme** hiervon bilden **Geschenke von geringem Wert** (z. B. Taschenkalender, Kugelschreiber usw.); hier sind die Namensangaben der Empfänger nicht erforderlich (vgl. R 4.11 Abs. 2 Satz 2 EStR).

Die **Berechtigung zum Vorsteuerabzug** ist **bei betrieblichen Geschenken** davon abhängig, ob das Geschenk einkommensteuerlich abzugsfähig ist oder nicht. Gehört das Geschenk zu den **abzugsfähigen Betriebsausgaben**, dann ist **auch die Vorsteuer bei der USt abziehbar**. Wenn das Geschenk den **nicht** abzugsfähigen Betriebsausgaben zuzuordnen ist (z. B. weil die 35-€-Grenze überschritten wird), dann ist die Vorsteuer auch **nicht** abziehbar (§ 15 Abs. 1a UStG) und gehört ebenfalls zu den **nicht** abzugsfähigen Betriebsausgaben.

Übersicht:

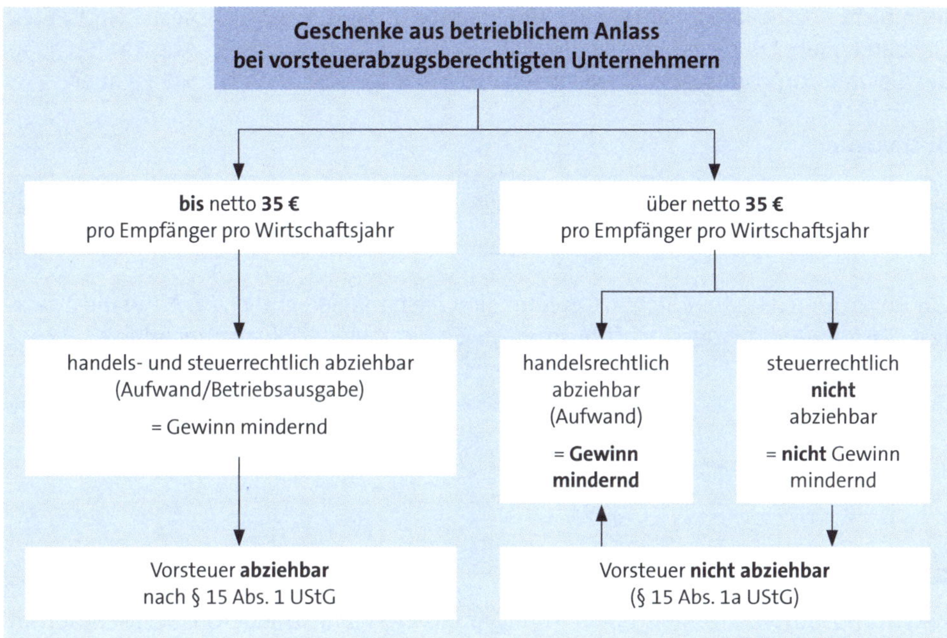

Beispiele

Beispiel 1

Der zum Vorsteuerabzug berechtigte Unternehmer Tim Palm kauft in einem Bürofachgeschäft 10 Kugelschreiber à 10 € netto + 19 % USt gegen Barzahlung. Zusammen mit seiner Visitenkarte verschickt er die Kugelschreiber zu Weihnachten an gute Kunden. Alle buch- und belegmäßigen Nachweise sind erbracht.

Diese betrieblich veranlassten Geschenke sind bei der handels- und steuerrechtlichen Gewinnermittlung abzugsfähig und die berechnete Umsatzsteuer ist als Vorsteuer abziehbar.

Buchungen:

Sollkonto – SKR 03 (SKR 04)		**Betrag** (Euro)	**Habenkonto** – SKR 03 (SKR 04)	
Geschenke abzugsfähig	4630 (6610)	100,00	Kasse	1000 (1600)
Abz. Vorsteuer 19 %	1576 (1406)	19,00	Kasse	1000 (1600)

Beispiel 2

Der zum Vorsteuerabzug berechtigte Unternehmer Jan Schwoll kauft in einem Bürofachgeschäft 10 Füller à 40 € netto + 19 % USt gegen Banklastschrift. Zusammen mit seiner Visitenkarte verschickt er die Füller zu Weihnachten an seine besten Kunden. Alle buch- und belegmäßigen Nachweise sind ordnungsgemäß erbracht.

Diese betrieblich veranlassten Geschenke sind bei der steuerrechtlichen Gewinnermittlung **nicht** abzugsfähig, weil sie die 35-€-Grenze überschreiten (§ 4 Abs. 5 Nr. 1 EStG). Die berechnete Umsatzsteuer ist nicht als Vorsteuer abziehbar (§ 15 Abs. 1a UStG); bei der Gewinnermittlung gehört sie zu den nicht abzugsfähigen Betriebsausgaben.

Buchungen:

Sollkonto – SKR 03 (SKR 04)	**Betrag** (Euro)	**Habenkonto** – SKR 03 (SKR 04)
Gesch. nicht abzugsfähig 4635 (6620)	476,00	Bank 1200 (1800)

Zur Ermittlung des steuerlichen Gewinns sind die handelsrechtlich als Aufwand erfassten 476 € außerhalb der Buchführung dem Gewinn wieder hinzuzurechnen.

Aufgabe 7 > Seite 241

5.4 Bewirtungsaufwendungen

Bewirtungsaufwendungen fallen in der Praxis bei nahezu jedem Unternehmer an. Insbesondere in der Buchführung kommen sie regelmäßig als „Geschäftsessen“ oder „Kundenbesprechung“ vor. Die Besonderheit dieser Aufwendungen besteht darin, dass nach § 4 Abs. 5 Nr. 2 EStG nur eine **beschränkte Abzugsfähigkeit** – und diese **nur unter bestimmten Voraussetzungen** – zulässig ist. Hinzu kommt die umsatzsteuerliche Problematik der Zulässigkeit des Vorsteuerabzugs.

Bewirtungsaufwendungen aus geschäftlichem Anlass (z. B. Geschäftsessen mit Kunden) **berühren regelmäßig auch die private Lebensführung** des Steuerpflichtigen oder anderer Personen. Weil **Kosten der allgemeinen Lebensführung** nach § 12 Nr. 1 EStG **vom Abzug ausgeschlossen** sind, geschäftliche Bewirtungen aber zu den Betriebsausgaben gehören, stehen sie gewissermaßen im Spannungsfeld zwischen den abzugsfähigen und nicht abzugsfähigen Aufwendungen.

Zur Verhinderung eines „Spesenmissbrauchs“ hat der Gesetzgeber für Aufwendungen, die auch die Lebensführung berühren, den **Betriebsausgabenabzug in § 4 Abs. 5 und Abs. 7 EStG eingeschränkt** und den Abzug an strenge Nachweis- und Aufzeichnungspflichten geknüpft. Für geschäftlich veranlasste Bewirtungsaufwendungen enthält § 4 Abs. 5 Nr. 2 EStG detaillierte Regelungen, die nachfolgend dargestellt werden.

Nicht unter die Abzugsbeschränkung fallen **rein betrieblich** veranlasste Bewirtungsaufwendungen (z. B. Bewirtung von Arbeitnehmern bei Fortbildungsveranstaltungen). Diese sind somit von den geschäftlichen Bewirtungsaufwendungen zu trennen.

Ein **geschäftlicher Anlass** besteht insbesondere bei der Bewirtung von Personen, zu denen schon **Geschäftsbeziehungen bestehen** oder zu denen sie **angebahnt werden sollen**. Auch die Bewirtung von Besuchern des Betriebs – z. B. im Rahmen der Öffentlichkeitsarbeit – ist geschäftlich veranlasst (vgl. R 4.10 Abs. 6 Sätze 2 und 3 EStR). Zu den Hauptfällen gehören Bewirtungen von Kunden oder Lieferanten im Restaurant, Bistro, Cafe oder an einer Hotelbar.

Keine Bewirtungskosten im o. g. Sinn liegen vor, wenn es sich um Aufmerksamkeiten in geringem Umfang handelt (z. B. Kaffee, Tee, Gebäck anlässlich betrieblicher Besprechungen; vgl. R 4.10 Abs. 5 Satz 9 Nr. 1 EStR). Die hierbei entstehenden Aufwendungen können i. d. R. **voll** als **Betriebsausgaben** abgezogen werden.

Ebenfalls **keine** Bewirtungskosten liegen bei so genannten Produkt-/Warenverkostungen vor, bei denen nur das zu verkaufende Produkt und ggf. kleine Aufmerksamkeiten (z. B. Brot bei einer Weinprobe) gereicht werden. Hierbei handelt es sich vielmehr um **Werbeaufwand**, der die Annahme einer Bewirtung ausschließt (vgl. R 4.10 Abs. 5 Satz 9 Nr. 2 EStR) und somit in voller Höhe als Betriebsausgabe abgezogen werden kann.

Zu beachten ist, dass Aufwendungen für die Bewirtung von Personen aus geschäftlichem Anlass **in der Wohnung des Unternehmers** regelmäßig nicht zu den geschäftlichen Bewirtungskosten, sondern zu den **Kosten der Lebensführung** im Sinne von § 12 Nr. 1 EStG gehören (vgl. R 4.10 Abs. 6 Satz 8 EStR). Die hierbei entstehenden Aufwendungen dürfen somit nicht als Betriebsausgabe abgezogen werden.

Beispiel

Der Unternehmer Alexander Rothmann, Koblenz, lädt seine wichtigsten Kunden anlässlich seines 40. Geburtstages zum Abendessen in sein Einfamilienhaus ein. Die hierbei entstandenen Aufwendungen für Essen und Getränke werden durch Belege nachgewiesen (zusammen 1.250 €).

Die entstandenen Aufwendungen sind als Kosten der Lebensführung **nicht** abzugsfähig.

Abzugsbeschränkung:
Geschäftlich veranlasste Bewirtungsaufwendungen, die **angemessen** und **ordnungsgemäß nachgewiesen** sind, können **nur zu 70 % als Betriebsausgaben** abgezogen werden (vgl. § 4 Abs. 5 Nr. 2 EStG).

30 % der angemessenenen und ordnungsgemäß nachgewiesenen Aufwendungen sind somit **nicht abzugsfähig** (nicht abzugsfähige Betriebsausgaben).

Beispiel

Der zum Vorsteuerabzug berechtigte Unternehmer Christoph Kämtner, der in Montabaur ein Autohaus betreibt, lädt seinen langjährigen Zulieferer Daniel Görgen zum Mittagessen ein. Die Bewirtungsaufwendungen, die durch einen ordnungsgemäßen Beleg nachgewiesen sind, betragen 75 € (netto).

52,50 € (70 % von 75 €) sind als Betriebsausgabe abzugsfähig, d. h. steuerlich Gewinn mindernd zu erfassen. 22,50 € (30 % von 75 €) sind nicht abzugsfähig (nicht abzugsfähige Betriebsausgabe).

Zu **100 % nicht abzugsfähig** sind Bewirtungsaufwendungen, die nach allgemeiner Verkehrsauffassung als **unangemessen** anzusehen sind (der **unangemessene Anteil** der ordnungsgemäß nachgewiesenen Aufwendungen ist dann eine nichtabzugsfähige Betriebsausgabe).

Beispiel

Der Unternehmer Dietmar Fölbach lädt seinen Kunden Ralf Godde, Koblenz zum Abendessen in ein Restaurant ein. Die Bewirtungsaufwendungen betragen 300 € (netto). Nach allgemeiner Verkehrsauffassung ist davon nur die Hälfte als angemessen anzusehen.

Der **unangemessene Anteil** der Bewirtungsaufwendungen (hier 50 % von 300 € = 150 €) ist steuerlich nicht als Betriebsausgabe abzugsfähig (**nicht abzugsfähige Betriebsausgabe**). Die hierauf entfallende **Vorsteuer** ist ebenfalls **nicht** abziehbar.

Von dem **angemessenen** Anteil der Aufwendungen sind wiederum **70 % abzugsfähig** (150 € · 70 % = 105 €) und 30 % nicht abzugsfähig (150 € · 30 % = 45 €).

Insgesamt sind somit aus dem vorgenannten Beleg 195 € netto sowie die USt auf die 150 € (z. B. 28,50 €) nicht abzugsfähige Betriebsausgabe.

Besondere Aufzeichnung:
Geschäftlich veranlasste Bewirtungsaufwendungen sind zeitnah, **einzeln** und **getrennt** von den anderen Betriebsausgaben **aufzuzeichnen** (§ 4 Abs. 7 Satz 1 EStG).

Die besondere Aufzeichnungspflicht wird z. B. dadurch erfüllt, dass die Bewirtungsaufwendungen **einzeln auf einem besonderen Konto** (z. B. „4650 (6640) Bewirtungskosten") erfasst werden. Zu Einzelheiten siehe R 4.11 Abs. 1 EStR.

„Zeitnah" bedeutet hier: **innerhalb von 10 Tagen bis zu einem Monat** nach dem Geschäftsvorfall.

Beispiel

Unternehmer A ermittelt seinen Gewinn durch Betriebsvermögensvergleich nach § 5 EStG. Die auf Geschäftsreisen angefallenen Aufwendungen für die Bewirtung von Geschäftsfreunden erfasste er jedoch nicht auf dem dafür eingerichteten Sachkonto, sondern übergab nach Ablauf des Geschäftsjahres die gesammelten Belege seinem Steuerberater. Dieser zeichnete die Einzelbeträge als „Kundenbewirtungen" auf und addierte sie.

Der Betriebsausgabenabzug ist wegen Fehlens einer zeitnahen Aufzeichnung zu versagen; auch gilt die Ablage der Belege nicht als eine laufende Verbuchung (BFH-Urteil vom 22.01.1998).

Ein Verstoß gegen die besondere Aufzeichnungspflicht hat somit zur Folge, dass die nicht besonders aufgezeichneten **Aufwendungen steuerlich nicht abgezogen werden dürfen** (vgl. H 4.11 [Verstoß gegen die besondere Aufzeichnungspflicht EStH 2019]).

Übersicht:

einkommensteuerlich **abzugsfähige** Bewirtungsaufwendungen aus geschäftlichem Anlass	einkommensteuerlich **nicht** abzugsfähige Bewirtungsaufwendungen aus geschäftlichem Anlass
► **70 %** der angemessenen, ordnungsgemäß nachgewiesenen und einzeln und getrennt aufgezeichneten Aufwendungen	► **30 %** der angemessenen, ordnungsgemäß nachgewiesenen und einzeln und getrennt aufgezeichneten Aufwendungen ► unangemessene Aufwendungen (unangemessener Anteil) ► nicht ordnungsgemäß nachgewiesene Aufwendungen (Verstoß gegen die Nachweispflichten gem. § 4 Abs. 5 Nr. 2 Sätze 2 und 3 EStG und R 4.10 Abs. 8 und 9 EStR) ► nicht einzeln und getrennt aufgezeichnete Aufwendungen (Verstoß gegen die Aufzeichnungspflicht gem. § 4 Abs. 7 EStG und R 4.11 EStR) ► Vorsteuerbeträge, die auf unangemessene/nicht ordnungsgemäß nachgewiesene Aufwendungen entfallen

Formale Anforderungen an Bewirtungsbelege:
Damit Bewirtungsaufwendungen überhaupt als Betriebsausgaben anerkannt werden, muss der Steuerpflichtige die Aufwendungen ordnungsgemäß nachweisen.

Er muss deshalb Belege vorlegen können, aus welchen die Höhe der Aufwendungen und deren geschäftliche Veranlassung hervorgehen.

Nach § 4 Abs. 5 Nr. 2 Satz 2 EStG müssen schriftlich die folgenden Angaben zu der Bewirtung gemacht werden:

- Ort
- Tag
- Teilnehmer
- Anlass der Bewirtung
- Höhe der Aufwendungen.

Hat die **Bewirtung in einer Gaststätte** stattgefunden, so **genügen Angaben zu dem Anlass und den Teilnehmern** der Bewirtung; die **Rechnung** über die Bewirtung ist **beizufügen** (§ 4 Abs. 5 Nr. 2 Satz 3 EStG). Der **Name** und die **Anschrift der Gaststätte** sowie der **Tag der Bewirtung** müssen ebenfalls auf dem Beleg ausgewiesen sein.

Die Angaben können auf dem Bewirtungsbeleg oder getrennt gemacht werden (z. B. Anlage zu dem Beleg, die mit diesem zusammengefügt ist).

Eine weitere **unabdingbare Voraussetzung** für die steuerliche Abzugsfähigkeit der Aufwendungen ist nach R 4.10 Abs. 8 Satz 8 EStR, dass der Beleg

- **den Anforderungen des § 14 UStG entspricht und**
- **maschinell erstellt und registriert ist (Ausdruck aus einer Registrierkasse).**

Beispiel

Der Unternehmer Daniel Lauxen lädt seinen Kunden Mathias Dörner zum Abendessen in eine Gaststätte ein. Die Aufwendungen haben 100 € (netto) betragen. Zum Nachweis legt er einen Kassenbon vor, aus dem nicht genau hervorgeht, was verzehrt wurde.

Der Beleg entspricht nicht den geforderten Nachweisvoraussetzungen des § 4 Abs. 5 Nr. 2 EStG. Die Aufwendungen sind deshalb steuerlich nicht abzugsfähig (nicht abzugsfähige Betriebsausgabe).

Die in Anspruch genommenen **Leistungen** (z. B. Essen, Getränke) **sind nach Art, Umfang, Entgelt und Tag der Bewirtung in der Rechnung gesondert zu bezeichnen**.

ACHTUNG

Die Angabe „Speisen und Getränke" mit der für die Bewirtung in Rechnung gestellten Gesamtsumme ist nicht ausreichend.

Übersicht:
Verpflichtende Angaben auf Bewirtungsbelegen oder Anlagen dazu (bei Bewirtungen in Restaurants, Gaststätten etc.)

1. **Name und Anschrift des Bewirtenden** (leistender Unternehmer)

   bei Bewirtung in einer Gaststätte, in einem Hotel o. Ä.: Stempel oder Aufdruck der Gaststätte/des Hotels auf dem Bewirtungsbeleg
2. **Name und Anschrift des Gastgebers** [bei Belegen bis 250 € entbehrlich]
3. **Leistungen**, die in Anspruch genommen wurden (nach Art, Menge und Wert einzeln aufgegliedert)
4. **Entgelt** (Nettobetrag) für die Leistungen [bei Belegen bis 250 € entbehrlich]
5. **Steuerbetrag (USt)**, der auf die Leistungen entfällt
   [Bei Belegen bis 250 € ist diese Angabe entbehrlich; stattdessen können das Entgelt und der Steuerbetrag zusammen angegeben werden (Bruttobetrag); dann muss aber zusätzlich der angewendete Steuersatz angegeben werden bei unterschiedlichen Steuersätzen sind die Bruttobeträge getrennt nach den Steuersätzen auszuweisen.]
6. **Datum der Bewirtung**
7. **Registrierungsvermerk** (von einer Registrierkasse ausgedruckt: z. B. laufende Registrierungsnummer auf dem Beleg ausgedruckt)
8. **Teilnehmer**
9. **Anlass der Bewirtung**

Den Nachweis- und Aufzeichnungspflichten muss besondere Beachtung geschenkt werden, weil der Betriebsausgabenabzug (und auch der Vorsteuerabzug) in der Praxis oftmals an der nicht vollständigen Erfüllung dieser Vorschriften scheitert. Betriebsprüfungen, die sich i. d. R. über Prüfungszeiträume von mindestens 3 - 5 Wirtschaftsjahren erstrecken, können bei Nichtbeachtung dieser Vorschriften zu erheblichen Steuernachzahlungen führen.

Einschränkung des Vorsteuerabzugs:
Vorsteuerbeträge aus Bewirtungskosten sind dann abziehbar, wenn die Bewirtung betrieblich oder **geschäftlich veranlasst** war (z. B. Geschäftsessen mit einem Kunden) und die allgemeinen **Voraussetzungen des § 15** erfüllt sind.

Bei **nicht angemessenen** Bewirtungsaufwendungen ist der Vorsteuerabzug jedoch **zu versagen** (vgl. § 15 Abs. 1a UStG).

Demnach ist nur bei Belegen über geschäftliche Bewirtungen, welche die umsatzsteuerlichen Voraussetzungen nach §§ 14 und 15 UStG bzw. 33 UStDV erfüllen, die Vorsteuer wie folgt abziehbar bzw. nicht abziehbar:

angemessene und **ordnungsgemäß nachgewiesene** Bewirtungsaufwendungen	**nicht ordnungsgemäß nachgewiesene** Bewirtungsaufwendungen	**unangemessene** Bewirtungsaufwendungen (unangemessener Anteil)
Vorsteuer **abziehbar**	Vorsteuer **nicht** abziehbar	Vorsteuer **nicht** abziehbar

Beispiel

Der Unternehmer Kurz isst mit einem Kunden in einem Restaurant aus geschäftlichem Anlass. Er bezahlt hierfür 100 € + 19 € USt und erhält einen ordnungsgemäß ausgestellten Beleg, der alle Voraussetzungen gem. § 15 Abs. 1 UStG erfüllt. Alle Nachweisvorschriften werden von Herrn Kurz ordnungsgemäß erbracht.

Obwohl Herr Kurz einkommensteuerrechtlich gem. § 4 Abs. 5 Nr. 2 EStG nur 70 € (70 % von 100 €) als Betriebsausgabe geltend machen kann, darf er umsatzsteuerrechtlich aus diesem Beleg die gesamte ausgewiesene Vorsteuer in Höhe von 19 € abziehen.

Die Versagung des Vorsteuerabzugs allein wegen nicht eingehaltener einkommensteuerlicher Formvorschriften (einzelne und getrennte Aufzeichnung nach § 4 Abs. 7 EStG) ist für angemessene Bewirtungsaufwendungen nicht zulässig (vgl. BMF-Schreiben vom 23.06.2005).

Buchungen:
Geschäftlich veranlasste Bewirtungskosten, die ordnungsgemäß nachgewiesen sind, werden einzeln und getrennt von den übrigen Betriebsausgaben erfasst, damit sie steuerlich als Betriebsausgaben abzugsfähig sind (siehe oben). [Handelsrechtlich sind die Aufwendungen unabhängig von der steuerlichen Aufzeichnungsvorschrift als Aufwendungen abziehbar.]

Sofern es sich bei dem vorliegenden Bewirtungsbeleg um **angemessene** und **ordnungsgemäß nachgewiesene** Aufwendungen handelt, bietet es sich an,

- den abzugsfähigen Anteil (70 %) auf dem Konto **„4650 (6640) Bewirtungskosten"** und
- den nicht abzugsfähigen Teil (30 %) auf dem Konto **„4654 (6644) Nicht abzugsfähige Bewirtungskosten"**

zu erfassen.

Bei einem zum Vorsteuerabzug berechtigtem Unternehmer ist die **abziehbare Vorsteuer** auf dem Konto **„1570 (1400) Vorsteuer"** (bzw. spezielleren Unterkonten hiervon) im Soll zu erfassen. Die oben aufgeführte „70/30-Aufteilung" erfolgt also vom Nettobetrag des Bewirtungsbelegs.

Beispiel

Die zum Vorsteuerabzug berechtigte Einzelhändlerin Simone Kleinert, Koblenz, lädt ihren Lieferanten Jürgen Retzmann zum Mittagessen in ein Restaurant ein. Frau Kleinert bezahlt 50 € + 19 % USt = 59,50 € bar. Sie weist die Aufwendungen durch einen Beleg nach, der allen Erfordernissen entspricht.

Die Vorsteuer aus dem Bewirtungsbeleg ist nach § 15 Abs. 1 UStG in voller Höhe abziehbar.

Von dem Nettobetrag des Bewirtungsbelegs kann Frau Kleinert 70 % (= 35 €) als Betriebsausgabe abziehen; 30 % des Nettobetrages (= 15 €) sind steuerlich nicht als Betriebsausgabe abzugsfähig (§ 4 Abs. 5 Nr. 2 EStG).

Der Beleg sollte demnach wie folgt gebucht werden:

Sollkonto – SKR 03 (SKR 04)		**Betrag** (Euro)	**Habenkonto** – SKR 03 (SKR 04)	
Abziehb. Vorsteuer 19 %	1576 (1406)	9,50	Kasse	1000 (1600)
Bewirtungskosten	4650 (6640)	35,00	Kasse	1000 (1600)
Nicht abz. Bewirtungsk.	4654 (6644)	15,00	Kasse	1000 (1600)

Bewirtungsaufwendungen, die nach allgemeiner Verkehrauffassung als unangemessen anzusehen sind (dies sollte i. d. R. erst bei einer Betriebsprüfung entschieden werden), sind vom **steuerlichen Betriebsausgabenabzug ausgeschlossen**. Die hierauf entfallende **Vorsteuer ist ebenfalls nicht abziehbar**.

Beispiel

Der zum Vorsteuerabzug berechtigte Rechtsanwalt Patrick Mallmann lädt die Mandantin Nathalie Pelz zur Vorbereitung einer anstehenden Gerichtsverhandlung zum Abendessen in ein Nobelrestaureant ein. Alle Nachweisvoraussetzungen sind ordnungsgemäß erfüllt. Die Bewirtungsaufwendungen haben 200 € + 19 % USt = 238 € betragen (bar bezahlt). Nach allgemeiner Verkehrsauffassung sind 50 % der Aufwendungen als unangemessen anzusehen.

Die Vorsteuer, die auf den angemessenen Anteil entfällt (19 €), ist abziehbar, die Vorsteuer des unangemessenen Anteils (19 €) ist nicht abziehbar.

Als Betriebsausgabe abzugsfähig sind 70 % der angemessenen Netto-Bewirtungsaufwendungen (200 € · ½ · 70 % = 70 €).

Nicht abzugsfähig sind 50 % der Netto-Bewirtungsaufwendungen sowie 30 % der angemessenen Netto-Bewirtungskosten und die auf die unangemessenen Aufwendungen entfallende Vorsteuer: 100 € + 30 % von 100 € + 19 € = 149 €.

Der Beleg sollte demnach wie folgt gebucht werden:

Sollkonto – SKR 03 (SKR 04)		**Betrag** (Euro)	**Habenkonto** – SKR 03 (SKR 04)	
Abziehb. Vorsteuer 19 %	1576 (1406)	19,00	Kasse	1000 (1600)
Bewirtungskosten	4650 (6640)	70,00	Kasse	1000 (1600)
Nicht abz. Bewirtungsk.	4654 (6644)	149,00	Kasse	1000 (1600)

Aufgabe 8 > Seite 242

5.5 Aufwendungen für Fahrten zwischen Wohnung und Betrieb

Aufwendungen, die im Zusammenhang mit Fahrten des Unternehmers zwischen seiner Wohnung und seinem Betrieb anfallen, sind – wie bei Arbeitnehmern – **steuerlich** nur in **Höhe der Entfernungspauschale abziehbar**.

Handelsrechtlich gibt es für diese Fahrten **keine** Abzugsbeschränkung, weil die hierdurch entstandenen Aufwendungen betrieblich veranlasst sind (der Unternehmer muss zu seinem Unternehmen fahren, um es zu leiten).

Aufwendungen, welche durch Fahrten zwischen Wohnung und Betrieb verursacht sind und die steuerliche Entfernungspauschale übersteigen, gehören somit zu den nichtabzugsfähigen Betriebsausgaben (vgl. § 4 Abs. 5 Nr. 6 EStG).

Vorsteuern, die auf Fahrten zwischen Wohnung und Betrieb entfallen, sind voll abzugsfähig, weil die Fahrten unternehmerisch veranlasst sind; die nichtabzugsfähigen

Betriebsausgaben aus diesen Fahrten unterliegen nicht der Umsatzsteuer (nicht steuerbar).

Der Unternehmer hat bei der Ermittlung der nichtabzugsfähigen Aufwendungen – wie bei der Ermittlung der privaten Kfz-Nutzung betrieblicher Fahrzeuge – die Wahl zwischen der Anwendung der **Prozentmethode** oder der **Fahrtenbuchmethode**:

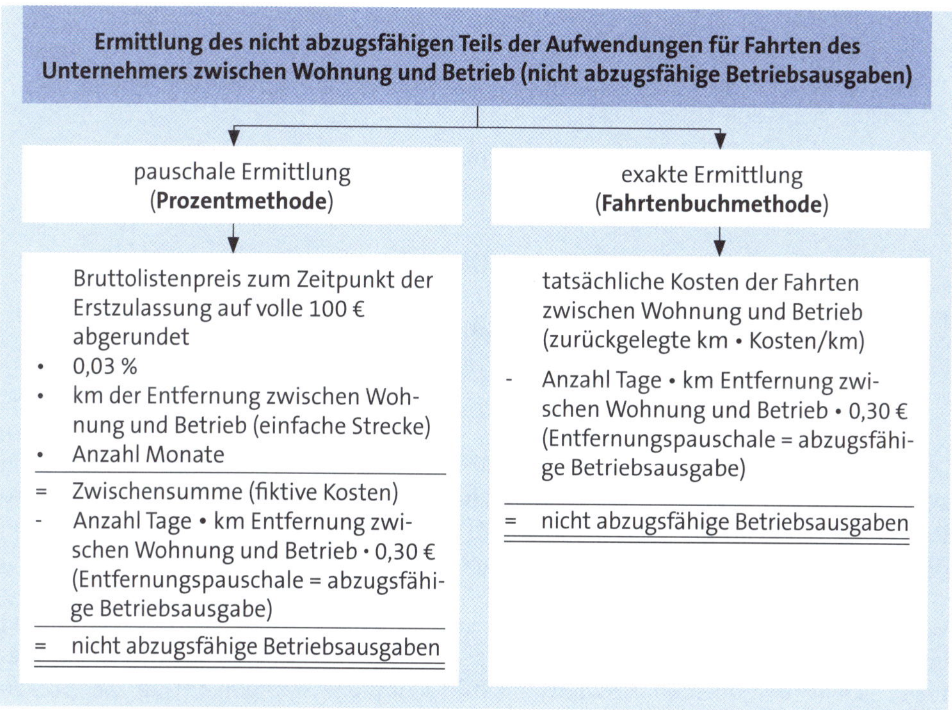

Beispiel

Der betriebliche Pkw, der von dem Unternehmer Michael Schoor am 01.04.2020 für sein Unternehmen mit einem Bruttolistenpreis von 30.060 € angeschafft wurde, wird von ihm auch für Fahrten zwischen Wohnung und erster Betriebsstätte genutzt; in 2020 (01.04. bis 31.12.) an insgesamt 180 Tagen. Die Entfernung (einfache Strecke) zwischen seiner Wohnung und dem Betrieb beträgt 10 km. Herr Schoor hat kein Fahrtenbuch geführt.

- **Kosten der Fahrten nach der Prozentmethode:**
  30.000 € · 0,03 % · 10 km · 9 Monate = 810 €
- **davon steuerlich als Betriebsausgaben abzugsfähig:**
  180 Fahrten · 10 km · 0,30 € = 540 €
- **nicht abzugsfähige Betriebsausgaben:**
  810 € - 540 € = 270 €

INFO

Hinsichtlich der Wertermittlung der nichtabzugsfähigen Betriebsaufgaben für Fahrten zwischen Wohnung und erster Betriebsstätte sind bei der Nutzung von betrieblichen **Elektro- und bestimmten Hybridelektrofahrzeugen** mit Anschaffungsdatum **nach dem 31.12.2018** einkommensteuerliche Vergünstigungen zu beachten (vgl. z. B. § 6 Abs. 1 Nr. 4 Sätze 2 und 3 EStG).

Je nach dem vorliegenden **Anschaffungsdatum**, der Erfüllung bestimmter **umwelttechnischer Voraussetzungen** und der **Höhe des Bruttolistenpreises** darf für einkommensteuerliche Zwecke

- bei Anwendung der **1 %-Regelung** (Prozentmethode) der **Bruttolistenpreis** des Fahrzeugs zur **Hälfte** oder ggf. zu einem **Viertel** (vgl. § 6 Abs. 1 Nr. 4 Satz 2 EStG) oder
- bei Anwendung der **Fahrtenbuchmethode** der Wert der **Anschaffungskosten** bzw. bei Leasingfahrzeugen der Wert der vergleichbaren Aufwendungen (**Leasingraten**) zur **Hälfte** oder ggf. zu einem **Viertel** (vgl. § 6 Abs. 1 Nr. 4 Satz 3 EStG)

angesetzt werden.

Die Berücksichtigung der nicht abzugsfähigen Betriebsausgaben aus den Fahrten zwischen Wohnung und Betrieb bei der steuerlichen Gewinnermittlung kann am einfachsten dadurch erfolgen, diese außerhalb der Buchführung dem handelsrechtlichen Gewinn/Verlust hinzuzurechnen (ohne Buchung).

Wenn die nicht abzugsfähigen Betriebsausgaben aus den Fahrten zwischen Wohnung und Betrieb aus statistischen Gründen in der Buchführung erfasst werden sollen, bietet es sich an, den nach § 4 Abs. 5 Nr. 6 EStG nicht abzugsfähigen Betrag wie folgt zu buchen (Betrag aus dem Beispiel zuvor):

Sollkonto – SKR 03 (SKR 04)	**Betrag** (Euro)	**Habenkonto** – SKR 03 (SKR 04)
Fahrten zw. Wohnung u. Betriebsst. (nichtabz. Teil) 4679 (6689)	270,00	Fahrten zw. Wohnung u. Betriebsst. (Haben) 4680 (6690)

Weil diese Buchung **erfolgsneutral** ist (Aufwandskonto im Soll an Aufwandskonto im Haben), sind auch bei dieser Vorgehensweise die erfassten 270 € zur Ermittlung des steuerlichen Gewinns **außerhalb der Buchführung dem handelsrechtlichen Gewinn hinzuzurechnen**.

Aufgabe 9 > Seite 242
Aufgabe 10 > Seite 242

6. Reisekosten

6.1 Begriff und Überblick

Aufwendungen, die im Zusammenhang mit betrieblich veranlassten **Auswärtstätigkeiten** des Unternehmers oder Arbeitnehmers anfallen, werden allgemein als Reisekosten bezeichnet.

Eine **betrieblich veranlasste Auswärtstätigkeit** liegt vor, wenn der Unternehmer oder Arbeitnehmer vorübergehend aus betrieblichen Gründen auswärtig tätig wird, und zwar

- außerhalb seiner Wohnung
- außerhalb seiner ersten Tätigkeitsstätte (Arbeitnehmer) bzw.
- außerhalb des Mittelpunktes seiner dauerhaft angelegten betrieblichen Tätigkeit (Unternehmer).

Beispiel

Die Unternehmerin Katja Porz betreibt in Koblenz eine Buchhandlung als Einzelunternehmung. Zur Sichtung der Neuerscheinungen auf dem Schulbuchmarkt besucht sie am 14. und 15. Februar 2020 die „Schulbuchmesse 2020" in Köln.

Weil diese Tätigkeit betrieblich veranlasst und vorübergehend außerhalb des Betriebes stattfindet, liegt eine betriebliche Auswärtstätigkeit vor. Die hierbei entstehenden Aufwendungen sind Reisekosten.

Als Reisekosten können die folgenden **Aufwandsarten** anfallen (vgl. R 9.4 Abs. 1 LStR):

1. Fahrtkosten
2. Verpflegungsmehraufwendungen
3. Übernachtungskosten
4. Reisenebenkosten

Hinweis: Die Regelungen der Lohnsteuerrichtlinien zu Reisekosten sind für Zwecke der Einkommensteuer – und damit auch für betrieblich veranlasste Auswärtstätigkeiten – sinngemäß anzuwenden (vgl. R 4.12 Abs. 2 EStR).

Für Reisekosten, **die als Betriebsausgaben abgezogen werden dürfen**, stellen die Datev-Kontenrahmen SKR 03 (SKR 04) die folgenden allgemeinen Aufwandskonten zur Verfügung:

► Reisekosten Arbeitnehmer	**4660 (6650)**
► Reisekosten Unternehmer	**4670 (6670)**

Für eine nach den verschiedenen Reisekostenarten differenzierte Erfassung stellen die Datev-Kontenrahmen z. B. die folgenden speziellen Unterkonten bereit:

► Reisekosten Arbeitnehmer Fahrtkosten	**4663 (6663)**
► Reisekosten Arbeitnehmer Verpflegungsmehraufwand	**4664 (6664)**
► Reisekosten Arbeitnehmer Übernachtungsaufwand	**4666 (6660)**
► Reisekosten Unternehmer Fahrtkosten	**4673 (6673)**
► Reisekosten Unternehmer Verpflegungsmehraufwand	**4674 (6674)**
► Reisekosten Unternehmer Übernachtungsaufwand und Reisenebenkosten	**4676 (6680)**

Für **Verpflegungsmehraufwendungen** schreibt § 9 Abs. 4a i. V. mit § 4 Abs. 5 Nr. 5 EStG **Abzugshöchstbeträge** vor. Wenn durch die Auswärtstätigkeit höhere Verpflegungskosten als die gesetzlich vorgegebenen Pausch- bzw. Höchstbeträge anfallen, dann sind die übersteigenden Aufwendungen steuerlich nicht abziehbar.
Für solche Reisekostenanteile, die **steuerlich nicht abziehbar** sind (nicht abzugsfähige Betriebsausgaben), stehen die folgenden Konten zur Verfügung:

► Reisekosten Arbeitnehmer (nicht abziehbarer Anteil)	**4662 (6652)**
► Reisekosten Unternehmer (nicht abziehbarer Anteil)	**4672 (6672)**

Vorsteuerabzug aus Reisekostenbelegen ist unter den Voraussetzungen des § 15 UStG zulässig; aus Reisekostenpauschbeträgen ist kein Vorsteuerabzug möglich.

6.2 Fahrtkosten

Aufwendungen, die durch **Fahrten anlässlich betrieblich veranlasster Auswärtstätigkeiten** entstehen, können als Fahrkosten (Reisekosten) vom Unternehmer abgesetzt und dem Arbeitnehmer steuerfrei erstattet werden.

Nicht als Reisekosten absetzbar sind die Aufwendungen für Fahrten zwischen Wohnung und erster Betriebs- bzw. Tätigkeitsstätte.

Reisekosten sind **beispielsweise** die Aufwendungen für folgende Fahrten:

- Fahrten von der Wohnung oder dem Betrieb zur auswärtigen Tätigkeitsstätte und zurück

- Fahrten von der Unterkunft am Ort der auswärtigen Tätigkeitsstätte zur auswärtigen Tätigkeitsstätte
- Fahrten zwischen mehreren auswärtigen Tätigkeitsstätten oder innerhalb eines weiträumigen Arbeitsgebietes.

Vorlage von Einzelbelegen:
Fahrtkosten werden oftmals durch Fahrkarten öffentlicher Verkehrsmittel (z. B. Bahnfahrkarte), durch Benzinbelege, Rechnungen über Mietfahrzeuge o. Ä. nachgewiesen.

Sofern ordnungsgemäße Belege vorliegen, enthält das Steuerrecht im Normalfall keine Abzugsbeschränkung (weder beim Betriebsausgabenabzug noch beim Vorsteuerabzug).

Beispiel

Fall wie im Ausgangsbeispiel (betrieblich veranlasste Reise der Unternehmerin Katja Porz zur „Schulbuchmesse 2020" in Köln).

Frau Porz fährt mit der Bahn von Koblenz nach Köln und zurück. Sie legt eine Bahnfahrkarte in Höhe von 73,20 € (brutto 7 % USt) vor, die sie bar bezahlt hatte.

Buchungen:

Sollkonto – SKR 03 (SKR 04)		**Betrag** (Euro)	**Habenkonto** – SKR 03 (SKR 04)	
Reisek. Untern. Fahrtk.	4673 (6673)	68,41	Kasse	1000 (1600)
Abziehb. Vorsteuer 7 %	1571 (1401)	4,79	Kasse	1000 (1600)

Hätte ein Arbeitnehmer die betrieblich veranlasste Reise unternommen und wären ihm die 73,20 € unter Vorlage der Bahnfahrkarte bar erstattet worden, dann wird der Beleg wie folgt gebucht:

Sollkonto – SKR 03 (SKR 04)		**Betrag** (Euro)	**Habenkonto** – SKR 03 (SKR 04)	
Reisek. Arbeitn. Fahrtk.	4663 (6663)	68,41	Kasse	1000 (1600)
Abziehb. Vorsteuer 7 %	1571 (1401)	4,79	Kasse	1000 (1600)

Erfassung von Pauschbeträgen:
Bei der Benutzung eines privaten (nicht betrieblichen) Fahrzeugs besteht die Möglichkeit, die entstandenen Aufwendungen anstatt eines Einzelnachweises pauschal wie folgt in Anspruch zu nehmen (vgl. § 9 Abs. 1 Satz 3 Nr. 4a Satz 2 EStG und BMF-Schreiben vom 24.10.2014, Rz. 36)

Fahrzeugart	**Pauschale pro gefahrenem Kilometer**
Pkw	0,30 €
jedes andere motorbetriebene Fahrzeug (z. B. Motorrad, Motorroller)	0,20 €

Die pauschal ermittelten Fahrtkosten dürfen dem **Arbeitnehmer**, der eine betrieblich veranlasste Auswärtstätigkeit unternimmt, vom Betrieb **steuerfrei erstattet** werden.

Vorsteuerabzug aus pauschal ermittelten Reisekosten ist **nicht** möglich.

Beispiel

Die Arbeitnehmerin Marion Hendricks besucht im Auftrag ihres Arbeitgebers eine eintägige Fortbildungsveranstaltung in Köln. Sie fährt mit ihrem privaten Pkw von ihrer Wohnung in Koblenz nach Köln und zurück. Sie legt insgesamt 220 Kilometer zurück.

Die pauschal ermittelten Fahrtkosten betragen: 220 km · 0,30 € = 66 €.

Der Arbeitgeber erstattet Frau Hendricks die Fahrtkosten in Höhe von 66 € bar.

Buchung:

Sollkonto – SKR 03 (SKR 04)		**Betrag** (Euro)	**Habenkonto** – SKR 03 (SKR 04)	
Reisek. Arbeitn. Fahrtk.	4663 (6663)	66,00	Kasse	1000 (1600)

Wenn Frau Hendricks ihrem Arbeitgeber eine Benzinquittung vorlegt, dann ist aus diesem Beleg auch Vorsteuerabzug möglich.

6.3 Verpflegungskosten

Aufwendungen für die Verpflegung während einer Auswärtstätigkeit sind steuerlich grundsätzlich nicht abzugsfähig.

Der Gesetzgeber gibt in § 9 Abs. 4a EStG jedoch **Pauschalen für Verpflegungsmehraufwendungen** vor, die – abhängig von der Dauer der Abwesenheit am einzelnen Kalendertag – **steuerlich abzugsfähig** sind:

Abwesenheit pro Kalendertag		**Verpflegungspauschale**
eintägige Abwesenheit	nicht länger als 8 Stunden (also 8 Stunden oder kürzer)	0 €
	länger als 8 Stunden	14 €
mehrtägige Abwesenheit mit Übernachtung	Anreisetag	14 €
	Abreisetag	14 €
24 Stunden Abwesenheit		28 €

Besonderheiten:

- Wird eine betriebliche oder berufliche Auswärtstätigkeit an einem Tag begonnen und am nachfolgenden Tag **ohne Übernachtung** beendet, werden die Abwesenheitszeiten beider Tage zusammengerechnet. Beträgt die Abwesenheit zusammengerechnet mehr als 8 Stunden, so wird die **Verpflegungspauschale (14 €) für den Tag** gewährt, an dem der Unternehmer bzw. Arbeitnehmer **länger** abwesend war (vgl. § 9 Abs. 4a EStG).

- Führt der Unternehmer oder Arbeitnehmer **an einem Tag mehrere Auswärtstätigkeiten** durch, darf er die **Abwesenheitszeiten zusammenrechnen** (vgl. BMF-Schreiben vom 24.10.2014, Rz. 46).

Nachgewiesene Aufwendungen (z. B. durch Bewirtungsbelege), welche diese **Pauschalen übersteigen**, sind **nichtabzugsfähige Betriebsausgaben**, weil sie handelsrechtlich abziehbar, steuerlich aber nicht abziehbar sind.

Vorsteuerbeträge aus ordnungsgemäßen Bewirtungsbelegen sind – unabhängig von den Verpflegungspauschalen – nach § 15 UStG **abziehbar**.

Beispiel

Die zum Vorsteuerabzug berechtigte Unternehmerin Vanessa Waldorf, Koblenz, besucht am 24.02.2020 in Bonn eine eintägige Fortbildungsveranstaltung (betrieblich veranlasst). Sie beginnt die Reise von ihrer Wohnung um 07.30 Uhr und kehrt um 18.45 Uhr dorthin zurück.

An Verpflegungskosten weist Frau Waldorf 35,70 € (brutto 19 % USt) nach, die sie bar bezahlt hat. Ordnungsgemäße Belege liegen vor.

Die Vorsteuer aus dem Verpflegungsbeleg (5,70 €) kann Frau Waldorf bei der Umsatzsteuer abziehen. Vom Nettobetrag der Verpflegungskosten (30 €) gehören 14 € zu den steuerlich abzugsfähigen Betriebsausgaben (Verpflegungspauschale für Abwesenheitsdauer länger als 8 Stunden) und 16 € zu den nicht abzugsfähigen Betriebsausgaben.

Buchungen:

Sollkonto – SKR 03 (SKR 04)	**Betrag** (Euro)	**Habenkonto** – SKR 03 (SKR 04)
Abziehb. Vorsteuer 19 % 1576 (1406)	5,70	Kasse 1000 (1600)
Reisek. Untern. Verpfl. 4674 (6674)	14,00	Kasse 1000 (1600)
Reisek. Untern. (nabz. Teil) 4672 (6672)	16,00	Kasse 1000 (1600)

Der **nichtabziehbare Teil** der Verpflegungskosten ist zur Ermittlung des steuerlichen Gewinns **außerhalb der Buchführung** dem in der Buchführung ermittelten Gewinn hinzuzurechnen, weil – wie in dem Beispiel geschehen – aus handelsrechtlicher Sicht eine Aufwandserfassung auch des steuerlich nicht abzugsfähigen Teils erfolgt ist (handelsrechtlich gibt es keine derartige Abzugsbeschränkung).

Wenn eine betriebliche Auswärtstätigkeit eines **Arbeitnehmers** vorliegt, darf der Unternehmer dem Arbeitnehmer die **Pauschbeträge steuerfrei erstatten**.

Beispiel

Fall wie im Beispiel zuvor, jetzt jedoch mit dem Unterschied, dass die Arbeitnehmerin Kathrin Kiesel an der betrieblich veranlassten Fortbildungsveranstaltung teilnimmt. Ihre Arbeitgeberin erstattet ihr den steuerlich abzugsfähigen Verpflegungspauschbetrag in Höhe von 14 € bar.

Buchung:

Sollkonto – SKR 03 (SKR 04)		**Betrag** (Euro)	**Habenkonto** – SKR 03 (SKR 04)	
Reisek. Arbeitn. Verpfl.	4664 (6664)	14,00	Kasse	1000 (1600)

Erstattungsbeträge, welche die Pauschalen übersteigen, führen bei dem Arbeitnehmer zu steuer- und sozialversicherungspflichtigen Sachbezügen. Der Arbeitgeber kann den über den Pauschalen liegenden Erstattungsbetrag jedoch auch nach § 40 Abs. 2 Satz 1 Nr. 4 EStG pauschal mit 25 % versteuern, wenn der übersteigende Betrag höchstens 100 % der Pauschalen beträgt; dann liegen beim Arbeitnehmer keine steuer- und sozialversicherungspflichtigen Sachbezüge vor.

6.4 Übernachtungskosten

Aufwendungen, die durch **Übernachtungen anlässlich betrieblich veranlasster Auswärtstätigkeiten** (z. B. Hotelübernachtungen) entstehen, können grundsätzlich unbeschränkt vom Unternehmer abgesetzt und dem Arbeitnehmer steuerfrei erstattet werden.

Wenn die Übernachtungsrechnung auch das **Frühstück** enthält, ist dieses **herauszurechnen**, weil es zu den nicht abzugsfähigen **Verpflegungsmehraufwendungen** gehört. Ist der Wert des Frühstücks nicht erkennbar, dann sind **pauschal 5,60 €** (20 % der Pauschale für eine ganztägige Abwesenheit) herauszurechnen (vgl. BMF-Schreiben vom 24.10.2014, Rz. 113).

Sofern **Belege** vorliegen, die auf den Unternehmer bzw. das Unternehmen lauten, ist **Vorsteuerabzug nach den Regelungen des § 15 UStG** zulässig. Bei **Kleinbetragsrechnungen** (bis brutto 250 €) sind der Name und die Anschrift des Leistungsempfängers – also der Name und die Anschrift des Unternehmers, für den die Reise durchgeführt wird – nicht erforderlich (vgl. § 33 UStDV).

Für das in Hotelrechnungen berechnete Frühstück braucht hinsichtlich des Vorsteuerabzugs keine Kürzung vorgenommen zu werden.

Beispiel

Der Unternehmer Tim Palm, Koblenz, übernachtet anlässlich einer betrieblich veranlassten Auswärtstätigkeit in einem Hotel in Hamburg für zwei Nächte. Die auf sein Unternehmen ausgestellte ordnungsgemäße Rechnung in Höhe von 250,00 € + 18,85 € USt bezahlt Herr Palm mit seiner betrieblichen Geldkarte. Der Preis für die Übernachtungen enthält auch das Frühstück (2 • 5,60 € = 11,20 € netto).

Herr Palm kann die Vorsteuer aus der Hotelrechnung in voller Höhe abziehen. Der Nettobetrag ist um 11,20 € (2 • 5,60 € für das Frühstück) zu kürzen (nicht abziehbarer Anteil). Der Restbetrag ist einkommensteuerlich abzugsfähig.

Buchungen:

Sollkonto – SKR 03 (SKR 04)		**Betrag** (Euro)	**Habenkonto** – SKR 03 (SKR 04)	
Abziehb. Vorsteuer 7 %	1571 (1401)	16,72	Bank	1200 (1800)
Abziehb. Vorsteuer 19 %	1576 (1406)	2,13	Bank	1200 (1800)
Reisek. Untern. Übernacht.	4676 (6680)	238,80	Bank	1200 (1800)
Reisek. Untern. (nabz. Teil)	4672 (6672)	11,20	Bank	1200 (1800)

Die abziehbaren Verpflegungskosten kann Herr Palm wie in dem zuvor behandelten Kapitel (6.3) dargestellt geltend machen und buchen.

Bei Übernachtungen von **Arbeitnehmern** anlässlich betrieblich veranlasster Auswärtstätigkeiten kann der Arbeitgeber dem Arbeitnehmer – wenn keine Übernachtungsbelege vorliegen – einen **Pauschbetrag** von **20 €** steuerfrei erstatten (R 9.7 Abs. 3 Satz 1 LStR sowie BMF-Schreiben vom 14.10.2014, Rz. 123).

INFO

Ab 01.01.2020 kann bei Arbeitnehmern, die während einer auswärtigen beruflichen Tätigkeit in einem Fahrzeug des Arbeitgebers oder eines vom Arbeitgeber beauftragten Dritten übernachten (z. B. Übernachtung eines Lkw-Fahrers im Lkw des Arbeitgebers), eine Pauschale von 8 €/Tag anstelle der tatsächlichen Aufwendungen für die Übernachtung angesetzt werden.

Voraussetzung ist, dass der Arbeitnehmer eine Verpflegungspauschale für die jeweilige Auswärtstätigkeit geltend machen darf.

Siehe hierzu im Einzelnen § 9 Abs. 1 Satz 3 Nr. 5b EStG.

Der Arbeitgeber darf die Pauschale dem Arbeitnehmer steuerfrei erstatten.

Bei **Auslandsübernachtungen** gelten besondere Regelungen. Ohne Einzelnachweis dürfen die Übernachtungskosten vom Arbeitgeber **pauschal** geltend gemacht und dem Arbeitnehmer steuerfrei erstattet werden. Die **länderspezifischen Pauschbeträge** werden vom Bundesfinanzministerium festgesetzt und bekannt gemacht (siehe z. B. Anhang 27 des Amtlichen Einkommensteuer-Handbuchs 2019).

6.5 Reisenebenkosten

Aufwendungen, die **durch eine betriebliche Auswärtstätigkeit** anfallen und **keiner der vorgenannten Reisekostenarten zuzuordnen** sind, werden als Reisenebenkosten oder sonstige Reisekosten bezeichnet. Sie sind nach den allgemeinen Regeln des Betriebsausgaben- und des Vorsteuerabzugs **unbeschränkt abzugsfähig**. Dem Arbeitnehmer können sie in der nachgewiesenen oder glaubhaft gemachten Höhe steuerfrei erstattet werden (vgl. R 9.8 Abs. 3 LStR).

Zu den Reisenebenkosten gehören beispielsweise:

- Parkplatzgebühren
- Messeeintrittsgelder
- Aufwendungen für Gepäck (Beförderung, Aufbewahrung, Versicherung)
- Kosten für Telefonate, Fax, Schriftverkehr o. Ä.

Beispiel

Fall wie im Ausgangsbeispiel (betrieblich veranlasste Reise der Unternehmerin Katja Porz zur „Schulbuchmesse 2020“ in Köln).

Frau Porz bezahlt den Messeeintritt in Höhe von 35,70 € bar (brutto 19 % USt).

Buchungen:

Sollkonto – SKR 03 (SKR 04)		**Betrag** (Euro)	**Habenkonto** – SKR 03 (SKR 04)	
Reisekosten Unternehmer Übernachtungsaufw. und Reisenebenkosten	4676 (6680)	30,00	Kasse	1000 (1600)
Abziehb. Vorsteuer 19 %	1576 (1406)	5,70	Kasse	1000 (1600)

Aufgabe 11 > Seite 243

B. Jahresabschlussvorbereitung

1. Rechtsgrundlagen

Bei der Vorbereitung des Jahresabschlusses sind zahlreiche Vorschriften des **Handels- und Steuerrechts** zu beachten.

Handelsrechtliche Vorschriften sind von **Kaufleuten** zu beachten, die nach § 238 HGB buchführungs- und bilanzierungspflichtig und nicht nach § 241a HGB von der Buchführungspflicht befreit sind (siehe hierzu Kompakt-Training Buchführung 1, S. 19 ff.).

Das Steuerrecht schreibt in § 5 Abs. 1 EStG außerdem verbindlich vor, dass die **handelsrechtlichen Grundsätze ordnungsgemäßer Buchführung** auch für den Betriebsvermögensvergleich nach Steuerrecht anzuwenden sind.

Die in den **§§ 238 ff. HGB** enthaltenen Regelungen sind sowohl bei den laufenden Buchungen als auch bei der Jahresabschlussvorbereitung und der Erstellung des Jahresabschlusses zu beachten.

Steuerrechtliche Vorschriften dienen u. a. dem Zweck der „richtigen" Ermittlung des zu versteuernden Einkommens, welches dann der Einkommensteuer oder Körperschaftsteuer zu unterwerfen ist.

Weil der mithilfe der Buchführung ermittelte Gewinn oder Verlust für die **Ermittlung der Einkünfte aus Gewerbebetrieb** (§ 15 EStG) herangezogen wird, sind zahlreiche steuerrechtliche Vorschriften sowohl bei der laufenden Buchführung als auch bei der Jahresabschlussvorbereitung zu beachten.

Beispiel

Das EStG verbietet in § 4 Abs. 5 Nr. 1 den Betriebsausgabenabzug für betriebliche Geschenke über 35 € (siehe Kapitel A., S. 45). Diese Regelung gilt zwar „nur" für Zwecke der Besteuerung; in der Buchführung ist jedoch direkt zu beachten, dass Geschenke bis 35 € und Geschenke über 35 € auf getrennten Konten erfasst werden, damit die Geschenke bis 35 € überhaupt abziehbar sind. Weiterhin ist für die steuerliche Gewinnermittlung zu bedenken, dass die nichtabzugsfähigen Betriebsausgaben (hier gem. § 4 Abs. 5 Nr. 1 EStG) direkt identifizierbar sein sollten, weil sie dem handelsrechtlichen Gewinn wieder hinzugerechnet werden müssen (siehe Kapitel A., S. 43 ff.).

Auch zwingende **Regelungen des Umsatzsteuerrechts** sind im Zahlenwerk der Buchführung zu berücksichtigen, damit die aus der Buchführung und dem Jahresabschluss hervorgehenden Daten für die Erstellung der Steuererklärungen herangezogen werden können.

Beispiel

Die Entnahme von Gegenständen des Unternehmens für private Zwecke des Unternehmers unterliegt als „unentgeltliche Wertabgabe“ der Umsatzsteuer (§ 3 Abs. 1b Nr. 1 i. V. mit § 1 Abs. 1 Nr. 1 UStG).

Die Bemessungsgrundlagen (Nettobeträge) aller unentgeltlichen Wertabgaben müssen in der Buchführung von „normalen“ Umsatzerlösen getrennt erfasst werden, damit die Daten für die Erstellung der Umsatzsteuererklärung verwendet werden können und eine Umsatzsteuerverprobung möglich ist.

2. Bestandteile des Jahresabschlusses

Bei **Einzelunternehmen** und **Personenhandelsgesellschaften** (OHG, KG) mit einer natürlichen Person als Vollhafter besteht der Jahresabschluss nach **§ 242 Abs. 3 HGB** aus den **zwei** Komponenten

- **Bilanz**
- **Gewinn- und Verlustrechnung (GuV).**

Kapitalgesellschaften (GmbH, AG) und Personenhandelsgesellschaften, bei denen keine natürliche Person voll haftet, müssen die Bilanz und die GuV um einen **Anhang** ergänzen (vgl. § 264 Abs. 1 HGB), der insbesondere Erläuterungen zu Bilanzansätzen und -werten enthält und die Bilanz und Gewinn- und Verlustrechnung von Daten entlastet (die dann dort aufgeführt werden).

Somit besteht der Jahresabschluss von **Kapitalgesellschaften** und Personengesellschaften ohne natürliche Person als Vollhafter grundsätzlich aus den **drei** Komponenten

- **Bilanz**
- **Gewinn- und Verlustrechnung (GuV)**
- **Anhang.**

 INFO

So genannte „Kleinstkapitalgesellschaften“ gem. § 267a HGB sind unter bestimmten Voraussetzungen von der Verpflichtung befreit, zusätzlich zur Bilanz und GuV einen Anhang aufzustellen. Siehe hierzu § 264 Abs. 1 Satz 5 und § 267a HGB.

Mittelgroße und **große** Kapitalgesellschaften und Personengesellschaften ohne natürliche Person als Vollhafter müssen ihren Jahresabschluss um einen **Lagebericht** ergänzen (vgl. § 264 Abs. 1 HGB), der eine Gesamtbeurteilung des Unternehmens, seiner gegenwärtigen und zukünftigen wirtschaftlichen Situation, ermöglichen soll. (Zur Definition „große" bzw. „mittelgroße" Kapitalgesellschaft siehe § 267 HGB.)

Zu Einzelheiten hinsichtlich der Bestandteile des Jahresabschlusses siehe *Bolin/Stephani/Wyrwa/Grefe*, S. 35 und *Rinker*, S. 75 ff.

3. Zusammenhang zwischen Handels- und Steuerbilanz

Die **Handelsbilanz** ist eine Bilanz, die nach handelsrechtlichen Vorschriften (HGB, GmbHG, AktG) erstellt wird. Sie verfolgt insbesondere die folgenden zwei Ziele:

1. **Information bestimmter Interessengruppen** über die Vermögens-, Finanz- und Ertragslage des Unternehmens (Geschäftsleitung, Kapitalgeber, Gläubiger, Arbeitnehmer, Öffentlichkeit)
2. **Ermittlung des ausschüttungsfähigen Gewinns** an die Kapitalgeber oder Anteilseigner.

Als **Steuerbilanz** wird die **unter Beachtung steuerrechtlicher Vorschriften** (EStG, KStG) erstellte Bilanz bezeichnet. Sie bildet die **Grundlage für die Besteuerung**. Ihr Leitbild ist, dass Gewinne in den Perioden auszuweisen und zu besteuern sind, in denen sie entstanden sind. Gewinnverlagerungen auf andere Perioden sollen – bis auf die gesetzlich vorgesehenen Ausnahmen – nicht möglich sein. Das **Steuerrecht** enthält deshalb **einige** vom Handelsrecht **abweichende** Ansatz- und Bewertungsvorschriften (insbesondere in den §§ 4 - 7 EStG).

Handels- und Steuerbilanz existieren jedoch nicht „unabhängig" voneinander. Zwischen ihnen bestehen vielmehr **wechselseitige Abhängigkeiten**. Insbesondere die Steuerbilanz ist von der Handelsbilanz dadurch „abhängig", dass das Steuerrecht in § 5 Abs. 1 Satz 1 EStG vorschreibt, dass buchführungspflichtige Gewerbetreibende für steuerliche Zwecke grundsätzlich das Betriebsvermögen auszuweisen haben, welches nach den handelsrechtlichen Vorschriften auszuweisen ist (sog. Grundsatz der **Maßgeblichkeit der Handelsbilanz für die Steuerbilanz**).

Die **Maßgeblichkeit der Handelsbilanz** stößt jedoch dort an ihre **Grenzen**, wo **eigenständige steuerrechtliche Regelungen** bestehen.

ACHTUNG

- Steuerrechtlich **verpflichtende** Regelungen gehen den handelsrechtlichen Vorschriften bei der Aufstellung der **Steuerbilanz** vor und
- steuerliche **Wahlrechte** können bei der Aufstellung der Steuerbilanz **unabhängig vom handelsrechtlichen Wertansatz** ausgeübt werden.

Einzelheiten können dem BMF-Schreiben vom 12.03.2010, BStBl 2010 S. 239 entnommen werden.

Beispielsweise dann, wenn im Rahmen der **Ausübung eines steuerlichen Wahlrechts** (z. B. die Inanspruchnahme einer steuerlichen Sonderabschreibung) ein anderer Ansatz gewählt wird, **oder steuerlich zwingende Vorschriften** vorhanden sind, die von den handelsrechtlichen Regelungen abweichen, sind die **steuerlichen Vorschriften** für die Zwecke der Besteuerung (also in der Steuerbilanz) **vorrangig** anzuwenden. In diesen Punkten weicht die Steuerbilanz dann von der Handelsbilanz ab.

Beispiel

Für drohende Verluste aus schwebenden Geschäften muss in der Handelsbilanz eine Rückstellung auf der Passivseite ausgewiesen werden (vgl. § 249 Abs. 1 Satz 1 HGB). In der Steuerbilanz sind „Drohverlustrückstellungen" verboten (vgl. § 5 Abs. 4a EStG).

Wenn drohende Verluste aus schwebenden Geschäften vorliegen, weicht die Steuerbilanz somit zwingend von der Handelsbilanz ab.

In einigen Fällen – insbesondere bei kleinen Unternehmen – gelingt es, Jahresabschlüsse zu erstellen, die sowohl die handelsrechtlichen als auch die steuerrechtlichen Vorschriften berücksichtigen. Diese werden dann als **„Einheitsbilanz"** bezeichnet.

In den Fällen, in denen **keine** Einheitsbilanz erstellt werden kann (weil unüberbrückbare Abweichungen zwischen den handelsrechtlichen und den steuerrechtlichen Vorschriften vorliegen), ist es üblich, zunächst einen Jahresabschluss zu erstellen, der den handelsrechtlichen Vorschriften gerecht wird. Die Differenzen zum Jahresabschluss nach Steuerrecht können dann mithilfe einer Nebenrechnung, der sog. **„Überleitungsrechnung"**, dem handelsrechtlichen Ergebnis hinzugerechnet oder von diesem abgezogen werden.

	Gewinn/Verlust nach HGB („Handelsbilanzgewinn“)
+/-	Ergänzungs-/Abweichungsrechnung für das Steuerrecht (sog. „Überleitungsrechnung“)
=	**steuerliches Ergebnis**

Beispiel

Das für 2020 nach handelsrechtlichen Vorschriften ermittelte Ergebnis der Druckerei Fölbach in Koblenz beträgt 65.400 € (Gewinn).

In der Buchführung wurden für 2020 nicht abzugsfähige Geschenke aus betrieblichem Anlass (§ 4 Abs. 5 Nr. 1 EStG) in Höhe von 2.380 € und nicht abzugsfähige Bewirtungsaufwendungen (§ 4 Abs. 5 Nr. 2 EStG) in Höhe von 500 € auf speziellen Konten als Aufwendungen erfasst.

Das steuerliche Ergebnis der Druckerei Fölbach beläuft sich für 2020 somit auf 68.280 €:

	Gewinn nach HGB	65.400 €
+	nicht abzugsfähige Betriebsausgaben gem. § 4 Abs. 5 Nr. 1 EStG	2.380 €
+	nicht abzugsfähige Betriebsausgaben gem. § 4 Abs. 5 Nr. 2 EStG	500 €
=	**Gewinn nach EStG**	**68.280 €**

4. Bewertungsmaßstäbe

4.1 Maßstäbe für die Bewertung des Vermögens

Um Vermögensgegenstände **wertmäßig bilanzieren** zu können, bedarf es eindeutig festgelegter **Bewertungsmaßstäbe**.

Übersicht:

Bewertungsmaßstäbe des Handelsrechts	Bewertungsmaßstäbe des Steuerrechts
► Anschaffungskosten (AK)	► Anschaffungskosten (AK)
► Herstellungskosten (HK)	► Herstellungskosten (HK)
► fortgeführte AK/HK	► fortgeführte AK/HK
► beizulegender Zeitwert	► Teilwert

4.1.1 Anschaffungskosten

Gegenstände, die angeschafft (z. B. entgeltlich erworben) wurden, sind zunächst mit ihren **Anschaffungskosten** in der Buchführung zu erfassen (vgl. § 253 Abs. 1 Satz 1 HGB).

MERKE

Nach § 255 Abs. 1 HGB sind **Anschaffungskosten (AK)** alle Aufwendungen, die geleistet werden, um einen Vermögensgegenstand zu erwerben und ihn in einen betriebsbereiten Zustand zu versetzen, soweit sie dem Vermögensgegenstand einzeln zugeordnet werden können..

Bei der Ermittlung der AK wird unterschieden in **Anschaffungspreis** (Kaufpreis), **Anschaffungsnebenkosten** (Aufwendungen, die im Rahmen des Erwerbs und der Inbetriebnahme anfallen) und **Anschaffungspreisminderungen** (Preisabzüge und Preisminderungen).

Nach Abschluss des Erwerbsvorgangs anfallende AK, die dem Anlagegegenstand einzeln zuzuordnen sind, müssen den AK als **nachträgliche Anschaffungskosten** hinzugerechnet werden (z. B. Aufwendungen für den nachträglichen Einbau einer Anhängerkupplung bei einem Pkw).

ACHTUNG

Unternehmer, die zum Vorsteuerabzug berechtigt sind, dürfen bei der Ermittlung der AK grundsätzlich nur **Nettobeträge** ansetzen (AK sind **ohne abziehbare Vorsteuer** zu ermitteln!), weil sie die abziehbare Vorsteuer vom Finanzamt erstattet bekommen.

Nicht abziehbare Vorsteuerbeträge gehören hingegen zu den AK.

Anschaffungskosten sind also nach dem folgenden **Schema** zu ermitteln (vgl. *Bolin/Stephani/Wyrwa/Grefe*, S. 61):

	Anschaffungspreis (Kaufpreis)
+	**Anschaffungsnebenkosten** ▸ für den Erwerb (z. B. Grunderwerbsteuer, Zölle, Gebühren) ▸ für die Verbringung in das Unternehmen (z. B. Frachtkosten, Versicherungen) ▸ für die Inbetriebnahme (z. B. Montagekosten)
+	**nachträgliche Anschaffungskosten**
-	Anschaffungspreisminderungen (z. B. Skonto, Rabatt)
=	**Anschaffungskosten**

Diese handelsrechtliche Definition der Anschaffungskosten ist auch für das Bilanzsteuerrecht maßgeblich, weil aus dem Steuerrecht keine abweichenden Regelungen zur Ermittlung der AK hervorgehen.

Beispiel

Der zum Vorsteuerabzug berechtigte Unternehmer Dietmar Fölbach kauft für seine Druckerei eine neue Druckmaschine für 100.000 € + 19 % USt. Weil die Maschine ein Auslaufmodell ist, erhält er 10 % Rabatt. Für den Transport beauftragt er eine Spedition, die ihm 1.000 € + 19 % USt berechnet. Die Installation in seiner Druckerei kostet 2.000 € + 19 % USt (Rechnung des Elektrikers).

Ermittlung der AK:		Euro	Euro
	Anschaffungspreis, netto		100.000
+	Anschaffungsnebenkosten		
	Fracht, netto	1.000	
	Installation, netto	2.000	3.000
-	Anschaffungspreisminderung, netto		
	(10 % Rabatt von 100.000 €)		10.000
=	**Anschaffungskosten**		**93.000**

Wenn **Skontoabzug** in Anspruch genommen wird, dann vermindern sich die AK um den **Nettobetrag des Skontoabzugs (Anschaffungspreisminderung)**.

Beispiel

Fall wie zuvor, jedoch mit dem Unterschied, dass Herr Fölbach bei der Bezahlung der Rechnungen jeweils 2 % Skonto abzieht.

Skontoabzüge netto:		
Maschinenrechnung	90.000 € · 2 % =	1.800 €
Frachtrechnung	1.000 € · 2 % =	20 €
Installationsrechnung	2.000 € · 2 % =	40 €
		1.860 €

endgültige AK:

bisher ermittelte AK - Skontoabzüge: 93.000 € - 1.860 € = **91.140 €**

Wird ein **bebautes Grundstück** angeschafft, dann sind die Anschaffungskosten auf den **Grund und Boden** und das **Gebäude** aufzuteilen. Rechtlich bilden sie zwar eine Einheit, bilanziell sind sie aber voneinander zu trennen, weil

- der **Grund und Boden** zum **nicht abnutzbaren** Anlagevermögen und
- das **Gebäude** zum **abnutzbaren** Anlagevermögen gehört (Gebäude werden planmäßig abgeschrieben).

Die **Aufteilung** der AK erfolgt grundsätzlich nach dem Verhältnis der Verkehrswerte (= Marktwerte) für den Grund und Boden und das Gebäude (vgl. „Anleitung für die Berechnung zur Aufteilung eines Grundstückskaufpreises“, KPA 2, die von der Homepage des Bundesfinanzministeriums als PDF-Datei heruntergeladen werden kann).

Beispiel

Der zum Vorsteuerabzug berechtigte Unternehmer Florian Lay kauft in Koblenz von der Unternehmerin Carmen Stockburger für 900.000 € netto ein bebautes Grundstück für sein Unternehmen. Nach den Vereinbarungen im Kaufvertrag beträgt der Kaufpreisanteil für den Grund und Boden 300.000 € und für das Gebäude 600.000 €.

Im Rahmen der Anschaffung sind weiterhin angefallen:

► Notargebühr	3.000 € + 19 % USt
► Grundbuchgebühr	1.500 €
► Grunderwerbsteuer 900.000 € · 5 % =	45.000 €
Summe der Anschaffungsnebenkosten, netto	**49.500 €**

Aufteilungsmaßstab:

- Grund und Boden: $\frac{\text{Wert des Grund und Bodens (300.000 €)}}{\text{Gesamtkaufpreis (900.000 €)}} \cdot 100 = \mathbf{33\,^1/_3\,\%}$
- Gebäude: $\frac{\text{Wert des Gebäudes (600.000 €)}}{\text{Gesamtkaufpreis (900.000 €)}} \cdot 100 = \mathbf{66\,^2/_3\,\%}$

Anschaffungskosten:

	Kaufpreis	+ Anschaffungsnebenkosten	= AK
Grund und Boden	300.000 €	16.500 € (49.500 € · 33 ¹/₃ %)	316.500 €
Gebäude	600.000 €	33.000 € (49.500 € · 66 ²/₃ %)	633.000 €

Wenn aus dem Kaufvertrag keine Wertaufteilung zu entnehmen ist, dann sind die **Verkehrswerte** (übliche Preise am Markt) als **Aufteilungsmaßstab** heranzuziehen.

ACHTUNG

Bei der Ermittlung der AK ist weiterhin zu beachten, dass **Finanzierungskosten** (Kreditgebühren und andere Geldbeschaffungskosten sowie Zinsen) nicht zu den Anschaffungskosten gehören (Anschaffung und Finanzierung sind **getrennte Vorgänge**).

Aufgabe 12 > Seite 244

4.1.2 Herstellungskosten

Gegenstände, die **selbst hergestellt** wurden, sind zunächst mit ihren **Herstellungskosten** zu erfassen (vgl. *Bolin/Stephani/Wyrwa/Grefe*, S. 62 f.; § 253 Abs. 1 Satz 1 HGB).

MERKE

Herstellungskosten sind nach § 255 Abs. 2 HGB **Aufwendungen**, die durch den **Verbrauch von Gütern** (z. B. Rohstoffe) und die **Inanspruchnahme von Diensten** (z. B. Löhne) für die Herstellung eines Vermögensgegenstandes, seine Erweiterung oder wesentliche Verbesserung anfallen.

Bei der **Berechnung der Herstellungskosten** ist zu unterscheiden in

- **verbindlich** vorgeschriebene Bestandteile (**Pflichtbestandteile**) und
- **wahlweise** zu berücksichtigende Bestandteile (**Wahlrechte**).

Hierbei sind die Vorschriften des § 255 Abs. 2 und 3 HGB und für steuerliche Zwecke § 6 Abs. 1 Nr. 1b EStG zu beachten.

Zu den **Pflichtbestandteilen** gehören die

- **Einzelkosten** und
- **Gemeinkosten, die durch die Herstellung angefallen sind.**

Wahlweise dürfen auch die folgenden Kosten einbezogen werden:

- **angemessene Teile bestimmter Gemeinkosten**, soweit sie auf den Zeitraum der Fertigung entfallen sind und
- **Fremdkapitalzinsen**, soweit sie für die Finanzierung der Herstellung angefallen sind (= variable Gemeinkosten).

Aus der folgenden Übersicht geht hervor, welche Bestandteile die Herstellungskosten haben müssen (Pflicht) bzw. **dürfen** (Wahlrecht):

Aufwandsart	**Handelsrecht** (§ 255 Abs. 2 und 3 HGB)	**Steuerrecht** (§ 6 Abs. 1 Nr. 1b EStG)
Materialeinzelkosten (direkt zurechenbare Roh-, Hilfs-, Betriebsstoffe) + **Materialgemeinkosten** (anteilige Beschaffungskosten, Lagerkosten etc.) + **Fertigungseinzelkosten** (insbes. Löhne, die für die Herstellung anfallen) + **Fertigungsgemeinkosten** (Lohnnebenkosten, Abschreibung des bei der Fertigung eingesetzten Anlagevermögens etc.) + **Sondereinzelkosten der Fertigung** (Modelle, Baupläne etc.)	Pflicht	Pflicht
+ **angemessene Teile bestimmter weiterer Gemeinkosten**, z. B. ► anteilige allgemeine Verwaltungskosten ► anteilige Aufwendungen für freiwillige soziale Leistungen und für soziale Einrichtungen ► anteilige Aufwendungen für die betriebliche Altersversorgung + **anteilige Fremdkapitalzinsen**, soweit sie für die Finanzierung der Herstellung angefallen sind	Wahlrechte	Wahlrechte

- **Einzelkosten** können dem produzierten Gegenstand **direkt** (einzeln) zugeordnet werden. Dies geschieht aufgrund von Materialentnahmescheinen, Stundenabrechnungen etc.
- **Gemeinkosten** sind dem Gegenstand hingegen nur **indirekt** zurechenbar. Sie können auch als „Nebenkosten" der Einzelkosten bezeichnet werden, weil sie für die jeweilige Kostenart (z. B. Roh-, Hilfs-, Betriebstoffe) allgemein anfallen und diesen dann anteilig zugeordnet werden müssen. Die **Umlage** auf die Einzelkosten erfolgt normalerweise mithilfe von **Zuschlagssätzen**, die zuvor in einer Nebenrechnung ermittelt werden müssen.

Beispiel

Der Unternehmer Michael Schoor betreibt in Leverkusen ein Computerfachgeschäft. Die Computeranlage seines Unternehmens wurde in der eigenen Werkstatt selbst hergestellt.

Für die Herstellung wurden Platinen, Stecker, Kabel und andere Bauteile im Gesamtwert von 6.840 € aus dem eigenen Lagerbestand verwendet. An Lohnkosten sind für die Herstellung insgesamt 3.780 € angefallen. Die Materialgemeinkosten betragen 25 % der Materialeinzelkosten und die Lohngemeinkosten 75 % der Lohneinzelkosten.

Die allgemeinen Verwaltungsgemeinkosten betragen 2 % der Summe aus Material- und Fertigungskosten.

Die Herstellungskosten sollen nach der handels- und steuerrechtlichen **Wertuntergrenze** ermittelt werden.

Ermittlung der Herstellungskosten:

		Euro
	Materialeinzelkosten	6.840,00
+	Materialgemeinkosten (6.840 € • 25 %)	1.710,00
+	Fertigungseinzelkosten	3.780,00
+	Fertigungsgemeinkosten (3.780 € • 75 %)	2.835,00
=	**Herstellungskosten**	**15.165,00**

Aufgabe 13 > Seite 244

4.1.3 Fortgeführte AK/HK

Die meisten Vermögensgegenstände verlieren im Laufe der Zeit an Wert (z. B. durch Abnutzung). Die Dokumentation dieser Wertminderung geschieht in der Buchführung durch Abschreibungen (vgl. Kompakt-Training Buchführung 1).

Die um Abschreibungen verminderten Anschaffungs- oder Herstellungskosten werden als „fortgeführte AK/HK" bezeichnet:

	AK/HK
-	Abschreibungen bis zum Betrachtungszeitpunkt
=	**fortgeführte AK/HK (aktueller Buchwert)**

4.1.4 Beizulegender Zeitwert

Der beizulegende Zeitwert entspricht dem (Netto-)**Marktpreis** (§ 255 Abs. 4 Satz 1 HGB).

Wenn **kein aktiver Markt** besteht, aus dem sich der Marktpreis ermitteln lässt, ist der beizulegende Zeitwert mithilfe anerkannter Bewertungsmethoden zu bestimmen (vgl. § 255 Abs. 4 HGB); also **sachgerecht zu schätzen**.

Der beizulegende Zeitwert ist ein **handelsrechtlicher Korrekturwert** zu den bisher dargestellten Bewertungsmaßstäben. Er kommt insbesondere dann zum Zuge, wenn der aktuelle Marktwert eines Vermögensgegenstands zum Bilanzstichtag unter den fortgeführten Anschaffungs- oder Herstellungskosten liegt. In diesem Fall ist zu prüfen, ob eine außerplanmäßige Abschreibung auf den beizulegenden Zeitwert vorzunehmen ist.

Beispiel

Der Unternehmer Sebastian Kemmer hatte im Januar 2019 für sein Unternehmen eine EDV-Anlage für 20.000 € (= AK) angeschafft. Die betriebsgewöhnliche Nutzungsdauer beträgt 4 Jahre, die Abschreibung erfolgt linear. Am 31.12.2020 hat die Computeranlage somit einen Buchwert von 10.000 €.

Wegen rasanter technischer Entwicklungen mit einhergehendem Preisverfall auf dem Computermarkt entspricht der Buchwert der EDV-Anlage nicht dem aktuellen Marktwert, der bei rund 5.000 € liegt (Nettoeinkaufspreis einer gleichwertigen gebrauchten EDV-Anlage).

Der beizulegende Zeitwert der EDV-Anlage beträgt somit 5.000 € zum 31.12.2020. Eine außerplanmäßige Abschreibung auf diesen niedrigeren Zeitwert ist zwingend vorzunehmen, wenn zu erwarten ist, dass der niedrigere Wert von Dauer ist.

4.1.5 Teilwert

Der Teilwert ist das **steuerrechtliche Gegenstück zum beizulegenden Zeitwert** des Handelsrechts.

Nach § 6 Abs. 1 Nr. 1 Satz 3 EStG ist der **Teilwert** der Betrag, den ein (fiktiver) Erwerber des ganzen Betriebes im Rahmen des Gesamtkaufpreises für das **einzelne** Wirtschaftsgut ansetzen würde; dabei ist davon auszugehen, dass der Erwerber den Betrieb fortführt.

Es soll also **fiktiv** überlegt werden, wie viel ein gedachter Käufer des ganzen Betriebes für den **einzelnen** Gegenstand (z. B. Pkw 1) im Rahmen des Gesamtkaufpreises bezahlen würde. Dieser Wert entspricht dann dem Teilwert dieses Gegenstandes (hier: Pkw 1).

Der Teilwert ist ein **Korrekturwert**, der beispielsweise für Teilwertabschreibungen Bedeutung hat (ist der Teilwert dauerhaft niedriger als die AK/HK oder die fortgeführten AK/HK, so darf auf diesen niedrigeren Wert abgeschrieben werden). Weil der Teilwert ein **fiktiver** Wert ist (der Betrieb wird nicht tatsächlich, sondern nur gedanklich von einem Dritten erworben), lässt er sich nur im Wege der **Schätzung** ermitteln (vgl. *Bilke/Heining/Mann,* S. 290 ff. und R 6.7 Satz 1 EStR).

Zur Ermittlung des Teilwerts hat die Rechtsprechung die folgenden **„Teilwertvermutungen“** aufgestellt, nach denen der Teilwert grundsätzlich zu bestimmen ist (vgl. H 6.7 (Teilwertvermutungen) EStH 2019):

Wirtschaftsgüter	Teilwertvermutungen
nicht abnutzbares Anlagevermögen	**Anschaffungs-/Herstellungskosten**
abnutzbares Anlagevermögen	► im Zeitpunkt der Anschaffung/Fertigstellung: **Anschaffungs-/Herstellungskosten** ► zu späteren Bewertungsstichtagen: **fortgeführte Anschaffungs-/Herstellungskosten** (AK/HK minus **lineare** Abschreibung)
Umlaufvermögen	**Wiederbeschaffungskosten** inklusive Anschaffungsnebenkosten (bei zum Absatz bestimmten Waren hängt der Teilwert auch von deren voraussichtlichem Nettoveräußerungserlös ab)

Bei Wirtschaftsgütern, die **nicht wiederbeschafft** werden können, kommt als Teilwert auch der **Nettoveräußerungspreis** in Betracht, wenn dieser unter den o. g. Teilwertvermutungen liegt.

Die Teilwertvermutung **kann durch den Steuerpflichtigen widerlegt werden**; beispielsweise dadurch, dass er darlegt und nachweist, dass die Anschaffung oder Herstellung eine **Fehlmaßnahme** war oder dass die **Wiederbeschaffungskosten** niedriger als der vermutete Teilwert sind (vgl. R 6.7 EStR).

Beispiel

Im Anlagevermögen des buchführungspflichtigen Gewerbetreibenden Christian Wiersch befindet sich ein Computer, der im Oktober 2019 für 2.700 € netto angeschafft wurde. Er wird über eine Nutzungsdauer von 3 Jahren linear abgeschrieben. Der Buchwert dieses Computers beträgt zum 31.12.2020 somit 1.575 €.

Wegen der rasanten technischen Weiterentwicklung der Computertechnologie im Jahr 2020 kann das gleiche Modell im Dezember 2020 gebraucht für 700 € netto im Handel erworben werden (Wiederbeschaffungskosten).

Der Teilwert dieses Computers beträgt somit 700 € zum 31.12.2020. Da der Wertverlust von Dauer ist, darf steuerlich auf den niedrigeren Wert abgeschrieben werden (Teilwertabschreibung in Höhe von 875 € zusätzlich zur planmäßigen Abschreibung).

4.2 Maßstäbe für die Bewertung der Schulden und Rückstellungen

Damit auch Schulden und Rückstellungen **wertmäßig einheitlich bilanziert** werden, gibt § 253 Abs. 1 HGB folgende **Bewertungsmaßstäbe** vor:

- Erfüllungsbetrag
- nach vernünftiger kaufmännischer Bewertung notwendiger Erfüllungsbetrag
- Barwert.

Das **Steuerrecht** kennt als Bewertungsmaßstab zusätzlich den bereits oben beschriebenen **Teilwert**.

4.2.1 Erfüllungsbetrag

Verbindlichkeiten sind zu ihrem **Erfüllungsbetrag** anzusetzen (§ 253 Abs. 1 Satz 2 HGB). Der Erfüllungsbetrag entspricht dem **Rückzahlungsbetrag**. Darunter ist der Geldbetrag zu verstehen, der zur Erfüllung der Verbindlichkeit insgesamt aufgebracht werden muss (vgl. *Theile*, S. 78, *Bolin/Stephani/Wyrwa/Grefe*, S. 67).

Steuerrechtlich sind Verbindlichkeiten grundsätzlich mit ihren **Anschaffungskosten** oder ihrem höheren **Teilwert** anzusetzen (vgl. 6 Abs. 1 Nr. 3 i. V. mit Nr. 2 EStG). Der sich hieraus ergebende Wert entspricht im Normalfall dem handelsrechtlichen Erfüllungsbetrag, also dem Rückzahlungsbetrag der Schulden.

Beispiel

Der Unternehmer Michael Liesenfeld kauft am 30.11.2020 in den USA Waren für seinen Betrieb im Wert von 20.000 US-$ ein. Zum Zeitpunkt des Einkaufs beträgt der Dollarkurs 1,3352 US-$/€. In Euro umgerechnet beträgt diese Verbindlichkeit somit 14.979,03 € (20.000 US-$: 1,3352 US-$/€).

Zum 31.12.2020 ist die Verbindlichkeit gegenüber dem Lieferanten noch offen. Zu diesem Zeitpunkt beträgt der Wechselkurs 1,2947 US-$/€. Die Verbindlichkeit hat zum 31.12.2020 somit einen Wert (Erfüllungsbetrag) von 15.447,59 € (20.000 US-$: 1,2947 US-$/€).

Zum Zeitpunkt der Begleichung der Verbindlichkeit am 15.01.2021 beträgt der Wechselkurs 1,2748 US-$. Der Erfüllungsbetrag der Verbindlichkeit beläuft sich zu diesem Zeitpunkt somit auf 15.688,74 € (er ist weiter gestiegen).

In der Bilanz zum 31.12.2020 ist grundsätzlich der Erfüllungsbetrag zum 31.12.2020, also 15.447,59 €, anzusetzen.

4.2.2 Nach vernünftiger kaufmännischer Beurteilung notwendiger Erfüllungsbetrag

Rückstellungen sind grundsätzlich in Höhe des nach vernünftiger kaufmännischer Beurteilung notwendigen Erfüllungsbetrags anzusetzen (§ 253 Abs. 1 Satz 2 HGB). Damit ist der Betrag gemeint, den der Schuldner zur Erfüllung der Verpflichtung **voraussichtlich aufbringen muss**. Durch die Verwendung des Begriffs „Erfüllungsbetrag" wird klargestellt, dass künftige Preis- und Kostensteigerungen, die bis zum Erfüllungszeitpunkt wahrscheinlich eintreten werden, zu berücksichtigen sind (vgl. *Theile*, S. 78, *Bolin/Stephani/Wyrwa/Grefe*, S 67).

Steuerrechtlich ist die Berücksichtigung von Preis- und Kostensteigerungen **nicht** zulässig. Bei der Bewertung sind ausschließlich die Wertverhältnisse am Bilanzstichtag maßgebend (vgl. § 6 Abs. 1 Nr. 3a Buchst. f EStG).

Beispiel

Der Großhändler Dennis Schellenberg hat jährlich Garantieverpflichtungen in Höhe von durchschnittlich 1 % seines Umsatzes. Im Geschäftsjahr 2020 beläuft sich sein Umsatz auf 2.548.163 €. Hieraus ergibt sich eine Garantieverpflichtung in Höhe von 25.482 €, die er in den folgenden Jahren für 2020 vermutlich erbringen muss.

Die zu bildende Rückstellung für Garantieverpflichtungen 2020 hat somit einen Wert von 25. 482 €

4.2.3 Barwert

Barwert ist der **auf den Bewertungsstichtag abgezinste Betrag** einer in der Zukunft erfolgenden Zahlung. Er hat Bedeutung für Rückstellungen und bestimmte Verbindlichkeiten mit einer **Laufzeit von mehr als einem Jahr**.

Rückstellungen mit einer Restlaufzeit von mehr als einem Jahr müssen mit dem durchschnittlichen **Marktzinssatz der vergangenen zehn Geschäftsjahre** abgezinst werden (vgl. § 253 Abs. 2 Satz 1 HGB).

Für **Rückstellungen, die auf Altersvorsorgeverpflichtungen beruhen**, schreibt § 253 Abs. 2 HGB vor, dass grundsätzlich der durchschnittliche Marktzins der vergangenen 15 Geschäftsjahre zur Abzinsung verwendet werden soll.

Die anzuwendenden Abzinsungssätze werden von der Deutschen Bundesbank ermittelt und monatlich bekannt gegeben (§ 253 Abs. 2 Satz 4 HGB).

Das **Steuerrecht** schreibt für bestimmte Verbindlichkeiten (z. B. unverzinsliche Schulden) und Rückstellungen mit einer **Laufzeit von mehr als 12 Monaten** die Abzinsung mit einem **Zinssatz von 5,5 %** vor (siehe hierzu § 6 Abs. 1 Nr. 3 und Nr. 3a Buchst. e EStG).

4.3 Aktivierungswahlrecht oder -verbot für selbst geschaffene immaterielle Vermögensgegenstände des Anlagevermögens

Immaterielle Vermögensgegenstände sind körperlich **nicht fassbare** Gegenstände, wie beispielsweise Patente, Lizenzen, Software usw.

Wenn diese **nichtkörperlichen** Werte dem Geschäftsbetrieb **langfristig** dienen sollen, gehören sie zum Anlagevermögen.

Nach § 248 Abs. 2 Satz 1 HGB **dürfen selbst geschaffene** immaterielle Vermögensgegenstände des Anlagevermögens grundsätzlich als Aktivposten in die Bilanz aufgenommen werden (**Aktivierungswahlrecht**). Voraussetzung ist nach herrschender Meinung aber, dass der selbst geschaffene Vermögensgegenstand (z. B. selbst programmierte Software) **einzeln bewertbar** und **verwertbar** ist (beispielsweise durch Veräußerung, Verarbeitung, Verbrauch oder Nutzungsüberlassung).

Beispiel

Der Unternehmer Norbert Wirges betreibt in Koblenz ein Softwareunternehmen. Seine Programmierer stellen eine Apotheken-Abrechnungssoftware her, die vermietet werden soll. Die Herstellungskosten dieser Software betragen 275.500 €.

Herr Wirges darf die selbst hergestellte Apotheken-Abrechnungssoftware in seiner Bilanz bei den selbst geschaffenen immateriellen Vermögensgegenständen aktivieren.

Wenn sie einer Abnutzung unterliegt, ist sie planmäßig über den Zeitraum der voraussichtlichen Nutzung abzuschreiben.

Buchung zur Aktivierung:

Sollkonto – SKR 03 (SKR 04)	**Betrag** (Euro)	**Habenkonto** – SKR 03 (SKR 04)
Selbst geschaffene EDV-Software 0044 (0144)	275.000,00	Aktivierte Eigenleistungen 8995 (4825)

ACHTUNG

Selbst geschaffene immaterielle Werte, die nicht einzeln bewertbar und verwertbar sind, dürfen **nicht** aktiviert werden (z. B. der selbst geschaffene Firmenwert).

Ein konkretes Aktivierungs**verbot** gilt nach § 248 Abs. 2 Satz 2 HGB für folgende selbst geschaffene Werte:

- Marken (z. B. Coca Cola)
- Drucktitel (z. B. Duden)
- Verlagsrechte
- Kundenlisten
- vergleichbare immaterielle Vermögensgegenstände.

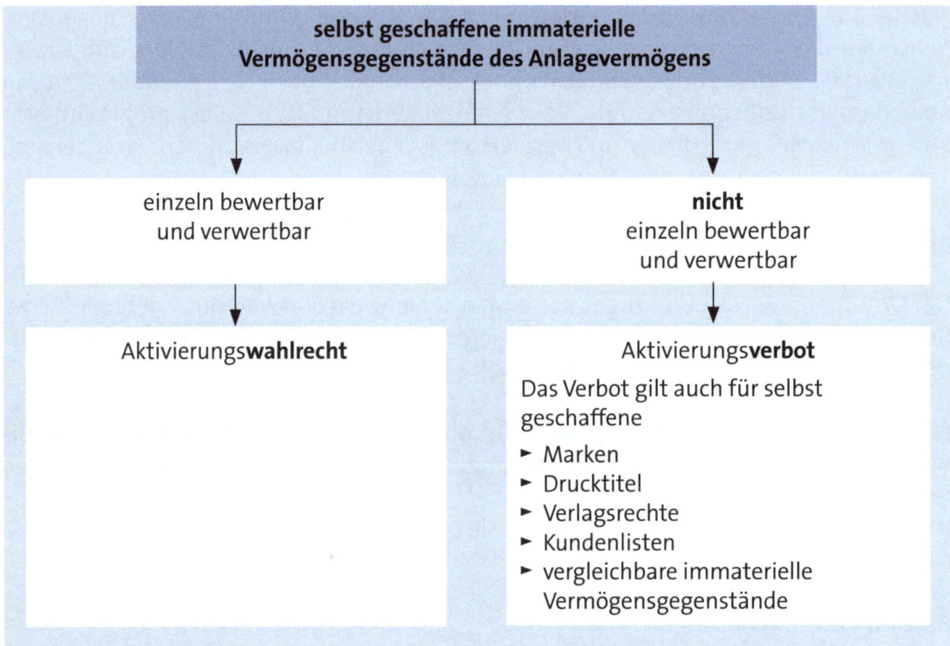

In der **Steuerbilanz** dürfen immaterielle Wirtschaftsgüter nur dann aktiviert werden, wenn sie **entgeltlich erworben** wurden (vgl. § 5 Abs. 2 EStG).

Somit dürfen selbst geschaffene immaterielle Vermögensgegenstände des Anlagevermögens in der Steuerbilanz **nicht** als Aktivposten in die Bilanz aufgenommen werden (Aktivierungs**verbot**).

5. Wichtige Bewertungsregeln

5.1 Allgemeine Bewertungsgrundsätze

Für die konkrete Wertzuordnung der im Jahresabschluss ausgewiesenen Vermögensgegenstände und Schulden hat der Gesetzgeber in **§ 252 HGB** die folgenden Grundsätze festgeschrieben, die verpflichtend anzuwenden sind:

1. **Bilanzidentität**
   Die Wertansätze der Eröffnungsbilanz des Geschäftsjahres müssen mit denen der Schlussbilanz des vorhergehenden Geschäftsjahrs übereinstimmen.
2. **Unternehmensfortführung**
   Es ist davon auszugehen, dass das Unternehmen fortgeführt wird, wenn dem nicht tatsächliche oder rechtliche Gegebenheiten entgegenstehen.
3. **Einzelbewertung**
   Vermögensgegenstände und Schulden sind grundsätzlich einzeln zu bewerten, außer wenn das Gesetz Ausnahmen zulässt (Ausnahmen sind z. B. der Festwert gem. § 240 Abs. 3 HGB n. F. oder die Gruppenbewertung gem. § 240 Abs. 4 HGB).
4. **Vorsicht**
   Es ist vorsichtig zu bewerten.
   - **Imparitätsprinzip**
     Risiken und Verluste sind bereits dann zu berücksichtigen, wenn sie **vorhersehbar** sind (obwohl sie bis zum Tag der Jahresabschlusserstellung **noch nicht eingetreten** sind).
   - **Realisationsprinzip**
     Gewinne (bzw. Erträge) dürfen erst dann berücksichtigt werden, wenn sie (durch Umsatz) realisiert sind.
5. **Aufwands- und Ertragsabrenzung (zeitliche Abgrenzung)**
   Aufwendungen und Erträge des Geschäftsjahres sind unabhängig von den Zeitpunkten der entsprechenden Zahlungen zu berücksichtigen. Sie sind dem Wirtschaftsjahr ihrer Verursachung zuzuordnen. Beispielsweise ist der Dezemberlohn für Dezember zu erfassen, auch wenn er erst Anfang Januar ausgezahlt wird.
6. **Stetigkeit**
   Die auf den vorhergehenden Jahresabschluss angewandten Ansatz- und Bewer-tungsmethoden sind beizubehalten.

Aufgabe 14 > Seite 245

5.2 Bewertungsregeln

5.2.1 Anschaffungswertprinzip

Vermögensgegenstände sind **höchstens** mit deren **Anschaffungskosten** (erworbene Gegenstände) oder **Herstellungskosten** (selbst hergestellte Gegenstände), gegebenenfalls **vermindert um Abschreibungen**, anzusetzen (vgl. § 253 Abs. 1 Satz 1 HGB).

Diese als **Anschaffungswert-** oder **Anschaffungskostenprinzip** bezeichnete Bewertungsregel besagt, dass jeder Vermögensgegenstand mit seinem Beschaffungs- bzw. Herstellungswert (AK bzw. HK) anzusetzen und bis zu seinem Ausscheiden aus dem Vermögen mit diesem Betrag fortzuführen ist. Nur diejenigen Wirtschaftsjahre, in denen ein Verbrauch dieser Güter stattfindet, werden mit Aufwand (= Abschreibungen) belastet.

Beispiele

Beispiel 1

Die buchführungspflichtige Gewerbetreibende Sabrina Wolf erwirbt ein unbebautes Grundstück für ihr Unternehmen. Die gesamten Anschaffungskosten betragen 255.750 €.

Einige Monate später steigt der Marktwert dieses Grundstücks um etwa 30 %, weil es zum Bauland deklariert wird.

Das Grundstück ist in der Buchführung und Bilanz mit 255.750 € auszuweisen und zu späteren Bewertungsstichtagen grundsätzlich auch mit diesem Wert zu bilanzieren (§ 253 Abs. 1 Satz 1 HGB verbietet ebenso wie § 252 Abs. 1 Nr. 4 HGB den Ansatz des höheren Wertes). Abschreibungen sind nicht vorzunehmen, weil keine Abnutzung stattfindet oder sonstige Wertminderung eintritt.

Beispiel 2

Die buchführungspflichtige Gewerbetreibende Gülden Öztürk erwirbt im Januar 2020 für ihr Unternehmen einen Pkw. Die AK belaufen sich auf insgesamt 22.530 €. Die Nutzungsdauer soll 5 Jahre betragen.

Im Januar 2020 ist der Pkw mit seinen AK in Höhe von 22.530 € zu erfassen. Da sich der Wert des Pkw im Zeitablauf vermindert, sind die AK in 2020 und den Folgejahren um die Abschreibungen zu vermindern (hier jährlich um 4.506 €). Der Bilanzwert zum 31.12.2020 beträgt somit 18.024 € (= fortgeführte AK).

Die AK (HK) bzw. fortgeführten AK (HK) sind somit die **höchstmöglichen Wertansätze** für alle inventarisierten Vermögensgegenstände.

5.2.2 Niederstwertprinzip

Für Vermögensgegenstände gibt das Handelsrecht vor, dass bei bestimmten Wertkonstellationen der jeweils **niedrigere Wert** angesetzt werden darf oder muss.

- Wenn der niedrigere Wert angesetzt werden **muss** (= Abschreibung auf den niedrigeren Wert), spricht man vom **strengen** Niederstwertprinzip (vgl. *Bussiek/Ehrmann*, S. 241, *Bolin/Stephani/Wyrwa/Grefe*, S. 97).

- Wenn der niedrigere Wert angesetzt werden **darf** (= Abschreibung auf den niedrigeren Wert darf, muss aber nicht vorgenommen werden), spricht man vom **gemilderten** Niederstwertprinzip (vgl. *Bussiek/Ehrmann*, S. 241, *Bolin/Stephani/Wyrwa/Grefe*, S. 229).

Das HGB gibt in § 253 Abs. 3 und 4 hierzu die folgenden Regelungen vor:

Anlagevermögen ohne Finanzanlagen
Beim Anlagevermögen **müssen** außerplanmäßige Abschreibungen auf den niedrigeren Wert vorgenommen werden, wenn die **Wertminderung voraussichtlich von Dauer** ist (= **strenges** Niederstwertprinzip); vgl. § 253 Abs. 3 Satz 5 HGB.

Beispiel

Die fortgeführten AK der Maschine 1 betragen 52.000 € zum 31.12.2020. Der beizulegende Zeitwert (Marktwert) beläuft sich zu diesem Zeitpunkt auf 48.000 € (Wertminderung, die durch technische Weiterentwicklungen entstanden und damit von Dauer ist).

Nach § 253 Abs. 3 HGB muss der niedrigere Wert (hier 48.000 €) bilanziert werden, weil die Wertminderung voraussichtlich dauerhaft ist. Zum 31.12.2020 ist somit eine **außerplanmäßige Abschreibung** in Höhe von 4.000 € vorzunehmen.

Beim Anlagevermögen, welches nicht zu den Finanzanlagen gehört, ist bei nur **vorübergehender** Wertminderung eine Abschreibung auf den niedrigeren Wert **verboten**.

Finanzanlagen
Für Finanzanlagen (z. B. Aktien des Anlagevermögens) besteht hingegen ein **Abschreibungswahlrecht**, wenn eine voraussichtlich **vorübergehende** Wertminderung vorliegt (= **gemildertes** Niederstwertprinzip); vgl. § 253 Abs. 3 Satz 6 HGB.

Bei einer voraussichtlich **dauerhaften** Wertminderung gilt – wie auch bei anderen Gegenständen des Anlagevermögens – eine Abschreibungs**pflicht** (= **strenges** Niederstwertprinzip).

Umlaufvermögen
Beim Umlaufvermögen **müssen** außerplanmäßige Abschreibungen auch dann vorgenommen werden, wenn die Wertminderung voraussichtlich nicht dauerhaft – also nur vorübergehend – ist (= immer **strenges** Niederstwertprinzip).

Beispiel

Im Warenbestand befinden sich 1.000 kg der Ware A. Die Anschaffungskosten haben 10.000 € betragen. Zum 31.12.2020 beträgt der Wert der noch auf Lager liegenden

1.000 kg nur noch 9.000 € (Wertschwankung). Zum Zeitpunkt der Jahresabschlusserstellung im April 2021 liegt der Wert der 1.000 kg wieder bei 10.000 €.

Im Jahresabschluss zum 31.12.2020 ist die Ware A mit 9.000 € zu berücksichtigen; es ist zwingend eine außerplanmäßige Abschreibung in Höhe von 1.000 € vorzunehmen, obwohl sich der Wert bis zur Jahresabschlusserstellung wieder „erholt" hat.

Übersicht zum Niederstwertprinzip:

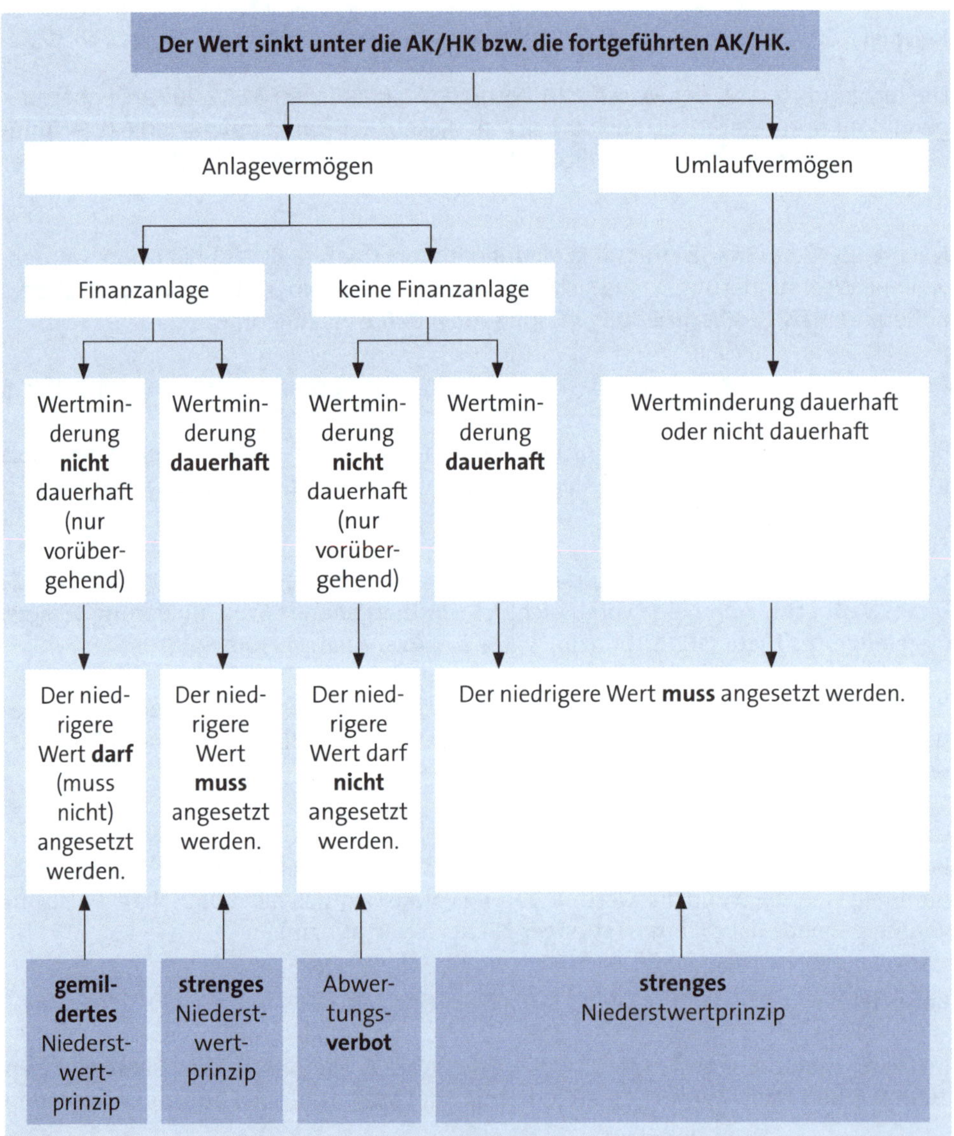

Das **Steuerrecht** erlaubt die Abschreibung auf den niedrigeren Wert (= **Teilwertabschreibung**) grundsätzlich **nur dann, wenn eine voraussichtlich dauernde Wertminderung** vorliegt (vgl. § 6 Abs. 1 Nrn. 1 und 2 EStG). Bei vorübergehenden Wertminderungen sind Teilwertabschreibungen verboten. Was unter einer „voraussichtlich dauernden Wertminderung" im Steuerrecht zu verstehen ist, kann detailliert im BMF-Schreiben vom 02.09.2016 (abgedruckt im Anhang 9 VI des EStH 2019) nachgelesen werden.

MEDIEN

Das BMF-Schreiben vom 02.09.2016 enthält konkrete Beispiele zur Zulässigkeit und Nichtzulässigkeit der Teilwertabschreibung.

Es kann kostenlos unter der folgenden Internetadresse eingesehen oder heruntergeladen werden:

www.bundesfinanzministerium.de → Service → Publikationen → BMF-Schreiben → Suchtext [dort den Begriff „Teilwertabschreibung" eingeben].

Sofern es durch **Abweichungen zwischen Handels- und Steuerrecht** zu Bilanzansätzen in der Handelsbilanz kommt, die steuerlich nicht zulässig sind (z. B. Abschreibung auf den vorübergehend niedrigeren Wert beim Umlaufvermögen, was steuerlich nicht zulässig ist), so sind die Abweichungen **außerhalb des handelsrechtlichen Jahresabschlusses** dem Ergebnis wieder **hinzuzurechnen**, um zum steuerlichen Ergebnis zu gelangen.

Übersicht zur außerplanmäßigen Abschreibung und Teilwertabschreibung:

		Handelsbilanz	Steuerbilanz
Anlage-vermögen ohne Finanz-anlagen	**dauernde** Wertminderung	Abschreibungs**pflicht**[1]	Abschreibungs**wahlrecht**[2]
	vorübergehende Wertminderung	Abschreibungs**verbot**[3]	Abschreibungs**verbot**[4]
Finanzanlagen	**dauernde** Wertminderung	Abschreibungs**pflicht**[1]	Abschreibungs**wahlrecht**[5]
	vorübergehende Wertminderung	Abschreibungs**wahlrecht**[6]	Abschreibungs**verbot**[7]
Umlauf-vermögen	**dauernde** Wertminderung	Abschreibungs**pflicht**[8]	Abschreibungs**wahlrecht**[5]
	vorübergehende Wertminderung	Abschreibungs**pflicht**[9]	Abschreibungs**verbot**[10]

Quelle: *Schäfer/Schlarb*: Änderungen im Steuer- und Gesellschaftsrecht 1999/2000; hier aktualisiert.

Zur Abgrenzung der vorübergehenden von der dauernden Wertminderung ist ein BMF-Schreiben veröffentlicht worden, in dem die folgende Rechtsauffassung vertreten wird:

1 § 253 Abs. 3 Satz 5 HGB

2 § 6 Abs. 1 Nr. 1 Satz 2 EStG; BMF-Schreiben vom 02.09.2016, Rz. 8 ff. (Anhang 9 VI des EStH 2019)

3 Umkehrschluss aus § 253 Abs. 3 Sätze 5 und 6 HGB

4 Umkehrschluss aus § 6 Abs. 1 Nr. 1 Satz 2 EStG

5 § 6 Abs. 1 Nr. 2 Satz 2 EStG; BMF-Schreiben vom 02.09.2016, Rz. 17 ff. (Anhang 9 VI des EStH 2019)

6 § 253 Abs. 3 Satz 6 HGB

7 Umkehrschluss aus § 6 Abs. 1 Nr. 2 Satz 2 EStG

8 § 253 Abs. 4 Satz 1 HGB

9 Umkehrschluss aus § 253 Abs. 4 Satz 1 HGB

10 Umkehrschluss aus § 6 Abs. 1 Nr. 2 Satz 2 EStG

	vorübergehende Wertminderung	**dauernde** Wertminderung
nicht abnutzbares Anlagevermögen ohne Finanzanlagen	Wertminderung während eines **unerheblichen Teils der Verweildauer** im Unternehmen	Wertminderung während eines **erheblichen Teils der Verweildauer** im Unternehmen
Finanzanlagen	Bei **festverzinslichen** Wertpapieren: Wertminderung, die nur kurzzeitig – beispielsweise durch **kurzfristige Börsen- oder Marktentwicklungen** – ausgelöst wurde	Bei **festverzinslichen** Wertpapieren: Wertminderung, die nicht nur kurze Zeit, sondern **nachweislich über einen längeren Zeitraum** anhält (während eines erheblichen Teils der Verweildauer im Unternehmen); die Untergrenze der Bewertung liegt bei 100 % des Nennwertes
	Bei **börsennotierten Aktien**: Wertminderung, die **nicht mehr als 5 %** des Anschaffungswertes bzw. bei bereits zuvor bilanzierten Aktien **nicht mehr als 5 %** des letzten Bilanzwertes beträgt	Bei **börsennotierten Aktien**: Wertminderung, die **mehr als 5 %** des Anschaffungswertes bzw. bei bereits zuvor bilanzierten Aktien **mehr als 5 %** des letzten Bilanzwertes beträgt
abnutzbares Anlagevermögen	Wertminderung **nicht** während mindestens der Hälfte der Restnutzungsdauer	Wertminderung während mindestens der **Hälfte der Restnutzungsdauer**[1]
Umlaufvermögen	**Kurze** Wertminderung (= **Wertschwankung** um den Bilanzstichtag, die **nicht** bis zum Zeitpunkt der Bilanzaufstellung oder dem davor liegenden Zeitpunkt des Verkaufs oder Verbrauchs anhält)	Wertminderung während eines **erheblichen Teils der Verweildauer** im Unternehmen (= Wertminderung, die **bis zum Zeitpunkt der Bilanzaufstellung oder dem davor liegenden Zeitpunkt des Verkaufs oder Verbrauchs** anhält)
	Bei **börsennotierten Aktien**: Wertminderung, die **nicht mehr als 5 %** des Anschaffungswertes bzw. bei bereits zuvor bilanzierten Aktien **nicht mehr als 5 %** des letzten Bilanzwertes beträgt	Bei **börsennotierten Aktien**: Wertminderung, die **mehr als 5 %** des Anschaffungswertes bzw. bei bereits zuvor bilanzierten Aktien **mehr als 5 %** des letzten Bilanzwertes beträgt

Quelle: *Schäfer/Schlarb:* Änderungen im Steuer- und Gesellschaftsrecht 1999/2000 und BMF-Schreiben vom 02.09.2016, abgedruckt im Anhang 9 VI des Amtlichen Einkommensteuer-Handbuchs 2019.

[1] Bestimmung der Restnutzungsdauer: Bei Gebäuden anhand der im EStG festgelegten Nutzungszeiträume, bei beweglichem Anlagevermögen anhand der amtlichen AfA-Tabellen.

Beispiele

Quelle: BMF-Schreiben vom 02.09.2016 (sinngemäße Wiedergabe einiger Beispiele).

1. Der Steuerpflichtige ist Eigentümer eines mit Altlasten verseuchten Grundstücks. Eine Beseitigung der Altlasten ist vorläufig nicht geplant. Die ursprünglichen AK des Grundstücks betragen 200.000 €. Zum Bilanzstichtag ermittelt ein Gutachter den Wert des Grundstücks mit nur noch 10.000 €.

   Eine Teilwertabschreibung in Höhe von 190.000 € auf den vom Gutachter ermittelten Wert ist zulässig, weil aus der Sicht am Bilanzstichtag von einer dauernden Wertminderung des Grundstücks auszugehen ist.

2. Der Steuerpflichtige hat im Jahr 01 eine Maschine zu AK in Höhe von 100.000 € erworben. Die Nutzungsdauer beträgt 10 Jahre, die alljährliche AfA 10.000 €. Im Jahr 02 beträgt der Teilwert aufgrund eines außerordentlichen Wertverfalls nur noch 30.000 € bei einer Restnutzungsdauer von acht Jahren.

   Eine Teilwertabschreibung auf 30.000 € ist zulässig, weil der niedrige Wert bei planmäßiger Abschreibung (jährlich 10.000 €) erst nach fünf weiteren Jahren (Ende des Jahres 07) – also erst nach mehr als der Hälfte der Restnutzungsdauer – erreicht wird.

3. Fall wie 2., jedoch jetzt mit dem Unterschied, dass der Teilwert der Maschine zum Ende des Jahres 02 noch 50.000 € beträgt.

   Eine Teilwertabschreibung auf 50.000 € ist **nicht** zulässig, weil der niedrige Wert bei planmäßiger Abschreibung (jährlich 10.000 €) schon nach drei weiteren Jahren (Ende des Jahres 05) – also früher als nach mehr als der Hälfte der Restnutzungsdauer – erreicht wird [die Restnutzungsdauer Ende des Jahres 02 beträgt 8 Jahre, die Hälfte beträgt 4 Jahre und der niedrigere Buchwert wird bereits nach 3 weiteren AfA-Jahren erreicht (also keine dauernde, sondern nur eine vorübergehende Wertminderung)].

4. Der Steuerpflichtige hat Aktien der börsennotierten X-AG zum Preis von 100 €/Stück als Finanzanlage erworben. Zum Bilanzstichtag ist der Börsenpreis der Aktien auf

   a) 90 €/Stück

   b) 98 €/Stück

   gesunken. Zum Zeitpunkt der Bilanzaufstellung beträgt der Wert 80 €.

   Lösung zu a):
   Eine Teilwertabschreibung auf 90 € ist zulässig, da der Kursverlust im Vergleich zum Erwerb mehr als 5 % am Bilanzstichtag beträgt und die Kursentwicklung nach dem Bilanzstichtag unerheblich ist.

Lösung zu b):
Eine Teilwertabschreibung auf 98 € ist **nicht** zulässig, da der Kursverlust im Vergleich zum Erwerb **nicht** mehr als 5 % am Bilanzstichtag beträgt und die Kursentwicklung nach dem Bilanzstichtag unerheblich ist.

5.2.3 Wertaufholungsgebot

Der durch außerplanmäßige Abschreibungen entstandene niedrigere Wertansatz darf **nicht** beibehalten werden, wenn die Gründe dafür nicht mehr bestehen (= **Wertaufholungsgebot** gem. § 253 Abs. 5 Satz 1 HGB).

Wenn sich der Wert eines Wirtschaftsguts, das außerplanmäßig auf den niedrigeren Wert abgeschrieben wurde, zu einem späteren Bewertungsstichtag wieder erholt hat, muss eine **Zuschreibung** auf den „erholten" Wert vorgenommen werden (vgl. *Theile*, S. 89).

Beispiel

Der buchführungspflichtige Gewerbetreibende Pascal Neber hat in seinem Betriebsvermögen ein unbebautes Grundstück, das er 2005 für 200.000 € als Bauerwartungsland angeschafft hatte. Er wollte hierauf eine Lagerhalle für sein Unternehmen errichten.

Im Jahr 2006 wurde sein Bauantrag von der Baubehörde mit der Begründung abgelehnt, dass auf dem Grundstück keine gewerblichen Bauten errichtet werden dürfen. Daraufhin hatte Herr Neber eine zulässige außerplanmäßige Abschreibung in Höhe von 50.000 € auf das Grundstück vorgenommen (dauerhafte Wertminderung).

Der Buchwert des Grundstücks beträgt zum 01.01.2020 somit 150.000 €.

Im Jahr 2020 beschließt der Stadtrat, dass das Gebiet, in dem das Grundstück liegt, ab Juli 2020 gewerblich genutzt und bebaut werden darf. Der Grundstückswert steigt durch diesen Beschluss auf einen Wert von 250.000 € (nachweislicher Marktwert).

Herr Neber **muss** zum 31.12.2020 eine Zuschreibung **bis zu den ursprünglichen AK** vornehmen (§§ 253 Abs. 5 Satz 1 und Abs. 1 Satz 1 HGB). Die Zuschreibung beträgt somit 50.000 €.

Buchung:

Sollkonto – SKR 03 (SKR 04)	**Betrag** (Euro)	**Habenkonto** – SKR 03 (SKR 04)
Unbebaute Grundstücke 0065 (0215)	50.000,00	Erträge aus Zuschr. 2710 (4910)

Steuerrechtlich besteht bei einer Werterholung nach einer vorgenommenen Teilwertabschreibung **ebenfalls** eine **Zuschreibungspflicht** (Wertaufholungsgebot gem. § 6 Abs. 1 Nr. 1 Satz 4 und Nr. 2 Satz 3 EStG).

5.2.4 Höchstwertprinzip

Aus dem Grundsatz der Vorsicht (§ 252 Abs. 1 Nr. 4 HGB) und der Vorgabe, dass Verbindlichkeiten zu ihrem Erfüllungsbetrag anzusetzen sind (§ 253 Abs. 1 Satz 2 HGB) folgt, dass Minderungen des Rückzahlungsbetrags unberücksichtigt bleiben, während **Erhöhungen zwingend** eine **Aufstockung des Bilanzansatzes** erfordern (vgl. *Bolin/Stephani/Wyrwa/Grefe*, S. 116).

Weil bei **Verbindlichkeiten** von mehreren zur Wahl stehenden Bilanzansätzen somit der höchste in der Bilanz anzusetzen ist, wird diese Bilanzierungsregel als **„Höchstwertprinzip"** bezeichnet (vgl. *Bussiek/Ehrmann*, S. 241, *Rinker*, S. 196).

Beispiel

Die buchführungspflichtige Gewerbetreibende Elena Braun hat in den USA für ihren Betrieb Waren im Wert von 10.000 US-$ eingekauft. Zum Zeitpunkt des Einkaufs betrug der Dollarkurs 1,40 (1 € = 1,40 US-$). Zum 31.12. war diese Verbindlichkeit gegenüber dem Lieferanten noch offen. Der Dollarkus betrug zum Bilanzstichtag nun 1,30 (1 € = 1,30 US-$).

Die Verbindlichkeit ist somit von 7.142,86 € auf 7.692,31 € gestiegen. In der Bilanz zum 31.12. ist grundsätzlich der gestiegene (höhere) Wert der Verbindlichkeit auszuweisen.

Aufgabe 15 > Seite 246

C. Zeitliche Abgrenzung von Aufwendungen und Erträgen

1. Problemstellung und Überblick

Die Verpflichtung zur **Zuordnung von Aufwendungen und Erträgen zu den Zeiträumen ihrer wirtschaftlichen Entstehung** ist für buchführungspflichtige Kaufleute in § 252 Abs. 1 Nr. 5 HGB geregelt. Danach sind Aufwendungen und Erträge des Geschäftsjahres unabhängig von den Zeitpunkten der entsprechenden Zahlungen zu berücksichtigen.

Durch diese und weitere Vorschriften stellt der Gesetzgeber klar, dass nicht die Zahlungen (Einnahmen und Ausgaben), sondern **die wirtschaftlichen Vorgänge, die den Erfolg des Unternehmens beeinflussen**, zeitlich dem Wirtschaftsjahr zuzuordnen sind, in dem sie entstanden sind.

Beispiel

Der buchführungspflichtige Gewerbetreibende Sebastian Labonte, Lahnstein, bezahlt die Kfz-Versicherung für den betrieblichen Pkw in Höhe von 900 € am 31.07.2020 durch Banküberweisung an die Versicherungsgesellschaft. Der Versicherungszeitraum läuft vom 01.08.2020 bis zum 31.07.2021.

Weil der Zahlungszeitpunkt vom Aufwandszeitraum abweicht und dieser teilweise das Jahr 2020 (01.08. - 31.12.) und teilweise das Jahr 2021 (01.01. - 31.07.) betrifft, ist der Versicherungsaufwand zu $\frac{5}{12}$ = 375 € dem Jahr 2020 und zu $\frac{7}{12}$ = 525 € dem Jahr 2021 zuzuordnen. Bei exakter zeitanteiliger Betrachtung müssten jedem Versicherungsmonat 75 € ($\frac{1}{12}$ von 900 €) Versicherungsaufwand zugeordnet werden.

Die zeitliche Abgrenzung von Aufwendungen und Erträgen schlägt sich in verschiedenen **Bilanzpositionen** nieder.

Hierbei kann es zur Bildung von **Rechnungsabgrenzungsposten** kommen, deren Merkmal es ist, Aufwendungen oder Erträge „aufzunehmen“ und in anderen Abrechnungszeiträumen wieder „abzugeben“. Weil sie Erfolgsbestandteile in andere Perioden „mitnehmen“, werden sie als **„transitorische“ Posten** (lat. transire = hinübergehen) bezeichnet.

Es gibt jedoch auch Vorgänge, bei denen die **Zahlung** (Ausgabe oder Einnahme) **erst nach dem erfolgswirksamen Vorgang** erfolgt. Dies ist beispielsweise bei Mietzahlungen im Nachhinein der Fall. Wird beispielsweise die Dezembermiete erst im Januar bezahlt, liegt zum 31.12. beim Mieter eine sonstige Verbindlichkeit vor. Die Miete ist dann beim Mieter für Dezember als Mietaufwand zu erfassen. Die Mietzahlung wird im Dezember also „vorweggenommen“ (antizipiert) und als sonstige Verbindlichkeit dokumentiert. Derartige Bilanzposten werden deshalb als **„antizipative“ Posten** bezeichnet.

Die folgenden Bilanzpositionen dienen der zeitlichen Abgrenzung von Aufwendungen und Erträgen:

1. Aktive Rechnungsabgrenzungsposten
2. Passive Rechnungsabgrenzungsposten

} **transitorische** Rechnungsabgrenzung

3. Sonstige Vermögensgegenstände
4. Sonstige Verbindlichkeiten
5. Rückstellungen

} **antizipative** Rechnungsabgrenzung

2. Aktive Rechnungsabgrenzung

Vorgänge, bei denen die **Ausgabe** (Zahlung) im Betrachtungsjahr erfolgt, der zu dieser Ausgabe gehörende **Aufwand** aber teilweise oder vollständig einem anderen Wirtschaftsjahr (z. B. dem nachfolgenden Jahr) zuzuordnen ist, führen zur Bildung von **aktiven** Rechnungsabgrenzungsposten.

MERKE

Merkmal des **aktiven** RAP im Jahr der Bildung:

Ausgabe im Betrachtungsjahr, **Aufwand** teilweise oder vollständig in **späteren Jahren**

Beispiel

Ein Standardfall ist das auf der Seite zuvor aufgeführte Versicherungsbeispiel, bei dem der gesamte Versicherungsbeitrag (900 €) in 2020 für 1 Jahr im Voraus bezahlt wird und bei wirtschaftlicher Betrachtung $\frac{5}{12}$ des Versicherungsbeitrags dem Jahr 2020 und $\frac{7}{12}$ dem Jahr 2021 zuzuordnen sind.

Der abzugrenzende Teil ($\frac{7}{12}$ von 900 € = 525 €) wird 2020 in einem aktiven Rechnungsabgrenzungsposten erfolgsneutral erfasst („gespeichert") und zum 31.12.2020 in der Bilanzposition „Rechnungsabgrenzungsposten" auf der Aktivseite der Bilanz ausgewiesen.

Für **2020** sind folgende Buchungen zu erfassen:

Sollkonto – SKR 03 (SKR 04)		**Betrag** (Euro)	**Habenkonto** – SKR 03 (SKR 04)	
Kfz-Versicherungen	4520 (6520)	375,00	Bank	1200 (1800)
Aktive Rechnungsabgr.	0980 (1900)	525,00	Bank	1200 (1800)

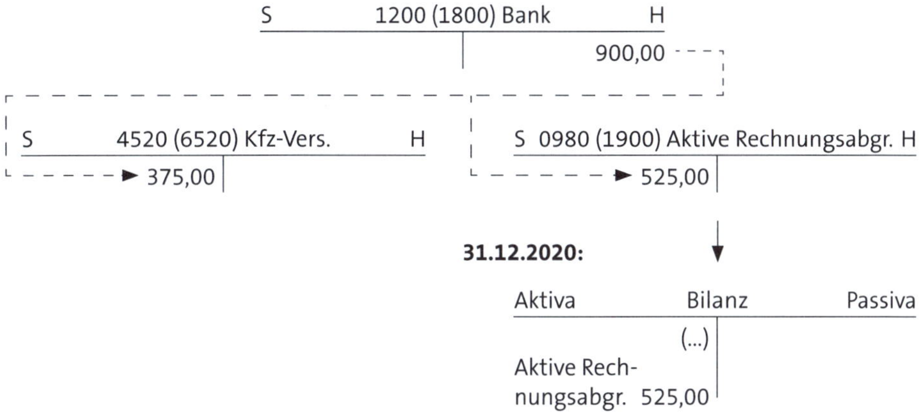

In **2021** wird der aktive RAP erfolgswirksam aufgelöst, wodurch der Versicherungsaufwand 2021 dann auch diesem Jahr zugeordnet wird.

Buchung 2021:

Sollkonto – SKR 03 (SKR 04)	**Betrag** (Euro)	**Habenkonto** – SKR 03 (SKR 04)
Kfz-Versicherungen 4520 (6520)	525,00	Aktive Rechnungsabgr. 0980 (1900)

S	4520 (6520) Kfz-Vers.	H
1) 525,00		

S	0980 (1900) Aktive Rechnungsabgr.	H
AB 01.01. 525,00		1) 525,00

MERKE

Aus gesetzlicher Sicht ist die Bildung von aktiven Rechnungsabrenzungsposten an die folgenden **Voraussetzungen** gebunden (vgl. § 250 Abs. 1 Satz 1 HGB und § 5 Abs. 5 Satz 1 Nr. 1 EStG):

1. **Ausgabe** vor dem Abschlussstichtag
2. **Aufwand** dieses Vorgangs vollständig oder teilweise nach dem Abschlussstichtag
3. **Zurechenbarkeit** des abgegrenzten Aufwands **zu einer bestimmten Zeit** nach dem Abschlussstichtag.

Wenn die vorgenannten Voraussetzungen vorliegen, ist die Bildung aktiver RAP **Pflicht** (Aktivierungspflicht).

Aktive Rechnungsabgrenzungen können **grundsätzlich bei allen Ausgabearten** vorkommen. In der Buchungspraxis kommen sie **insbesondere** bei den folgenden Aufwendungen vor:

- Versicherungsbeiträge
- Kfz-Steuer
- Schuldzinsen (bei vorschüssiger Zahlung)
- Mietaufwendungen
- Leasing (Sonderzahlung)
- Disagio (Damnum).

INFO

Für **geringfügige** (insbesondere regelmäßig wiederkehrende) Beträge geht die Praxis aus Vereinfachungsgründen von einem Aktivierungs**wahlrecht** aus. Danach **kann** auf den Ausweis von Rechnungsabgrenzungsposten **verzichtet** werden, wenn wegen der Geringfügigkeit der Beträge der Einblick in die Vermögens-, Finanz- und Ertragslage nicht beeinträchtigt wird (= Grundsatz der Wesentlichkeit).

Der BFH unterstützt diese Sichtweise und hat die Grenze, bis zu der dieses Wahlrecht ausgeübt werden darf, an der GWG-Grenze gem. § 6 Abs. 2 EStG in der jeweils gültigen Fassung (**800 €** seit 2018) festgemacht (BFH-Beschluss vom 18.03.2010). Dabei geht es nicht um die Summe aller abzugrenzenden Beträge, sondern um jeden **einzelnen Vorgang**.

Abzugrenzende Aufwendungen können mit **Vorsteuerbeträgen** in Zusammenhang stehen. Dies ist dann der Fall, wenn die zugrunde liegende Leistung der Umsatzsteuer unterliegt und dem Leistungsempfänger vom Leistenden in Rechnung gestellt wurde.

Nach **§ 15 Abs. 1 UStG ist Vorsteuerabzug** möglich, wenn die Leistung ausgeführt und eine **ordnungsgemäße Rechnung** mit Umsatzsteuerausweis dem Leistungsempfänger zugegangen ist. **Alternativ** zu dieser Regelung ist die Vorsteuer auch bereits vor der Leistungsausführung abziehbar, wenn die **ordnungsgemäße Rechnung** vorliegt und die Zahlung geleistet ist.

Beispiel

Der buchführungspflichtige Gewerbetreibende Sven Hoffmann bezahlt die Miete für den betrieblichen Lagerraum am 01.12.2020 für 3 Monate im Voraus. Die Banküberweisung an den Vermieter beträgt 1.785 €. Die monatliche Miete beträgt 500 € + 95 € USt (im Mietvertrag ordnungsgemäß ausgewiesen).

Die Nettomiete ist auf die Monate Dezember, Januar und Februar zu verteilen. Der Mietaufwand für Januar und Februar ist zum 31.12.2020 als aktiver RAP zu erfassen (zeitlich abzugrenzen) und in 2021 wieder aufzulösen (Umbuchung auf das Konto Miete). Die gesamte Vorsteuer (285 €) ist bereits im Dezember 2020 abzuziehen (§ 15 Abs. 1 Satz 1 Nr. 1 Satz 3 UStG).

Buchungen 2020:

Sollkonto – SKR 03 (SKR 04)		**Betrag** (Euro)	**Habenkonto** – SKR 03 (SKR 04)	
Miete	4210 (6310)	500,00	Bank	1200 (1800)
Aktive Rechnungsabgr.	0980 (1900)	1.000,00	Bank	1200 (1800)
Abziehbare VoSt 19 %	1576 (1406)	285,00	Bank	1200 (1800)

Buchung 2021:

Sollkonto – SKR 03 (SKR 04)		**Betrag** (Euro)	**Habenkonto** – SKR 03 (SKR 04)	
Miete	4210 (6310)	1.000,00	Aktive Rechnungsabgr.	0980 (1900)

Vorsteuerbeträge auf erhaltene Leistungen, die noch nicht abziehbar sind (z. B. weil noch keine ordnungsgemäße Rechnung vorliegt), sind – sofern sie im Folgejahr abziehbar sind – auf dem Konto „**Vorsteuer im Folgejahr abziehbar** 1548 (1434)“ im **Soll** zu erfassen.

Aufgabe 16 > Seite 246

3. Passive Rechnungsabgrenzung

Vorgänge, bei denen die **Einnahme** (Zahlung) im Betrachtungsjahr erfolgt, der zu dieser Einnahme gehörende **Ertrag** aber teilweise oder vollständig einem anderen Wirtschaftsjahr (z. B. dem nachfolgenden Jahr) zuzuordnen ist, führen zur Bildung von **passiven** Rechnungsabgrenzungsposten.

MERKE

Merkmal des **passiven** RAP im Jahr der Bildung:

Einnahme im Betrachtungsjahr, **Ertrag** teilweise oder vollständig in **späteren Jahren**

Beispiel

Der buchführungspflichtige Gewerbetreibende Benedikt Weiß hat dem Gewerbetreibenden Tim Berzen zum 01.08.2020 ein Darlehen in Höhe von 30.000 € gewährt, das am 01.08.2021 zurückzuzahlen und in der Zwischenzeit mit 4 % p. a. zu verzinsen ist. Die Zinsen sind vierteljährlich im Voraus zu entrichten.

Die Zinsen für den Zeitraum 01.08. - 31.10.2020 hat Herr Weiß bereits erhalten und ordnungsgemäß erfasst. Am 02.11.2020 erhält Herr Weiß die Zinszahlung für das zweite Vierteljahr (300 € Gutschrift auf dem Bankkonto).

Die Zinsgutschrift am 02.11.2020 ist auf die Monate November, Dezember und Januar zu verteilen (wirtschaftliche Zuordnung).

Die Zinsen für Januar 2021 sind somit zeitlich abzugrenzen. Dies geschieht durch die Erfassung eines passiven RAP in Höhe von 100 €, der im Januar 2021 wieder aufzulösen ist (Umbuchung auf das Konto Zinserträge).

Zum **02.11.2020** sind folgende Buchungen zu erfassen:

Sollkonto – SKR 03 (SKR 04)		**Betrag** (Euro)	**Habenkonto** – SKR 03 (SKR 04)	
Bank	1200 (1800)	200,00	Zinserträge	2650 (7100)
Bank	1200 (1800)	100,00	Passive Rechnungsabgr.	0990 (3900)

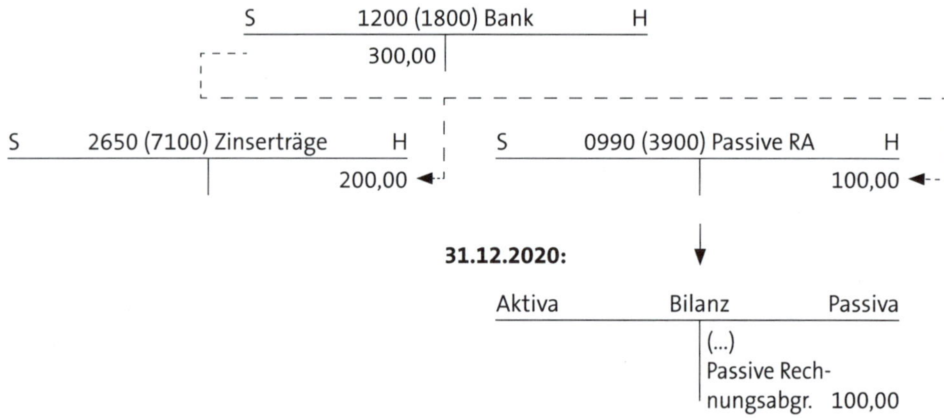

In **2021** wird der passive RAP erfolgswirksam aufgelöst, wodurch der Zinsertrag 2021 dann auch diesem Jahr zugeordnet wird.

Buchung 2021:

Sollkonto – SKR 03 (SKR 04)		**Betrag** (Euro)	**Habenkonto** – SKR 03 (SKR 04)	
Passive Rechnungsabgr.	0990 (3900)	100,00	Zinserträge	2650 (7100)

S	2650 (7100) Zinserträge	H
	1)	100,00

S	0990 (3900) Passive Rechnungsabgr.	H
1) 100,00	AB 01.01.	100,00

MERKE

Die Bildung passiver Rechnungsabrenzungsposten ist an die folgenden **Voraussetzungen** gebunden (vgl. § 250 Abs. 2 Satz 1 HGB und § 5 Abs. 5 Satz 1 Nr. 2 EStG):

1. **Einnahme** vor dem Abschlussstichtag
2. **Ertrag** dieses Vorgangs vollständig oder teilweise **nach** dem Abschlussstichtag
3. **Zurechenbarkeit** des abgegrenzten Ertrags **zu einer bestimmten Zeit** nach dem Abschlussstichtag.

Wenn die vorgenannten Voraussetzungen vorliegen, ist die Bildung passiver RAP **Pflicht** (Passivierungspflicht).

Passive Rechnungsabgrenzungen kommen in der Buchungspraxis **insbesondere bei den folgenden Erträgen** vor:

- Zinserträge
- Mieterträge.

INFO

Für **geringfügige** (insbesondere regelmäßig wiederkehrende) Beträge geht die Praxis aus Vereinfachungsgründen von einem Passivierungs**wahlrecht** aus. Danach **kann** auf den Ausweis von Rechnungsabgrenzungsposten **verzichtet** werden, wenn wegen der Geringfügigkeit der Beträge der Einblick in die Vermögens-, Finanz- und Ertragslage nicht beeinträchtigt wird (= Grundsatz der Wesentlichkeit).

Der BFH unterstützt diese Sichtweise und hat die Grenze, bis zu der dieses Wahlrecht ausgeübt werden darf, an der GWG-Grenze gem. § 6 Abs. 2 EStG in der jeweils gültigen Fassung (**800 €** seit 2018) festgemacht (BFH-Beschluss vom 18.03.2010). Dabei geht es nicht um die Summe aller abzugrenzenden Beträge, sondern um jeden **einzelnen Vorgang**.

Abzugrenzende Erträge können auch mit Umsatzsteuer in Zusammenhang stehen. Dies ist dann der Fall, wenn die zugrunde liegende Leistung ein steuerbarer und steuerpflichtiger Umsatz im Sinne des UStG ist.

Nach **§ 13 Abs. 1 Nr. 1 Buchstabe a Satz 4 UStG** entsteht die Umsatzsteuer bereits **vor** der **Ausführung der Leistung**, wenn das Entgelt (hier die Einnahme) oder ein Teil des Entgelts vor der Leistungserbringung vereinnahmt worden ist. In diesem Fall ist die auf die Einnahme entfallende USt bereits dann zu erfassen, wenn der **Zahlungseingang** erfolgt.

Beispiel

Der buchführungspflichtige Gewerbetreibende Sven Hoffmann hat einen Lagerraum an den zum Vorsteuerabzug berechtigten Unternehmer Nicolas Klee vermietet und für die Vermietung nach § 9 UStG auf die Steuerbefreiung verzichtet. Herr Klee bezahlt die Miete für den Lagerraum am 01.12.2020 für 3 Monate im Voraus. Die Banküberweisung an Herrn Hoffmann beträgt 1.785 €. Die monatliche Miete beträgt 500 € + 95 € USt (im Mietvertrag ordnungsgemäß ausgewiesen).

Die Nettomiete ist auf die Monate Dezember, Januar und Februar zu verteilen. Der Mietaufwand für Januar und Februar ist zum 31.12.2020 als passiver RAP zu erfassen (zeitlich abzugrenzen) und in 2021 wieder aufzulösen (Umbuchung auf das Konto Grundstückserträge). Die gesamte Umsatzsteuer (285 €) ist bereits im Dezember 2020 entstanden (für Dezember nach § 13 Abs. 1 Nr. 1 Buchstabe a Satz 1 UStG; für Januar und Februar nach § 13 Abs. 1 Nr. 1 Buchstabe a Satz 4 UStG).

Buchungen 2020:

Sollkonto – SKR 03 (SKR 04)		**Betrag** (Euro)	**Habenkonto** – SKR 03 (SKR 04)	
Bank	1200 (1800)	500,00	Grundstückserträge	2750 (4860)
Bank	1200 (1800)	1.000,00	Passive Rechnungsabgr.	0990 (3900)
Bank	1200 (1800)	285,00	Umsatzsteuer 19 %	1776 (3806)

Buchung 2021:

Sollkonto – SKR 03 (SKR 04)		**Betrag** (Euro)	**Habenkonto** – SKR 03 (SKR 04)	
Passive Rechnungsabgr.	0990 (3900)	1.000,00	Grundstückserträge	2750 (4860)

Aufgabe 17 > Seite 247

4. Sonstige Vermögensgegenstände

Vorgänge, bei denen die positive Erfolgsauswirkung – also der **Ertrag** – wirtschaftlich **dem aktuellen Betrachtungsjahr zuzuordnen** ist, die zugehörige **Einnahme** (Zahlung) aber erst nach **Ablauf des Wirtschaftsjahres** zufließt, sind als **Forderungen** zu erfassen.

Kurzfristige Forderungen, die nicht schon einem anderen Forderungsposten (z. B. Forderungen aus Lieferungen und Leistungen) zuzuordnen sind, werden in der Buchführung und Bilanz als „sonstige Vermögensgegenstände" erfasst (vgl. *Korth*, S. 237, *Rinker*,

S. 105). Sie dienen der zeitlich richtigen Zuordnung von Erträgen und gleichzeitig dem vollständigen Vermögensausweis in der Bilanz.

MERKE

Merkmal der **sonstigen Vermögensgegenstände** im Jahr der Bildung:
Ertrag im Betrachtungsjahr, **Einnahme** nach Ablauf des Betrachtungsjahres

Handels- und steuerrechtlich besteht für derartige Abgrenzungsposten eine Aktivierungs**pflicht**.

Zu den sonstigen Vermögensgegenständen gehören beispielsweise

- Zinsforderungen
- Mietforderungen
- Vorsteuerguthaben
- Steuerüberzahlungen
- Forderungen an Personal.

Beispiel

Die buchführungspflichtige Unternehmerin Janina Hickmann gewährt der Gewerbetreibenden Kristina Nickel zum 01.08.2020 ein Fälligkeitsdarlehen in Höhe von 40.000 €, das am 01.08.2022 zurückzuzahlen und in der Zwischenzeit mit 3 % p. a. zu verzinsen ist. Die Zinsen sind monatlich nachschüssig (zum Monatsersten nach Ablauf eines Monats) fällig.

Die Darlehensauszahlung und alle Zinszahlungen für 2020 wurden bereits ordnungsgemäß gebucht.

Die Zinsen für Dezember 2020 werden von Frau Nickel vereinbarungsgemäß zum 01.01.2021 zur Zahlung angewiesen. Somit hat Frau Hickmann zum 31.12.2020 neben der Darlehensforderung eine sonstige Forderung in Höhe von 100 € gegen Frau Nickel. Der Zinszufluss bei Frau Hickmann Anfang Januar 2021 ist wirtschaftlich dem Monat Dezember 2020 zuzuordnen.

Zum 31.12.2020 sind bei Frau Hickmann deshalb die sonstige Forderung und der Zinsertrag für Dezember 2020 (100 €) zu erfassen.

Buchung zum 31.12.2020:

Sollkonto – SKR 03 (SKR 04)		**Betrag** (Euro)	**Habenkonto** – SKR 03 (SKR 04)	
Sonstige Vermögensg.	1500 (1300)	100,00	Zinserträge	2650 (7100)

In der Bilanz zum 31.12.2020 werden die 100 € Zinsforderung bei den Sonstigen Vermögensgegenständen ausgewiesen.

Im Januar 2021 wird der Zahlungseingang dann gegen das Konto „Sonstige Vermögensgegenstände" gebucht, weil die sonstige Forderung durch die Zahlung erlischt.

Buchung zum Zeitpunkt des Zahlungseingangs:

Sollkonto – SKR 03 (SKR 04)		**Betrag** (Euro)	**Habenkonto** – SKR 03 (SKR 04)	
Bank	1200 (1800)	100,00	Sonstige Vermögensg.	1500 (1300)

Bei Zinsforderungen, die gegenüber Kreditinstituten bestehen, ist zu beachten, dass betriebliche **Guthabenzinsen** bei ihrer Gutschrift der Kapitalertragsteuer gem. §§ 43 ff. EStG unterliegen.

Dies bedeutet, dass die erzielten Zinsen nicht in voller Höhe (brutto), sondern abzüglich **25 % Kapitalertragsteuer** (KapESt) und **5,5 % Solidaritätszuschlag** zur KapESt – also nach Steuer (netto) – ausgezahlt werden.

Beispiel

Die Unternehmerin Svenja Krämer erhält von ihrer Bank für eine Finanzanlage vom 01.01. bis 31.12.2020 in Höhe von 75.000 € am 31.12. die folgende Zinsabrechnung:

	Bruttozinsen	75.000 € · 2 % =	1.500,00 €
-	KapESt	1.500 € · 25 % =	375,00 €
-	SolZ	375 € · 5,5 % =	20,63 €
=	**Nettozinsen (Kontogutschrift)**		**1.104,37 €**

Die Bank stellt dem Zinsempfänger eine Abrechnung sowie eine **Steuerbescheinigung** aus, die der Steuerpflichtige **dem Finanzamt bei der später durchzuführenden Steuerveranlagung vorlegt** (z. B. zusammen mit der Einkommensteuererklärung).

Die einbehaltenen Steuern sind bei der Veranlagung (zur Einkommen- oder zur Körperschaftsteuer) als **Vorauszahlungen auf die Steuerschuld** dem Unternehmer bzw. Unternehmen **gutzuschreiben**.

Betriebliche Guthabenzinsen, die im Laufe des Jahres entstehen, am Ende des Jahres aber noch nicht fällig sind (z. B. Finanzanlage zum 01.10.2020, Fälligkeit der Zinsen zum 01.10.2021) müssen den **Jahren ihrer Entstehung** (hier 2020 und 2021) **zeitanteilig zugeordnet** werden.

Der Abzug von KapESt und SolZ erfolgt aber erst bei der Gutschrift der Zinsen; deshalb werden die **Brutto**zinsen entsprechend ihrer Entstehung **zeitlich zugeordnet**.

Beispiel

Der Unternehmer Patrick Debus hat zum 01.10.2020 einen Finanzmittelüberschuss seines Unternehmens in Höhe von 100.000 € zu 2 % p. a. auf einem Festgeldkonto angelegt. Die Zinsgutschrift erfolgt am 01.10.2020; hierbei werden von der Bank KapESt und SolZ einbehalten und Herrn Debus ordnungsgemäß bescheinigt.

(1) Aufteilung der Zinsen:

2020: 100.000 € · 2 % · 90/360 (01.10. - 30.12.2020) = 500 €
2021: 100.000 € · 2 % · 270/360 (01.01. - 30.09.2021) = 1.500 €

(2) Buchung der Zinsen 2020:

Die Zinsen für 2020 stellen aus der Sicht des Unternehmens von Herrn Debus eine Forderung gegenüber der Bank dar, die zum 31.12. zu erfassen ist.

Buchung:

Sollkonto – SKR 03 (SKR 04)		**Betrag** (Euro)	**Habenkonto** – SKR 03 (SKR 04)	
Sonstige Vermögensg.	1500 (1300)	500,00	Zinserträge	2650 (7100)

(3) Abrechnung der Bank zum 01.10.2021:

	Bruttozinsen	100.000 € · 2 % =	2.000,00 €
-	KapESt	2.000 € · 25 % =	500,00 €
-	SolZ	500 € · 5,5 % =	27,50 €
=	Nettozinsen		**1.472,50 €**

Die Nettozinsen werden dem Bankkonto von Herrn Debus gutgeschrieben. Die einbehaltenen Steuern kann er bei seiner Einkommensteuererklärung als Steuervorauszahlung auf seine persönliche Steuerschuld berücksichtigen.

(4) Buchungen zum 01.10.2021:

Die Zinsen für 2020 werden zum 31.12.2020 als Forderung gegenüber der Bank erfasst; sie sind zum 01.10.2021 bei der Zinsgutschrift auszubuchen. Gleichzeitig müssen die Zinsen für 2021 und der Steuerabzug erfasst werden.

Buchungen:

Sollkonto – SKR 03 (SKR 04)		**Betrag** (Euro)	**Habenkonto** – SKR 03 (SKR 04)	
Bank	1200 (1800)	500,00	Sonstige Vermögensg.	1500 (1300)
Bank	1200 (1800)	972,50[1]	Zinserträge	2650 (7100)
Privatsteuern	1810 (2150)	527,50[2]	Zinserträge	2650 (7100)

1 972,50 € + 527,50 € = 1.500,00 € (Bruttozinsen 2021)

2 500,00 € KapESt + 27,50 € SolZ = 527,50 €

Bei Kapitalgesellschaften, Genossenschaften und Vereinen (z. B. GmbH, e. G. oder e. V.) wird die Steuerbescheinigung im **Soll** auf den **Steuervorauszahlungskonten**

- **Kapitalertragsteuer** 2213 (7630)
- **Solidaritätszuschlag** 2216 (7633)

und im **Haben** dem Konto „**Zinserträge** 2650 (7110)" erfasst.

Beispiel

Fall wie im Beispiel zuvor, jetzt jedoch mit dem Unterschied, dass die Geldanlage von der Debus **GmbH** vorgenommen wurde und die Steuerbescheinigung auf die Debus **GmbH** ausgestellt ist.

Buchungen:

Sollkonto – SKR 03 (SKR 04)		**Betrag** (Euro)	**Habenkonto** – SKR 03 (SKR 04)	
Bank	1200 (1800)	500,00	Sonstige Vermögensg.	1500 (1300)
Bank	1200 (1800)	972,50	Zinserträge	2650 (7110)
Kapitalertragsteuer	2213 (7630)	500,00	Zinserträge	2650 (7110)
Solidaritätszuschlag	2216 (7633)	27,50	Zinserträge	2650 (7110)

5. Sonstige Verbindlichkeiten

Vorgänge, bei denen der **Aufwand** wirtschaftlich **dem aktuellen Betrachtungsjahr zuzuordnen** ist, die zugehörige **Ausgabe** (Zahlung) aber erst **nach Ablauf des Wirtschaftsjahres** erfolgt, sind als **Verbindlichkeiten** zu erfassen, sofern die Höhe und die Fälligkeit der Ausgabe bereits feststehen.

Kurzfristige Verbindlichkeiten, die nicht aus dem laufenden Liefer- und Leistungsverkehr resultieren und keinem anderen Posten der Verbindlichkeiten zugeordnet werden können, sind in der Buchführung und in der Bilanz als „sonstige Verbindlichkeiten" zu erfassen (vgl. *Rinker*, S. 125 f.). Sie dienen der zeitlich richtigen Zuordnung von Aufwendungen und gleichzeitig dem vollständigen Ausweis der Schulden in der Bilanz.

MERKE

Merkmal der **sonstigen Vermögensgegenstände** im Jahr der Bildung:
Aufwand im Betrachtungsjahr, **Ausgabe** nach Ablauf des Betrachtungsjahres

Handels- und steuerrechtlich besteht für derartige Abgrenzungsposten eine Passivierungs**pflicht**.

Zu den **sonstigen** Verbindlichkeiten gehören beispielsweise noch zu zahlende

- Löhne und Gehälter
- Schuldzinsen
- Sozialversicherungsbeiträge
- Beiträge (z. B. zur Berufsgenossenschaft)
- Steuern (z. B. USt, LSt)
- Mieten.

Beispiel

Die buchführungspflichtige Unternehmerin Kristina Nickel hat von der Unternehmerin Janina Hickmann zum 01.08.2020 ein Fälligkeitsdarlehen in Höhe von 20.000 €, das am 01.08.2022 zurückzuzahlen und in der Zwischenzeit mit 6 % p. a. zu verzinsen ist, erhalten. Die Zinsen sind monatlich nachschüssig (zum Monatsersten nach Ablauf eines Monats) fällig. Die Darlehensauszahlung und alle Zinszahlungen für 2020 wurden bereits ordnungsgemäß gebucht.

Die Zinsen für Dezember 2020 werden von Frau Nickel vereinbarungsgemäß zum 01.01.2021 zur Zahlung angewiesen. Zum 31.12.2020 hat Frau Nickel somit neben der Darlehensverbindlichkeit eine sonstige Verbindlichkeit in Höhe von 100 €. Die Zinszahlung von Frau Nickel Anfang Januar 2021 ist wirtschaftlich dem Monat Dezember 2020 zuzuordnen.

Zum 31.12.2020 sind bei Frau Nickel deshalb die sonstige Verbindlichkeit und der Zinsaufwand für Dezember 2020 (100 €) zu erfassen.

Buchung zum 31.12.2020:

Sollkonto – SKR 03 (SKR 04)		**Betrag** (Euro)	**Habenkonto** – SKR 03 (SKR 04)	
Zinsaufwendungen	2120 (7320)	100,00	Sonstige Verbindlichk.	1700 (3500)

In der Bilanz zum 31.12.2020 werden die 100 € bei den Sonstigen Verbindlichkeiten ausgewiesen.

Im Januar 2021 wird die Zahlung dann auf dem Konto „Sonstige Verbindlichkeiten" im Soll gebucht, weil die Verbindlichkeit durch die Zahlung erlischt.

Buchung zum Zeitpunkt der Zahlung (2021):

Sollkonto – SKR 03 (SKR 04)	**Betrag** (Euro)	**Habenkonto** – SKR 03 (SKR 04)
Sonstige Verbindlichk. 1700 (3500)	100,00	Bank 1200 (1800)

Aufgabe 18 > Seite 248

6. Rückstellungen

Vorgänge, die **dem Betrachtungsjahr als Aufwand** zuzuordnen sind, deren genaue **Höhe oder Fälligkeit** zum Ende des Wirtschaftsjahres jedoch **noch ungewiss** ist, werden als **Rückstellungen** erfasst (vgl. *Bilke/Heining/Mann*, S. 208 f., *Bolin/Stephani/Wyrwa/Grefe*, S. 103 f.).

Beispiel

Der buchführungspflichtige Gewerbetreibende Dietmar Fölbach hat die Godde & Co. KG im Juni 2020 wegen mangelhafter Lieferung auf Schadenersatz verklagt. Der Prozess wird im Jahr 2021 für Herrn Fölbach wahrscheinlich verloren gehen. Dadurch werden Anwalts- und Gerichtskosten in Höhe von etwa 1.000 € für Herrn Fölbach fällig.

Die Aufwendungen für den Rechtsstreit sind wirtschaftlich dem Jahr 2020 zuzuordnen. Die exakte Höhe und der genaue Fälligkeitstermin stehen zum 31.12.2020 aber noch nicht fest. Somit ist im Jahresabschluss 2020 eine Rückstellung in Höhe der geschätzten Nettokosten (hier: 1.000 €) auszuweisen.

Buchung zum 31.12.2020:

Sollkonto – SKR 03 (SKR 04)	**Betrag** (Euro)	**Habenkonto** – SKR 03 (SKR 04)
Rechts- u. Beratungskost. 4950 (6825)	1.000,00	Sonstige Rückstellungen 0970 (3070)

MERKE

Merkmale der **Rückstellung** im Jahr der Bildung:

- **Aufwand** des Betrachtungsjahres
- genaue **Höhe oder Fälligkeit** zum Ende des Wirtschaftsjahres noch ungewiss und
- **Ausgabe** nach Ablauf des Betrachtungsjahres.

Die Rückstellung ist somit grundsätzlich eine Art **„ungewisse Verbindlichkeit"**.

Neben der periodengerechten Gewinnermittlung ist der **zutreffende Reinvermögensausweis zum Bilanzstichtag** ein Ziel der handelsrechtlichen Bilanzierung. Der Ansatz sämtlicher Schulden ist entsprechend dem **Vollständigkeitsgebot** des § 246 Abs. 1 HGB notwendig. Bei wirtschaftlicher Betrachtungsweise sind beispielsweise schwebende Prozesse, entstandene, aber noch nicht festgesetzte Steuerschulden usw. Reinvermögensminderungen, die zum Bilanzstichtag auszuweisen sind. Da in rechtlicher Hinsicht aber noch keine Verbindlichkeiten entstanden sind, erfolgt der Ausweis dieser Reinvermögensminderungen bei den Rückstellungen.

MERKE

Der allgemeine Buchungssatz für die Bildung einer Rückstellung lautet:

„Aufwandskonto an Rückstellungskonto".

Bilanzausweis

Das Rückstellungskonto ist ein **passives Bestandskonto**. Der Bilanzausweis erfolgt auf der Passivseite zwischen dem Eigenkapital und den Verbindlichkeiten – siehe Bilanzgliederung § 266 Abs. 2 HGB.

AKTIVA	Bilanz PASSIVA
Anlagevermögen Umlaufvermögen (...) Rechnungsabgrenzungsposten	Eigenkapital **Rückstellungen** Verbindlichkeiten Rechnungsabgrenzungsposten

Arten von Rückstellungen
Zu den in der Praxis häufig vorkommenden Rückstellungen gehören beispielsweise

- Steuerrückstellungen
- Rückstellungen für Jahresabschlusskosten
- Garantierückstellungen
- Rückstellungen für Prozesskosten
- Pensionsrückstellungen

usw.

Aus rechtlicher Sicht ist zu unterscheiden zwischen

- Rückstellungen, die gebildet werden **müssen** (Passivierungs**pflicht**)
- Rückstellungen, die **nicht** gebildet werden dürfen (Passivierungs**verbot**).

Für Kaufleute ist das Rückstellungsrecht in **§ 249 HGB** geregelt. Die früher im HGB n. F. vorhandenen Rückstellungswahlrechte wurden das Bilanzrechtsmodernisierungsgesetz (BilMoG) aufgehoben. Somit gibt es nun nur noch Rückstellungs**pflichten** und -**verbote**.

Für die folgenden Rückstellungsursachen ist nach § 249 HGB die Bildung einer Rückstellung **Pflicht**:

1. für **ungewisse Verbindlichkeiten** (z. B. für Jahresabschlusskosten, Garantieleistungen, Prozesskosten, Steuernachzahlungen usw.);
2. für **Gewährleistungen**, die **ohne rechtliche Verpflichtung** erbracht werden (z. B. für Kulanzleistungen);
3. für im **Geschäftsjahr unterlassene Aufwendungen für Instandhaltung** (z. B. Reparaturen), die im folgenden Geschäftsjahr **innerhalb von drei Monaten** nachgeholt werden;
4. für **unterlassene Aufwendungen für Abraumbeseitigung**, die im **folgenden Geschäftsjahr** nachgeholt werden;
5. für **drohende Verluste aus schwebenden Geschäften** (wenn der zu erwartende Erlös niedriger als die Selbstkosten ist).

Steuerrechtlich besteht für die vorgenannten **Nummern 1 - 4** ebenfalls eine **Pflicht** zur Rückstellungsbildung.

ACHTUNG

Die Bildung von Rückstellungen **für drohende Verluste aus schwebenden Geschäften** ist **steuerlich** hingegen **verboten**.

Für **andere** als die oben genannten Rückstellungsursachen dürfen Rückstellungen **nicht** gebildet werden (Rückstellungs**verbot** nach § 249 Abs. 2 Satz 1 HGB). Anders ausgedrückt dürfen nur diejenigen Rückstellungen gebildet werden, für die eine Rückstellungspflicht besteht.

Rückstellungskonten

Die Datev-Kontenrahmen SKR 03 (SKR 04) stellen zahlreiche Rückstellungskonten zur Verfügung; beispielsweise die folgenden Konten (Auswahl):

- Rückstellungen für Pensionen und ähnliche Verpflichtungen 0950 (3000)
- Steuerrückstellungen 0955 (3020)
- Rückstellungen für Personalkosten 0960 (3074)
- Rückstellungen zur Erfüllung von Aufbewahrungspflichten 0966 (3096)
- Rückstellung für unterlassene Aufwendungen für Instandhaltung, Nachholung in den ersten drei Monaten 0971 (3075)
- Rückstellungen für Abraum- und Abfallbeseitigung 0973 (3085)
- Rückstellungen für Gewährleistungen 0974 (3090)
- Rückstellungen für drohende Verluste aus schweb. Geschäften 0976 (3092)
- Rückstellungen für Abschluss- und Prüfungskosten 0977 (3095)

Höhe der Rückstellungsbildung

Ein Merkmal der Rückstellung ist deren Ungewissheit. Aus diesem Grund muss der konkrete Wertansatz i. d. R. **sachgerecht geschätzt** werden.

Nach § 253 Abs. 1 Satz 2 HGB sind Rückstellungen in Höhe des **nach vernünftiger kaufmännischer Beurteilung notwendigen Erfüllungsbetrages** anzusetzen. Künftige Preis- und Kostensteigerungen sind bei der Rückstellungsbildung somit zu berücksichtigen.

Die gewählten Wertansätze müssen **nachprüfbar** sein (vgl. *Bussiek/Ehrmann*, S. 188, *Bilke/Heining/Mann*, S. 369); sie sind somit beispielsweise durch Kostenvoranschläge, Kalkulationen, dokumentierte Erfahrungswerte o. Ä. nachzuweisen.

Aufgabe 19 > Seite 249

Abzinsung
Nach § 253 Abs. 2 HGB **sind** alle Rückstellungen mit einer **Restlaufzeit von mehr als einem Jahr abzuzinsen**.

Dies bedeutet, dass Rückstellungen mit einer Restlaufzeit von mehr als einem Jahr mit ihrem **Barwert** anzusetzen sind. Der **Barwert** ist der auf den Bewertungsstichtag nach versicherungsmathematischen Grundsätzen ermittelte **abgezinste Wert** zukünftiger Ausgaben.

Die anzuwendenden **Abzinsungssätze** (Marktzinssätze) werden **von der Deutschen Bundesbank** ermittelt und monatlich bekannt gegeben (§ 253 Abs. 2 Satz 4 HGB).

Für **steuerliche Zwecke** sind **Rückstellungen für Verpflichtungen** mit einem Zinssatz von **5,5 %** abzuzinsen (vgl. § 6 Abs. 1 Nr. 3a Buchst. e EStG). Demzufolge sind hinsichtlich des Wertansatzes von Rückstellungen **Abweichungen zwischen Handels- und Steuerbilanz** vorprogrammiert (vgl. *Bilke/Heining/Mann*, S. 372).

Auflösung
Bestehende Rückstellungen werden aufgelöst, wenn der Grund für ihr Bestehen entfallen ist (vgl. § 249 Abs. 2 Satz 2 HGB).

1. Erfolgsneutrale Auflösung
Wenn die tatsächliche Inanspruchnahme bzw. der **tatsächliche Aufwand so hoch wie die gebildete Rückstellung** ist, wird die Rückstellung erfolgsneutral aufgelöst.

Der **Nettobetrag der Inanspruchnahme** ist auf dem **Rückstellungskonto im Soll** und dem Verbindlichkeiten- oder Zahlungskonto im Haben zu buchen. Durch diese Buchung wird die Rückstellung aufgelöst.

Beispiel

Die buchführungspflichtige Gewerbetreibende Catharina Degen hatte zum 31.12.2020 eine Rückstellung für die Jahresabschlusserstellung 2020 in Höhe von 2.000 € gebildet. Die Buchung zum 31.12.2020 lautete:

Sollkonto – SKR 03 (SKR 04)	**Betrag** (Euro)	**Habenkonto** – SKR 03 (SKR 04)
Abschluss- u. Prüfungsk. 4957 (6827)	2.000,00	Rückst. für Abschlussk. 0977 (3095)

Die Rechnung des Steuerberaters, die am 25.05.2021 bei Frau Degen eingeht und von ihr am 15.06.2021 durch Banküberweisung beglichen wird, beträgt 2.000 € + 380 € USt = 2.380 €.

Die Buchungen lauten nun:

a) zum 25.05.2021:

Sollkonto – SKR 03 (SKR 04)		**Betrag** (Euro)	**Habenkonto** – SKR 03 (SKR 04)	
Rückst. für Abschlussk.	0977 (3095)	2.000,00	Verb. aus Lief. und Leist.	1600 (3300)
Vorsteuer 19 %	1576 (1406)	380,00	Verb. aus Lief. und Leist.	1600 (3300)

b) zum 15.06.2021:

Sollkonto – SKR 03 (SKR 04)		**Betrag** (Euro)	**Habenkonto** – SKR 03 (SKR 04)	
Verb. aus Lief. und Leist.	1600 (3300)	2.380,00	Bank	1200 (1800)

2. Auflösungsertrag

Wenn die **tatsächliche Inanspruchnahme niedriger** als die gebildete Rückstellung ist, entsteht bei der Auflösung der Rückstellung ein Auflösungsertrag in der Höhe, in der die Rückstellung zu hoch gebildet wurde. Durch die Ertragserfassung wird der bei der Bildung der Rückstellung zu hoch erfasste Aufwand korrigiert. Der **Auflösungsertrag** wird im Haben beispielsweise auf den folgenden **Konten** erfasst:

- **bei Steuerrückstellungen:**
  - Erträge aus der Auflösung von Gewerbesteuerrückstellungen 2283 (7643)
  - Erträge aus der Auflösung von Rückst. für sonstige Steuern 2289 (7694)
- **bei anderen Rückstellungen:**
  - Erträge aus der Auflösung von Rückstellungen 2735 (4930)

Beispiel

Fall wie im Beispiel zuvor (Rückstellung für Jahresabschlusskosten in Höhe von 2.000 € zum 31.12.2020 gebildet); jetzt jedoch mit folgender Fallabwandlung:

Die Rechnung des Steuerberaters, die am 25.05.2021 bei Frau Degen eingeht und von ihr am 15.06.2021 durch Banküberweisung beglichen wird, beträgt 1.500 € + 285 € USt = 1.785 €.

Die Buchungen lauten nun:

a) zum 25.05.2021:

Sollkonto – SKR 03 (SKR 04)	**Betrag** (Euro)	**Habenkonto** – SKR 03 (SKR 04)
Rückst. für Abschlussk. 0977 (3095)	1.500,00	Verb. aus Lief. und Leist. 1600 (3300)
Vorsteuer 19 % 1576 (1406)	285,00	Verb. aus Lief. und Leist. 1600 (3300)
Rückst. für Abschlussk. 0977 (3095)	500,00	Erträge aus der Auflösung 2735 (4930)

b) zum 15.06.2021:

Sollkonto – SKR 03 (SKR 04)	**Betrag** (Euro)	**Habenkonto** – SKR 03 (SKR 04)
Verb. aus Lief. und Leist. 1600 (3300)	1.785,00	Bank 1200 (1800)

3. Zusätzlicher Aufwand

Wenn die **tatsächliche Inanspruchnahme höher** als die gebildete Rückstellung ist, wurde die **Rückstellung zu niedrig** gebildet; somit auch der zu berücksichtigende Aufwand. Der zusätzliche Aufwand muss deshalb zum Zeitpunkt der Auflösung der Rückstellung noch erfasst werden.

Der **zusätzliche Aufwand** wird im **Soll** beispielsweise auf den folgenden **Konten** erfasst:

- **bei Steueraufwendungen:**
  - Gewerbesteuernachzahlungen 2281 (7641)
  - Steuernachzahlungen Vorjahre sonstige Steuern 2285 (7690)
- **bei anderen Aufwendungen:**
  - Aufwandskonto der entsprechenden Aufwandsart

    (bei niedrigem Mehraufwand); siehe nachfolgendes Beispiel oder ausnahmsweise
  - Periodenfremde Aufwendungen 2020 (6960)

Beispiel

Fall wie im Beispiel zuvor (Rückstellung für Jahresabschlusskosten in Höhe von 2.000 € zum 31.12.2020 gebildet); jetzt jedoch mit folgender Fallabwandlung:

Die Rechnung des Steuerberaters, die am 25.05.2021 bei Frau Degen eingeht und von ihr am 15.06.2021 durch Banküberweisung beglichen wird, beträgt 2.100 € + 399 € USt = 2.499 €.

Die Buchungen lauten nun:

a) zum 25.05.2021:

Sollkonto – SKR 03 (SKR 04)	**Betrag** (Euro)	**Habenkonto** – SKR 03 (SKR 04)
Rückst. für Abschlussk. 0977 (3095)	2.000,00	Verb. aus Lief. und Leist. 1600 (3300)
Abschluss- und Prüfungsk. 4957 (6827)	100,00	Verb. aus Lief. und Leist. 1600 (3300)
Vorsteuer 19 % 1576 (1406)	399,00	Verb. aus Lief. und Leist. 1600 (3300)

b) zum 15.06.2021:

Sollkonto – SKR 03 (SKR 04)	**Betrag** (Euro)	**Habenkonto** – SKR 03 (SKR 04)
Verb. aus Lief. und Leist. 1600 (3300)	2.499,00	Bank 1200 (1800)

Aufgabe 20 > Seite 250
Aufgabe 21 > Seite 250

D. Bewertungen und Buchungen im Anlagevermögen

1. Begriffliche Abgrenzung

Zum **Anlagevermögen** gehören diejenigen Vermögensgegenstände, die dazu bestimmt sind, dem Geschäftsbetrieb **dauernd** (langfristig) zu dienen (vgl. § 247 Abs. 2 HGB). In der Regel gehören hierzu Gegenstände, die dem Betrieb **länger als 1 Jahr** dienen sollen.

Es handelt sich also um Vermögensgegenstände, die im Betrieb **gebraucht** werden (im Gegensatz zu Waren, Roh-, Hilfs- und Betriebsstoffen, die verkauft oder verbraucht werden sollen). Entscheidend für die Zuordnung zum **Anlage- oder Umlaufvermögen** ist also die **Zweckbestimmung** des Vermögensgegenstandes (vgl. *Bussiek/Ehrmann*, S. 93; *Bolin/Stephani/Wyrwa/Grefe*, S. 76).

Beispiel

Ein Pkw gehört im Normalfall zum Anlagevermögen, weil er dauerhaft für den Betrieb genutzt werden soll. Bei einem Pkw-Händler gehört ein Pkw jedoch zum Umlaufvermögen, wenn er im Rahmen des Pkw-Handels zum Verkauf bestimmt ist.

Zum Anlagevermögen gehören nach § 266 Abs. 2 HGB:

I. Immaterielle Vermögensgegenstände
1. Selbstgeschaffene gewerbliche Schutzrechte und ähnliche Rechte und Werte
2. entgeltlich erworbene Konzessionen, gewerbliche Schutzrechte und ähnliche Rechte und Werte sowie Lizenzen an solchen Rechten und Werten
3. Geschäfts- oder Firmenwert
4. geleistete Anzahlungen

II. Sachanlagen
1. Grundstücke, grundstücksgleiche Rechte und Bauten einschließlich der Bauten auf fremden Grundstücken
2. technische Anlagen und Maschinen
3. andere Anlagen, Betriebs- und Geschäftsausstattung
4. geleistete Anzahlungen und Anlagen im Bau

III. Finanzanlagen
1. Anteile an verbundenen Unternehmen
2. Ausleihungen an verbundene Unternehmen
3. Beteiligungen
4. Ausleihungen an Unternehmen, mit denen ein Beteiligungsverhältnis besteht
5. Wertpapiere des Anlagevermögens
6. sonstige Ausleihungen.

2. Gliederung des Anlagevermögens unter Bewertungsgesichtspunkten

2.1 Übersicht

Die nachfolgende Übersicht zeigt, wie das zuvor dargestellte Anlagevermögen unter Bewertungsgesichtspunkten eingeteilt werden kann; insbesondere, ob planmäßige Abschreibungen vorzunehmen sind oder nicht.

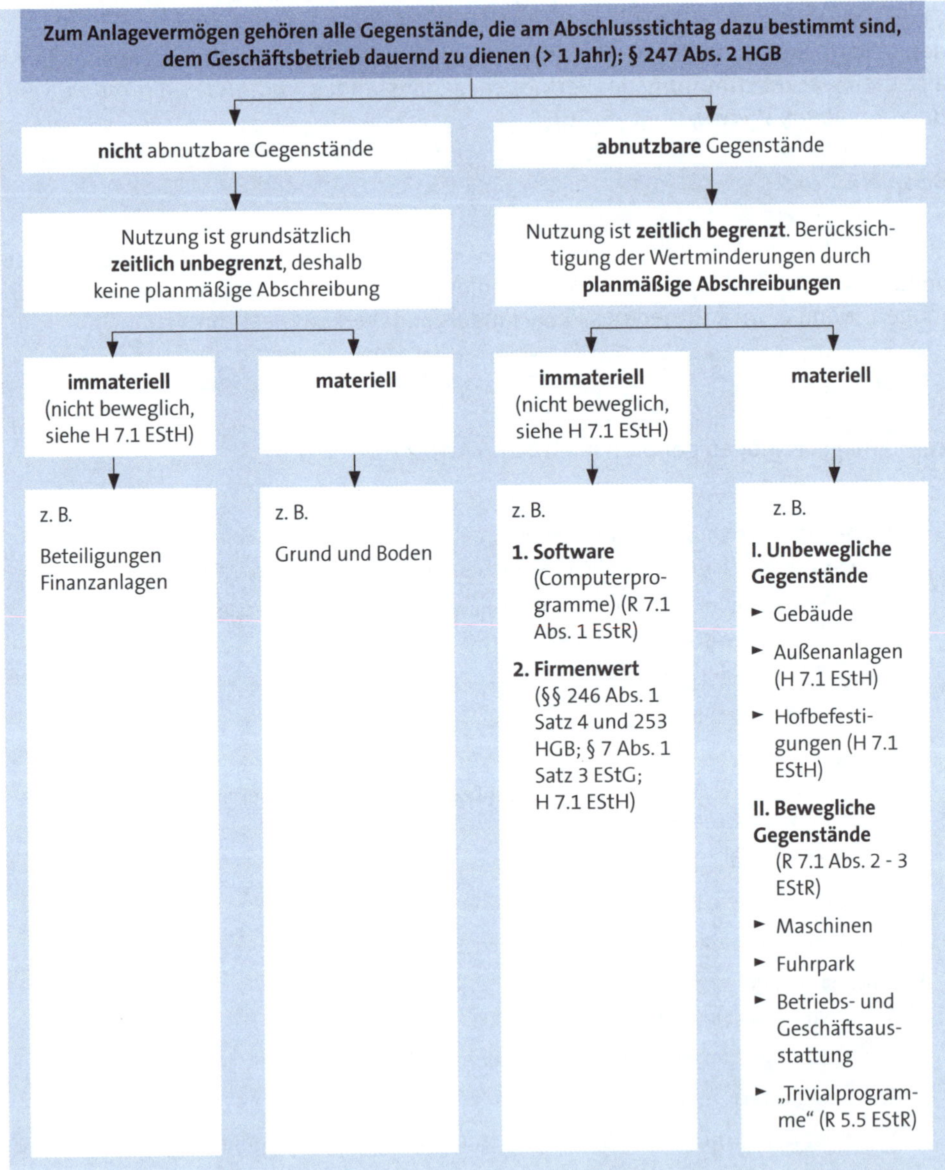

- **Immaterielle** Vermögensgegenstände sind **nicht-körperliche**, also **nicht greifbare** bzw. nicht sichtbare Objekte (beispielsweise EDV-Sofware, Rechte oder der Firmenwert). Sie sind durch ihren geistigen oder rechtlichen Wert gekennzeichnet (vgl. *Bolin/Stephani/Wyrwa/Grefe*, S. 76).
- **Materielle** Vermögensgegenstände sind **körperliche**, also **greifbare** bzw. sichtbare Objekte (beispielsweise Gebäude, Maschinen und Betriebs- und Geschäftsausstattung).

2.2 Zugangsbewertung

- **Erworbene** immaterielle und materielle Vermögensgegenstände sind mit ihren **Anschaffungskosten** (siehe Seite 72) zu erfassen;
- **selbst hergestellte materielle** Vermögensgegenstände mit ihren **Herstellungskosten** (siehe Seite 75) und
- **einzeln verwertbare selbst geschaffene immaterielle** Vermögensgegenstände (z. B. Patente, die verkauft werden können) mit ihren **Entwicklungskosten** (= **Herstellungskosten** gem. § 255 Abs. 2 und 2a HGB), so fern für sie kein Aktivierungsverbot gilt. Aktivierungsverbote: siehe § 248 Abs. 1 und § 255 Abs. 2 Satz 4 und Abs. 2a Satz 4 HGB.

2.3 Folgebewertung

Zu jedem der Anschaffung oder Herstellung **nachfolgenden Bilanzstichtag** sind die vorhandenen Vermögensgegenstände **neu zu bewerten (Folgebewertung)**. Hierbei kommt es darauf an, ob es sich um nicht abnutzbare oder abnutzbare Vermögensgegenstände handelt.

- **Nicht** abnutzbare Vermögensgegenstände (z. B. Grund und Boden) sind mit ihrem **bisherigen Wert** anzusetzen, es sei denn, dass dieser zwischenzeitlich unter den vorhandenen Buchwert gesunken ist. Dann ist bei einer **dauerhaften** Wertminderung eine **außerplanmäßige** Abschreibung auf den niedrigeren Wert vorzunehmen (vgl. § 253 Abs. 3 Satz 5 HGB).

  Bei **Finanzanlagen** berechtigt auch eine nur **vorübergehende** Wertminderung zur außerplanmäßigen Abschreibung (vgl. § 253 Abs. 3 Satz 6 HGB).
- Bei **abnutzbaren** Vermögensgegenständen (z. B. Gebäude, Maschinen, Betriebs- und Geschäftsausstattung) sind die Anschaffungs- oder Herstellungskosten um **planmäßige Abschreibungen** – also kontinuierlich – zu vermindern (vgl. § 253 Abs. 3 Satz 1 HGB).

  Sollte der hierdurch ermittelte **Buchwert** eines Vermögensgegenstands **höher als der tatsächliche Wert** (Marktwert) sein, ist zusätzlich eine **außerplanmäßige** Abschreibung vorzunehmen, wenn der tatsächliche Wert voraussichtlich **dauerhaft niedriger** als der Buchwert ist (vgl. § 253 Abs. 3 Satz 5 HGB).

Übersicht zur außerplanmäßigen Abschreibung gem. § 253 Abs. 3 Sätze 5 - 6 HGB:

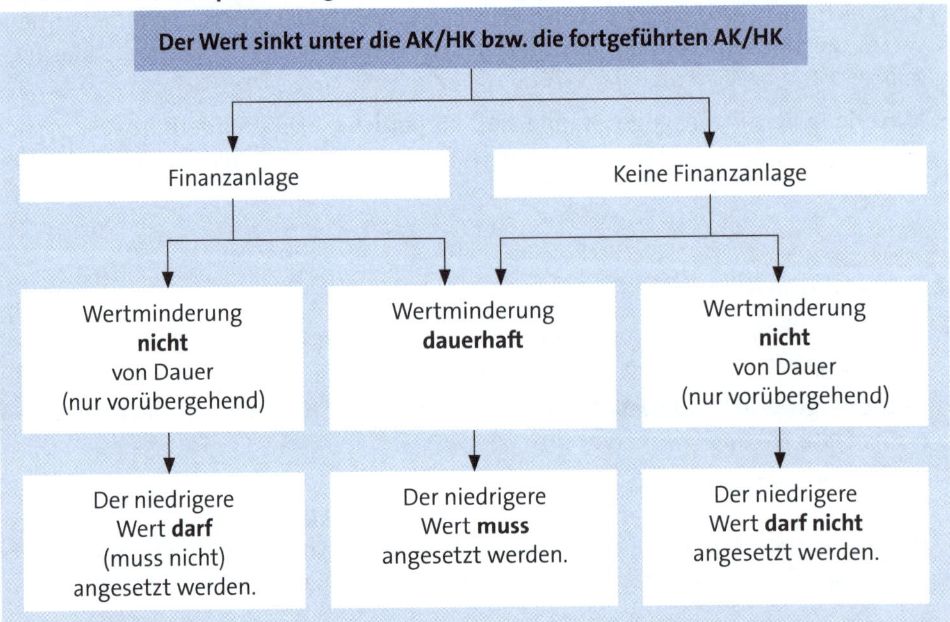

Wenn sich der Wert eines Wirtschaftsguts, das außerplanmäßig auf den niedrigeren Wert abgeschrieben wurde, zu einem späteren Bewertungsstichtag wieder „erholt" hat, muss eine **Zuschreibung** auf den „erholten" Wert vorgenommen werden (vgl. *Theile*, S. 89).

Die folgende Übersicht veranschaulicht die Struktur der Folgebewertung in der Gesamtbetrachtung (vgl. *Bolin/Stephani/Wyrwa/Grefe*, S. 83):

Ausgangswert (Zugangsbewertung)	Anschaffungskosten (AK)/ Herstellungskosten (HK)
Wertveränderungen	- Abschreibungen + ggf. Zuschreibungen
Buchwert (Folgebewertung)	**= fortgeführte AK/HK**

3. Nicht abnutzbares Anlagevermögen

Zum nicht abnutzbaren Anlagevermögen gehören insbesondere:

- Grund und Boden
- Beteiligungen
- Finanzanlagen (z. B. Wertpapiere des Anlagevermögens).

Gemeinsame Merkmale dieser Vermögensgegenstände sind:

- **Zugangsbewertung** zu **Anschaffungskosten** (§ 253 Abs. 1 Satz 1 i. V. mit § 255 Abs. 1 HGB)
- **keine** planmäßige Abschreibung (weil keine zeitlich begrenzte Nutzung)
- **ggf. außerplanmäßige Abschreibung** bei Wertminderung und **Zuschreibung** bei Werterholung (§ 253 Abs. 3 Sätze 5 und 6 und Abs. 5 Satz 1 HGB).

Konkret bedeutet dies, dass Gegenstände des nicht abnutzbaren Anlagevermögens mit ihren **Anschaffungskosten** zu erfassen sind und zu den nachfolgenden Bilanzstichtagen mit diesem Wert ausgewiesen werden, es sei denn, dass eine Wertminderung eingetreten ist, die zu einer außerplanmäßigen Abschreibung berechtigt oder verpflichtet.

Bei nicht abnutzbaren Gegenständen des Anlagevermögens, die **keine** Finanzanlagen sind, dürfen außerplanmäßige Abschreibungen nur vorgenommen werden, wenn eine **dauerhafte** Wertminderung vorliegt. In diesem Fall **muss** sogar auf den niedrigeren Wert abgeschrieben werden (Abschreibungs**pflicht** gem. § 253 Abs. 3 Satz 5 HGB). Siehe hierzu die Übersicht auf der Seite zuvor).

Beispiel

Der buchführungspflichtige Gewerbetreibende Nils Jung, Koblenz, erwirbt im Januar 2020 ein unbebautes Grundstück für sein Unternehmen gegen Banküberweisung, um dort 2021 ein Geschäftsgebäude zu errichten (Bauerwartungsland). Die Anschaffungskosten betragen einschließlich Nebenkosten zusammengerechnet 105.750 €.

Im Mai 2020 beschließt der Koblenzer Stadtrat, dass das Gebiet, in welchem sich das zuvor genannte Grundstück befindet, nicht bebaut werden darf. Der Wert des Grundstücks sinkt daraufhin auf 50.000 € (Marktwert einschließlich Anschaffungsnebenkosten).

Das Grundstück wird im Januar 2020 in der Buchführung mit 105.750 € (= AK) erfasst.

In der Bilanz zum 31.12.2020 ist das Grundstück mit 50.000 € auszuweisen, weil dieser niedrigere Wert vermutlich dauerhaft so niedrig sein wird. Zu diesem Zweck ist eine außerplanmäßige Abschreibung in Höhe von 55.750 € vorzunehmen.

Die Buchungen lauten nun:

a) im Januar 2020:

Sollkonto – SKR 03 (SKR 04)	**Betrag** (Euro)	**Habenkonto** – SKR 03 (SKR 04)
Unbebaute Grundstücke 0065 (0215)	105.750,00	Bank 1200 (1800)

b) zum 31.12.2020:

Sollkonto – SKR 03 (SKR 04)	**Betrag** (Euro)	**Habenkonto** – SKR 03 (SKR 04)
Außerplanm. Abschreib. 4840 (6230)	55.750,00	Unbebaute Grundstücke 0065 (0215)

Außerplanmäßige Abschreibungen wegen **dauerhafter** Wertminderung sind auch steuerlich zulässig (vgl. § 6 Abs. 1 Nr. 2 Satz 2 EStG).

Bei nur **vorübergehender** Wertminderung sind außerplanmäßige Abschreibungen bei „Nicht-Finanzanlagen" handels- und steuerrechtlich **nicht** zulässig.

Für **Finanzanlagen** (z. B. Wertpapiere des Anlagevermögens) besteht handelsrechtlich hingegen ein Abwertungs**wahlrecht** bei nur vorübergehender Wertminderung (vgl. § 253 Abs. 3 Satz 6 HGB). In diesem Fall kann der Kaufmann selbst entscheiden, ob er eine Abschreibung auf den niedrigeren Wert vornehmen möchte oder nicht.

Steuerrechtlich ist die Abschreibung auf den niedrigeren Wert bei nur **vorübergehender** Wertminderung **verboten**! Sofern handelsrechtlich in diesem Fall eine Abschreibung auf den niedrigeren Zeitwert vorgenommen wird, ist diese für steuerliche Zwecke außerhalb der Buchführung dem handelsrechtlichen Gewinn wieder hinzuzurechnen.

Beispiel

Der buchführungspflichtige Gewerbetreibende Philipp Luy, Koblenz, hat im Bestand seines Anlagevermögens Wertpapiere im Wert von 54.550 €. Der Marktwert der Wertpapiere sinkt in 2020 kontinuierlich auf den Wert von 44.350 € (Wiederbeschaffungskosten einschließlich Anschaffungsnebenkosten). Es ist nicht klar, ob dieser Wert dauerhaft so niedrig bleiben wird. Somit liegt zunächst eine vorübergehende Wertminderung vor.

Herr Luy hat zum 31.12.2020 das Wahlrecht, eine außerplanmäßige Abschreibung vorzunehmen oder den bisherigen Wert unverändert in die Bilanz zu übernehmen.

Sofern er sich für die Abwertung entscheidet, ist zum 31.12.2020 die folgende Buchung vorzunehmen:

Sollkonto – SKR 03 (SKR 04)	**Betrag** (Euro)	**Habenkonto** – SKR 03 (SKR 04)
Abschreib. auf Finanzanl. 4866 (7201)	10.200,00	Wertpapiere d. Anlageverm. 0525 (0900)

Für Zwecke der **steuerlichen** Gewinnermittlung ist dieser Betrag (10.200 €) außerhalb der Buchführung grundsätzlich dem handelsrechtlichen Gewinn **wieder hinzuzurechnen**. Für den Fall, dass es sich um eine Finanzanlage handelt, für die das Teileinkünfteverfahren gilt (z. B. Aktien), sind nur 60 % der 10.200 €, also 6.120 €, außerhalb der Buchführung dem Gewinn hinzuzurechnen.

Wertaufholung
Wenn der Grund für die Zulässigkeit der außerplanmäßigen Abschreibung nicht mehr besteht und der **Wert des abgewerteten Vermögensgegenstandes wieder gestiegen** ist (sich also wieder „erholt" hat), **muss** eine **Zuschreibung** auf den gestiegenen Wert – jedoch höchstens bis zur Höhe der ursprünglichen Anschaffungskosten – vorgenommen werden (Zuschreibungs**pflicht** gem. § 253 Abs. 5 Satz 1 HGB und § 6 Abs. 1 Nr. 2 Satz 3 EStG).

Beispiel

Herr Luy (siehe Beispiel zuvor) hatte auf seine Wertpapiere des Anlagevermögens zum 31.12.2020 die außerplanmäßige Abschreibung in Höhe von 10.200 € vorgenommen. Im Laufe des Jahres 2021 steigt der Zeitwert dieser Wertpapiere wieder kontinuierlich an und erreicht bis zum 31.12.2021 einen Wert einschließlich Anschaffungsnebenkosten von 52.100 €.

Herr Luy ist nun nach § 253 Abs. 5 Satz 1 HGB verpflichtet, zum 31.12.2021 eine Zuschreibung auf den wieder gestiegenen Wert vorzunehmen (= Wertaufholung): Zeitwert zum 31.12.2021 (52.100 €) minus Buchwert (44.350 €) = Zuschreibung (7.750 €).

Buchung zum 31.12.2021:

Sollkonto – SKR 03 (SKR 04)	**Betrag** (Euro)	**Habenkonto** – SKR 03 (SKR 04)
Wertpapiere des AV 0525 (0900)	7.750,00	Erträge aus Zuschreibungen Finanzanlagen 2712 (4912)

Für den Fall, dass es sich um eine Finanzanlage handelt, für die das Teileinkünfteverfahren gilt (z. B. Aktien), sind für Zwecke der steuerlichen Gewinnermittlung 40 % der 7.750 €, also 3.100 €, außerhalb der Buchführung vom Gewinn abzuziehen (60 % sind steuerpflichtig, 40 % sind steuerfrei).

Für **Zuschreibungen auf Sachanlagen** (z. B. Grund und Boden) ist das folgende Konto zu verwenden:

Sollkonto – SKR 03 (SKR 04)	**Betrag** (Euro)	**Habenkonto** – SKR 03 (SKR 04)
		Erträge aus Zuschreibungen des Sachanlagevermögens 2710 (4910)

Beispiel

Ein unbebautes Grundstück wurde wegen einer dauerhaften Wertminderung in Höhe von 55.750 € durch eine außerplanmäßige Abschreibung diesen Betrag abgewertet.

Im Betrachtungsjahr 2020 entfällt die Ursache für die frühere Wertminderung. Der Wert des Grundstücks steigt wieder auf den ursprünglichen Wert.

Die „Werterholung“ ist zum 31.12.2020 durch die folgende Buchung zu erfassen:

Sollkonto – SKR 03 (SKR 04)	**Betrag** (Euro)	**Habenkonto** – SKR 03 (SKR 04)
Unbebaute Grundstücke 0065 (0215)	55.750,00	Erträge aus Zuschreibungen des Sachanlagevermögens 2710 (4910)

Aufgabe 22 > Seite 250

4. Abnutzbares Anlagevermögen

4.1 Überblick

Zum Anlagevermögen gehören Vermögensgegenstände, die dazu bestimmt sind, dem Geschäftsbetrieb **dauernd** (länger als 1 Jahr) zu dienen (vgl. § 247 Abs. 2 HGB).

Abnutzbares Anlagevermögen liegt dann vor, wenn die **Nutzungsdauer** des Vermögens **zeitlich begrenzt** ist.

Hierzu gehören **insbesondere** die folgenden Vermögensgegenstände:

- **immaterielle Vermögensgegenstände**, z. B.
  - Computersoftware
  - Geschäfts- oder Firmenwert
  - Konzessionen, Patente usw.
- **materielle Vermögensgegenstände**, z. B.
  - Gebäude und Gebäudeteile
  - Außenanlagen, Hof- und Wegbefestigungen
  - Maschinen und maschinelle Anlagen
  - Betriebs- und Geschäftsausstattung (Fahrzeuge, Büroeinrichtung usw.).

Gemeinsame Merkmale dieser Vermögensgegenstände sind:

- **Zugangsbewertung** zu **Anschaffungskosten** (§ 253 Abs. 1 Satz 1 i. V. mit § 255 Abs. 1 HGB)
- **planmäßige Abschreibung** (weil zeitlich begrenzte Nutzung)
- **ggf. außerplanmäßige Abschreibung** bei Wertminderung und **Zuschreibung** bei Werterholung (§ 253 Abs. 3 Sätze 5 und 6 und Abs. 5 Satz 1 HGB).

Konkret bedeutet dies, dass Gegenstände des abnutzbaren Anlagevermögens zunächst mit ihren **Anschaffungs- oder Herstellungskosten** zu erfassen sind (sog. Zugangsbewertung).

Weil Gegenstände des abnutzbaren Anlagevermögens im Zeitablauf einer **Abnutzung** und dadurch einer **kontinuierlichen Wertminderung** unterliegen, schreibt § 253 Abs. 1 Satz 1 HGB eine **planmäßige Abschreibung** dieser Vermögensgegenstände vor. Der Plan muss die Anschaffungs- oder Herstellungskosten auf die Geschäftsjahre verteilen, in denen der Vermögensgegenstand voraussichtlich genutzt werden kann (vgl. § 253 Abs. 3 Satz 2 HGB).

Sofern **dauerhafte Wertminderungen** eintreten, die den Zeitwert (Marktwert) unter den Buchwert sinken lassen, sind zusätzlich **außerplanmäßige Abschreibungen** vorzunehmen (vgl. § 253 Abs. 3 Satz 5 HGB).

Beispiel

Der Unternehmer Dietmar Fölbach, Koblenz, hatte im Januar 2016 für seine Druckerei eine neue Schneidemaschine für netto 21.500 € (= AK) angeschafft. Die Nutzungsdauer beträgt 10 Jahre. Die Maschine wird jährlich in Höhe von 2.150 € linear abgeschrieben.

Am 01.01.2020 hat die Schneidemaschine einen Wert von 12.900 € (21.500 € - 4 • 2.150 €).

Durch einen Bedienungsfehler wird die Maschine im Dezember 2020 beschädigt. Sie ist zwar weiterhin nutzbar, aber ihr Wert ist auf 5.000 € dauerhaft gesunken.

Neben der planmäßigen Abschreibung 2020 in Höhe von 2.150 € ist eine außerplanmäßige Abschreibung in Höhe von 5.750 € vorzunehmen.

Bei nur **vorübergehenden** Wertminderungen sind außerplanmäßige Abschreibungen verboten!

Wertaufholung
Wenn der Grund für die Zulässigkeit der außerplanmäßigen Abschreibung nicht mehr besteht und der **Wert des abgewerteten Vermögensgegenstandes wieder gestiegen** ist (sich also wieder „erholt" hat), **muss** eine Zuschreibung auf den gestiegenen Wert – jedoch höchstens bis zur Höhe der ursprünglichen Anschaffungskosten – vorgenommen werden (Zuschreibungs**pflicht** gem. § 253 Abs. 5 Satz 1 HGB und § 6 Abs. 1 Nr. 2 Satz 3 EStG).

4.2 Immaterielle Vermögensgegenstände

4.2.1 Software

Computerprogramme sind **immaterielle** (unkörperliche) Vermögensgegenstände, die grundsätzlich **einzeln zu bewerten** sind.

Eine **Ausnahme** hiervon sind Betriebssysteme, die zusammen mit einem Computer erworben werden. Sie sind nicht einzeln verkehrsfähig und somit Teil des materiellen Gegenstands Computer; sie gehören zu den Anschaffungskosten des Computers.

Sofern einzeln verkehrsfähige Programme entgeltlich erworben oder in das Betriebsvermögen eingelegt werden, sind sie zunächst mit ihren **Anschaffungskosten** zu erfassen (**Zugangsbewertung**).

Die **Anschaffungskosten** sind im **Soll** auf dem folgenden **Konto** zu erfassen:

Sollkonto – SKR 03 (SKR 04)	**Betrag** (Euro)	**Habenkonto** – SKR 03 (SKR 04)
EDV-Software 0027 (0135)		

Weil Computerprogramme zeitlich begrenzt genutzt werden, sind sie über den Zeitraum ihrer voraussichtlichen Nutzungsdauer **planmäßig abzuschreiben** (vgl. § 253 Abs. 3 Sätze 1 - 2 HGB und § 7 Abs. 1 Sätze 1 - 2 EStG).

Das **Steuerrecht** lässt hierbei ausschließlich die lineare AfA zu (vgl. R 7.1 Abs. 1 und 7.4 Abs. 5 EStR). Diese ist **im Jahr der Anschaffung zeitanteilig (monatsgenau)** zu ermitteln. Der **Zugangsmonat** wird als **voller Monat** gerechnet.

Der ermittelte **Abschreibungsbetrag** wird mit dem folgenden Buchungssatz erfasst:

Sollkonto – SKR 03 (SKR 04)	**Betrag** (Euro)	**Habenkonto** – SKR 03 (SKR 04)
Abschreib. auf immat. Vermögensgegenstände 4822 (6200)	AfA-Betrag	EDV-Software 0027 (0135)

Beispiel

Michael Müller betreibt in der Innenstadt von Koblenz einen Multistore. Für die Buchhaltung kauft Herr Müller am 15.08.2020 ein neues Finanzbuchhaltungsprogramm. Vom Lieferer erhält er die folgende Rechnung:

Finanzbuchhaltungsprogramm „FIBU 20“	1.100 €
+ 19 % USt	209 €
	1.309 €

Die geplante Nutzungsdauer beträgt 4 Jahre.

Buchungen zum 15.08.2020:

Sollkonto – SKR 03 (SKR 04)	**Betrag** (Euro)	**Habenkonto** – SKR 03 (SKR 04)
EDV-Software 0027 (0135)	1.100,00	Verbindlichkeiten a LuL 1600 (3300)
Abziehbare VoSt 19 % 1576 (1406)	209,00	Verbindlichkeiten a LuL 1600 (3300)

Abschreibung/Folgebewertung zum 31.12.2020:
1.100 € : 4 Jahre = 275 €; davon $^{5}/_{12}$ (August - Dezember 2020) = 114,58 €, gerundet: 115 €

Buchung zum 31.12.2020:

Sollkonto – SKR 03 (SKR 04)	**Betrag** (Euro)	**Habenkonto** – SKR 03 (SKR 04)
Abschreib. auf immat. Vermögensgegenstände 4822 (6200)	115,00	EDV-Software 0027 (0135)

Computerprogramme, deren **AK nicht mehr als 800 €** (netto) betragen, **dürfen im Jahr der Anschaffung in voller Höhe Gewinn mindernd** berücksichtigt werden (so genannte „Trivialprogramme“); vgl. § 6 Abs. 2 EStG und R 5.5 Abs. 1 EStR. Im Jahr ihrer Anschaffung dürfen sie deshalb auf dem Konto „**Sofortabschreibung geringwertiger Wirtschaftsgüter** 4855 (6260)“ erfasst werden.

Beispiel

Der Unternehmer Müller kauft für die Buchhaltung seines Unternehmens am 01.06.2020 ein Kalkulationsprogramm auf Ziel. Vom Lieferer erhält er die folgende Rechnung:

Kalkulator 20	430,00 €
+ 19 % USt	81,70 €
	511,70 €

Die geplante Nutzungsdauer beträgt 3 Jahre.

Buchungen zum 01.06.2020:

Sollkonto – SKR 03 (SKR 04)	**Betrag** (Euro)	**Habenkonto** – SKR 03 (SKR 04)
Sofortabschreibung GWG 4855 (6260)	430,00	Verbindlichkeiten a LuL 1600 (3300)
Abziehbare VoSt 19 % 1576 (1406)	81,70	Verbindlichkeiten a LuL 1600 (3300)

Aufgabe 23 > Seite 251

4.2.2 Geschäfts- oder Firmenwert

Beim **Erwerb eines ganzen Unternehmens** übersteigt der Kaufpreis oftmals den Wert des übernommenen Eigenkapitals.

Beispiel

Der Unternehmer Markus Rothmann erwirbt zum 01.04.2020 ein Einzelhandelsunternehmen für Küchengeräte zum Preis von 150.000 € (Bankscheck). Das Eigenkapital des erworbenen Unternehmens beträgt 65.000 €.

Der Teil des Kaufpreises, welcher das übernommene Eigenkapital übersteigt, ist eine Vergütung für **zahlreiche mit erworbene, einzeln kaum zu beziffernde immaterielle Werte** des Unternehmens, die im Laufe der Geschäftstätigkeit selbst geschaffen und in der Bilanz nicht dargestellt werden. Hierzu gehören beispielsweise der **Kundenstamm**, die **Liefer-** und **Absatzbeziehungen**, der **„gute Ruf“** des Unternehmens, die **Kenntnisse der Mitarbeiter** über Betriebsabläufe und vieles mehr.

Die Summe dieser mit erworbenen immateriellen Vermögensgegenstände fasst der Gesetzgeber in der Position **„entgeltlich erworbener Geschäfts- oder Firmenwert“** zusammen (sog. **„derivativer“**, d. h. aus dem Kaufpreis abgeleiteter, Firmenwert).

In § 246 Abs. 1 Satz 4 HGB wird der derivative Firmenwert wie folgt definiert:

Kaufpreis für das Unternehmen
\- übernommenes Eigenkapital (Vermögen - Schulden)
= **entgeltlich erworbener Geschäfts- oder Firmenwert**

Bei dem oben dargestellten **Beispiel** beträgt der erworbene Firmenwert somit **85.000 €** (150.000 € Kaufpreis minus 65.000 € übernommenes Eigenkapital).

Weil der **derivative Firmenwert** als **Vermögensgegenstand** angesehen wird, besteht für ihn eine **Aktivierungs- und Abschreibungspflicht** nach § 246 Abs. 1 und 253 Abs. 3 HGB.

Die **Zugangsbewertung (Aktivierung)** wird zu Anschaffungskosten auf dem folgenden Konto im Soll erfasst:

Sollkonto – SKR 03 (SKR 04)	**Betrag** (Euro)	**Habenkonto** – SKR 03 (SKR 04)
Geschäfts- oder Firmenwert 0035 (0150)		

Weil gleichzeitig Vermögen und i. d. R. Schulden des erworbenen Unternehmens übernommen werden und diese ebenfalls zu erfassen sind, sollte die **Erfassung des Erwerbsvorgangs** aus Gründen der Übersichtlichkeit und Klarheit **mithilfe eines selbst eingerichteten Verrechnungskontos** erfolgen.

Beispiel

Wie oben (Erwerb eines Einzelhandelsunternehmens für 150.000 €). Übernommen werden (hier vereinfacht!) die Ladeneinrichtung im Wert von 50.000 €, Waren im Wert von 40.000 € und langfristige Bankschulden in Höhe von 25.000 €.

Buchungen zum 01.04.2020 (Erfassung des Erwerbs):

Sollkonto – SKR 03 (SKR 04)	**Betrag** (Euro)	**Habenkonto** – SKR 03 (SKR 04)
Ladeneinrichtung 0430 (0640)	50.000,00	Verrechn. Erwerb Einzelunt. 1591 (1371)
Bestand Waren 3980 (1140)	40.000,00	Verrechn. Erwerb Einzelunt. 1591 (1371)
Verrechn. Erwerb Einzelunt. 1591 (1371)	25.000,00	Verb. geg. Kreditinst. 0650 (3170)
Geschäfts-/Firmenwert 0035 (0150)	85.000,00	Verrechn. Erwerb Einzelunt. 1591 (1371)
Verrechn. Erwerb Einzelunt. 1591 (1371)	150.000,00	Bank 1200 (1800)

Bei der **Folgebewertung** des Firmenwertes sind grundsätzlich die allgemeinen **Vorschriften zur Bewertung abnutzbarer Vermögensgegenstände** des Anlagevermögens – also § 253 Abs. 3 ff. HGB – zu beachten.

Die **Nutzungsdauer** ist **sachgerecht zu schätzen**. Über diesen Zeitraum ist er planmäßig abzuschreiben (vgl. *Theile*, S. 88). Ist eine verlässliche Schätzung der vorraussichtlichen Nutzungsdauer nicht möglich, so ist die Nutzungsdauer mit **10 Jahren** anzusetzen (§ 253 Abs. 3 Sätze 3 - 4 HGB).

Für **steuerliche Zwecke** wird die Nutzungsdauer im EStG zwingend vorgegeben. Sie beträgt **15 Jahre** (vgl. 7 Abs. 1 Satz 3 EStG).

Der ermittelte **Abschreibungsbetrag** wird mit dem folgenden Buchungssatz erfasst:

Sollkonto – SKR 03 (SKR 04)	**Betrag** (Euro)	**Habenkonto** – SKR 03 (SKR 04)
Abschreibungen auf den Geschäfts-/Firmenwert 4824 (6205)	AfA-Betrag	Geschäfts-/Firmenwert 0035 (0150)

Wenn in der handelsrechtlichen Buchführung eine Abschreibung über einen Zeitraum von beispielsweise 10 Jahren erfolgt, ist aus steuerlicher Sicht der „zu hohe" Abschreibungsbetrag für Zwecke der Besteuerung außerhalb der Buchführung wieder hinzuzurechnen.

Beispiel

Fall wie im Beispiel zuvor (erworbener Firmenwert in Höhe von 85.000 € zum 01.04.2020). Die Nutzungsdauer wird auf 10 Jahre geschätzt.

Abschreibung/Jahr: 85.000 € : 10 Jahre = 8.500 €
Abschreibung 2020: 8.500 € : 12 Monate · 9 Monate (April - Dez.) = **6.375 €**

Buchung zum 31.12.2020:

Sollkonto – SKR 03 (SKR 04)	**Betrag** (Euro)	**Habenkonto** – SKR 03 (SKR 04)
Abschreibungen auf den Geschäfts-/Firmenwert 4824 (6205)	6.375,00	Geschäfts-/Firmenwert 0035 (0150)

Die **steuerlich höchstmögliche Abschreibung** beträgt 5.667 €/Jahr (85.000 € : 15 Jahre). Für 2020 beträgt der steuerlich zulässige AfA-Betrag 4.250 € ($^{9}/_{12}$ von 5.667 €).

Außerhalb der Buchführung sind **für steuerliche Zwecke** 2.125 € (8.500 € - 4.250 €) dem Gewinn hinzuzurechnen.

Sollte **durch außergewöhnliche Vorgänge eine niedrigere Bewertung** des Firmenwerts sachgerecht sein, ist zusätzlich eine **außerplanmäßige Abschreibung** vorzunehmen und durch den folgenden Buchungssatz zu erfassen:

Sollkonto – SKR 03 (SKR 04)	**Betrag** (Euro)	**Habenkonto** – SKR 03 (SKR 04)
Abschreibungen auf den Geschäfts-/Firmenwert 4824 (6210)	Abschr.-Betrag	Geschäfts-/Firmenwert 0035 (0150)

Steuerlich zulässig ist eine **Teilwertabschreibung** nur dann, wenn eine **dauerhafte** Wertminderung vorliegt (vgl. § 6 Abs. 1 Nr. 2 Satz 2 EStG).

Sollte sich in einem nachfolgenden Jahr herausstellen, dass der **Grund** für die außerplanmäßige Abschreibung **nicht mehr besteht**, muss der niedrigere Wert **handelsrechtlich** fortgeführt werden. Eine **Wertaufholung** wird durch § 253 Abs. 5 Satz 2 HGB verboten.

Steuerlich besteht bei einem Wegfallen der Gründe für die Teilwertabschreibung hingegen eine **Pflicht zur Wertaufholung** (vgl. § 6 Abs. 1 Nr. 2 Satz 3 EStG).

Aufgabe 24 > Seite 252

4.3 Sachanlagevermögen

4.3.1 Gebäude

Gebäude unterliegen im Gegensatz zum Grund und Boden der **Abnutzung**. Sie sind deshalb **planmäßig abzuschreiben** (vgl. § 253 Abs. 3 HGB).

Gebäude sind zwar grundsätzlich als einheitliche Wirtschaftsgüter zu behandeln. Sie sind jedoch bei unterschiedlicher Nutzung in **selbstständige Gebäudeteile zu unterteilen**, weil für die jeweiligen Gebäudeteile möglicherweise unterschiedliche Abschreibungsprozentsätze zur Anwendung kommen.

Beispiel

Der Einzelhändler Felix Lehn hat in Koblenz ein Geschäftsgebäude gebaut, das im Mai 2020 fertig gestellt wurde. Im Erdgeschoss betreibt Herr Lehn sein Einzelhandelsgeschäft. Das Obergeschoss hat er als Wohnung vermietet.

Die Herstellungskosten des Gebäudes sind auf die **zwei Nutzungseinheiten** aufzuteilen, weil es sich um **jeweils selbstständige Wirtschaftsgüter** handelt, die **unterschiedlich abgeschrieben** werden (siehe nachfolgende Übersichten).

Je nach

- der **Art der Nutzung** und
- dem **Zeitpunkt der Anschaffung** oder
- dem **Termin des Bauantrags bei eigener Herstellung**

gibt das **Einkommensteuergesetz** in **§ 7 Abs. 4 und 5** den **Abschreibungsprozentsatz** für steuerliche Zwecke vor.

In der Praxis wird die steuerliche Regelung normalerweise auch für die handelsrechtliche Bilanzierung übernommen. Deshalb wird nachfolgend ein Überblick über die steuerlichen Vorgaben zur Gebäude-AfA gegeben.

Bei Gebäuden des Betriebsvermögens ist zunächst grundsätzlich zwischen den folgenden beiden Gebäudearten zu unterscheiden:

- **Wirtschaftsgebäude** oder
- **andere Betriebsvermögensgebäude**.

Wenn die Voraussetzungen des **Wirtschaftsgebäudes** vorliegen, dann ist **zwingend** nach den Regelungen für Wirtschaftsgebäude abzuschreiben, die vom Datum des Kaufvertrags (Erwerbsfall) bzw. des Bauantrags (Herstellungsfall) abhängen.

MERKE

Ein **Wirtschaftsgebäude** liegt vor, wenn die folgenden **Merkmale** des Gebäudes oder Gebäudeteils erfüllt sind:

- **Betriebs**vermögen
- Bauantrag **nach dem 31.03.1985** und
- **keine** Wohnzwecke.

Wenn diese Merkmale sämtlich erfüllt sind, liegt ein Wirtschaftsgebäude vor, das nach den folgenden Alternativen abgeschrieben wird:

Abschreibungsalternativen bei Wirtschaftsgebäuden:

Gebäudeart	AfA-Arten	AfA-Sätze	Erstjahr
Wirtschaftsgebäude	**linear**		**zeitanteilig** (monatsgenau)
	Bauantrag/Kaufvertrag vor dem 01.01.2001	4 %	
	Bauantrag/Kaufvertrag nach dem 31.12.2000	3 %	
	degressiv Staffel 85:		**voller** Jahresbetrag
	wenn Bauantrag/Kaufvertrag vor dem 01.01.1994	4 Jahre 10,0 % 3 Jahre 5,0 % 18 Jahre 2,5 %	

Beispiel

Fall wie im Beispiel zuvor (Geschäftsgebäude des Einzelhändlers Felix Lehn). Die Herstellungskosten des Erdgeschosses (EG) haben 250.000 € betragen, die des Obergeschosses (OG) 150.000 €. Der Bauantrag wurde im Dezember 2017 gestellt, die Fertigstellung erfolgte im Mai 2020.

Das EG ist ein Wirtschaftsgebäude weil alle Voraussetzungen (s. o.) erfüllt sind. Die Abschreibung für das EG beträgt jährlich 3 % linear (7.500 €). Für 2020 beträgt die AfA $^{8}/_{12}$ (Mai - Dez.) von 7.500 € = 5.000 €.

Buchung zum 31.12.2020:

Sollkonto – SKR 03 (SKR 04)	**Betrag** (Euro)	**Habenkonto** – SKR 03 (SKR 04)
Abschreib. auf Gebäude 4831 (6221)	5.000,00	Geschäftsbauten 0090 (0240)

Das Obergeschoss ist kein Wirtschaftsgebäude, weil es Wohnzwecken dient. Es wird nach § 7 Abs. 4 Satz 1 Nr. 2 EStG (siehe nachfolgende Tabelle) abgeschrieben.

Im Fall der **eigenen Herstellung** ist für die **Bestimmung der Abschreibung** das **Datum des Bauantrags** ausschlaggebend. Dies ist der Zeitpunkt, an dem die Baugenehmigung bei der zuständigen Behörde beantragt wird; maßgebend ist regelmäßig der Eingangsstempel dieser Behörde (vgl. R 7.2 Abs. 4 EStR).

Im Fall des **Erwerbs (Anschaffung)** eines Gebäudes ist der Zeitpunkt des rechtswirksam abgeschlossenen obligatorischen Vertrags für die Bestimmung der Abschreibung ausschlaggebend. In der Regel ist dies der **Zeitpunkt der notariellen Beurkundung des Kaufvertrags** (vgl. R 7.2 Abs. 5 EStR).

Gebäude oder Gebäudeteile, die eine der Voraussetzungen für das Wirtschaftsgebäude nicht erfüllen, sind **„andere Gebäude"**. Sie werden wie Gebäude des Privatvermögens abgeschrieben. Die **AfA-Alternativen** und deren **Voraussetzungen** gehen **aus der nachfolgenden Übersicht** hervor.

Abschreibungsalternativen bei Gebäuden, die keine Wirtschaftsgebäude sind:

Gebäudeart	AfA-Arten	AfA-Sätze	Erstjahr
Andere Gebäude (keine Wirtschaftsgebäude)	**linear**		**zeitanteilig** (monatsgenau)
	wenn fertig gestellt vor dem 01.01.1925	2,5 %	
	wenn fertig gestellt nach dem 31.12.1924	2,0 %	
	degressiv		**voller** Jahresbetrag
	Staffel 65/77 wenn Bauantrag/Kaufvertrag vor dem 30.07.1981 [Vom 08.05.1973 bis 01.09.1977 war die Anwendung der „Staffel-AfA" ausgeschlossen.]	12 Jahre 3,5 % 20 Jahre 2,0 % 18 Jahre 1,0 %	
	Staffel 81 wenn Bauantrag/Kaufvertrag nach dem 29.07.1981 und vor dem 01.01.1995	8 Jahre 5,0 % 6 Jahre 2,5 % 36 Jahre 1,25 %	
	Staffel 89 wenn Bauantrag/Kaufvertrag nach dem 28.02.1989 und vor dem 01.01.1996 und **Wohnzwecken dienend**	4 Jahre 7,0 % 6 Jahre 5,0 % 6 Jahre 2,0 % 24 Jahre 1,25 %	
	Staffel 96 wenn Bauantrag/Kaufvertrag nach dem 31.12.1995 und vor dem 01.01.2004 und **Wohnzwecken dienend**	8 Jahre 5,0 % 6 Jahre 2,5 % 36 Jahre 1,25 %	
	Staffel 04 wenn Bauantrag/Kaufvertrag nach dem 31.12.2003 und vor dem 01.01.2006 und **Wohnzwecken dienend**	10 Jahre 4,0 % 8 Jahre 2,5 % 32 Jahre 1,25 %	

Grundsätzlich werden Gebäude oder Gebäudeteile **linear** (also gleichbleibend) mit einem festen Prozentsatz abgeschrieben.

Wenn aber bestimmte Zusatzvoraussetzungen erfüllt sind (z. B. Wohnzwecke und/oder Bauantrag bzw. Kaufvertrag in einem bestimmten vom Gesetzgeber vorgegebenen Zeitrahmen), darf der Abschreibungsberechtigte zwischen der linearen und der „degressiven" (Staffel-Abschreibung = stufenweise fallende lineare Abschreibung) wählen.

Bei der **Staffel-Abschreibung** gelten unterschiedliche Abschreibungsprozentsätze für bestimmte Abschreibungszeiträume (siehe Tabelle), die – wie bei der linearen Abschreibung – auf die ursprünglichen (historischen) Anschaffungs- oder Herstellungskosten anzuwenden sind.

Beispiel

Der Einzelhändler Pascal Neber hat im Januar 2011 ein Gebäude fertiggestellt, für das er den Bauantrag im November 2005 gestellt hatte.

Im **Erdgeschoss** (Herstellungskosten 250.000 €) betreibt er sein Einzelhandelsgeschäft. Es ist ein **Wirtschaftsgebäude** (§ 7 Abs. 4 Satz 1 Nr. 1 EStG) und wird demnach mit jährlich **3 % linear** (= 7.500 €) abgeschrieben.

Das **Obergeschoss** (Herstellungskosten 150.000 €) vermietet er als Wohnung. Es ist ein **„anderes Gebäude"** (kein Wirtschaftsgebäude), weil es Wohnzwecken dient. Herr Neber darf diesen Gebäudeteil nach seiner Wahl mit jährlich **2 % linear oder** nach der **Staffel 04** (weil er den Bauantrag noch vor dem 01.01.2006 gestellt hatte) abschreiben.

Bei der linearen Abschreibung beträgt die unterstellte Nutzungsdauer 50 Jahre:

$$\frac{100\ \%}{2\ \%} = 50.$$

Bei Anwendung der Staffel 04 ist ebenfalls über einen Zeitraum von 50 Jahren abzuschreiben, jedoch mit stufenweise fallenden Abschreibungsprozentsätzen. Dies bedeutet, dass in den ersten Jahren höher als bei der linearen Abschreibung abgeschrieben werden darf und im Gegenzug nach Ablauf von 18 Jahren bis zum Ende der Nutzungsdauer niedriger als bei der linearen Abschreibung.

Sofern Herr Neber von Beginn an höchstmöglich abgeschrieben hat, kann er das Obergeschoss in 2020 letztmalig mit 4 % von 150.000 € = 6.000 € abschreiben. Ab dem Jahr 2021 beträgt die Abschreibung dann jährlich 3.750 € (150.000 € · 2,5 %) bis einschließlich 2028 und ab 2029 für die verbleibenden 32 Jahre jeweils 1.875 € (150.000 € · 1,25 %).

Die Anwendung der **degressiven** Gebäude-AfA ist nur zulässig, wenn das Gebäude **selbst hergestellt oder** im **Fall des Erwerbs**, wenn das Gebäude im **Jahr der Fertigstellung erworben** wird (vgl. § 7 Abs. 5 Satz 1 EStG). Wird es später (nach Ablauf des Jahres der Fertigstellung) erworben, darf nur noch linear abgeschrieben werden

Im Fall der **Anschaffung** darf die **degressive AfA** auch nur dann angewendet werden, **wenn der Hersteller (= Verkäufer)** für das Gebäude **weder die degressive AfA** vorgenommen **noch erhöhte Absetzungen oder Sonderabschreibungen** in Anspruch genommen hat (vgl. § 7 Abs. 5 Satz 2 EStG).

Ein **Wechsel** zwischen der linearen AfA nach § 7 Abs. 4 EStG und der degressiven AfA nach § 7 Abs. 5 EStG ist bei Gebäuden grundsätzlich **nicht** zulässig. Ausnahmen sind in R 7.4 Abs. 7 EStR aufgeführt (siehe dort).

Kürzere als die gesetzlich vorgegebene Nutzungsdauer
Ist die tatsächliche Nutzungsdauer des Gebäudes nachweislich geringer als die vom Gesetzgeber vorgegebene (z. B. linearer AfA-Satz von 2 % = 50 Jahre; 3 % = 33 Jahre), dann dürfen an Stelle der gesetzlich vorgegebenen Abschreibungsprozentsätze die der tatsächlichen Nutzungsdauer entsprechenden Abschreibungsprozentsätze angewendet werden (vgl. § 7 Abs. 4 Satz 2 EStG).

Beispiel

Der Großhändler Fabian Schmid erwirbt im Januar 2020 im Gewerbegebiet von Koblenz eine Lagerhalle für sein Unternehmen. Die Anschaffungskosten der Halle betragen 142.450 €. Nach dem Erschließungsplan der Stadt Koblenz wird dort im Jahr 2030 eine Hauptverkehrsstraße errichtet. Herr Schmid muss das Grundstück mit der Lagerhalle deshalb im Januar 2030 an die Stadt Koblenz verkaufen.

Herr Schmid darf die Lagerhalle nach § 7 Abs. 4 Satz 2 EStG mit jährlich 10 % der AK (= 14.245 €) abschreiben, weil die Nutzungsdauer des Gebäudes nachweislich nur 10 Jahre betragen wird.

Abschreibungsbeginn
Abschreibungen sind vorzunehmen, **sobald** das Gebäude **angeschafft** oder **hergestellt** ist (vgl. R 7.4 Abs. 1 Satz 1 EStR). Nach § 7 Abs. 4 Satz 1 EStG besteht ab diesem Zeitpunkt eine Abschreibungs**pflicht**.

Im Fall der **Anschaffung** ist das Gebäude **ab dem Zeitpunkt seiner Lieferung** abzuschreiben. Nach H 7.4 (Lieferung) EStH ist dies der Zeitpunkt, ab dem der Erwerber nach dem Willen der Vertragsparteien darüber wirtschaftlich verfügen kann. Dies ist i. d. R. **dann** gegeben, **wenn Besitz, Gefahr, Nutzen und Lasten auf den Erwerber übergehen**.

Im Fall der **Herstellung** ist das Gebäude ab dem **Zeitpunkt der Fertigstellung** abzuschreiben. Fertigstellung bedeutet aber nicht „endgültig fertig gestellt", sondern „**bezugsfertig**". Dies ist der Zeitpunkt, wenn die **wesentlichen Bauarbeiten abgeschlossen** und das Gebäude **entsprechend seinem Nutzungszweck tatsächlich nutzbar** ist (siehe hierzu H 7.4 (Fertigstellung) EStH).

Aufgabe 25 > Seite 252
Aufgabe 26 > Seite 253

4.3.2 Bewegliche Vermögensgegenstände

Zum beweglichen Sachanlagevermögen gehören Gegenstände, deren **Eigentumsübertragung** durch **Einigung und Übergabe** erfolgt.

Unter Abschreibungsgesichtspunkten gehören nach R 7.1 Abs. 1 EStR hierzu

- Sachen (§ 90 BGB)
- Tiere (§ 90a BGB)
- Scheinbestandteile (§ 95 BGB)
- Schiffe und Flugzeuge.

Von besonderer praktischer Bedeutung ist die Abschreibung von

- technischen Anlagen und Maschinen und
- anderen Anlagen, Betriebs- und Geschäftsausstattung

  (z. B. Fahrzeuge, Betriebsausstattung, Geschäftsausstattung, Büro- und Ladeneinrichtung, Werkzeuge, geringwertige Wirtschafsgüter usw.).

Für Anlagegegenstände, deren Nutzung zeitlich begrenzt ist, schreiben § 253 Abs. 3 HGB und § 6 Abs. 1 EStG vor, dass die Anschaffungs-/Herstellungskosten um **planmäßige Abschreibungen** zu vermindern sind.

Der **Abschreibungsplan** muss im ersten Nutzungsjahr festgelegt werden. Seine Eckdaten sind

- die **Anschaffungs-/Herstellungskosten** (AK/HK)
- die **geplante Nutzungsdauer** (ND) und
- die **Abschreibungsart**.

Nutzungsdauer

Die geplante **Nutzungsdauer** ist der Zeitraum, in dem der Vermögensgegenstand vermutlich genutzt werden kann (vgl. § 253 Abs. 3 Satz 2 HGB).

Weil die tatsächliche Nutzungsdauer zu Beginn der Nutzung noch nicht bekannt ist, muss sie unter Berücksichtigung der jeweiligen betrieblichen Gegebenheiten **realistisch geschätzt** werden. Sie kann dabei aus den Erfahrungen der Vergangenheit abgeleitet werden (**betriebsgewöhnliche Nutzungsdauer**), sofern keine besonderen Umstände vorliegen.

In der Praxis ist es üblich, die Nutzungsdauer von beweglichen Anlagegütern den amtlichen **AfA-Tabellen** des Bundesministeriums der Finanzen zu entnehmen, damit bei steuerlichen Außenprüfungen in dieser Hinsicht keine kontroversen Auseinandersetzungen geführt werden müssen. Die AfA-Tabellen enthalten **Erfahrungswerte** über betriebsgewöhnliche Nutzungsdauern, die aus den Ergebnissen der durchgeführten Betriebsprüfungen gewonnen wurden. Die AfA-Tabellen werden u. a. im Bundessteuerblatt veröffentlicht.

MEDIEN

Die AfA-Tabelle für **allgemein verwendbare Anlagegüter** kann von der Homepage des Bundesfinanzministeriums heruntergeladen werden:

www.bundesfinanzministerium.de → Themen → Steuern → Steuerverwaltung & Steuerrecht → Betriebsprüfung → AfA-Tabellen (oder direkt über die Suchbegriffeingabe „AfA-Tabellen“).

Abschreibungsart

Für die Berechnung der Abschreibung stehen verschiedene **Abschreibungsmethoden** zur Wahl. Bei Gegenständen des **beweglichen** Anlagevermögens sind nach Handels- und Steuerrecht grundsätzlich die folgenden drei Methoden zulässig (vgl. § 253 Abs. 3 Satz 2 HGB und § 7 Abs. 1 und 2 EStG):

- **lineare Abschreibung**
  gleichmäßige Verteilung der AK/HK auf die Nutzungsdauer (jährlich gleichbleibende Abschreibungsbeträge)
- **geometrisch-degressive Abschreibung**
  Abschreibung nach einem feststehenden Prozentsatz, der jeweils auf den Restbuchwert angewendet wird (jährlich fallende Abschreibungsbeträge)
- **Leistungsabschreibung**
  Abschreibung proportional zur Leistung (z. B. bei Maschinen mit Zählwerk)

Zum 01.01.2011 wurde die **geometrisch-degressive Abschreibung steuerrechtlich bis zum 31.12.2019 aufgehoben**. Neuzugänge zum Anlagevermögen dürfen für diesen Zeitraum nur linear oder nach Maßgabe der Leistung (Leistungsabschreibung) abgeschrieben werden.

Für **Neuzugänge** zum beweglichen Anlagevermögen in der Zeit vom **01.01.2020 bis zum 31.12.2021** ist die **degressive Abschreibung** in der bis einschließlich 2010 gültigen Höhe steuerlich **wieder zulässig** (vgl. Zweites Corona-Steuerhilfegesetz vom 29.06.2020).

Handelsrechtlich sind **alle** Abschreibungsmethoden zulässig, sofern sie den Grundsätzen ordnungsmäßiger Buchführung entsprechen.

Bei der **linearen** Abschreibung wird die **jährliche Abschreibung** wie folgt ermittelt:

$$\text{linearer AfA-}\textbf{Satz} = \frac{100}{\text{ND}}$$

$$\text{linearer AfA-}\textbf{Betrag} = \frac{\text{AK/HK}}{\text{ND}}$$

Beispiel

Der Unternehmer Späth hat im Januar für sein Unternehmen einen Pkw angeschafft. Die AK betragen 33.510 €, die ND beträgt 6 Jahre.

Die **jährliche Abschreibung** beträgt bei der linearen Abschreibung somit **5.585 €** (33.510 € : 6 Jahre). Der AfA-Satz beträgt **16 ⅔ %** (100 : 6 Jahre).

Abschreibungsverlauf:

Jahr	Wert zum 01.01.	Zugang/Abgang	Abschreibung	Wert zum 31.12.
1	–	33.510	5.585	27.925
2	27.925		5.585	22.340
3	22.340		5.585	16.755
4	16.755		5.585	11.170
5	11.170		5.585	5.585
6	5.585		5.584	1

Wenn der Gegenstand auch nach dem Ablauf der planmäßigen Nutzungsdauer im Anlagevermögen verbleibt, wird er ohne weitere Abschreibung mit einem Restbuchwert von **1 €** fortgeführt. Dieser **„Erinnerungswert"** wird beim Ausscheiden des Gegenstandes als Abgang erfasst.

Die **degressive** Abschreibung wird dadurch berechnet, dass ein zuvor ermittelter Prozentsatz (degressiver Abschreibungssatz) mit dem jeweiligen Buchwert des Anlagegegenstandes multipliziert wird. Das Ergebnis dieser Multiplikation ist dann der jährliche Abschreibungsbetrag:

Buchwert · Abschreibungsprozentsatz = Abschreibungsbetrag des Betrachtungsjahres

Für Anlagegegenstände, die in **2020 und 2021 angeschafft**, hergestellt oder eingelegt werden, wird die degressive Abschreibung steuerlich wie folgt ermittelt:

- Abschreibungsprozentsatz = 100 : ND · 2,5, **höchstens** jedoch **25 %**
- degressiver Abschreibungsbetrag im **1. Jahr** = AK/HK · Abschreibungsprozentsatz
- degressiver Abschreibungsbetrag in den Folgejahren (**ab dem 2. Jahr**) = Buchwert am 01.01. · Abschreibungsprozentsatz

Beispiel

Der Einzelunternehmer Dirk Stephan hatte im Januar 2020 für sein Unternehmen einen Tresor für 33.510 € angeschafft. Die ND beträgt 23 Jahre.

Abschreibungssatz bei degressiver Abschreibung nach § 7 Abs. 2 EStG:
100 : 23 Jahre · 2,5 = 10,87 %, höchstens jedoch **25 %**, gerundet also 11 %

Abschreibungsverlauf:

Jahr	Wert zum 01.01.	Zugang/Abgang	Abschreibung	Wert zum 31.12.
2020	-,-	33.510 €	3.686 € (33.510 € · 11 %)	29.824 €
2021	29.824 €		3.281 € (29.824 € · 11 %)	26.543 €
2022	26.543 €		2.920 € (26.543 € · 11 %)	23.623 €
usw.	...	...	...	...

§ 7 Abs. 3 EStG erlaubt den **Wechsel von der degressiven zur linearen Abschreibung** (nicht aber von der linearen zur degressiven Abschreibung!).

Beim **Übergang** zur linearen Abschreibung ist der bis zum Ende der Nutzungsdauer anzusetzende jährliche Abschreibungsbetrag wie folgt zu ermitteln:

$$\text{jährlicher Abschreibungsbetrag} = \frac{\text{Restbuchwert (RBW) zum Zeitpunkt des Übergangs}}{\text{Restnutzungsdauer (RND)}}$$

Zeitanteilige Abschreibung
Sowohl im Jahr des Anlagenzugangs als auch im Jahr des Abgangs kommt es selten vor, dass ein volles Abschreibungsjahr vorliegt. In diesen Jahren muss der Abschreibungsbetrag deshalb grundsätzlich **zeitanteilig** („pro rata temporis") ermittelt werden. Streng genommen müsste hierbei taggenau gerechnet werden.

Beispiel

Der Unternehmer Friedhelm Kurz erwirbt am 15.11. für sein Unternehmen eine neue Maschine. Die AK betragen 20.000 €, die ND beträgt 10 Jahre.

Bei linearer Abschreibung und der Vereinfachungsannahme, dass ein Jahr 360 Tage und ein Monat 30 Tage hat, beträgt der Abschreibungsbetrag im Anschaffungsjahr 250 € (20.000 € : 10 Jahre : 360 Tage · 45 Tage = 250 €).

Aus **Vereinfachungsgründen** ist es aber auch zulässig, die Abschreibung **monatsgenau** zu berechnen (vgl. § 7 Abs. 1 Satz 4 und Abs. 2 Satz 3 EStG).

Im **Zugangsjahr** wird der **Monat des Anlagenzugangs** unabhängig vom konkreten Datum des Zugangs **als voller Monat** gerechnet. Im zuvor dargestellten Beispiel sind bei Anwendung dieser Vereinfachungsregelung also 2/12 (für November und Dezember) der planmäßigen Abschreibung anzusetzen (2.000 € : 12 Monate · 2 Monate = 333,33 €, also 334 €).

Im **Abgangsjahr** wird der **Abgangsmonat** unabhängig von dem konkreten Abgangstag **nicht** mitgerechnet. Erfolgt der Anlagenabgang beispielsweise am 16.07., dann werden im Abgangsjahr 6/12 (für Januar bis einschließlich Juni) der planmäßigen Abschreibung angesetzt.

Beispiel

Der Unternehmer Jochen Küpper, Koblenz, kauft im April 2020 für sein Unternehmen einen Gabelstapler für 60.000 € + 11.400 € USt (Anschaffungsdatum: 02.04.2020).

Herr Küpper verkauft diesen Gabelstapler in 2021 wieder (Anlagenabgang: 12.12.2021).

Die Abschreibung für 2020 und 2021 soll linear unter Anwendung der Vereinfachungsregelung erfolgen. Die Nutzungsdauer beträgt nach der amtlichen AfA-Tabelle 8 Jahre.

Abschreibungsbetrag 2020:
60.000 € : 8 Jahre ND = 7.500 €
davon 9/12 (April - Dezember) = **5.625 €**

Buchwert 31.12.2020:
60.000 € - 5.625 € = **54.375 €**

Abschreibungsbetrag 2021:
voller Jahresabschreibungsbetrag (7.500 €)
davon 11/12 (Januar - November) = **6.875 €**

Leistungsabschreibung

Die **Abschreibung nach der Leistung** (Leistungsabschreibung) setzt voraus, dass genaue Aufzeichnungen über die jährlichen Leistungen geführt werden (z. B. Aufzeichnung von Zählerständen bei Maschinen oder Pkw). Ausgehend von den AK/HK und der technischen Gesamtleistung des Gegenstandes wird der jährliche Abschreibungsbetrag dann wie folgt berechnet:

$$\text{Abschreibungsbetrag} = \frac{\text{AK/HK}}{\text{Gesamtleistung}} \cdot \text{Jahresleistung}$$

Beispiel

Der Unternehmer Nico Meidt, Koblenz, kauft im April 2020 für sein Unternehmen einen Pkw, der ausschließlich betrieblich genutzt wird. Herr Meidt führt für den Pkw ein elektronisches Fahrtenbuch aus dem hervorgeht, dass 2020 mit diesem Pkw insgesamt 42.560 km zurückgelegt wurden. Die AK des Pkw haben 38.550 € betragen. Nach den Herstellerangaben beträgt die durchschnittliche Gesamtlebensdauer 220.000 km.

Wenn Herr Meidt für diesen Pkw die Leistungsabschreibung wählt, beträgt der Abschreibungsbetrag für 2020: 38.550 € : 220.000 km • 42.560 km = 7.457,67 €, gerundet **7.458 €**.

Übersicht: Steuerlich zulässige Abschreibungsarten

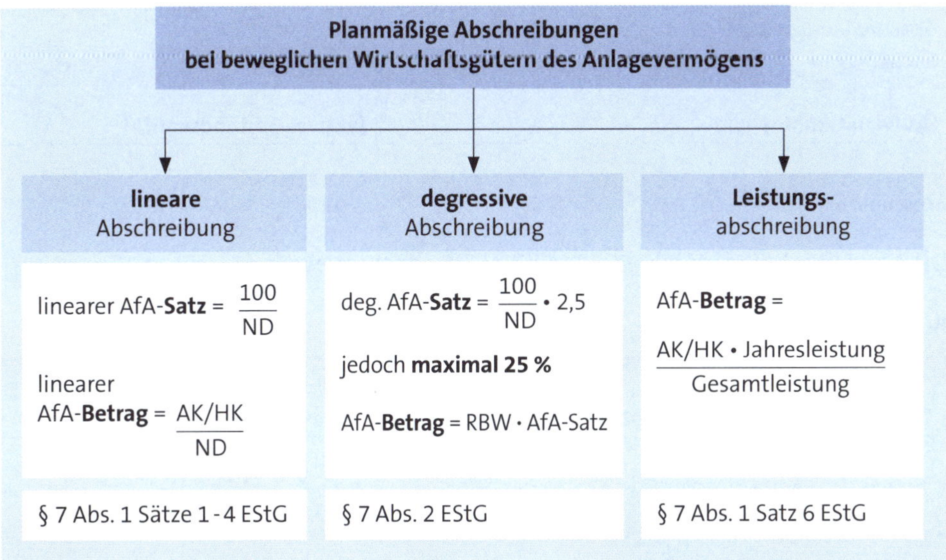

Die **steuerlich** zulässige **degressive** Abschreibung wurde vielfach geändert. Die nachfolgende Übersicht gibt einen Überblick über die Änderungen seit 2006:

Jahr der Anschaffung, Herstellung oder Einlage	**steuerlich zulässige degressive AfA**
2006 2007	höchstens das **Dreifache** des linearen AfA-Satzes (also 100 : ND • 3), jedoch maximal **30 %**
2008	**keine** degressive AfA zulässig
2009 2010	höchstens das **Zweieinhalbfache** des linearen AfA-Satzes (also 100 : ND • 2,5), jedoch maximal **25 %**
2011 - 2019	keine **degressive** AfA zulässig
2020 2021	höchstens das **Zweieinhalbfache** des linearen AfA-Satzes (also 100 : ND • 2,5), jedoch maximal **25 %**

Buchung der planmäßigen Abschreibung
Planmäßige Abschreibungen führen zu verminderten Buchwerten der Gegenstände. Sie sind **Aufwendungen**, die den **Wertverlust** abbilden.

Der allgemeine Buchungssatz zur Erfassung der planmäßigen Abschreibung des Sachanlagevermögens lautet:

Sollkonto – SKR 03 (SKR 04)	**Betrag** (Euro)	**Habenkonto** – SKR 03 (SKR 04)
Abschreibungen auf Sachanlagen 4830 (6220) **[Aufwandskonto]**	Abschreibungs-betrag	Anlagekonto **[aktives Bestandskonto]**

Beispiel

Die Maschine 1 wird im Jahr 2020 mit 2.465 € abgeschrieben.

Buchung:

Sollkonto – SKR 03 (SKR 04)	**Betrag** (Euro)	**Habenkonto** – SKR 03 (SKR 04)
Abschreibungen auf Sachanl. 4830 (6220)	2.465,00	Maschinen 0210 (0440)

Aufgabe 27 > Seite 253

E. Steuerliche Besonderheiten im Bereich des Anlagevermögens

1. Geringwertige Wirtschaftsgüter

1.1 Überblick

Bei Vermögensgegenständen des **abnutzbaren beweglichen** Anlagevermögens, die **einer selbständigen Nutzung fähig** sind und einen **geringen Wert** haben (sog. „geringwertige Wirtschaftsgüter" – GWG), müssen **steuerliche Besonderheiten** beachtet werden.

Das **Einkommensteuergesetz** unterscheidet bei geringwertigen Wirtschaftsgütern des betrieblichen Anlagevermögens in

- **Alternative 1:**
  Wirtschaftsgüter mit Anschaffungs- oder Herstellungskosten **bis zu 800 €** netto. Diese **dürfen im Jahr ihrer Anschaffung, Herstellung oder Einlage in voller Höhe als Betriebsausgaben** berücksichtigt **oder** planmäßig über die Dauer ihrer voraussichtlichen Nutzung abgeschrieben werden (vgl. § 6 Abs. 2 EStG);
- **Alternative 2:**
  Wirtschaftsgüter mit Anschaffungs- oder Herstellungskosten von **über 250 € bis zu 1.000 €** netto. Diese **dürfen** im Jahr ihrer Anschaffung, Herstellung oder Einlage in einem **Sammelposten** („Pool") erfasst und **zusammen** mit den anderen Wirtschaftsgütern dieses Pools (sog. „Poolwirtschaftsgüter") eines Kalenderjahres **über einen Zeitraum von 5 Jahren gleichmäßig abgeschrieben** werden (vgl. § 6 Abs. 2a Sätze 1-2 EStG).

  Bei Anwendung dieser Alternative **(„Sammelpostenmethode")** müssen alle GWG dieses Kalenderjahres mit einem Wert von mehr als **250 € bis 1.000 €** in dem Sammelposten erfasst werden.

  GWG mit einem Wert **bis 250 €** können dann im Jahr ihrer Anschaffung, Herstellung oder Einlage **voll oder** alternativ **über den Zeitraum ihrer voraussichtlichen Nutzung** abgeschrieben werden (vgl. § 6 Abs. 2a Satz 4 EStG).

ACHTUNG

Der Steuerpflichtige muss sich entscheiden, welche der beiden Alternativen (§ 6 Abs. 2 **oder** Abs. 2a EStG) er in dem jeweiligen Wirtschaftsjahr einheitlich anwendet. Er darf die beiden Alternativen innerhalb dieses Wirtschaftsjahrs also nicht „mischen", d. h. die Inanspruchnahme der einen oder anderen Alternative schließt die jeweils andere Alternative für das betrachtete Wirtschaftsjahr aus (wirtschaftsjahrbezogenes Wahlrecht).

Übersicht:

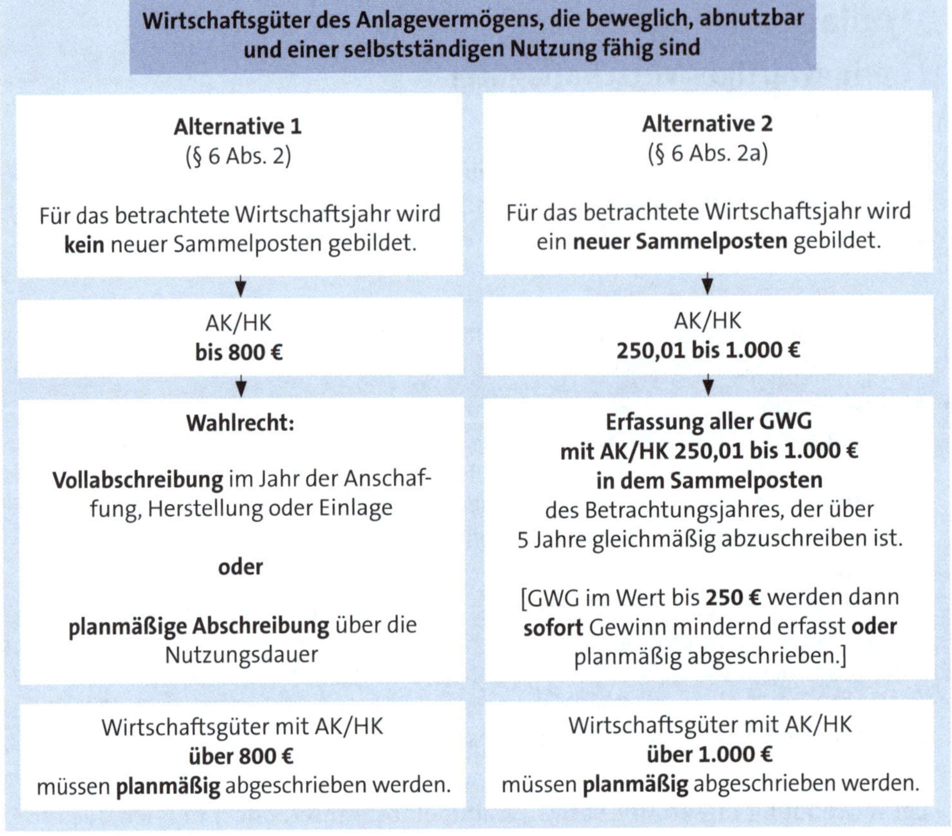

1.2 Merkmale der GWG

Die steuerliche Einordnung als „GWG“ oder „Poolwirtschaftsgut“ **im Jahr der Anschaffung/Herstellung** oder Einlage betrifft diejenigen Vermögensgegenstände, welche neben den Wertgrenzen von 800 € (§ 6 Abs. 2 EStG) bzw. 250,01 bis 1.000 € (§ 6 Abs. 2a EStG) die folgenden Voraussetzungen vollständig erfüllen:

- Anlagevermögen
- beweglich
- abnutzbar und
- selbstständig (= für sich allein) nutzbar.

Zum **Anlagevermögen** gehören diejenigen Wirtschaftsgüter, deren Nutzung längerfristig (länger als ein Jahr) erfolgen soll (vgl. § 247 Abs. 2 HGB und R 6.1 EStR).

Bewegliche Wirtschaftsgüter sind nach R 7.1 Abs. 1 EStR insbesondere

- Sachen (§ 90 BGB)
- Tiere (§ 90a BGB)
- Scheinbestandteile (§ 95 BGB).

Nicht zu den beweglichen Wirtschaftsgütern gehören **immaterielle** Wirtschaftsgüter (z. B. Rechte, Lizenzen, Patente o. Ä.). Eine **Ausnahme** hiervon gilt für Computerprogramme mit geringem Wert (sog. **„Trivialprogramme"**). Sie werden **wie materielle** – also wie bewegliche – Wirtschaftsgüter behandelt, wenn ihre **AK nicht mehr als 800 €** (netto) betragen (vgl. R 5.5 Abs. 1 EStR).

Abnutzbar sind Wirtschaftsgüter, deren Wert sich im Zeitablauf verringert.

Selbstständig nutzbar sind Wirtschaftsgüter dann, wenn sie ohne andere Wirtschaftsgüter des Anlagevermögens genutzt werden können. **Nicht** selbstständig nutzbar sind Wirtschaftsgüter, die **nach ihrer betrieblichen Zweckbestimmung nur zusammen mit anderen Wirtschaftsgütern** genutzt werden können (z. B. Computer, Monitor, Tastatur, Scanner, Ducker).

Beispiel

Der Unternehmer Paul Schmidt kauft im Juni 2020

a) einen Scanner für 260 € + 49,40 € USt, der an seinen Computer im Büro angeschlossen wird.

   Der **Scanner** gehört zu dem Computer im Büro von Herrn Schmidt (**nicht** selbstständig nutzbar). Er ist **kein** GWG und somit zusammen mit dem Computer über dessen Restnutzungsdauer abzuschreiben (nachträgliche Anschaffungskosten);

b) ein **Multifunktionsgerät** (Drucker/Scanner/Fax/Kopierer) für 400 € + 64 € USt, welches er ebenfalls für berufliche Zwecke in seinem Büro verwendet.

   Das Multifunktionsgerät ist **selbstständig nutzbar** und – da die AK die 800 Euro-Grenze nicht überschreiten – **ein GWG** nach § 6 Abs. 2 oder 2a EStG (wirtschaftsjahrbezogenes Wahlrecht).

Für die Beurteilung, ob die **250/800/1.000 €-Grenze** überschritten wird oder nicht, ist der **Netto**betrag (**ohne** USt) maßgebend. Wenn USt in Rechnung gestellt wurde, ist es unerheblich, ob diese beim Rechnungsempfänger abziehbar ist oder nicht (vgl. R 9b Abs 2 EStR).

Beispiel

Der selbstständige Versicherungsmakler Sebastian Labonte kauft im April 2020 für sein Büro einen neuen Schreibtisch für 800 € + 152 € USt = 952 €.

Obwohl Herr Labonte nicht zum Vorsteuerabzug berechtigt ist (er tätigt nur steuerfreie Umsätze nach § 4 Nr. 11 UStG, die den Vorsteuerabzug ausschließen), ist der erworbene Schreibtisch ein GWG im Sinne von § 6 Abs. 2 oder 2a EStG.

Skonti und Rabatte
Für die Beurteilung, ob ein GWG vorliegt, sind die AK/HK maßgebend. Da Skonti und Rabatte die AK/HK mindern, ist der **Betrag maßgebend, der sich nach deren Abzug ergibt, sofern der Abzug im selben Jahr erfolgt**.

Beispiel

Der Einzelunternehmer Jan Kreuzer, Lahnstein, kauft für sein Unternehmen im Mai 2020 eine neue Telefonanlage für 820 € + 155,80 € USt auf Ziel. Im Juni bezahlt er den Kaufpreis vereinbarungsgemäß unter Abzug von 3 % Skonto durch Banküberweisung. Durch den Skontoabzug betragen die AK der Telefonanlage 795,40 € (820 € - 24,60 € Skontoabzug netto). Die Telefonanlage ist dadurch ein GWG nach § 6 Abs. 2 oder 2a EStG.

Liegt aber das Anschaffungsdatum im „alten“ Jahr (z. B. 30.12.) und die **Bezahlung im „neuen“ Jahr** (z. B. 05.01.), kann ein bei der Zahlung abgezogener Skonto- oder Rabattbetrag im „alten“ Jahr **nicht** mehr abgezogen werden (vgl. BFH, BStBl. II 1991 S. 456). In diesem Fall ist der **ursprüngliche Kaufpreis abzüglich eines darin enthaltenen USt-Betrages** für die Beurteilung heranzuziehen, ob ein GWG vorliegt oder nicht (vgl. *Krudewig*, S. 28).

Beispiel

Fall wie im Beispiel zuvor, jedoch mit dem Unterschied, dass Herr Kreuzer die Telefonanlage für 820 € + USt am 30.12.2020 auf Ziel kauft und den Kaufpreis vereinbarungsgemäß Anfang Januar 2021 unter Abzug von 3 % Skonto durch Banküberweisung bezahlt.

Da sich die AK der Telefonanlage in 2020 auf 820 € belaufen, liegt kein GWG nach § 6 Abs. 2 EStG vor. Der Skontoabzug im Januar 2021 hat keinen Einfluss mehr auf die ursprünglichen AK.

Herr Kreuzer könnte die Telefonanlage entweder einem Sammelposten (§ 6 Abs. 2a EStG) zuordnen oder planmäßig über den Zeitraum der voraussichtlichen Nutzung abschreiben.

1.3 GWG bis 800 €

Geringwertige Wirtschaftsgüter des Betriebsvermögens, deren **AK/HK nicht mehr als 800 €** (netto) betragen, **können** im Wirtschaftsjahr ihrer Anschaffung, Herstellung oder Einlage

- **in voller Höhe als Betriebsausgabe** abgezogen **oder**
- **planmäßig abgeschrieben**

werden, **wenn** in dem betrachteten Wirtschaftsjahr **kein Sammelposten** nach § 6 Abs. 2a EStG (siehe Gliederungspunkt 1.4) gebildet wird. Das obige Wahlrecht darf **dann für jedes einzelne GWG** mit einem Wert bis 800 € **gesondert** ausgeübt werden.

Beispiel

Der zum Vorsteuerabzug berechtigte Einzelunternehmer Vitalij Frick kauft im März 2020 für sein Unternehmen eine Wanduhr für 500 € + 95 € USt.

Die AK in Höhe von 500 € dürfen 2020 in voller Höhe als Betriebsausgabe abgezogen werden, weil die Wanduhr ein GWG im Sinne von § 6 Abs. 2 EStG ist.

Alternativ zum Direktabzug dürfte Herr Frick die AK der Wanduhr nach § 7 EStG planmäßig über den Zeitraum der voraussichtlichen Nutzung abschreiben.

Bei der Inanspruchnahme des Wahlrechts von § 6 Abs. 2 EStG ist zu beachten, dass für GWG **über 250 €** netto die Verpflichtung gilt, diese in **ein laufend zu führendes Verzeichnis** (Anlagenverzeichnis) mit folgenden Angaben **aufzunehmen** (vgl. § 6 Abs. 2 Satz 4 EStG):

- Tag der Anschaffung, Herstellung oder Einlage
- Anschaffungs- oder Herstellungskosten bzw. Einlagewert.

Die GWG müssen **nicht** in einem solchen Verzeichnis aufgeführt werden, **wenn die vorgenannten Angaben aus der Buchführung ersichtlich sind**, beispielsweise durch Erfassung auf einem speziellen Konto mit den o. g. Daten (vgl. § 6 Abs. 2 Satz 5 EStG). Hierfür bieten sich in den Datev-Kontenrahmen SKR 03 (SKR 04) beispielsweise die folgenden Konten an:

- Geringwertige Wirtschaftsgüter **0480 (0670)** oder
- Sofortabschreibung geringwertiger Wirtschaftsgüter **4855 (6260)**.

Das Konto **„GWG 0480 (0670)"** ist ein **aktives Bestandskonto** (Anlagevermögen). Es ist dann zu bevorzugen, wenn im Laufe des Buchungsjahres zunächst alle GWG aktiviert und erst im Rahmen der Jahresabschlussarbeiten entschieden werden soll, welches Wahlrecht für das Wirtschaftsjahr in Anspruch genommen wird.

Das Konto **„Sofortabschreibung geringwertiger Wirtschaftsgüter 4855 (6260)"** ist ein **Aufwandskonto**. Es ist dann zu bevorzugen, wenn bereits zu Beginn des Wirtschaftsjahres entschieden wurde, dass alle GWG bis 800 € dieses Wirtschaftsjahres sofort Gewinn mindernd erfasst werden.

Beispiele

Beispiel 1
Der Unternehmer Markus Balcke kauft im Juni 2020 für sein Unternehmen einen neuen Bürostuhl für 400 € + 76 € USt gegen Barzahlung. Die geplante Nutzungsdauer beträgt 5 Jahre. Herr Balcke entscheidet sich dafür, im VZ 2020 keinen Sammelposten nach § 6 Abs. 2a EStG zu bilden und alle GWG bis 800 € direkt als Betriebsausgaben zu erfassen.

Buchung im Juni 2020:

Sollkonto – SKR 03 (SKR 04)		**Betrag** (Euro)	**Habenkonto** – SKR 03 (SKR 04)	
Sofortabschreibung GWG	4855 (6260)	400,00	Kasse	1000 (1600)
Abziehbare VoSt 19 %	1576 (1406)	76,00	Kasse	1000 (1600)

Alternativ können GWG auch **zunächst aktiviert und zum Jahresende** voll oder über den Zeitraum ihrer voraussichtlichen Nutzung **abgeschrieben** werden. Dies hat den Vorteil, dass im Rahmen der Jahresabschlussarbeiten eine steueroptimale Entscheidung getroffen werden kann.

Beispiel 2
Fall wie in dem Beispiel zuvor, jetzt jedoch zunächst Aktivierung des Bürostuhls und Vollabschreibung zum 31.12.

Buchung im Juni 2020:

Sollkonto – SKR 03 (SKR 04)		**Betrag** (Euro)	**Habenkonto** – SKR 03 (SKR 04)	
GWG	0480 (0670)	400,00	Kasse	1000 (1600)
Abziehbare VoSt 19 %	1576 (1406)	76,00	Kasse	1000 (1600)

Buchung zum 31.12.2020:

Sollkonto – SKR 03 (SKR 04)		**Betrag** (Euro)	**Habenkonto** – SKR 03 (SKR 04)	
Abschreibungen auf GWG	4860 (6262)	400,00	GWG	0480 (0670)

Beispiel 3
Fall wie in dem Beispiel zuvor, jetzt jedoch mit dem Unterschied, dass Herr Balcke im VZ 2020 nur geringen Gewinn erzielt und er für die nächsten Jahre starke Gewinnsteigerungen erwartet. Herr Balcke entscheidet sich daher für die planmäßige lineare Abschreibung über die Nutzungsdauer.

Abschreibung 2020: 400 € : 5 Jahre • 7/12 (Juni - Dezember) = **47 €**

Buchungen zum 31.12.2020:

Sollkonto – SKR 03 (SKR 04)		**Betrag** (Euro)	**Habenkonto** – SKR 03 (SKR 04)	
Büroeinrichtung	0420 (0650)	400,00	GWG	0480 (0670)
Abschreibungen Sachanl.	4830 (6220)	47,00	Büroeinrichtung	0420 (0650)

1.4 Sammelposten für gem. § 6 Abs. 2a EStG

Der Steuerpflichtige hat **alternativ** die **Wahlmöglichkeit**, für GWG über 250 € bis 1.000 € einen **Sammelposten nach § 6 Abs. 2a EStG** zu bilden. Dieser ist **kein** Wirtschaftsgut, sondern eine **Rechengröße** (vgl. BMF-Schreiben vom 30.09.2010, BStBl I S. 755, Rz. 8).

Wenn diese Regelung gewählt wird (wirtschaftsjahrbezogenes Wahlrecht), müssen **alle** GWG eines Wirtschaftsjahres im Wert von **250,01 bis 1.000 €** in den **Jahrgangsbezogenen Sammelposten** („Pool") eingestellt werden, der **unabhängig von der tatsächlichen Nutzungsdauer** der Gegenstände über einen **Zeitraum von 5 Jahren** gleichmäßig aufzulösen ist (also **jährlich mit 20 %** des gesamten Sammelpostens eines Jahres). Eine zeitanteilige Kürzung der Auflösung findet nicht statt.

Beispiel

Der zum Vorsteuerabzug berechtigte Unternehmer Müller kauft für die Buchhaltung seines Unternehmens am 01.02.2020 ein Textverarbeitungsprogramm für 300 € + 57 € USt gegen Barzahlung. Die geplante Nutzungsdauer des Programms beträgt 3 Jahre.

Am 15.03.2020 kauft Herr Müller für sein Büro eine Schreibtischlampe für 255 € + 48,45 € USt gegen Barzahlung; geplante Nutzungsdauer: 8 Jahre.

Am 01.04.2020 kauft Herr Müller eine neue Telefonanlage für sein Büro für 900 € + 171 € USt gegen Barzahlung; geplante Nutzungsdauer: 8 Jahre.

Herr Müller entscheidet sich für die Anwendung von § 6 Abs. 2a EStG (Bildung eines Sammelpostens 2020).

Die vorgenannten Vermögensgegenstände (alle haben AK über 250 € und nicht mehr als 1.000 €) sind dann im Kalenderjahr 2020 in dem **„Sammelposten 2020"** zusammenzufassen, der jährlich mit 20 % Gewinn mindernd aufzulösen ist.

Sammelposten 2020:	Textverarbeitungsprogramm	300 €
	Schreibtischlampe	255 €
	Telefonanlage	900 €
	AK des Sammelpostens 2020	**1.455 €**
Gewinnminderung 2020:	20 % von 1.455 € =	**291 €**

- **Keine Veränderung des Sammelpostens**

  Nach Ablauf eines Kalenderjahres ist neben der planmäßigen Auflösung grundsätzlich **keine Veränderung des Sammelpostens** mehr möglich. Vorgänge, die sich auf einzelne Wirtschaftsgüter des Sammelpostens beziehen (z. B. Verkauf, Entnahme, Zerstörung) wirken sich **nicht** auf den Wert des Sammelpostens aus.

  Dies bedeutet, dass alle Wirtschaftsgüter innerhalb eines „Jahrespools" steuerlich wie **ein** Wirtschaftsgut behandelt werden. Wird beispielsweise ein in den Sammelposten eingestelltes Wirtschaftsgut in einem der Folgejahre **verkauft**, ist der **Erlös** Gewinn erhöhend zu buchen (z. B. auf dem Konto **„Erlöse aus Verkäufen von Sachanlagevermögen 19 % USt 8820 (4845)"** im **Haben**); für das ausgeschiedene Wirtschaftsgut darf aber **kein Anlagenabgang** erfasst werden.

  Nachträgliche AK/HK von Wirtschaftsgütern, die in einem früheren Wirtschaftsjahr in einem Sammelposten erfasst wurden, verändern diesen Sammelposten ebenfalls **nicht**; es bleibt bei den ursprünglich erfassten AK/HK. Die **nachträglichen AK/HK** erhöhen den Sammelposten des Jahres, in dem sie anfallen. Beabsichtigt der Steuerpflichtige, in dem Jahr, in dem die nachträglichen AK/HK anfallen, **keinen** neuen Sammelposten zu bilden, so bilden die **nachträglichen AK/HK** einen neuen **Sammelposten** (vgl. BMF-Schreiben vom 30.09.2010, BStBl I S. 755, Rz. 10).

- **GWG bis 250 € sind gesondert zu behandeln**

  Wenn der Steuerpflichtige sich für die Bildung eines jahrgangsbezogenen Sammelpostens entscheidet, werden GWG mit einem Wert von bis zu 250 € netto im Wirtschaftsjahr ihrer Anschaffung, Herstellung oder Einlage

  - **in voller Höhe als Betriebsausgabe** abgezogen **oder**
  - **planmäßig abgeschrieben.**

  Eine Berücksichtigung im Sammelposten ist **nicht** möglich.

Beispiel

Fall des Beispiels zuvor (Unternehmer Müller, der in 2020 drei „Poolwirtschaftsgüter" erwirbt und einen Sammelposten 2020 bildet) jetzt mit der Erweiterung, dass er am 02.06.2020 zusätzlich einen Heizlüfter für 120 € + 19 % USt gegen Barzahlung für sein Unternehmen kauft. Die Nutzungsdauer des Heizlüfters soll 5 Jahre betragen.

Herr Müller muss die AK des Heizlüfters (120 €) entweder sofort als Betriebsausgabe erfassen oder planmäßig über den Zeitraum der geplanten Nutzungsdauer (5 Jahre) abschreiben (in 2020 mit $^{7}/_{12}$, weil die Anschaffung im Juni erfolgt).

Herr Müller entscheidet sich für den Sofortabzug.

Zugänge zu dem Sammelposten eines Kalenderjahres sind wie folgt zu erfassen:

Sollkonto – SKR 03 (SKR 04)		**Betrag** (Euro)	**Habenkonto** – SKR 03 (SKR 04)
Wirtschaftsgüter (Sammelposten)	0485 (0675)	Zugang	Verbindlichkeitenkonto oder Zahlungskonto

Der jährliche Auflösungsbetrag ist zum 31.12. wie folgt zu buchen:

Sollkonto – SKR 03 (SKR 04)		**Betrag** (Euro)	**Habenkonto** – SKR 03 (SKR 04)	
Abschreibungen auf den Sammelposten	4862 (6264)	Auflösungs-betrag	Wirtschaftsgüter (Sammelposten)	0485 (0675)

Abgesehen von der buchmäßigen Erfassung des Zugangs der Wirtschaftsgüter im Sammelposten bestehen in steuerlicher Hinsicht keine weiteren Aufzeichnungspflichten für diese GWG; sie müssen für steuerliche Zwecke nicht in ein Inventar aufgenommen werden (vgl. BMF-Schreiben vom 30.09.2010, BStBl I S. 755, Rz. 9).

Beispiel

Fall des Beispiels zuvor (Unternehmer Müller, der in 2020 einen Sammelposten bildet).

Buchung zum 01.02.2020 (Anschaffung Textverarbeitungsprogramm):

Sollkonto – SKR 03 (SKR 04)		**Betrag** (Euro)	**Habenkonto** – SKR 03 (SKR 04)	
Wirtschaftsgüter (Sammelposten)	0485 (0675)	300,00	Kasse	1000 (1600)
Abziehbare VoSt 19 %	1576 (1406)	57,00	Kasse	1000 (1600)

Buchung zum 15.03.2020 (Anschaffung Schreibtischlampe):

Sollkonto – SKR 03 (SKR 04)		**Betrag** (Euro)	**Habenkonto** – SKR 03 (SKR 04)	
Wirtschaftsgüter (Sammelposten)	0485 (0675)	255,00	Kasse	1000 (1600)
Abziehbare VoSt 19 %	1576 (1406)	48,45	Kasse	1000 (1600)

Buchung zum 01.04.2020 (Anschaffung Telefonanlage):

Sollkonto – SKR 03 (SKR 04)		**Betrag** (Euro)	**Habenkonto** – SKR 03 (SKR 04)	
Wirtschaftsgüter (Sammelposten)	0485 (0675)	900,00	Kasse	1000 (1600)
Abziehbare VoSt 19 %	1576 (1406)	171,00	Kasse	1000 (1600)

Buchung zum 02.06.2020 (Anschaffung Heizlüfter):

Sollkonto – SKR 03 (SKR 04)		**Betrag** (Euro)	**Habenkonto** – SKR 03 (SKR 04)	
Sofortabschreibung Wirtschaftsgüter	4855 (6260)	120,00	Kasse	1000 (1600)
Abziehbare VoSt 19 %	1576 (1406)	22,80	Kasse	1000 (1600)

Buchung zum 31.12.2020 (Auflösung des Sammelpostens zu 1/5):

Sollkonto – SKR 03 (SKR 04)		**Betrag** (Euro)	**Habenkonto** – SKR 03 (SKR 04)	
Abschreibungen auf den Sammelposten Wirtschaftsgüter	4862 (6264)	291,00	Wirtschaftsgüter (Sammelposten)	0485 (0675)

Handelsrechtliche Beurteilung
Der Sammelposten nach § 6 Abs. 2a EStG verstößt gegen die handelsrechtlichen Grundsätze der Einzelbewertung (§ 252 Abs. 1 Nr. 3 HGB) und der Vorsicht (§ 252 Abs. 1 Nr. 4 HGB). Der Hauptausschuss des Instituts der Wirtschaftsprüfer (IDW) ist jedoch der Ansicht, dass der **Sammelposten auch in die Handelsbilanz** übernommen werden kann, **wenn er von untergeordneter Bedeutung ist**. Für die Mehrzahl der Fälle dürfte diese Voraussetzung erfüllt sein.

Aufgabe 28 > Seite 254

2. Investitionsabzugsbetrag

2.1 Allgemeines

Kleine und mittlere Unternehmen können für **geplante Investitionen** der nachfolgenden drei Jahre im Vorgriff auf die späteren Abschreibungen einen **Gewinn mindernden Investitionsabzugsbetrag** in Höhe von bis zu **50 % der geplanten Anschaffungs- oder Herstellungskosten (AK/HK)** bilden, der durch eine später vorzunehmende Gewinnerhöhung wieder zu kompensieren ist [Rechtslage 2020].

ACHTUNG

Dieses für die **steuerliche** Gewinnermittlung gültige Wahlrecht ist **außerhalb der handelsrechtlichen Buchführung** zu berücksichtigen.

Der Investitionsabzugsbetrag ist in **§ 7g Abs. 1 - 4 EStG** geregelt.

Beispiel

Der Unternehmer Dietmar Fölbach möchte im Jahr 2021 eine weitere Druckmaschine für 80.000 € + 19 % USt für seine Druckerei anschaffen. Er erfüllt die Voraussetzungen für die Inanspruchnahme des Investitionsabzugsbetrags. Der mittels Buchführung für 2020 ermittelte Gewinn der Druckerei beträgt 78.500 €.

Für steuerliche Zwecke kann Herr Fölbach im Rahmen der Veranlagung zur Einkommensteuer 2020 einen Gewinn mindernden Investitionsabzugsbetrag in Höhe von bis zu 40.000 € (50 % von 80.000 €) abziehen. Sein steuerpflichtiger Gewinn aus Gewerbebetrieb beträgt für 2020 dann 38.500 € (78.500 € - 40.000 €).

Im Jahr der Investition kann Herr Fölbach seinen Gewinn aus Gewerbebetrieb zum Ausgleich um 50 % der AK, höchstens in Höhe des in Anspruch genommenen Investitionsabzugsbetrags erhöhen (hier: 50 % von 80.000 € = 40.000 €), den für 2020 in Anspruch genommenen Investitionsabzugsbetrag also wieder gewinnerhöhend „auflösen".

Die gewinnerhöhende Hinzurechnung der in Anspruch genommenen Investitionsbeträge muss spätestens zum Ende des dritten Wirtschaftsjahres nach dem Wirtschaftsjahr des Gewinn mindernden Abzugs erfolgen (hier: spätestens zum 31.12.2023) und ist seit 2016 nicht mehr wirtschaftsgutbezogen.

[Hinweis: Für Investitionsabzugsbeträge, die 2017 gebildet wurden, gilt abweichend eine „Auflösungsfrist" von 4 Wirtschaftsjahren, vgl. Zweites Corona-Steuerhilfegesetz vom 29.06.2020.]

2.2 Voraussetzungen

Für die Inanspruchnahme des Investitionsabzugsbetrags müssen folgende Voraussetzungen erfüllt sein:

- **Kleines bzw. mittelgroßes Unternehmen**
  Die Inanspruchnahme von § 7g Abs. 1 EStG ist nur für Betriebe zulässig, die zum **Ende des Wirtschaftsjahres der Inanspruchnahme des Investitionsabzugsbetrags** das folgende **Größenmerkmal nicht überschreiten** (Rechtslage 2020):

  Gewinn im Wirtschaftsjahr des Abzugs **nicht höher** als **200.000 €**.

  Es ist der Gewinn zugrunde zu legen, der nach § 4 oder § 5 EStG **ohne** den Abzug des Investitionsabzugsbetrags und **ohne** etwaige Hinzurechnungen von Investitionsabzugsbeträgen früherer Jahre ermittelt wurde.

  Beispiel

  Der Unternehmer Dietmar Fölbach (siehe Beispiele zuvor) ermittelt seinen Gewinn durch Betriebsvermögensvergleich nach § 5 EStG. Sein Gewinn weist folgende Werte auf:

  - 31.12.2020 129.450 €
  - 31.12.2021 245.410 €
  - 31.12.2022 238.900 €

  Herr Fölbach kann im VZ 2020 den Investitionsabzugsbetrag geltend machen, weil der Gewinn seiner Druckerei den Grenzbetrag von 200.000 € nicht überschreitet.

  In den Veranlagungszeiträumen 2021 und 2022 ist die Inanspruchnahme des Investitionsabzugsbetrags für Herrn Fölbach nicht möglich, weil der Grenzbetrag überschritten wird.

  Bei Unternehmern, die mehrere Betriebe haben, gelten diese Grenzen **für jeden Betrieb gesondert**.

- **Begünstigte Wirtschaftsgüter**
  Der Investitionsabzugsbetrag kann nur für die Anschaffung/Herstellung von **abnutzbaren beweglichen** Wirtschaftsgütern des **Anlagevermögens** in Anspruch genommen werden. Hierbei ist es nicht notwendig, dass es sich um neue Wirtschaftsgüter handelt, d.h. der Investitionsabzugsbetrag kann **auch** für **gebrauchte** Wirtschaftsgüter in Anspruch genommen werden.

  Bewegliche Wirtschaftsgüter sind Wirtschaftsgüter, deren Eigentum durch **Einigung und Übergabe** übertragen wird (z. B. Maschinen, Fahrzeuge und andere Gegenstände der Betriebs- und Geschäftsausstattung). Siehe hierzu R 7.1 Abs. 2 EStR.

Grundstücke und Gebäude sind **keine** beweglichen Wirtschaftsgüter, weil bei ihnen die Eigentumsübertragung nicht durch Einigung und Übergabe, sondern durch Auflassung (notarieller Vertrag) und Eintragung in das Grundbuch erfolgt; somit kann § 7g EStG für sie nicht in Anspruch genommen werden.

Immaterielle Wirtschaftsgüter (Software, Lizenzen, sonstige Rechte) gehören ebenfalls nicht zu den beweglichen Wirtschaftsgütern (vgl. H 7.1 EStH); für sie kann § 7g EStG somit auch nicht in Anspruch genommen werden. Eine **Ausnahme** hiervon bildet die so genannte **„Trivialsoftware"** (AK bis 800 € netto, vgl. R 5.5 Abs. 1 EStR), die nicht zu den immateriellen Wirtschaftsgütern gehört, sondern den materiellen Wirtschaftsgütern gleich gestellt ist. Für sie ist **§ 7g EStG somit anwendbar**.

- **Verbleibens- und Nutzungsvoraussetzung**
  Für den Investitionsabzugsbetrag ist Voraussetzung, dass das begünstigte Wirtschaftsgut vermietet oder mindestens **bis zum Ende des Wirtschaftsjahres, welches dem Jahr der Investition folgt**,

  - in einer **inländischen Betriebsstätte** des Betriebs
  - **ausschließlich** oder **fast ausschließlich** (= zu mindestens 90 %) betrieblich

  genutzt wird (vgl. § 7g Abs. 1 Satz 2, Abs. 4 Satz 1 und Abs. 6 Nr. 2 EStG).

Beispiel

Der Unternehmer Pierre Schneider plant Ende 2020 die Anschaffung eines kleinen Baggers für seinen Gartenbaubetrieb in Emmelshausen (geplante AK = 50.000 €). Die Anschaffung soll im Frühjahr 2021 erfolgen. Herr Schneider erfüllt die Voraussetzungen für den Investitionsabzugsbetrag.

Herr Schneider darf 2020 einen Investitionsabzugsbetrag in Höhe von 25.000 € (45 % von 50.000 €) Gewinn mindernd geltend machen.

Im Herbst 2022 entschließt sich Herr Schneider, den 2021 angeschafften und in Deutschland genutzten Bagger dauerhaft in seiner Zweigstelle in Frankreich einzusetzen. Ende 2022 bringt er den Bagger zu der Zweigstelle in Frankreich und setzt ihn dort ein.

Durch das Verbringen des Baggers zu der Zweigstelle in Frankreich innerhalb der Frist gem. § 7g Abs. 1 Satz 2 EStG entfällt rückwirkend die Berechtigung für die Inanspruchnahme des Investitionsabzugsbetrags. Der 2020 in Anspruch genommene Investitionsabzugsbetrag ist deshalb rückgängig zu machen; die Veranlagung für 2020 ist entsprechend zu berichtigen (siehe Gliederungspunkt 2.7).

- **formale Voraussetzung**
  Investitionsabzugsbeträge dürfen von dem Steuerpflichtigen nur in Anspruch genommen werden, wenn er die Summen der Abzugsbeträge und der hinzuzurechnenden oder rückgängig zu machenden Beträge nach amtlich vorgeschriebenen Datensätzen an das Finanzamt **elektronisch übermittelt**.

2.3 Zeitraum der Begünstigung

Der Investitionsabzugsbetrag darf nur für Investitionen in Anspruch genommen werden, die in den **folgenden drei Wirtschaftsjahren** nach der Inanspruchnahme des Investitionsabzugsbetrags vorgenommen werden (vgl. 7g Abs. 3 Satz 1 EStG).

Wird die Investition nicht bis zum Ende des dritten Wirtschaftsjahres nach dem Jahr der Inanspruchnahme des Investitionsabzugsbetrags vorgenommen, kommt es zur **Rückabwicklung** (siehe Gliederungspunkt 2.7).

INFO

Für Investitionsabzugsbeträge, die 2017 gebildet wurden, gilt eine „Auflösungsfrist" von **4 Wirtschaftsjahren**; vgl. Zweites Corona-Steuerhilfegesetz vom 29.06.2020.

2.4 Höchstbetrag

Die Summe der innerhalb eines Zeitraums von vier Jahren in Anspruch genommenen und noch nicht wieder Gewinn erhöhend hinzugerechneten Investitionsabzugsbeträge, darf den **Gesamtbetrag** von **200.000 € je Betrieb** des Steuerpflichtigen nicht übersteigen (vgl. § 7g Abs. 1 Satz 4 EStG). Investitionsabzugsbeträge innerhalb dieses Zeitraums, die wieder Gewinn erhöhend hinzugerechnet wurden (nach erfolgter Investition oder Rückgängigmachung), bleiben hierbei unberücksichtigt.

Für das Jahr der Inanspruchnahme (z. B. „Jahr 4") berechnet sich der **Höchstbetrag** somit wie folgt:

	in den Jahren 1 - 4 insgesamt abgezogene Investitionsabzugsbeträge
-	in den Jahren 1 - 4 nach § 7g Abs. 2 hinzugerechnete Investitionsabzugsbeträge
-	in den Jahren 1 - 4 nach § 7g Abs. 3 und 4 rückgängig gemachte Investitionabzugsbeträge
=	**maximal 200.000 €**

2.5 Gewinnerhöhung durch Hinzurechnung des Investitionsabzugsbetrags

Im **Jahr der Realisierung der Investition** oder in einem späteren Jahr darf der Unternehmer einen Betrag in Höhe von **50 % der AK/HK** (Rechtslage 2020), höchstens jedoch den in Anspruch genommenen Investitionsabzugsbetrag, außerhalb der handelsrechtlichen Buchführung **Gewinn erhöhend hinzurechnen**, um die im Jahr des Abzugs hervorgerufene Gewinnminderung wieder zu kompensieren.

Bei der Hinzurechnung muss der Steuerpflichtige angeben, **welche** Investitionsabzugsbeträge er wieder hinzurechnet (Abzugsjahr und Höhe).

Beispiel

Der Unternehmer Fölbach hat im Jahr 2020 für die geplante Anschaffung einer Schneidemaschine einen Investitionsabzugsbetrag in Höhe von 25.000 € (45 % von 50.000 €) von seinem Gewinn aus Gewerbebetrieb abgezogen.

Im Juni 2021 erwirbt er die Schneidemaschine für 55.000 € + 19 % USt.

Herr Fölbach darf seinen Gewinn aus Gewerbebetrieb 2021 für steuerliche Zwecke um 25.000 € (45 % von 55.000 € = 27.500 €, höchstens jedoch in Höhe des in Anspruch genommenen Investitionsabzugsbetrags = 25.000 €) erhöhen.

Die Hinzurechnung von Investitionsabzugsbeträgen, die nach dem 31.12.2015 Gewinn mindernd abgezogen wurden, darf auch in einem späterenWirtschaftsjahr als dem Jahr der Investition erfolgen; jedoch **spätestens** zum Ende des dritten Wirtschaftsjahrs nach dem Wirtschaftsjahr des Gewinn mindernden Abzugs (vgl. § 7g Abs. 3 Satz 1 EStG).

INFO

Für Investitionsabzugsbeträge, die 2017 gebildet wurden, gilt eine „Auflösungsfrist" von **4 Wirtschaftsjahren**; vgl. Zweites Corona-Steuerhilfegesetz vom 29.06.2020.

2.6 Wahlrecht der Gewinn mindernden Kürzung der AK/HK

Zum Ausgleich der Gewinnerhöhung im Investitionsjahr wird die Möglichkeit eingeräumt, für steuerliche Zwecke eine den Gewinn mindernde Kürzung der AK/HK in Höhe von bis zu 45 %, **höchstens jedoch in Höhe des Hinzurechnungsbetrags** vorzunehmen (vgl. § 7g Abs. 2 Satz 2 EStG). Weitere steuerliche Abschreibungen erfolgen dann von den verminderten AK/HK.

Beispiel

Der Unternehmer Fölbach (siehe Beispiele zuvor) nimmt in 2021 auf die neue Schneidemaschine eine Kürzung der AK in Höhe von 25.000 € (= 50 % von 55.000 € = 27.500 €, höchstens jedoch in Höhe des Hinzurechnungsbetrags von 25.000 €) vor.

Die Hinzurechnung gemäß § 7g Abs. 2 Satz 1 EStG in Höhe von 25.000 € wird durch die Gewinn mindernde Kürzung der AK in voller Höhe kompensiert.

Buchung zum 31.12.2021:

Sollkonto – SKR 03 (SKR 04)	**Betrag** (Euro)	**Habenkonto** – SKR 03 (SKR 04)
Kürzung der AK § 7g Abs. 2 4853 (6243)	25.000,00	Maschinen 0210 (0440)

Alle weiteren **steuerlichen** Abschreibungen erfolgen nun von den um die 25.000 € verminderten AK (55.000 € - 25.000 € = 30.000 €).

Herr Fölbach schreibt die neue Schneidemaschine linear ab. Die ND beträgt 10 Jahre. Die **steuerliche** Abschreibung beträgt nun 7/12 von 3.000 € = 1.750 €.

ACHTUNG

Die Kürzung der AK/HK nach § 7g Abs. 2 Satz 2 EStG („Herabsetzung der AK/HK") ist nur für Zwecke der **steuerlichen** Gewinnermittlung zulässig. Handelsrechtlich muss von den **ursprünglichen** AK planmäßig abgeschrieben werden.

2.7 Rückabwicklung

Wenn die geplante Investition **unterbleibt oder** der Investitionsbetrag nicht bis zum Ende des dritten Wirtschaftsjahrs nach dem Wirtschaftsjahr des Gewinn mindernden Abzugs wieder Gewinn erhöhend hinzugerechnet wurde, muss der in Anspruch genommene Investitionsabzugsbetrag wieder rückgängig gemacht werden.

Dies bedeutet, dass der in Anspruch genommene Abzugsbetrag **für den VZ storniert** wird, **für den er in Anspruch genommen wurde**. Der Steuer- oder Feststellungsbescheid dieses Jahres ist dann entsprechend zu ändern. Das gilt auch dann, wenn der entsprechende Steuer- oder Feststellungsbescheid bereits bestandskräftig geworden ist (vgl. § 7g Abs. 3 EStG).

Beispiel

Der Unternehmer Daniel Mayer erzielt im VZ 2020 vor Abzug des Investitionsabzugsbetrags einen Gewinn aus Gewerbebetrieb in Höhe von 85.000 €. Für eine geplante Investition mit AK von 100.000 € im Jahr 2022 macht er zum 31.12.2020 einen Investitionsabzugsbetrag in Höhe von 50.000 € Gewinn mindernd geltend.

Der zu versteuernde Gewinn 2020 beträgt somit 35.000 € (85.000 € - 50.000 € Investitionsabzugsbetrag).

Durch die rückläufige Nachfrage und den damit verbundenen Umsatzrückgang unterbleibt die geplante Investition.

Eine Gewinn erhöhende Hinzurechnung des 2020 beanspruchten Investitionsabzugsbetrags wird bis zum 31.12.2023 nicht vorgenommen.

Der in Anspruch genommene Investitionsabzugsbetrag ist für den VZ 2020 rückgängig zu machen; der Steuerbescheid für 2020 ist zu ändern und neu zu erlassen. Herr Mayer hat dann im VZ 2020 Einkünfte aus Gewerbebetrieb in Höhe von 85.000 € zu versteuern. Die auf den nachträglichen „Mehrgewinn" entfallenden Steuern sind nachzuzahlen und ab dem 01.04.2022 mit 6 % p. a. zu verzinsen (vgl. §§ 233a und 238 AO).

Wenn die tatsächlichen **AK oder HK niedriger als die der geplanten Investition** sind, kommt es zur **teilweisen Rückgängigmachung** des Investitionsabzugsbetrags.

Beispiel

Der Unternehmer Gerril Heibel plant eine nach § 7g EStG begünstigte Investition in Höhe von 80.000 €, für die er zum 31.12.2020 einen Investitionsabzugsbetrag von 40.000 € Gewinn mindernd geltend macht.

Im Juli 2021 realisiert er die geplante Anschaffung. Die tatsächlichen AK betragen aber nicht 80.000 €, sondern 70.000 €. Die Gewinnerhöhung durch die Hinzurechnung des Investitionsabzugsbetrags in 2021 darf höchstens 35.000 € (50 % der AK) betragen.

Der nicht hinzugerechnete Investitionsabzugsbetrag (40.000 € - 35.000 € = 5.000 €) ist im VZ 2020 rückgängig zu machen oder für zukünftige Investitionen fortzuführen.

2.8 Statistische Buchung

Zum Zweck der Dokumentation außerhalb des Jahresabschlusses (Selbstinformation) stellen die Datev-Kontenrahmen statistische Konten für die Erfassung des Investitionsabzugsbetrags zur Verfügung. Diese Konten befinden sich sowohl beim SKR 03 als auch beim SKR 04 in der Kontenklasse 9 (Konten **9970 bis 9975**).

Beispiel

Buchungen zu dem Beispiel zuvor (Unternehmer Gerrit Heibel)

Buchung zum 31.12.2020 (Inanspruchnahme des Investitionsabzugsbetrags):

Sollkonto – SKR 03 (SKR 04)	**Betrag** (Euro)	**Habenkonto** – SKR 03 (SKR 04)
Investitionsabz. § 7g Abs. 1 9970 (9970)	40.000,00	Investitionsabz. § 7g Abs. 1 (Gegenkonto) 9971 (9971)

Herr Heibel möchte den auf die Investition entfallenden Investitionsabzugsbetrag nach § 7g Abs. 2 Satz 1 EStG in 2021 Gewinn erhöhend „auflösen" und den verbleibenden Restbetrag (= 5.000 €) gem. § 7g Abs. 3 rückgängig machen.

Buchungen zum 31.12.2021 („Auflösung" und Rückgängigmachung des Investitionsabzugsbetrags):

Sollkonto – SKR 03 (SKR 04)	**Betrag** (Euro)	**Habenkonto** – SKR 03 (SKR 04)
Hinzurechnung Investitionsabz. § 7g Abs. 2 (Gegenkonto) 9973 (9973)	35.000,00	Hinzurechnung Investitionsabz. § 7g Abs. 2 9972 (9972)
Rückgängigmachung Investitionsabz. § 7g Abs. 3 (Gegenkonto) 9975 (9975)	5.000,00	Rückgängigmachung Investitionsabz. § 7g Abs. 3 9974 (9974)

Aufgabe 29 > Seite 254

3. Sonderabschreibung § 7g EStG

3.1 Allgemeines

Unabhängig von der Inanspruchnahme des Investitionsabzugsbetrags besteht unter bestimmten Voraussetzungen die Möglichkeit, bei abnutzbaren beweglichen Wirtschaftsgütern des Anlagevermögens **neben der planmäßigen Abschreibung** für Zwecke der **steuerlichen** Gewinnermittlung eine **Sonderabschreibung** in Höhe von bis zu **20 % der AK/HK** in Anspruch zu nehmen (vgl. § 7g Abs. 5 EStG).

Beispiel

Der Unternehmer Mayer schreibt die im Januar 2020 für 48.000 € netto erworbene Maschine planmäßig über einen Zeitraum von 4 Jahren ab.

Neben der planmäßigen Abschreibung nimmt Herr Mayer die Sonderabschreibung in Höhe von 20 % der AK in Anspruch.

Die Gewinn mindernden Abschreibungen gemäß § 7 Abs. 1 und 7g Abs. 5 EStG betragen für 2020 somit

▸ planmäßige AfA (§ 7 Abs. 1):	48.000 € · 25 % =	12.000 €
▸ Sonderabschreibung (§ 7g Abs. 5):	48.000 € · 20 % =	9.600 €
		21.600 €

3.2 Voraussetzungen

Für die Zulässigkeit der Sonderabschreibung nach § 7g Abs. 5 EStG müssen folgende Voraussetzungen erfüllt sein:

- **Kleines bzw. mittelgroßes Unternehmen**
  Die Sonderabschreibung ist nur für Betriebe zulässig, die im Wirtschaftsjahr, das der Anschaffung oder Herstellung des begünstigten Wirtschaftsguts **vorangeht**, die folgende **Gewinngrenze nicht überschreiten**:

  Gewinn vor der Berücksichtigung von Investitionsabzugsbeträgen und Hinzurechnungen nach § 7g Abs. 2 **nicht höher** als **200.000 €**.

  Bei Unternehmern, die mehrere Betriebe haben, gilt diese Grenze **für jeden Betrieb gesondert**.

- **Begünstigte Wirtschaftsgüter**
  Die Sonderabschreibung kann nur für die Anschaffung/Herstellung von **abnutzbaren beweglichen** Wirtschaftsgütern des **Anlagevermögens** in Anspruch genommen werden. Hierbei ist es nicht notwendig, dass es sich um neue Wirtschaftsgüter handelt, d. h. die Sonderabschreibung kann **auch** für **gebrauchte** Wirtschaftsgüter in Anspruch genommen werden.

  Zu Einzelheiten siehe Gliederungspunkt 2.2 (S. 156 f.).

- **Verbleibens- und Nutzungsvoraussetzung**
  Für die Sonderabschreibung ist Voraussetzung, dass das begünstigte Wirtschaftsgut mindestens vermietet oder **bis zum Ende des Wirtschaftsjahres, welches dem Jahr der Anschaffung/Herstellung folgt**,
  - in einer inländischen **Betriebsstätte** des Betriebs
  - **ausschließlich** oder **fast ausschließlich** (= zu mindestens 90 %) betrieblich genutzt wird

    (vgl. § 7g Abs. 6 Nr. 2 und Abs. 4 Satz 1 EStG).

Beispiel

Unternehmer Christian Lorenz erwirbt im Juli 2020 für sein Unternehmen einen Pkw (AK = 30.000 €), den er laut ordnungsgemäßem Fahrtenbuch in 2020 zu 92 % betrieblich und zu 8 % privat nutzt. Er erfüllt die Voraussetzungen des § 7g Abs. 6 EStG. Die Nutzungsdauer des Pkw beträgt 6 Jahre. Die planmäßige Abschreibung erfolgt linear.

Herr Lorenz ist nach § 7g Abs. 6 EStG berechtigt, zusätzlich zur planmäßigen Abschreibung die Sonderabschreibung in Höhe von 20 % der AK geltend zu machen.

Die Abschreibung des Pkw beträgt für 2020 somit

lineare AfA (30.000 € · 16 ⅔ % · 6/12 =)	2.500 €
Sonderabschreibung (30.000 € · 20 % =)	6.000 €
Summe	**8.500 €**

Im Jahr 2021 führt Herr Lorenz kein Fahrtenbuch mehr. Er führt auch keine anderen Aufzeichnungen, aus welchen schlüssig und glaubhaft zu entnehmen ist, dass der betriebliche Nutzungsanteil weiterhin mindestens 90 % beträgt.

Für den VZ 2021 geht das Finanzamt nun zulässigerweise davon aus, dass die Privatnutzung mehr als 10 % (die betriebliche Nutzung also weniger als 90 %) beträgt.

Herr Lorenz verliert dadurch rückwirkend die Berechtigung zur Sonderabschreibung. Die bereits für 2020 beanspruchte Sonderabschreibung in Höhe von 6.000 € ist rückgängig zu machen; die bereits ergangenen Steuer- und Feststellungsbescheide sind zu berichtigen (vgl. § 7g Abs. 6 Nr. 2 i. V. mit Abs. 4 EStG).

3.3 Zeitraum der Begünstigung

Die Sonderabschreibung beträgt insgesamt **höchstens 20 % der AK/HK** innerhalb eines **Zeitraums** von **5 Jahren** (Jahr der Anschaffung/Herstellung und nachfolgende 4 Jahre; vgl. § 7g Abs. 5 EStG).

Es ist dem Unternehmer überlassen, in welchem Jahr dieses 5-Jahres-Zeitraums er welchen Teil der 20 % in Anspruch nimmt; er könnte beispielsweise in jedem der 5 Jahre 4 % zusätzlich zur planmäßigen Abschreibung oder im ersten und zweiten Jahr jeweils 10 % beanspruchen. Andere Aufteilungen der 20 % sind ebenfalls denkbar.

Üblich ist die volle Beanspruchung der 20 % bereits im Jahr der Anschaffung/Herstellung.

Zu beachten ist bei Abschreibungszeiträumen, die länger als 5 Jahre dauern, dass nach Ablauf des 5. Jahres die Abschreibung über den Restnutzungszeitraum neu zu bestimmen ist. Bei linearer AfA wird die weitere Abschreibung ab dem 6. Jahr dann wie folgt berechnet:

$$\text{AfA-Betrag} = \frac{\text{Restbuchwert (RBW) zum 31.12. des Jahres 5}}{\text{Restnutzungsdauer (RND)}}$$

Beispiel

Die Unternehmerin Svenja Krämer erwirbt im Januar 2020 für ihr Unternehmen eine Maschine für 50.000 € netto (= AK). Die Nutzungsdauer beträgt 10 Jahre. Die Abschreibung erfolgt linear.

Frau Krämer erfüllt die Voraussetzungen für die Inanspruchnahme der Sonderabschreibung nach § 7g Abs. 5 und 6 EStG. Sie nimmt die 20 % in 2020 in voller Höhe in Anspruch.

Die Abschreibung beträgt

für 2020:	planmäßig (10 % von 50.000 € =)	5.000 €
	Sonderabschreibung (20 % von 50.000 € =)	10.000 €
	gesamt	**15.000 €**
für 2021 bis 2024 jeweils 10 % von 50.000 €		**5.000 €**
für 2025 bis 2029 jeweils (RBW 15.000 € : 5 Jahre RND =)		**3.000 €**

Bei einer **Nutzungsdauer von 6 oder weniger Jahren und linearer Abschreibung** verkürzt sich der Abschreibungszeitraum durch die Inanspruchnahme der Sonderabschreibung.

Beispiel

Die Unternehmerin Tanja Masselter erwirbt im Januar 2020 für ihr Unternehmen eine Maschine für 40.000 €. Die Abschreibung erfolgt linear über eine betriebsgewöhnliche Nutzungsdauer von 5 Jahren.

Abschreibungsverlauf:

AK 2020	40.000 €
Abschreibung 2020 § 7 Abs. 1 EStG (40.000 € : 5 Jahre =)	8.000 €
Sonderabschreibung § 7g Abs. 5 EStG (40.000 € · 20 % =)	8.000 €
Restbuchwert 31.12.2020	24.000 €
Abschreibung 2021 § 7 Abs. 1 EStG	8.000 €
Restbuchwert 31.12.2021	16.000 €
Abschreibung 2022 § 7 Abs. 1 EStG	8.000 €
Restbuchwert 31.12.2022	8.000 €
Abschreibung 2023 § 7 Abs. 1 EStG	7.999 €
Restbuchwert 31.12.2023	**1 €**

Die Maschine ist bereits nach 4 Jahren vollständig abgeschrieben, obwohl der planmäßigen Abschreibung eine Nutzungsdauer von 5 Jahren zugrunde gelegt wurde.

3.4 Buchung

Die **Sonderabschreibung** nach § 7g Abs. 5 EStG ist zum 31.12. wie folgt zu buchen:

Sollkonto – SKR 03 (SKR 04)	**Betrag** (Euro)	**Habenkonto** – SKR 03 (SKR 04)
Sonderabschreibungen § 7g Abs. 5 EStG 4851 (6241)	Abschreibungsbetrag	Anlagenkonto

Beispiel

Fall wie in dem Beispiel zuvor (Unternehmerin Tanja Masselter).

Buchungen zum 31.12.2020:

Sollkonto – SKR 03 (SKR 04)	**Betrag** (Euro)	**Habenkonto** – SKR 03 (SKR 04)
Abschreibungen auf Sach. 4830 (6220)	8.000,00	Maschinen 0210 (0440)
Sonderabschr. § 7g Abs. 5 4851 (6241)	8.000,00	Maschinen 0210 (0440)

ACHTUNG

Die Sonderabschreibung nach § 7g Abs. 5 EStG ist **nur** für Zwecke der **steuerlichen** Gewinnermittlung zulässig. **Handelsrechtlich** muss **ohne Berücksichtigung der Sonderabschreibung** von den ursprünglichen AK/HK planmäßig abgeschrieben werden.

3.5 Zusammenfassendes Beispiel zu § 7g EStG

Sachverhalt

Rainer Böhm ist Inhaber einer Buchbinderei in Koblenz, die er in der Rechtsform einer Einzelunternehmung betreibt. Er ermittelt seinen Gewinn nach § 5 EStG und ist zum Vorsteuerabzug berechtigt.

Die Produktionskapazitäten (Maschinen zur Weiterverarbeitung von Drucksachen) sind Dank der konstanten Auftragslage ausgelastet. Um Produktionsengpässe zu vermeiden, plant Herr Böhm Ende 2020 für 2021 die Anschaffung einer neuen Sortier- und Falzmaschine. Die Lieferzeit beträgt 2 bis 3 Monate ab Bestellung.

Ihnen liegen bereits die folgenden Informationen vor:

- Preis der Sortier- und Falzmaschine ohne USt 41.500 €
- Lieferkosten (Spedition), netto 1.000 €
- Aufbau und Installation, netto 1.500 €
- Gewinn 2020 gem. § 5 EStG 132.000 €
- für 2020 sind keine weiteren Investitionen geplant
- Liefertermin: 15.02.2021
- geplante Nutzungsdauer: 8 Jahre, planmäßige Abschreibung: linear

Herr Böhm möchte seinen Gewinn aus Gewerbebetrieb durch die Anschaffung der Sortier- und Falzmaschine in den Jahren 2020 und 2021 steueroptimal verringern.

Lösung

- **Abzug des Investitionsabzugsbetrags in 2020**
  Da Herr Böhm für 2021 die Realisierung einer Investition plant, und er die Voraussetzungen nach § 7g Abs. 1 EStG erfüllt (Gewinn 2020 nicht über 200.000 €, geplante Anschaffung eines abnutzbaren beweglichen Gegenstands des Anlagevermögens, der in einer inländischen Betriebsstätte ausschließlich betrieblich genutzt werden soll), kann er 2020 einen Gewinn mindernden Investitionsabzugsbetrag in Höhe von 50 % der geplanten AK von seinem in der Buchführung ermittelten Gewinn abziehen.

  geplante AK:

Anschaffungspreis		41.500 €
Anschaffungsnebenkosten		
Lieferkosten	1.000 €	
Aufbau und Installation	1.500 €	2.500 €
		44.000 €

  Herr Böhm kann somit für 2020 nach § 7g Abs. 1 EStG einen Investitionsabzugsbetrag in Höhe von **bis zu 50 % von 44.000 € = 22.000 €** in Anspruch nehmen.

  Der Abzug erfolgt **außerhalb der handelsrechtlichen Buchführung**. Der Investitionsabzugsbetrag wird nach der handelsrechtlichen Gewinnermittlung abgezogen, um den steuerlichen Gewinn zu ermitteln.

- **Hinzurechnung des Investitionsabzugsbetrags in 2021**
  Im **Jahr der Anschaffung** kann der Gewinn um 50 % der AK der Sortier- und Falzmaschine – höchstens in Höhe des beanspruchten Investitionsabzugsbetrags – außerhalb der Buchführung für steuerliche Zwecke erhöht werden (vgl. § 7g Abs. 2 Satz 1 EStG).

  Herr Böhm kann den in der Buchführung für 2021 ermittelten Gewinn somit um **22.000 €** (50 % von 44.000 €) **erhöhen**, um den in 2020 gebildeten IAB wieder „auflösen" (zu neutralisieren).

- **Gewinn mindernde Kürzung der AK in 2021**
  Im Jahr der Anschaffung (hier 2021) dürfen die Anschaffungskosten in Höhe von **50 %** Gewinn mindernd gekürzt werden; **höchstens** jedoch in Höhe des für dieses Wirtschaftsgut **in Anspruch genommenen Investitionsabzugsbetrags** (vgl. § 7g Abs. 2 Satz 2 EStG).

  Die **Abschreibung** des Wirtschaftsguts erfolgt dann **von den verminderten AK**.

- **planmäßige Abschreibung 2021**
  Herr Böhm schreibt die Sortier- und Falzmaschine linear ab: 22.000 € (44.000 € minus Kürzung der AK in Höhe von 22.000 €) : 8 Jahre ND = 2.750 €/Kj.

  Davon 11/12 (Februar bis Dezember) = **2.521 €**.
- **Sonderabschreibung 2021**
  Nach § 7g Abs. 5 und 6 EStG kann Herr Böhm im Jahr der Anschaffung der Maschine **zusätzlich** zur planmäßigen Abschreibung **20 % der AK** abschreiben:

  20 % von 22.000 € (44.000 € - 22.000 € Kürzung der AK durch die außerplanmäßige Abschreibung) = **4.400 €**.
- **Buchungen 2021**

(1) Anschaffung und Bezahlung

Sollkonto – SKR 03 (SKR 04)		**Betrag** (Euro)	**Habenkonto** – SKR 03 (SKR 04)	
Maschinen	0210 (0440)	44.000,00	Verbindlichkeiten	1600 (3300)
Vorsteuer 19 %	1576 (1406)	8.360,00	Verbindlichkeiten	1600 (3300)
Verbindlichkeiten	1600 (3300)	52.360,00	Bank	1200 (1800)

(2) Kürzung der AK (§ 7g Abs. 2 Satz 2 EStG)

Kürzung der AK gem. § 7g Abs. 2	4853 (6243)	22.000,00	Maschinen	0210 (0440)

Außerhalb der Buchführung wird gleichzeitig der in Anspruch genommene Investitionsabzugsbetrag (hier 22.000 €) für die steuerliche Gewinnermittlung **dem Gewinn/ Verlust der Buchführung hinzugerechnet**.

(3) planmäßige steuerliche Abschreibung (§ 7 Abs. 1 EStG)

Abschreibungen Sachanl.	4830 (6220)	2.521,00	Maschinen	0210 (0440)

(4) Sonderabschreibung (§ 7g Abs. 5 EStG)

Sonderabschr.	4851 (6241)	4.400,00	Maschinen	0210 (0440)

Handelsrechtlich erfolgt die Abschreibung von den ursprünglichen AK:
44.000 € : 8 Jahre ND = 5.500 €;
davon $^{11}/_{12}$ (Februar - Dezember) = 5.041,67 €, gerundet **5.042 €**.

Die Abweichung zwischen der handels- und steuerrechtlichen Abschreibung kann dadurch berücksichtigt werden, dass zunächst handelsrechtlich abgeschrieben und gebucht und danach in einem zweiten Schritt außerhalb der Buchführung oder in einem zweiten Buchungsvorlauf steuerlich abgeschrieben wird.

Aufgabe 30 > Seite 255

4. Übertragung stiller Reserven nach R 6.6 EStR

4.1 Allgemeines

Durch bestimmte **Vorgänge höherer Gewalt** oder **behördlichen Eingriff** kann es zur **Aufdeckung stiller Reserven** kommen, die der Besteuerung unterliegen, wenn sie nicht kompensiert werden.

Beispiel

Der Unternehmer Christian Wiersch betreibt in Neuwied ein Großhandelsunternehmen für Sportartikel. Durch einen Blitzeinschlag wird die EDV-Anlage des Unternehmens komplett zerstört.

Von der Versicherung erhält Herr Wiersch für diesen Schaden die Versicherungssumme in Höhe von 25.000 €. Der Restbuchwert der EDV-Anlage (AK minus bisherige Abschreibungen) beträgt zum Zeitpunkt der Zerstörung 15.000 €.

Durch den Blitzeinschlag und die damit verbundene Versicherungsentschädigung werden stille Reserven in Höhe von 10.000 € aufgedeckt, die den Gewinn des Unternehmens erhöhen:

	Versicherungsentschädigung (Ertrag)	25.000 €
-	Restbuchwert Anlagenabgang (Aufwand)	15.000 €
=	**aufgedeckte stille Reserven (Gewinnerhöhung)**	**10.000 €**

Damit die Finanzmittel aus der Entschädigung für Zwecke der Ersatzbeschaffung in voller Höhe zur Verfügung stehen – also unbesteuert bleiben – gibt R 6.6 EStR den Steuerpflichtigen die Möglichkeit, die aufgedeckten stillen Reserven steuerneutral auf ein funktionsgleiches Ersatzwirtschaftsgut zu übertragen.

Dies geschieht dadurch, dass die **aufgedeckten stillen Reserven von den AK/HK des Ersatzwirtschaftsguts abgezogen** werden. Die steuerliche Abschreibung des Ersatzwirtschaftsguts erfolgt dann von den um die stillen Reserven verminderten AK/HK.

Beispiel

Der Unternehmer Christian Wiersch (siehe das Beispiel zuvor) kauft im selben Jahr eine neue EDV-Anlage, welche die zerstörte Anlage funktionsgleich ersetzt. Die AK der neuen Anlage betragen 28.000 € (netto). Die betriebsgewöhnliche Nutzungsdauer beträgt 5 Jahre.

Herr Wiersch überträgt die bei der Zerstörung der alten Anlage aufgedeckten stillen Reserven in Höhe von 10.000 € auf die neue Anlage, indem er die 10.000 € von den AK der neuen Anlage abzieht: 28.000 € - 10.000 € = 18.000 €.

Die steuerliche Abschreibung der neuen Anlage erfolgt dann von den verminderten AK in Höhe von 18.000 €.

ACHTUNG

Die Übertragung der aufgedeckten stillen Reserven auf ein Ersatzwirtschaftsgut ist nur für Zwecke der steuerlichen Gewinnermittlung zulässig. **Handelsrechtlich** muss **ohne Berücksichtigung der Übertragung** der stillen Reserven **von den ursprünglichen AK/HK** planmäßig abgeschrieben werden.

4.2 Voraussetzungen

Die Gewinnverwirklichung durch die unfreiwillige Aufdeckung stiller Reserven kann nach R 6.6 EStR nur unter folgenden Voraussetzungen vermieden werden:

- Ein **Wirtschaftsgut des Anlage- oder Umlaufvermögens**
- scheidet infolge **höherer Gewalt** oder infolge eines **behördlichen Eingriffs**
- gegen **Entschädigung** (z. B. Versicherungsleistung)
- **aus dem Betriebsvermögen** aus, und
- **innerhalb einer bestimmten Frist** (siehe hierzu R 6.6 Abs. 4 Sätze 3 - 5 EStR) wird
- ein **funktionsgleiches Wirtschaftsgut (Ersatzwirtschaftsgut)** angeschafft oder hergestellt,
- **auf dessen AK oder HK die aufgedeckten stillen Reserven übertragen werden**.

Weitere Voraussetzung ist, dass das Wirtschaftsgut wegen der Abweichung von der Handelsbilanz in ein besonderes laufend zu führendes Verzeichnis aufgenommen wird (§ 5 Abs. 1 Satz 2 EStG); siehe R 6.6 Abs. 1 Satz 2 Nr. 3 EStR.

Höhere Gewalt liegt vor, wenn das Wirtschaftsgut durch ein **Elementarereignis** wie z. B.

- Brand
- Sturm
- Feuer
- Blitzeinschlag
- Überschwemmung

oder durch ein **anderes unabwendbares Ereignis** wie z. B.

- Diebstahl
- unverschuldeter Unfall

aus dem Betriebsvermögen ausscheidet (vgl. H 6.6 Abs. 1 (Ersatzwirtschaftsgut) EStH 2019).

Fälle des **behördlichen Eingriffs** sind z. B. **Maßnahmen der Enteignung** für Straßenbau- oder Verteidigungszwecke (vgl. H 6.6 Abs. 1 (Ersatzwirtschaftsgut) EStH 2019).

Ein Ersatzwirtschaftsgut setzt nicht nur ein der Art nach funktionsgleiches Wirtschaftsgut voraus; es muss auch funktionsgleich genutzt werden (H 6.6 Abs. 1 (Ersatzwirtschaftsgut) EStH 2019).

4.3 Buchungen

Bei der Übertragung der aufgedeckten stillen Reserven muss in die folgenden zwei Fallkonstellationen unterschieden werden:

- Anschaffung/Herstellung des Ersatzwirtschaftsguts im **selben Jahr** oder
- Anschaffung/Herstellung des Ersatzwirtschaftsguts in einem **Folgejahr.**

Ersatzbeschaffung im selben Jahr
Wenn das Ersatzwirtschaftsgut **im Jahr der Aufdeckung der stillen Reserve angeschafft oder hergestellt** wird, kann die steuerliche Gewinnverwirklichung aus diesem Vorgang dadurch vermieden werden, dass die aufgedeckten stillen Reserven unmittelbar auf das Ersatzwirtschaftsgut übertragen werden.

Beispiel

Bei dem Unternehmer Hamit Dinler in Mülheim-Kärlich wird am 15.07.2020 eine Maschine durch Brand total zerstört. Herr Dinler erhält eine Versicherungsentschädigung in Höhe von 50.000 € durch Banküberweisung.

Zum 01.01.2020 beträgt der Buchwert der Maschine 40.000 €. Die planmäßige lineare jährliche Abschreibung beträgt 20.000 €.

Buchwertabgang der zerstörten Maschine:

Wert am 01.01.2020	40.000 €
zeitanteilige Abschreibung 2020: $^{6}/_{12}$ von 20.000 €	-10.000 €
Restbuchwert Anlagenabgang (sonstige betriebl. Aufwendungen)	**30.000 €**

Weil Herr Dinler eine Versicherungsentschädigung in Höhe von 50.000 € erhält, werden stille Reserven in Höhe von 20.000 € aufgedeckt (Versicherungsentschädigung - Restbuchwert).

Herr Dinler erwirbt im August 2020 ein funktionsgleiches Ersatzwirtschaftsgut für 100.000 € + 19.000 € USt gegen Banküberweisung. Er kann die aufgedeckte stille Reserve (20.000 €) auf das Ersatzwirtschaftsgut übertragen, indem er sie von den AK der neuen Maschine kürzt. Die ND der neuen Maschine beträgt 8 Jahre.

Buchungen 2020:

1. zeitanteilige Abschreibung und Anlagenabgang

Sollkonto – SKR 03 (SKR 04)		**Betrag** (Euro)	**Habenkonto** – SKR 03 (SKR 04)	
Abschreibungen auf Sach.	4830 (6220)	10.000,00	Maschinen	0210 (0440)
Restbuchwert Anlagenabg.	2315 (4855)	30.000,00	Maschinen	0210 (0440)

2. Versicherungsentschädigung

Sollkonto – SKR 03 (SKR 04)		**Betrag** (Euro)	**Habenkonto** – SKR 03 (SKR 04)	
Bank	1200 (1800)	50.000,00	Versicherungsentsch. (= sonst. betriebl. Erträge)	2742 (4970)

3. Anschaffung des Ersatzwirtschaftsguts

Sollkonto – SKR 03 (SKR 04)		**Betrag** (Euro)	**Habenkonto** – SKR 03 (SKR 04)	
Maschinen	0210 (0440)	100.000,00	Bank	1200 (1800)
Abziehbare VoSt 19 %	1576 (1406)	19.000,00	Bank	1200 (1800)

4. Übertragung der stillen Reserven auf das Ersatzwirtschaftsgut

Sollkonto – SKR 03 (SKR 04)		**Betrag** (Euro)	**Habenkonto** – SKR 03 (SKR 04)	
Versicherungsentsch. (= sonst. betriebl. Erträge)	2742 (4970)	20.000,00	Maschinen	0210 (0440)

ACHTUNG

Diese Buchung ist nur für steuerliche Zwecke zulässig. Handelsrechtlich müssen die ursprünglichen AK (= 100.000 €) ausgewiesen werden. Alternative Vorgehensweise: Keine Buchung der Übertragung der stillen Reserven; stattdessen Kürzung der AK außerhalb der Buchführung für steuerliche Zwecke.

Die steuerliche Abschreibung erfolgt von den gekürzten AK.

Die steuerliche AfA 2020 beträgt somit bei linearer Abschreibung: 80.000 € : 8 Jahre ND • $^{5}/_{12}$ (August - Dezember) = 4.166,67 €, gerundet 4.167 €.

Wird die Entschädigungsleistung nur **teilweise** für die Ersatzbeschaffung verwendet, so dürfen die aufgedeckten stillen Reserven nur **anteilig** auf das Ersatzwirtschaftsgut übertragen werden (siehe hierzu H 6.6 Abs. 3 (Mehrentschädigung) EStH).

Entschädigungsleistungen für Folgeschäden (z. B. für entgangenen Gewinn, Aufräumkosten, Umzugskosten usw.) sind **nicht** begünstigt. Diese sind **sofort** als **sonstige betriebliche Erträge** zu erfassen.

Ersatzbeschaffung in einem späteren Jahr
Wenn am Schluss des Wirtschaftsjahres, in dem das Wirtschaftsgut aus dem Betriebsvermögen ausgeschieden ist, noch keine Ersatzbeschaffung vorgenommen wurde, kann **in Höhe der aufgedeckten stillen Reserven** in der Steuerbilanz eine **steuerfreie Rücklage** gebildet werden, wenn zu diesem Zeitpunkt eine Ersatzbeschaffung ernstlich geplant und zu erwarten ist (R 6.6 Abs. 4 Satz 1 EStR).

Die **Rücklage für Ersatzbeschaffung (RfE)**, die für ein **bewegliches** Wirtschaftsgut gebildet wird, ist am **Schluss des ersten auf ihre Bildung folgenden Wirtschaftsjahres** Gewinn erhöhend aufzulösen, wenn das Ersatzwirtschaftsgut bis dahin weder angeschafft, hergestellt oder bestellt ist (R 6.6 Abs. 4 Satz 3 EStR).

Bei einem **Grundstück oder Gebäude** verlängert sich die Frist für die Ersatzbeschaffung auf **vier Jahre**, bei neu hergestellten Gebäuden auf **sechs Jahre** (vgl. R 6.6 Abs. 4 Satz 4 EStR).

Die zuvor genannte Frist kann angemessen verlängert werden, wenn der Steuerpflichtige glaubhaft macht, dass die Ersatzbeschaffung noch ernstlich geplant und zu erwarten ist, aber aus besonderen Gründen noch nicht durchgeführt werden konnte (R 6.6 Abs. 4 Sätze 5 - 6 EStR).

Beispiel

Fall wie in dem Beispiel zuvor (Unternehmer Hamit Dinler), jedoch mit dem Unterschied, dass die Ersatzbeschaffung (Maschine für 100.000 € + 19.000 € USt) erst am 02.02.2021 erfolgt. Die Versicherungsentschädigung in Höhe von 50.000 € erhält Herr Dinler wie in dem Beispiel zuvor im Juli 2020 durch Banküberweisung.

Buchungen 2020:

1. zeitanteilige Abschreibung und Anlagenabgang

Sollkonto – SKR 03 (SKR 04)	**Betrag** (Euro)	**Habenkonto** – SKR 03 (SKR 04)
Abschreibungen auf Sachanl. 4830 (6220)	10.000,00	Maschinen 0210 (0440)
Restbuchwert Anlagenabg. 2315 (4855)	30.000,00	Maschinen 0210 (0440)

2. Versicherungsentschädigung

Sollkonto – SKR 03 (SKR 04)	**Betrag** (Euro)	**Habenkonto** – SKR 03 (SKR 04)
Bank 1200 (1800)	50.000,00	Versicherungsentsch. 2742 (4970) (= sonst. betriebl. Erträge)

3. Bildung der RfE

Sollkonto – SKR 03 (SKR 04)		**Betrag** (Euro)	**Habenkonto** – SKR 03 (SKR 04)	
Einstellung in die RfE R 6.6 (sonst. betriebl. Aufw.)	2344 (6928)	20.000,00	RfE gem. R 6.6 EStR	0932 (2982)

Beachte:
Diese Buchung ist **nur für steuerliche Zwecke zulässig**. Handelsrechtlich wurde die Möglichkeit der Bildung eines Sonderpostens mit Rücklageanteil (SoPo) durch das Bilanzrechtsmodernisierungsgesetz abgeschafft.

Jahreswechsel

Buchungen 2021:

1. Anschaffung des Ersatzwirtschaftsguts

Sollkonto – SKR 03 (SKR 04)		**Betrag** (Euro)	**Habenkonto** – SKR 03 (SKR 04)	
Maschinen	0210 (0440)	100.000,00	Bank	1200 (1800)
Abziehbare VoSt 19 %	1576 (1406)	19.000,00	Bank	1200 (1800)

2. Übertragung der stillen Reserven auf das Ersatzwirtschaftsgut

Sollkonto – SKR 03 (SKR 04)		**Betrag** (Euro)	**Habenkonto** – SKR 03 (SKR 04)	
RfE gem. R 6.6 EStR	0932 (2982)	20.000,00	Maschinen	0210 (0440)

Beachte:
Diese Buchung ist **nur für steuerliche Zwecke zulässig**. Handelsrechtlich müssen die ursprünglichen AK (= 100.000 €) ausgewiesen werden. Alternative Vorgehensweise: Keine Buchung der Übertragung der stillen Reserven; stattdessen Kürzung der AK außerhalb der Buchführung für steuerliche Zwecke. Die steuerliche Abschreibung erfolgt von den gekürzten AK.

Die steuerliche AfA 2021 beträgt bei linearer Abschreibung somit: 80.000 € : 8 Jahre · $^{11}/_{12}$ (Februar - Dezember) = 9.166,67 €, gerundet 9.167 €.

Aufgabe 31 > Seite 255

F. Bewertungen und Buchungen im Umlaufvermögen

1. Begriffliche Abgrenzung

Zum **Umlaufvermögen** gehören diejenigen Vermögensgegenstände, die dazu bestimmt sind, dem Geschäftsbetrieb **vorübergehend** (kurzfristig) zu dienen. Nach R 6.1 Abs. 2 EStR gehören hierzu u. a. diejenigen Wirtschaftsgüter, die

- zur Veräußerung
- zur Verarbeitung oder
- zum Verbrauch

angeschafft oder hergestellt worden sind, also **Roh-, Hilfs-** und **Betriebsstoffe, Erzeugnisse** und **Waren**.

Es handelt sich also um Vermögensgegenstände, die vom Betrieb **verbraucht oder verkauft** werden sollen.

Weiterhin gehören **kurzfristige Forderungen** (beispielsweise Forderungen aus Lieferungen und Leistungen), **bestimmte Wertpapiere, kurzfristige Bankguthaben, Schecks** und der **Kassenbestand** zum Umlaufvermögen (vgl. § 266 Abs. 2 HGB).

Entscheidend für die Zuordnung zum **Anlage- oder Umlaufvermögen** ist die **Zweckbestimmung** des Vermögensgegenstandes (vgl. *Bussiek/Ehrmann*, S. 93; *Bolin/Stephani/Wyrwa/Grefe*, S. 94 f.).

Zum **Umlaufvermögen** gehören nach § 266 Abs. 2 HGB:

I. Vorräte:
1. Roh-, Hilfs- und Betriebsstoffe
2. unfertige Erzeugnisse, unfertige Leistungen
3. fertige Erzeugnisse und Waren
4. geleistete Anzahlungen

II. Forderungen und sonstige Vermögensgegenstände:
1. Forderungen aus Lieferungen und Leistungen
2. Forderungen gegen verbundene Unternehmen
3. Forderungen gegen Unternehmen, mit denen ein Beteiligungsverhältnis besteht
4. sonstige Vermögensgegenstände

III. Wertpapiere:
1. Anteile an verbundenen Unternehmen
2. sonstige Wertpapiere

IV. Kassenbestand, Bundesbankguthaben, Guthaben bei Kreditinstituten und Schecks.

Beispiel

Ein Pkw gehört im Normalfall zum Anlagevermögen, weil er dauerhaft für den Betrieb genutzt werden soll. Bei einem Pkw-Händler gehört ein Pkw jedoch zum Umlaufvermögen, wenn er im Rahmen des Pkw-Handels zum Verkauf bestimmt ist. Er ist dann der Position Vorräte zuzuordnen.

2. Zugangs- und Folgebewertung

2.1 Zugangsbewertung

Erworbene Vermögensgegenstände sind mit ihren **Anschaffungskosten, selbst hergestellte** Vermögensgegenstände mit ihren **Herstellungskosten** zu erfassen (vgl. § 253 Abs. 1 Satz 1 HGB und § 6 Abs. 1 Nr. 2 Satz 1 EStG). Zur Ermittlung der Anschaffungs-/Herstellungskosten siehe S. 72 ff. und S. 75 ff.

2.2 Folgebewertung

Zu den der Anschaffung oder Herstellung nachfolgenden **Bilanzstichtagen** sind die vorhandenen Vermögensgegenstände **neu zu bewerten (Folgebewertung)**.

Die zum Bilanzstichtag vorhandenen Vermögensgegenstände des Umlaufvermögens sind **grundsätzlich** mit ihrem **bisherigen Wert** anzusetzen (Fortführung der AK/HK), weil bei Gegenständen des Umlaufvermögens – im Gegensatz zu abnutzbaren Gegenständen des Anlagevermögens – **keine planmäßigen Abschreibungen** vorgenommen werden (vgl. *Bolin/Stephani/Wyrwa/Grefe*, S. 97).

Abschreibung auf den niedrigeren Zeitwert
Sollte jedoch die Situation vorliegen, dass der **Marktwert** zwischenzeitlich **unter den vorhandenen Buchwert gesunken** ist, dann ist nach **§ 253 Abs. 4 HGB** eine **Abschreibung auf den niedrigeren beizulegenden Zeitwert** zwingend vorzunehmen (sog. **strenges Niederstwertprinzip**).

Beispiel

Der buchführungspflichtige Gewerbetreibende Christian Lorenz kauft im Juli 2020 eine Palette der Ware A für 1.000 € netto (= AK). In der zweiten Jahreshälfte tritt ein Preisverfall dieser Ware ein. Herr Lorenz hat die eingekaufte Ware A am 31.12.2020 noch im Lager. Die Wiederbeschaffungskosten der Ware A betragen zum 31.12.2020 nur noch 800 € netto.

Herr Lorenz muss die Ware A in der Bilanz zum 31.12.2020 mit 800 € ausweisen. Er muss den Wert des Warenbestandes somit um 200 € vermindern (abschreiben).

Steuerlich dürfen Abschreibungen auf den niedrigeren Teilwert nur vorgenommen werden, wenn eine **dauerhafte** Wertminderung vorliegt. „Dauerhaft“ ist eine Wertminderung im Umlaufvermögen nach der Auffassung des Bundesfinanzministeriums dann, wenn sie **bis zum Tag der Aufstellung des Jahresabschlusses oder dem davor liegenden Zeitpunkt des Verkaufs oder Verbrauchs** anhält (vgl. BMF-Schreiben vom 02.09.2016, Rz. 16).

Beispiel

Fall wie in dem Beispiel zuvor. Herr Lorenz erstellt den Jahresabschluss für 2020 im Juni 2021.

Wenn die Wertminderung der Ware A bis zu diesem Zeitpunkt (Juni 2021) anhält, darf Herr Lorenz die steuerliche Teilwertabschreibung in Höhe von 200 € zum 31.12.2020 vornehmen.

Buchung der Wertminderung:

Sollkonto – SKR 03 (SKR 04)		**Betrag** (Euro)	**Habenkonto** – SKR 03 (SKR 04)	
Bestandsveränd. Waren	3950 (5881)	200,00	Bestand Waren	3980 (1140)

Sollte sich der Wert hingegen zwischenzeitlich wieder erholen, ist die steuerliche Teilwertabschreibung zum 31.12.2020 nur bis zu dem Wert zulässig, der bis zum Tag der Jahresabschlusserstellung oder dem davor liegenden Zeitpunkt des Verkaufs der Ware anhält.

Aufgabe 32 > Seite 256

Unter dem **„beizulegenden Zeitwert“** ist der **Marktpreis** zu verstehen. Gemeint ist aber nicht der Marktpreis im engen Sinn, sondern die **fiktiven Wiederbeschaffungskosten** im Zeitpunkt der Bewertung.

Der für **Waren, Roh-, Hilfs- und Betriebsstoffe** als Vergleichswert zugrunde zu legende beizulegende Zeitwert ist grundsätzlich wie folgt zu ermitteln (vgl. *Bolin/Stephani/Wyrwa/Grefe*, S. 98):

	Wiederbeschaffungspreis (Netto-Marktpreis zum Zeitpunkt der Bewertung)
+	Anschaffungsnebenkosten (z. B. Fracht, Versicherung)
-	Abschläge für Wertminderungen und eingeschränkte Verwertbarkeit
=	**beschaffungsmarktbezogener Wert**

Alternativ ist der **aus dem Verkaufspreis abgeleitete Marktpreis** zugrunde zu legen, sofern dieser niedriger ist. Er kommt insbesondere für **Überbestände** an Roh-, Hilfs-, Betriebsstoffen und Waren, für **Wertpapiere** und für **nicht fremdbeziehbare** fertige und unfertige Erzeugnisse in Betracht:

	voraussichtlicher Veräußerungspreis (netto)
-	Erlösminderungen
-	noch anfallende Aufwendungen (z. B. Verwaltungs-, Vertriebs- und Verpackungskosten, Ausgangsfrachten etc.)
=	**absatzmarktbezogener Wert**

Der durchschnittliche Unternehmergewinn, der in den Verkaufspreis einkalkuliert ist, wird handelsrechtlich nicht aus dem Verkaufspreis herausgerechnet (vgl. *Korth*, S. 223).

Nach R 6.8 EStR ist der absatzmarktbezogene Wert als Vergleichswert ebenfalls für eine **Teilwertabschreibung** zulässig, wenn Wirtschaftsgüter des Vorratsvermögens, die zum Absatz bestimmt sind, durch Lagerung, Änderung des modischen Geschmacks oder aus anderen Gründen im Wert gemindert sind (vgl. R. 6.8 Abs. 2 EStR). Im Regelfall ist der **niedrigere Teilwert** dann **der folgende Wert**:

	voraussichtlicher Veräußerungspreis (netto)
-	durchschnittlicher Rohgewinnaufschlag
=	**absatzmarktbezogener Teilwert**

Aufgabe 33 > Seite 256

Wenn für ein bestimmtes Gut **kein aktiver Marktpreis** ermittelt werden kann, ist der beizulegende Zeitwert mithilfe allgemein anerkannter Bewertungsmethoden zu bestimmen (vgl. § 255 Abs. 4 Satz 2 HGB). Hierfür kommt beispielsweise das **„marktorientierte Vergleichsverfahren“** in Betracht, bei dem ersatzweise auf einen zeitnahen **Marktpreis eines gleichen oder sehr ähnlichen Objekts** zurückgegriffen wird (vgl. *Theile*, S. 112 f.).

Wertaufholung
Wenn sich der Wert eines auf den niedrigeren Zeitwert abgeschriebenen Vermögensgegenstandes nach dem Bilanzstichtag wieder „erholt", ist sowohl handels- als auch steuerrechtlich zwingend eine Zuschreibung auf den gestiegenen Wert vorzunehmen (vgl. § 253 Abs. 5 Satz 1 HGB und § 6 Abs. 1 Nr. 2 letzter Satz EStG); sog. **striktes Wertaufholungsgebot**.

Beispiel

Der buchführungspflichtige Gewerbetreibende Florian Hoffmann kauft im Juli 2020 eine Palette der Ware B für 2.000 € netto (= AK). In der zweiten Jahreshälfte tritt ein Preisverfall dieser Ware ein. Herr Hoffmann hat die eingekaufte Ware B am 31.12.2020 noch im Lager (mengenmäßig unverändert). Die Wiederbeschaffungskosten der Ware B betragen zum 31.12.2020 nur noch 1.500 € netto.

Herr Hoffmann muss die Ware B in der Bilanz zum 31.12.2020 mit 1.500 € ausweisen (vgl. § 253 Abs. 4 HGB). Der Wert des Warenbestandes B muss somit um 500 € vermindert werden.

Buchung der Wertminderung zum 31.12.2020:

Sollkonto – SKR 03 (SKR 04)	**Betrag** (Euro)	**Habenkonto** – SKR 03 (SKR 04)
Bestandsveränd. Waren 3950 (5881)	500,00	Bestand Waren 3980 (1140)

Zum 31.12.2021 liegt die Ware B mengenmäßig unverändert noch im Lager. Der Einkaufspreis ist zwischenzeitlich wieder gestiegen und hat den ursprünglichen Preis sogar überschritten. Die Wiederbeschaffungskosten der Ware B betragen zum 31.12.2021 nun 2.200 €.

Zum 31.12.2021 ist handels- und steuerrechtlich eine Zuschreibung (Werterhöhung) bis zu den ursprünglichen AK vorzunehmen (§ 253 Abs. 5 Satz 1 HGB und § 6 Abs. 1 Nr. 2 letzter Satz EStG). Eine Überschreitung der ursprünglichen (historischen) AK ist nicht zulässig (vgl. § 253 Abs. 1 Satz 1 HGB).

Buchung der Wertaufholung (Zuschreibung) zum 31.12.2021:

Sollkonto – SKR 03 (SKR 04)	**Betrag** (Euro)	**Habenkonto** – SKR 03 (SKR 04)
Bestand Waren 3980 (1140)	500,00	Bestandsveränd. Waren 3950 (5881)

Die **handelsrechtliche Bewertungskonzeption für das Umlaufvermögen** ist nachfolgend im Überblick zusammengefasst:

- **Zugangsbewertung** zu AK (bei Anschaffung) oder HK (bei eigener Herstellung) nach § 253 Abs. 1 Satz 1 i. V. mit § 255 HGB)
- **keine** planmäßige Abschreibung (weil keine zeitlich begrenzte Nutzung)
- **zwingende** außerplanmäßige Abschreibung bei Wertminderung nach § 253 Abs. 4 HGB und
- **zwingende** Zuschreibung bei Werterholung (§ 253 Abs. 5 Satz 1 HGB).

Aufgabe 34 > Seite 257

3. Vorräte

3.1 Grundsatz der Einzelbewertung

Vermögensgegenstände und Schulden sind nach § 252 Abs. 1 Nr. 3 HGB zum Abschlussstichtag **einzeln zu bewerten** (Grundsatz der Einzelbewertung). Dieser Bewertungsgrundsatz gilt auch für die Bewertung der Vorräte.

Der Grundsatz der Einzelbewertung erweist sich aber bei der Bewertung der Vorräte in der Praxis oftmals schwierig und unwirtschaftlich.

Beispiel

Der buchführungspflichtige Handwerksmeister Karl Thunert e. K. hat in seinem Lager zum 31.12. (= Abschlussstichtag) mehrere zehntausend Schrauben verschiedener Größe und Güte.

Herrn Thunert kann wohl kaum zugemutet werden, jede Schraube einzeln zu bewerten.

Aus diesem Grund erlaubt der Gesetzgeber für den Bereich des Vorratsvermögens unter bestimmten Voraussetzungen Bewertungsvereinfachungen.

3.2 Bewertungsvereinfachungen

Als vereinfachte Bewertungsverfahren kommen insbesondere in Betracht (vgl. *Bolin/Stephani/Wyrwa/Grefe*, S. 99 ff.):

- Festbewertung (§ 240 Abs. 3 HGB)
- Gruppenbewertung (§ 240 Abs. 4 HGB)
- Verbrauchsfolgeverfahren (§ 256 Satz 1 HGB).

3.2.1 Festbewertung

Roh-, Hilfs- und Betriebsstoffe dürfen nach § 240 Abs. 3 HGB mit einem **unveränderten Festwert** angesetzt werden, wenn die folgenden **Voraussetzungen** erfüllt sind:

- Die verbrauchten Vermögensgegenstände werden **regelmäßig ersetzt**
- der Bestand unterliegt in seiner Größe, seinem Wert und seiner Zusammensetzung **nur geringen Veränderungen** und
- der Gesamtwert der mit dem Festwert angesetzten Vermögensgegenstände ist **für das Unternehmen von nachrangiger Bedeutung**.

Der Festbewertung liegt die Annahme zugrunde, dass sich der Verbrauch und die Zugänge für eine gewisse Zeit entsprechen. Aus diesem Grund erlaubt der Gesetzgeber bei Erfüllung der vorgenannten Voraussetzungen eine Bilanzierung mit gleichbleibender Menge und gleichbleibendem Wert.

Der regelmäßige **Ersatz der verbrauchten Teile** wird sofort in voller Höhe aufwandswirksam erfasst (z. B. auf dem Konto „**Aufwendungen für Roh-, Hilfs- und Betriebsstoffe** 3000 (5000)“).

Die Festbewertung ist bei Erfüllung der genannten Voraussetzungen auch **steuerlich zulässig**. In der Regel ist allerdings **alle drei Jahre eine körperliche Bestandsaufnahme** durchzuführen (siehe BMF-Schreiben vom 08.03.1993 BStBl I S. 276, abgedruckt im Anhang 9 II des Amtlichen Einkommensteuer-Handbuchs 2019).

3.2.2 Gruppenbewertung

Zur Erleichterung der Bewertung dürfen **gleichartige** Vermögensgegenstände des Vorratsvermögens jeweils **zu einer Gruppe zusammengefasst** und **mit dem gewogenen Durchschnittswert angesetzt** werden (vgl. § 240 Abs. 4 HGB und R 6.8 Abs. 4 EStR).

„Gleichartig“ bedeutet nicht völlige Gleichheit, sondern **„artgleich“**, z. B. Schränke oder Stühle in bestimmten Formen und Größen, oder **„funktionsgleich“**, z. B. Nägel, Schrauben oder Transportbehälter aus unterschiedlichem Material (vgl. *Bolin/Stephani/Wyrwa/Grefe*, S. 100).

Darüber hinaus wird eine **annähernde Gleichwertigkeit** der Gegenstände (**Preisunterschied bis zu 20 %** zwischen dem höchsten und niedrigsten Preis in einer Gruppe) verlangt (vgl. *Bolin/Stephani/Wyrwa/Grefe*, S. 100).

Zur Definition des Begriffs „gleichartig“ siehe auch R 6.9 Abs. 3 Sätze 2 - 4 EStR.

Das in der Praxis gebräuchlichste Verfahren der Gruppenbewertung ist die **Durchschnittsbewertung**, die als

- gewogener periodischer Durchschnitt oder
- gleitender (permanenter) Durchschnitt

durchgeführt werden kann.

Beim **gewogenen periodischen Durchschnitt** erfolgt die Durchschnittspreisermittlung nur **einmal jährlich** zum Bilanzstichtag mithilfe der folgenden Formel:

$$\text{gewogener Durchschnittspreis} = \frac{\text{Wert des Anfangsbestands} + \text{Wert der Zugänge der Periode}}{\text{Menge des Anfangsbestands} + \text{Menge der Zugänge der Periode}}$$

Der so ermittelte Durchschnittspreis wird für die Bewertung der Abgänge und des Schlussbestandes verwendet.

Beispiel

Der buchführungspflichtige Einzelhändler Hubertus Bialas bewertet den zum 31.12.2020 im Lager vorhandenen Warenbestand. Bei der Bewertung der zum Verkauf bestimmten Leuchtmittel entscheidet er sich für die Anwendung der Durchschnittsmethode.

Für die 8 Watt-Birnen liegen ihm die folgenden Daten vor:

Anfangsbestand am 01.01.2020:	100 Stück à 2,10 € (AK netto) =	210 €
Zugang im Mai 2020:	100 Stück à 2,30 € (AK netto) =	230 €
Zugang im Juli 2020:	200 Stück à 2,00 € (AK netto) =	400 €
Zugang im Oktober 2020:	150 Stück à 2,20 € (AK netto) =	330 €
	550 Stück	**1.170 €**

Durchschnittswert = 1.170 € : 550 Stück = 2,127 €/Stück

Schlussbestand lt. Inventur zum 31.12.2020: 120 Stück

Der Wert des Schlussbestands beträgt dann: 120 Stück · 2,127 €/Stück = **255,24 €**

Gegenüber dem Anfangsbestand liegt zum 31.12.2020 somit eine Werterhöhung von 45,24 € vor, die sich aus dem höheren mengenmäßigen Bestand und einem höheren Durchschnittswert zusammensetzt.

Buchung der Wertanpassung zum 31.12.2020:

Sollkonto – SKR 03 (SKR 04)	**Betrag** (Euro)	**Habenkonto** – SKR 03 (SKR 04)
Bestand Waren 3980 (1140)	45,24	Bestandsveränd. Waren 3950 (5881)

Aufgabe 35 > Seite 257

Beim **gleitenden Durchschnitt** wird **nach jedem Zugang ein neuer Durchschnittspreis** ermittelt, aus dem dann jeweils der Wert der Abgänge und der Wert des Schlussbestands berechnet wird. Voraussetzung für diese Vorgehensweise ist, dass sämtliche Abgänge mengenmäßig erfasst werden.

Beispiel

Der buchführungspflichtige Einzelhändler Hubertus Bialas bewertet die in seinem Lager liegenden zum Verkauf bestimmten LCD-Monitore zum 31.12.2020 mithilfe der gleitenden Durchschnittsmethode.

Für die LCD-Monitore liegen ihm die folgenden Daten vor:

Anfangsbestand am 01.01.2020: 100 Stück à 100 € (AK netto)
Abgang im Februar 2020: 50 Stück
Abgang im März und April 2020 zusammen: 30 Stück
Zugang im Mai 2020: 100 Stück à 120 € (AK netto)
Zugang im Juli 2020: 200 Stück à 110 € (AK netto)
Abgang im August 2020: 150 Stück
Abgang im November 2020: 80 Stück
Schlussbestand zum 31.12.2020: 90 Stück

Berechnung:

Vorgang	Menge	Preis/Einheit (€)	Wert (€)
AB	100	100,00	10.000,00
- Abgang 02/20	50	100,00	5.000,00
- Abgang 03/20, 04/20	30	100,00	3.000,00
Zwischenwert	20	100,00	2.000,00
+ Zugang 05/20	100	120,00	12.000,00
Zwischenwert	120	116,67	14.000,00
+ Zugang 07/20	200	110,00	22.000,00
Zwischenwert	320	112,50	36.000,00
- Abgang 08/20	150	112,50	16.875,00
- Abgang 11/20	80	112,50	9.000,00
= Schlussbestand	90	112,50	10.125,00

Gegenüber dem Anfangsbestand liegt zum 31.12.2020 somit eine Werterhöhung von 125 € vor, die aus einem höheren Durchschnittswert zum Ende des Jahres resultiert (gestiegene Einkaufspreise).

Buchung der Wertanpassung zum 31.12.2020:

Sollkonto – SKR 03 (SKR 04)		**Betrag** (Euro)	**Habenkonto** – SKR 03 (SKR 04)	
Bestand Waren	3980 (1140)	125,00	Bestandsveränd. Waren	3950 (5881)

3.2.3 Verbrauchsfolgeverfahren

Für **gleichartige** Vermögensgegenstände des Vorratsvermögens dürfen die Anschaffungs- oder Herstellungskosten gem. § 256 HGB auch **nach den nachfolgenden Verbrauchs- oder Veräußerungsfolgen** ermittelt werden, sofern dies den Grundsätzen ordnungsmäßiger Buchführung entspricht.

3.2.3.1 Lifo-Verfahren („last-in-first-out")

Bei diesem Verfahren wird unterstellt, dass die **zuletzt eingekauften** („last-in") **zuerst wieder verkauft oder verbraucht** („first-out") werden. Diese Verbrauchsfolge kommt beispielsweise dann zu Stande, wenn Zugänge in einem Regal oder Lager zuvorderst eingeräumt werden und Abgänge „von vorn nach hinten" erfolgen.

Der jeweilige **Bestand** setzt sich somit aus dem **(historischen) Anfangsbestand und den in dem Betrachtungsjahr zuerst eingekauften Gegenständen**, die nicht verkauft oder verbraucht wurden, zusammen.

Beispiel

Anfangsbestand am 01.01.2020:	100 Stück à 100 € (AK netto)
Zugang im Mai 2020:	100 Stück à 120 € (AK netto)
Zugang im Juli 2020:	100 Stück à 110 € (AK netto)
Abgänge 2020:	180 Stück
Schlussbestand zum 31.12.2020:	120 Stück

Der Schlussbestand setzt sich wie folgt zusammen:

100 Stück à 100 € (Anfangsbestand) =	10.000 €
20 Stück à 120 € (aus dem Zugang Mai 2020) =	2.400 €
	12.400 €

Das **Lifo-Verfahren** ist auch **für steuerliche Zwecke zulässig** (vgl. § 6 Abs 1 Nr. 2a EStG und R 6.9 EStR).

Bei leicht verderblicher Ware ist das Lifo-Verfahren **nicht zulässig**, weil es dann nicht dem betrieblichen Geschehensablauf und somit nicht den Grundsätzen ordnungsmäßiger Buchführung entspricht (vgl. R 6.9 Abs. 2 Satz 2 EStR).

Aufgabe 36 > Seite 258

3.2.3.2 Fifo-Verfahren („first-in-first-out")

Bei diesem Verfahren wird unterstellt, dass die **zuerst eingekauften** („first-in") **zuerst wieder verkauft oder verbraucht** („first-out") werden. Diese Verbrauchsfolge kommt beispielsweise dann zu Stande, wenn Zugänge in einem Regal oder Lager jeweils „hinten" eingeräumt werden und Abgänge „von vorn nach hinten" erfolgen.

Der jeweilige **Bestand** setzt sich somit aus den **letzten Zugängen**, die noch nicht verkauft oder verbraucht wurden, zusammen, weil unterstellt wird, dass die jeweils ältesten Bestände zuerst verkauft oder verbraucht werden.

Beispiel

Anfangsbestand am 01.01.2020:	100 Stück à 100 € (AK netto)
Zugang im Mai 2020:	100 Stück à 120 € (AK netto)
Zugang im Juli 2020:	100 Stück à 110 € (AK netto)
Abgänge 2020:	180 Stück
Schlussbestand zum 31.12.2020:	120 Stück

Der Schlussbestand setzt sich wie folgt zusammen:

100 Stück à 110 € (Zugang Juli 2020) =	11.000 €
20 Stück à 120 € (aus dem Zugang Mai 2020) =	2.400 €
	13.400 €

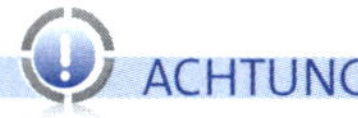
ACHTUNG

Das **Fifo-Verfahren** ist für **steuerliche Zwecke nicht zulässig** (vgl. R 6.9 Abs. 1 EStR).

Aufgabe 37 > Seite 258

Übersicht Bewertungsvereinfachungsverfahren

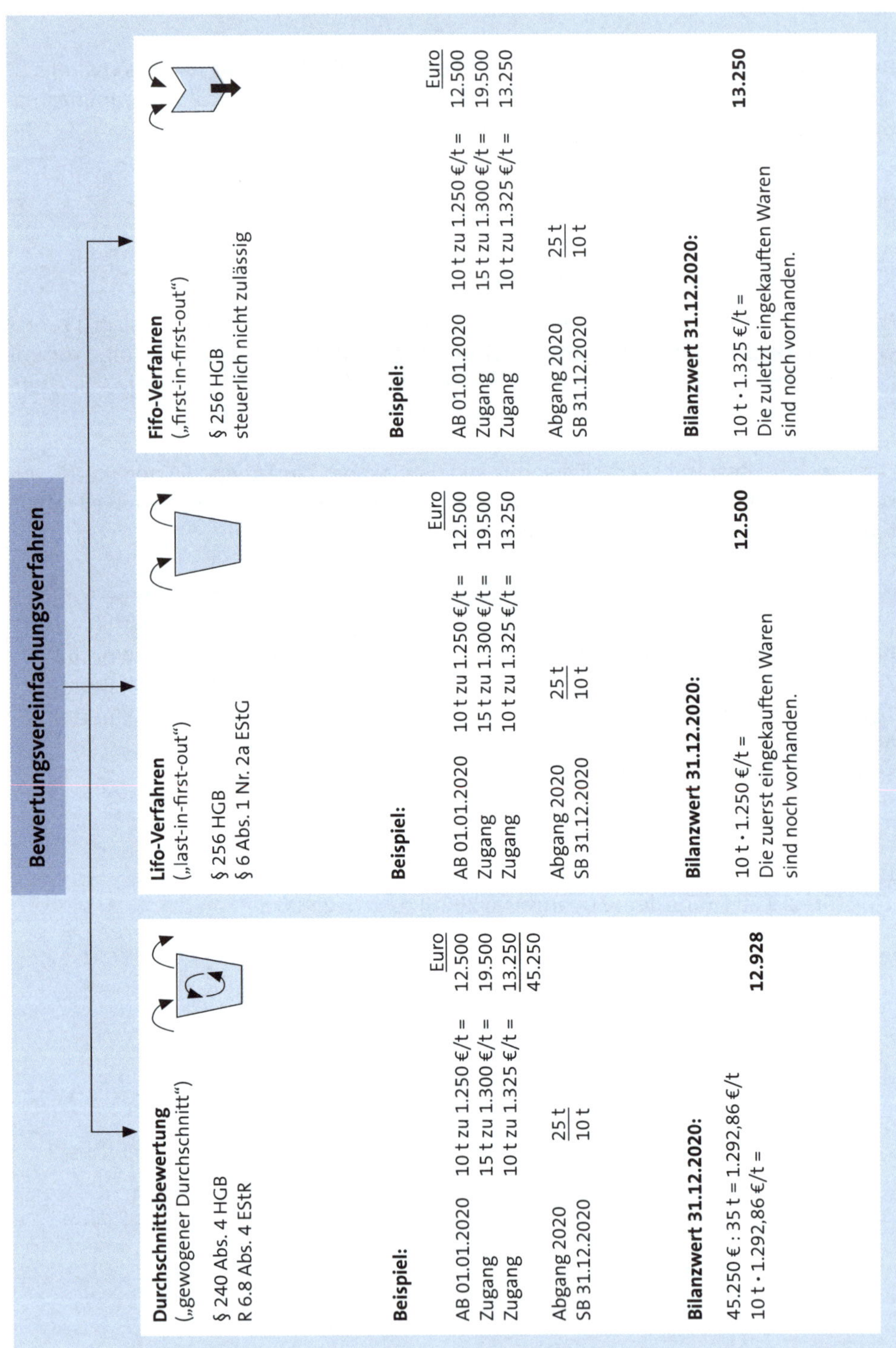

4. Wertpapiere

4.1 Bewertung nach HGB

Wertpapiere sind zunächst mit ihren **Anschaffungskosten** zu erfassen (vgl. § 253 Abs. 1 Satz 1 HGB). Diese setzen sich i. d. R. aus dem Kaufpreis (bei börsennotierten Wertpapieren: Kurswert) und den darauf entfallenden Nebenkosten (z. B. Maklergebühr und andere Erwerbsnebenkosten) zusammen.

Beispiel

Der Gewerbetreibende Friedhelm Kurz kauft im Oktober 2020 zur kurzfristigen Anlage betrieblicher Finanzmittel 100 Aktien über seine Bank. Der Kaufpreis beträgt 100 • 49 € (Kurswert) = 4.900 €. An Börsen-/Maklergebühren fallen 73,50 € an. Der Gesamtbetrag wird dem Bankkonto von Herrn Kurz belastet. Herr Kurz ordnet die Aktien seinem Betriebsvermögen zu.

Die Anschaffungskosten betragen:

	100 • 49 € =	4.900,00 €
+	Erwerbsnebenkosten (1,5 %)	73,50 €
=	**AK**	**4.973,50 €**

Buchung:

Sollkonto – SKR 03 (SKR 04)		**Betrag** (Euro)	**Habenkonto** – SKR 03 (SKR 04)	
Sonstige Wertpapiere	1349 (1530)	4.973,50	Bank	1200 (1800)

Zu jedem der Anschaffung oder Herstellung nachfolgenden **Bilanzstichtag** sind die vorhandenen Wertpapiere **neu zu bewerten (Folgebewertung)**. Sie sind dann **grundsätzlich** mit ihrem **bisherigen Wert** anzusetzen (Fortführung der AK), weil bei Gegenständen des Umlaufvermögens – im Gegensatz zu abnutzbaren Gegenständen des Anlagevermögens – **keine planmäßigen Abschreibungen** vorgenommen werden (vgl. *Bolin/Stephani/Wyrwa/Grefe*, S. 97).

Sollte jedoch die Situation vorliegen, dass der **Marktwert** zwischenzeitlich **unter den vorhandenen Buchwert gesunken** ist, dann ist nach **§ 253 Abs. 4 HGB** eine **Abschreibung auf den niedrigeren beizulegenden Zeitwert zwingend** vorzunehmen.

Für Abschreibungen, die auf **Wertpapiere des Umlaufvermögens** vorgenommen werden, stehen u. a. die folgenden Konten zur Verfügung:

- Abschreibungen auf Wertpapiere des Umlaufvermögens **4875 (7210)**
- Abschreibungen auf Wertpapiere des Umlaufvermögens, die dem Teileinkünfteverfahren unterliegen (§§ 3 Nr. 40, 3c EStG/§ 8b KStG) **4876 (7214)**

Beispiel

Die Aktien von Herrn Kurz (siehe Beispiel zuvor) sind zum 31.12.2020 zu bewerten. Es liegen die folgenden Informationen vor:

- Kurswert/Aktie am 31.12.2020 — 45,00 €
- Kurswert/Aktie am 15.03.2021 (Tag des Verkaufs der Aktien) — 44,50 €

AK		4.973,50 €
Wert 31.12.2020:		
100 • 45 € =	4.500,00 €	
+ 1,5 % ANK =	67,50 €	
Zeitwert 31.12.2020	4.567,50 €	- 4.567,50 €
Abschreibung 31.12.2020		**406,00 €**

Buchung:

Sollkonto – SKR 03 (SKR 04)	**Betrag** (Euro)	**Habenkonto** – SKR 03 (SKR 04)
Abschreib. Wertpapiere UV 4876 (7214)	406,00	Sonstige Wertpapiere 1349 (1530)

4.2 Steuerliche Besonderheiten

Dauerhafte Wertminderung

Bei Wertpapieren des UV ist **steuerlich** zu beachten, dass Abschreibungen auf den niedrigeren Teilwert aufgrund von Kursschwankungen (z. B. bei börsennotierten Aktien) nur dann zulässig sind, **wenn** der **Kursverlust** am Bilanzstichtag im Vergleich zum Erwerb **mehr als 5 %** beträgt (vgl. BMF-Schreiben vom 02.09.2016, Rz. 17 ff.).

Bei dem oben dargestellten Beispiel ist für steuerliche Zwecke eine Teilwertabschreibung **zulässig**, weil die Wertminderung 8,16 % beträgt (406 € : 4.973,50 € • 100 = 8,16 %).

Wertveränderungen nach dem Bilanzstichtag (sogenannte „wertbeeinflussende Tatsachen") sind – im Gegensatz zu anderen Gegenständen des UV – für die Beurteilung der Zulässigkeit einer Teilwertabschreibung **nicht** zu berücksichtigen (vgl. BMF-Schreiben vom 02.09.2016, Rz. 19).

Bei **bereits zuvor bilanzierten** börsennotierten Wertpapieren muss die Wertminderung **mehr als 5 % des Wertes am vorangegangenen Bilanzstichtag** betragen, damit eine Teilwertabschreibung zulässig ist (vgl. 02.09.2016, Rz. 17).

Bei Wertpapieren, die **Beteiligungen an Kapitalgesellschaften** sind (**Aktien, GmbH-Anteile**) gilt seit dem 01.01.2009 das **„Teileinkünfteverfahren"** (§ 3 Nr. 40 und § 3c Abs. 2 EStG). Dies bedeutet, dass **40 %** der Erträge und Veräußerungsgewinne **steuerfrei** sind, gleichzeitig aber auch nur 60 % der Verluste und Betriebsausgaben, die mit diesen Wertpapieren in Zusammenhang stehen, abziehbar sind.

Im Beispiel zuvor (Abschreibung in Höhe von 406 €) müssen 40 % davon (= 162,40 €) außerhalb der Buchführung dem handelsrechtlichen Ergebnis für steuerliche Zwecke wieder hinzugerechnet werden.

Geringfügige Wertminderung
Wenn der Kursverlust nicht mehr als 5 % beträgt, dann ist eine Abschreibung auf den niedrigeren Teilwert zum Bilanzstichtag steuerlich **unzulässig**. In diesem Fall ist handelsrechtlich eine Abschreibung auf den niedrigeren Zeitwert vorzunehmen (strenges Niederstwertprinzip!); diese ist dann für steuerliche Zwecke dem Ergebnis der Handelsbilanz wieder hinzuzurechnen.

Beispiel

Die Aktien von Herrn Kurz (siehe Beispiel zuvor) sind zum 31.12.2020 zu bewerten. Es liegen nun alternativ die folgenden Informationen vor:

- Kurswert/Aktie am 31.12.2020 47,00 €
- Kurswert/Aktie am 15.03.2021 (Tag des Verkaufs der Aktien) **48,00 €**

AK		4.973,50 €
Wert 31.12.2020:		
100 · 47 € =	4.700,00 €	
+ 1,5 % ANK =	70,50 €	
Zeitwert 31.12.2020	4.770,50 €	- 4.770,50 €
Abschreibung 31.12.2020		**203,00 €**

Buchung:

Sollkonto – SKR 03 (SKR 04)	**Betrag** (Euro)	**Habenkonto** – SKR 03 (SKR 04)
Abschreib. Wertpapiere UV 4875 (7210)	203,00	Sonstige Wertpapiere 1349 (1530)

Die vorgenommene Abschreibung auf den niedrigeren Zeitwert zum 31.12.2020 ist **steuerlich nicht** erlaubt, weil die Wertminderung nicht mehr als 5 % beträgt (hier beträgt sie 4,08 %: 203 € : 4.973,50 € • 100 = 4,08 %). Die im handelsrechtlichen Abschluss zwingend vorgenommene Abschreibung ist **für steuerliche Zwecke wieder rückgängig zu machen**.

Aufgabe 38 > Seite 258

5. Forderungen

5.1 Begriff und Entstehung

Forderungen sind **Ansprüche gegenüber Dritten auf Zahlung von Geld** oder auf Erbringung von Sach- oder Dienstleistungen. Bei zweiseitig verpflichtenden Austauschverträgen haben sie ihre **Rechtsgrundlage** in dem entsprechenden Vertrag (z. B. Kauf-, Miet-, Dienst- oder Werkvertrag). Die vertraglich begründete Forderung entsteht i. d. R. aufgrund erbrachter Leistungen. Sie stellt damit die vertraglich vereinbarte **Gegenleistung** dar.

Forderungen können auch durch gesetzliche Tatbestandsverwirklichungen (z. B. unerlaubte Handlung gem. § 823 BGB) entstehen; diese bleiben hier jedoch außer Betracht. **Forderungen aus Lieferungen und Leistungen** (Forderungen aus LuL) sind die **aus dem laufenden Liefer- und Leistungsverkehr** resultierenden Ansprüche auf Geldzahlungen. Sie sind zu erfassen, so bald die vertraglich vereinbarte **Lieferung erfolgt** oder **Leistung erbracht** ist (ggf. auch Teillieferung oder Teilleistung).

Beispiel

Ein Warenverkauf erfolgt zum 28.12.2020. Der Wert der Lieferung beträgt laut Kaufvertrag 5.100 € netto.

Wegen umfangreicher Inventurarbeiten erfolgt die Rechnungsausstellung erst am 10.01.2021 (Rechnungsdatum).

Weil die vertragliche Leistung bereits am 28.12.2020 erfüllt wird, entsteht die Forderung in Höhe von 5.100 € + 969 € = 6.069 € bereits im Dezember 2020; sie ist deshalb in der Buchführung mit dem Datum 28.12.2020 zu erfassen. Das Datum der Rechnungsausstellung ist für das Entstehen der Forderung bedeutungslos.

Die Umsatzsteuer entsteht auch bereits mit Ablauf des Monats Dezember 2020, weil die Lieferung bereits am 28.12.2020 ausgeführt wird (§§ 3 Abs. 1 und 13 Abs. 1 Nr. 1 Buchstabe a UStG).

5.2 Bilanzausweis

Forderungen aus LuL sind Forderungen, die aus der **Haupttätigkeit des Unternehmens** hervorgehen (z. B. bei einem Elektrofachhandel der Verkauf von Elektroartikeln, Zubehör und ergänzenden Produkten).

Weil die Forderungen aus LuL dazu bestimmt sind, dem Unternehmen nur **kurzfristig** zu dienen, sind sie im **Umlaufvermögen** in der namensgleichen Position **„Forderungen aus Lieferungen und Leistungen"** (§ 266 Abs. 2 B. II. 1. HGB) auszuweisen.

Forderungen, die **nicht** in engem Zusammenhang mit dem Geschäftszweck des Unternehmens stehen (z. B. Forderungen gegenüber dem Finanzamt aus Steuerüberzahlungen oder gegenüber Versicherungen), sind in der Position **„B. II. 4. sonstige Vermögensgegenstände"** zu erfassen (vgl. *Korth*, S. 226).

5.3 Einteilung hinsichtlich der Bonität

Forderungen werden in der Buchführung (nicht in der Bilanz!) **hinsichtlich ihrer Einbringlichkeit** bzw. Güte (Bonität) üblicherweise in die folgenden **drei Kategorien** eingeteilt:

- einwandfreie Forderungen
- zweifelhafte Forderungen
- uneinbringliche Forderungen.

Einwandfreie Forderungen
Bei diesen Forderungen gibt es keinen Anhaltspunkt dafür, dass deren Einbringlichkeit gefährdet ist. **Es kann davon ausgegangen werden, dass sie in voller Höhe beglichen werden.** Dies ist insbesondere dann der Fall, wenn an zahlungskräftige Kunden geliefert oder geleistet wurde, zu denen seit geraumer Zeit „gute" Geschäftsbeziehungen bestehen.

Zweifelhafte Forderungen
Forderungen, **bei denen Zweifel an der vollständigen Einbringlichkeit bestehen** (z. B. weil die Schuldner wirtschaftliche Schwierigkeiten haben) und deshalb damit zu rechnen ist, dass ein Teil nicht eintreibbar sein wird, sollten aus Gründen der Übersichtlichkeit in der Buchführung von den einwandfreien Forderungen getrennt ausgewiesen werden.

Beispiel

Die Forderung der Firma „Elektronikgroßhandel e. K.“ gegenüber dem Kunden Jettinger in Höhe von 71.400 € (brutto 19 % USt) ist zweifelhaft, weil Herr Jettinger wirtschaftliche Schwierigkeiten hat. Sie sollte deshalb auf das Konto „Zweifelhafte Forderungen 1460 (1240)“ umgebucht werden:

Buchung bei der Firma „Elektronikgroßhandel e. K.“:

Sollkonto – SKR 03 (SKR 04)	**Betrag** (Euro)	**Habenkonto** – SKR 03 (SKR 04)
Zweifelhafte Forderungen 1460 (1240)	71.400,00	Forderungen a. LuL 1400 (1200)

Zweifelhaft sind Forderungen beispielsweise in den folgenden Situationen:

- der Schuldner wurde bereits **erfolglos gemahnt** und gegen ihn wurden deshalb Zwangsmaßnahmen eingeleitet
- der Schuldner **bestreitet die Berechtigung oder die Höhe der Forderung**
- der Schuldner **gibt bekannt, dass er Zahlungsschwierigkeiten hat** und deshalb nur einen Teil der Forderung begleichen kann (Angebot eines außergerichtlichen Vergleichs).

Uneinbringliche Forderungen
Bei uneinbringlichen Forderungen steht fest, dass sie **mit Sicherheit ausfallen**, d. h. der erwartete Zahlungseingang nicht stattfinden wird.

In diesem Fall ist der **Nettobetrag** der Forderung **abzuschreiben** und die **Umsatzsteuer** hierzu zu **berichtigen**.

Uneinbringlichkeit liegt beispielsweise in den folgenden Situationen vor (vgl. *Bilke/Heining/Mann*, S. 346, *Kotz*, S. 440):

- die **Zwangsvollstreckung** gegen den Schuldner verläuft **fruchtlos**
- das **Insolvenzverfahren** wird beim Schuldner **mangels Masse nicht eröffnet**
- der Schuldner gibt eine **eidesstattliche Versicherung** ab („völlige Vermögenslosigkeit“)
- der Schuldner ist **unauffindbar** (unbekannt verzogen)
- der Schuldner ist **vermögenslos verstorben**
- die Forderung ist verjährt und der Schuldner macht die **Einrede der Verjährung** berechtigt geltend.

Es ist auch denkbar, dass ein **Teil einer Forderung sicher ausfällt** und der **andere Teil einbringlich** ist (z. B. im Rahmen der Vereinbarung eines außergerichtlichen Vergleichs zwischen dem Schuldner und dem Gläubiger). In diesem Fall ist die Forderung bis zum Zeitpunkt des Teil-Zahlungseingangs **zweifelhaft**. Ab dem Zahlungseingang wird der **ausfallende Teil** bilanziell und umsatzsteuerlich **wie eine uneinbringliche Forderung** behandelt.

5.4 Umsatzsteuerliche Aspekte

5.4.1 Entstehung der Umsatzsteuer

Bei Steuerpflichtigen, die bei der Umsatzsteuer nach „**vereinbarten** Entgelten" (§ 16 Abs. 1 Satz 1 UStG) besteuert werden (= Normalfall bei buchführungspflichtigen Unternehmern), entsteht die Umsatzsteuer mit **Ablauf des Voranmeldungszeitraums**, in dem die **Leistungen ausgeführt** worden sind (§ 13 Abs. 1 Nr. 1 UStG).

Bei Monatszahlern ist dies jeweils der letzte Tag eines Kalendermonats, bei Vierteljahreszahlern der letzte Tag eines Kalendervierteljahres.

Somit hat der Leistende gegen den Leistungsempfänger neben der vertraglich vereinbarten Nettoforderung per Gesetz eine Forderung in Höhe des entstandenen Umsatzsteuerbetrags.

Da der Gläubiger die **entstandene USt dem Finanzamt schuldet**, muss er zeitgleich eine **sonstige Verbindlichkeit** in Höhe der USt auf dem **Verbindlichkeitskonto „Umsatzsteuer 1770 (3800)"** erfassen.

5.4.2 Berichtigung der Umsatzsteuer

Wenn eine Forderung **uneinbringlich** ist, dann ist die in ihr enthaltene **Umsatzsteuer zu berichtigen** (§ 17 Abs. 1 Satz 1 UStG). Durch die Berichtigung erlischt die Umsatzsteuerschuld aus dieser Forderung gegenüber dem Finanzamt. Die **sonstige Verbindlichkeit** auf dem **Konto „Umsatzsteuer 1770 (3800)"** verringert sich entsprechend durch eine **Sollbuchung** auf diesem Konto.

Sofern keine USt-Schuld mehr gegenüber dem Finanzamt besteht, erfolgt eine Erfassung als „sonstige Forderung".

Fällt ein **Teil** einer Forderung sicher aus (z. B. die Hälfte aufgrund eines außergerichtlichen Vergleichs), dann ist **die auf den ausfallenden Teil entfallende USt** entsprechend **zu berichtigen**.

Die **Berichtigung** ist **in dem Voranmeldungszeitraum** durchzuführen, **in dem der Ausfall** (= die Änderung der Bemessungsgrundlage) **eingetreten** ist (§ 17 Abs. 1 Sätze 1 und 7 UStG).

Beispiel

Die Forderung des Elektronikgroßhandel e. K. gegenüber dem Kunden Förster in Höhe von 11.900 € (brutto 19 % USt) ist durch die Beantragung und Ablehnung des Insolvenzverfahrens im November 2020 uneinbringlich geworden.

Die in der Bruttoforderung (11.900 €) enthaltene USt (1.900 €) ist für den Monat November 2020 zu berichtigen (Sollbuchung auf dem Konto „Umsatzsteuer 1770 (3800)“).

Die USt-Zahllast 11/2020 der Firma „Elektronikgroßhandel e. K.“ vermindert sich somit um 1.900 €.

Uneinbringlichkeit liegt nach Abschn. 17.1 Abs. 5 UStAE z. B. vor, wenn

- der Schuldner **zahlungsunfähig** ist
- der Schuldner das Bestehen des vereinbarten Entgelts **begründet bestreitet**
- über das Vermögen des Schuldners das **Insolvenzverfahren eröffnet** wird.

Allgemein ausgedrückt liegt **Uneinbringlichkeit** mit der **Pflicht zur Umsatzsteuerberichtigung** dann vor, wenn bei objektiver Betrachtung damit zu rechnen ist, das der Gläubiger die Forderung gegen den Schuldner auf absehbare Zeit ganz oder teilweise nicht durchsetzen kann (vgl. Abschn. 17.1 Abs. 5 Satz 2 UStAE).

5.5 Bewertung der Forderungen

5.5.1 Erstbewertung

Forderungen sind grundsätzlich mit ihren **Anschaffungskosten** anzusetzen (vgl. § 253 Abs. 1 HGB und § 6 Abs. 1 Nr. 2 EStG).

Die Anschaffungskosten werden durch den **vereinbarten Kaufpreis** und die auf diesen entfallende USt bestimmt. Die **Bruttoforderung** (Nettobetrag + USt) stellt die **Anschaffungskosten** der Forderung dar.

5.5.2 Folgebewertung bei Wertminderungen

Zu späteren Zeitpunkten (nach der Erfassung der Forderung in der Buchführung) gelten für Forderungen aus LuL die Regelungen für die **Bewertung des Umlaufvermögens** und hierbei insbesondere das **strenge Niederstwertprinzip** gem. § 253 Abs. 4 HGB.

Somit ist eine Wertkorrektur **zwingend** vorzunehmen, wenn der Wert einer Forderung aus irgendeinem Grund **niedriger** als der Buchwert ist. Es liegt somit eine **Pflicht zur Abschreibung auf den niedrigeren Wert** vor.

Beispiel

Die Forderung des „Elektronikgroßhandel e. K." gegenüber dem Kunden Jettinger in Höhe von netto 60.000 € wurde bereits mit 10.000 € wertberichtigt.

Es ist jedoch zu erwarten, dass der Ausfall netto 30.000 € betragen wird. Somit ist eine weitere Wertberichtigung (Abschreibung) in Höhe von 20.000 € erforderlich.

Ausschlaggebend für die handelsrechtliche Bewertung sind die **tatsächlichen Verhältnisse am Abschlussstichtag** (z. B. 31.12.). Später eintretende Wertbeeinflussungen bleiben hierbei unberücksichtigt.

Beispiel

Die Forderung des „Elektronikgroßhandel e. K." gegenüber der Firma „Wüst e. K." in Höhe von brutto 1.190 € ist zum 31.12.2020 noch offen. Zu diesem Zeitpunkt liegen keine Anhaltspunkte dafür vor, dass die Firma „Wüst e. K." Zahlungsschwierigkeiten hat.

Im Februar 2021 geht bei der Firma „Elektronikgroßhandel e. K" ein Schreiben der Firma „Wüst e. K." ein, dass aufgrund wirtschaftlicher Schwierigkeiten, die im Januar durch die Insolvenz des umsatzstärksten Kunden der Firma „Wüst e. K." entstanden sind, ein außergerichtlicher Vergleich mit einer Quote von 50 % angestrebt wird.

Die Berichtigung der Forderung aus 2020 erfolgt bei der Firma „Elektronikgroßhandel e. K." somit im Februar 2021. Zum 31.12.2020 wird die Forderung mit 1.190 € bilanziert, weil sie zu diesem Zeitpunkt einwandfrei war.

Steuerrechtlich ist die **Abschreibung auf den niedrigeren Teilwert nur dann** zulässig, wenn eine **dauerhafte Wertminderung** vorliegt (vgl. § 6 Abs. 1 Nr. 2 EStG). **Dauerhaft** ist eine Wertminderung im Sinne dieser Vorschrift dann, wenn sie mindestens **bis zum Zeitpunkt der Bilanzaufstellung oder der davor liegenden Erfüllung** bzw. dem davor liegenden Zeitpunkt des Erlöschens anhält (siehe hierzu Rz. 16 des BMF-Schreibens vom 02.09.2016, abgedruckt im Amtlichen Einkommensteuer-Handbuch 2019, Anhang 9 VI).

5.5.3 Einzelbewertung

5.5.3.1 Grundsatz

Für Forderungen aus LuL gilt – wie für alle Vermögensgegenstände und Schulden – grundsätzlich die **Pflicht zur Einzelbewertung** (§ 252 Abs. 1 Nr. 3 HGB). Jede Forderung ist also zum Bilanzstichtag **einzeln** auf deren Werthaltigkeit zu überprüfen.

Konkret bedeutet dies, dass die Debitorenliste durchgesehen und bei jeder Forderung die **Frage** gestellt werden muss, ob der zu ihr gehörende Zahlungseingang weitgehend **termingerecht** und **in voller Höhe** zu erwarten ist.

Da bei einer großen Zahl von Forderungen jedoch eine Einzelbewertung nahezu unmöglich ist, sind **Gruppenbildungen** (z. B. nach dem Stand des Mahnverfahrens) möglich.

Höherwertige Forderungen sind aber auf jeden Fall **einzeln** zu bewerten.

Beispiel

Die Forderung gegenüber dem Kunden Förster ist verloren, weil das gegen ihn beantragte Insolvenzverfahren mangels Masse nicht eröffnet wurde.

Diese Forderung ist somit auf den Wert Null zu berichtigen.

Hinsichtlich der **Abschreibung im Rahmen der Einzelbewertung** ist zwischen den folgenden zwei Formen zu unterscheiden:

- direkte Abschreibung
- indirekte Abschreibung (= Einzelwertberichtigung).

5.5.3.2 Direkte Abschreibung

Die direkte Abschreibung kommt dann zur Anwendung, wenn der Forderungsausfall **feststeht**.

Der **Nettobetrag des Ausfalls** wird als **sonstiger betrieblicher Aufwand** auf dem Konto „**Forderungsverluste übliche Höhe** 2400 (6930)“ bzw. einem spezielleren Unterkonto hierzu im **Soll** erfasst. Die **Gegenbuchung** erfolgt **direkt** auf dem Konto „**Forderungen aus LuL** 1400 (1200)“ im **Haben** (= Verminderung des Forderungsbestandes um den Abschreibungsbetrag).

Die auf den Abschreibungsbetrag entfallende **Umsatzsteuer** ist entsprechend zu berichtigen. Die **Sollbuchung** erfolgt demnach **auf dem Umsatzsteuerkonto** (z. B. „Umsatzsteuer 1770 (3800)" bzw. einem spezielleren Unterkonto hierzu). Die **Gegenbuchung** erfolgt erneut **direkt** auf dem Konto „Forderungen aus LuL 1400 (1200)" im **Haben** (= Verminderung des Forderungsbestandes um den berichtigten Umsatzsteuerbetrag).

Beispiel

Die Forderung gegen den Kunden Müller in Höhe von 1.190 € (brutto 19 % USt) aus dem Jahr 2020 fällt wegen der Insolvenz und völligen Vermögenslosigkeit des Herrn Müller komplett aus.

Die direkte Abschreibung mit der Umsatzsteuerberichtigung wird dann wie folgt vorgenommen:

Buchung zum Zeitpunkt des Ausfalls:

Sollkonto – SKR 03 (SKR 04)	**Betrag** (Euro)	**Habenkonto** – SKR 03 (SKR 04)
Forderungsverl. übl. Höhe 2400 (6930)	1.000,00	Forderungen a. LuL 1400 (1200)
Umsatzsteuer 19 % 1776 (3806)	190,00	Forderungen a. LuL 1400 (1200)

Durch diese Buchung werden die **sonstigen betrieblichen Aufwendungen** in der GuV um **1.000 € erhöht**. Außerdem wird die **USt-Verbindlichkeit** gegenüber dem Finanzamt um **190 € vermindert**. Der Bestand der Forderungen aus LuL vermindert sich gleichzeitig um **1.190 €**.

5.5.3.3 Erträge aus bereits abgeschriebenen Forderungen

Für den Fall, dass eine Forderung eingetrieben werden kann, obwohl sie bereits vollständig oder teilweise abgeschrieben wurde (der Zahlungseingang ist höher als der Buchwert der Forderung), ist der **Nettoertrag** auf dem **Erfolgskonto** „Erträge aus abgeschriebenen Forderungen 2732 (4925)" im **Haben** zu erfassen.

Die auf diesen Betrag entfallende **Umsatzsteuer** ist – sofern sie zuvor bereits berichtigt wurde – **erneut im Haben zu erfassen**. Hierfür stehen u. a. die folgenden Konten zur Verfügung (sowie die jeweiligen Unterkonten):

- Umsatzsteuer **1770 (3800)**
- Umsatzsteuer Vorjahr **1790 (3841)**
- Umsatzsteuer frühere Jahre **1791 (3845)**

Beispiel

Auf die bereits vollständig abgeschriebene Forderung gegenüber dem Kunden Müller (siehe Beispiel zuvor) gehen im Februar 2021 wider Erwarten 595 € auf dem Bankkonto ein.

Buchung zum Zeitpunkt des Zahlungseingangs:

Sollkonto – SKR 03 (SKR 04)	**Betrag** (Euro)	**Habenkonto** – SKR 03 (SKR 04)
Bank 1200 (1800)	500,00	Erträge aus abgeschr. Ford. 2732 (4925)
Bank 1200 (1800)	95,00	USt Vorjahr 1790 (3841)

Aufgabe 39 > Seite 259

5.5.3.4 Indirekte Abschreibung

Die indirekte Abschreibung kommt üblicherweise dann zur Anwendung, wenn der Forderungsausfall **noch nicht endgültig** feststeht, sondern nur auf einer sachgerechten **Schätzung** beruht.

Der **Nettobetrag des Ausfalls** wird als **sonstiger betrieblicher Aufwand** im **Soll** auf dem Konto „**Einstellung in die Einzelwertberichtigung zu Forderungen** 2451 (6923)" gebucht.

Die Gegenbuchung erfolgt nun - im Gegensatz zur direkten Abschreibung - **nicht** direkt auf dem Konto „Forderungen aus LuL 1400 (1200)", sondern im **Haben** auf dem **passiven Bestandskonto** „Einzelwertberichtigungen (EWB) auf Forderungen **0998 (1246)**".

Die indirekte Forderungsabschreibung (= Einzelwertberichtigung) wird somit durch den folgenden Buchungssatz abgebildet:

Sollkonto – SKR 03 (SKR 04)	**Betrag** (Euro)	**Habenkonto** – SKR 03 (SKR 04)
Einstellung in die EWB auf Forderungen 2451 (6923)	Nettobetrag der Wertberichtigung	EWB auf Forderungen 0998 (1246)

ACHTUNG

Die auf die Wertberichtigung entfallende **Umsatzsteuer** darf grundsätzlich noch **nicht korrigiert** werden, weil nicht feststeht, wann und in welcher Höhe der Ausfall stattfindet.

Ausnahme: Im Fall der Insolvenzeröffnung über das Vermögen des Schuldners wird die Umsatzsteuer unabhänging von der zu erwartenden Insolvenzquote in voller Höhe berichtigt (vgl. Abschn. 17.1 Abs. 16 Sätze 1 - 2 UStAE).

Beispiel

Die Forderung gegen den Kunden Maier in Höhe von 2.856 € (brutto 19 % USt) aus dem Jahr 2019 fällt wegen Zahlungsschwierigkeiten des Herrn Maier vermutlich (sachgerechte Schätzung) zu ⅓ aus.

Im **ersten Schritt** wird die Forderung als „Zweifelhafte Forderung" erfasst:

Sollkonto – SKR 03 (SKR 04)	**Betrag** (Euro)	**Habenkonto** – SKR 03 (SKR 04)
Zweifelhafte Forderungen 1460 (1240)	2.856,00	Forderungen a. LuL 1400 (1200)

Im **zweiten Schritt** wird die **indirekte** Abschreibung wie folgt vorgenommen (⅓ des Nettobetrags der Forderung):

Sollkonto – SKR 03 (SKR 04)	**Betrag** (Euro)	**Habenkonto** – SKR 03 (SKR 04)
Einstellung in die EWB 2451 (6923)	800,00	EWB auf Forderungen 0998 (1246)

Der Ausweis von Wertberichtigungen ist in der Bilanz nicht zulässig (Umkehrschluss aus § 253 Abs. 1 Satz 1 HGB). Deshalb ist der Wert der Einzelwertberichtigungen, also der Bestand des Kontos „EWB 0998 (1246)" für den Jahresabschluss mit dem Bestand der Forderungen aus Lieferungen und Leistungen zu **saldieren**. Der hieraus ermittelte **Saldo** wird dann auf der Aktivseite der Bilanz als **Forderungen aus Lieferungen und Leistungen** ausgewiesen. Die Forderung aus dem vorangegangenen Beispiel wird somit in Höhe von **2.056 €** (2.856 € - 800 € EWB) ausgewiesen.

In der Buchführung werden Einzelwertberichtigungen so lange weitergeführt (als **Haben-Bestand** auf dem Konto **„EWB 0998 (1246)"**), bis feststeht, in welcher Höhe die Forderungen tatsächlich einbringlich sind. Erst dann werden die passiven Wertberichtigungen aufgelöst.

Beispiel

Die Forderung gegen den Kunden Maier in Höhe von 2.856 € (siehe Beispiel zuvor) ist tatsächlich nur noch zu 50 % einbringlich (die andere Hälfte fällt sicher aus).

Der Kunde Maier überweist 1.428 € (= 50 %). Die andere Hälfte wird ihm vereinbarungsgemäß erlassen.

Zunächst ist der **Zahlungseingang** zu erfassen:

Sollkonto – SKR 03 (SKR 04)		**Betrag** (Euro)	**Habenkonto** – SKR 03 (SKR 04)	
Bank	1200 (1800)	1.428,00	Zweifelhafte Ford.	1460 (1240)

Im nächsten Schritt ist die **bestehende EWB** zu dieser Forderung aufzulösen:

Sollkonto – SKR 03 (SKR 04)		**Betrag** (Euro)	**Habenkonto** – SKR 03 (SKR 04)	
EWB auf Ford.	0998 (1246)	800,00	Zweifelhafte Ford.	1460 (1240)

Die **Umsatzsteuer**, die auf den Ausfall entfällt, ist zu **berichtigen**:
1.428 € Ausfall : 1,19 · 19 % = 228 €

Sollkonto – SKR 03 (SKR 04)		**Betrag** (Euro)	**Habenkonto** – SKR 03 (SKR 04)	
Umsatzsteuer 19 %	1776 (3806)	228,00	Zweifelhafte Ford.	1460 (1240)

Im letzten Schritt ist der bisher **nicht erfasste Ausfall direkt abzuschreiben**:

Bruttoforderung	2.856 €
- Zahlungseingang	1.428 €
= Bruttoausfall	1.428 €
- berichtigte USt	228 €
= Nettoausfall	1.200 €
- bereits wertberichtigt	800 €
= noch abzuschreiben	**400 €**

Sollkonto – SKR 03 (SKR 04)		**Betrag** (Euro)	**Habenkonto** – SKR 03 (SKR 04)	
Forderungsverl. übl. Höhe	2400 (6930)	400,00	Zweifelhafte Ford.	1460 (1240)

Es ist auch denkbar, dass die **Ausfallquote zu hoch geschätzt** wurde; der Ausfall ist also tatsächlich nicht so hoch wie er prognostiziert wurde. In diesem Fall entsteht bei der Auflösung der EWB ein **Ertrag aus bereits abgeschriebenen Forderungen**.

Beispiel

Die Forderung gegen den Kunden Maier in Höhe von 2.856 € (siehe Beispiel zuvor) ist tatsächlich noch zu 80 % einbringlich (20 % fallen sicher aus).

Der Kunde Maier überweist 2.284,80 € (= 80 %). Die anderen 20 % werden ihm vereinbarungsgemäß erlassen.

Zunächst ist der **Zahlungseingang** zu erfassen:

Sollkonto – SKR 03 (SKR 04)		**Betrag** (Euro)	**Habenkonto** – SKR 03 (SKR 04)	
Bank	1200 (1800)	2.284,80	Zweifelhafte Ford.	1460 (1240)

Im nächsten Schritt ist die **bestehende EWB** zu dieser Forderung **aufzulösen**:

Sollkonto – SKR 03 (SKR 04)		**Betrag** (Euro)	**Habenkonto** – SKR 03 (SKR 04)	
EWB auf Ford.	0998 (1246)	800,00	Zweifelhafte Ford.	1460 (1240)

Die **Umsatzsteuer**, die auf den Ausfall entfällt, ist zu **berichtigen**:

571,20 € Ausfall : 1,19 · 19 % = 91,20 €

Sollkonto – SKR 03 (SKR 04)		**Betrag** (Euro)	**Habenkonto** – SKR 03 (SKR 04)	
Umsatzsteuer 19 %	1776 (3806)	91,20	Zweifelhafte Ford.	1460 (1240)

Im letzten Schritt ist die bisher **zu hoch erfasste Abschreibung als Ertrag zu buchen**:

	Bruttoforderung	2.856,00 €
-	Zahlungseingang	2.284,80 €
=	Bruttoausfall	571,20 €
-	berichtigte USt	91,20 €
=	Nettoausfall	480,00 €
-	bereits wertberichtigt	800,00 €
=	Ertrag aus abgeschriebener Forderung	**320,00 €**

Sollkonto – SKR 03 (SKR 04)		**Betrag** (Euro)	**Habenkonto** – SKR 03 (SKR 04)	
Zweifelhafte Ford.	1460 (1240)	320,00	Erträge aus abgeschr. Ford.	2732 (4925)

Aufgabe 40 > Seite 259

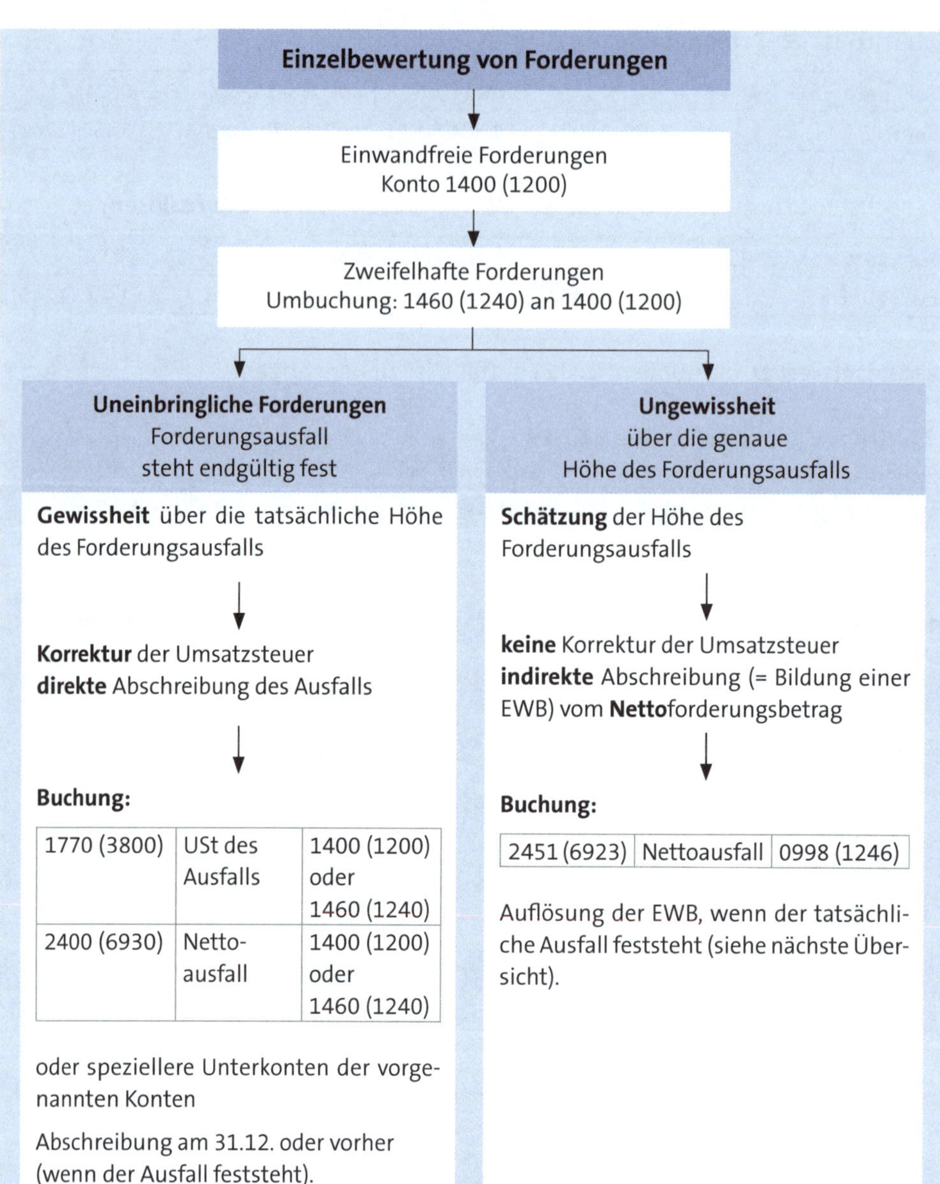

Einzelbewertung von Forderungen

Einwandfreie Forderungen
Konto 1400 (1200)

Zweifelhafte Forderungen
Umbuchung: 1460 (1240) an 1400 (1200)

Uneinbringliche Forderungen
Forderungsausfall
steht endgültig fest

Gewissheit über die tatsächliche Höhe des Forderungsausfalls

Korrektur der Umsatzsteuer
direkte Abschreibung des Ausfalls

Buchung:

1770 (3800)	USt des Ausfalls	1400 (1200) oder 1460 (1240)
2400 (6930)	Nettoausfall	1400 (1200) oder 1460 (1240)

oder speziellere Unterkonten der vorgenannten Konten

Abschreibung am 31.12. oder vorher (wenn der Ausfall feststeht).

Ungewissheit
über die genaue
Höhe des Forderungsausfalls

Schätzung der Höhe des Forderungsausfalls

keine Korrektur der Umsatzsteuer
indirekte Abschreibung (= Bildung einer EWB) vom **Netto**forderungsbetrag

Buchung:

2451 (6923)	Nettoausfall	0998 (1246)

Auflösung der EWB, wenn der tatsächliche Ausfall feststeht (siehe nächste Übersicht).

Auflösung von Einzelwertberichtigungen

1. **Buchung des Zahlungseingangs,** z. B.

1200 (1800)	Zahlungseingang	1460 (1240)

2. **Auflösen der bestehenden EWB,** z. B.

0998 (1246)	EWB-Betrag	1460 (1240)

3. **Buchung der USt-Berichtigung des Forderungsausfalls,** z. B.

1770 (3800)	USt-Betrag	1460 (1240)

4. **Buchung des Unterschiedsbetrages**
zwischen der EWB und dem tatsächlichen Nettoausfall

a) der tatsächliche Nettoausfall ist höher als die bestehende EWB

2400 (6930)	Unterschiedsb.	1460 (1240)

oder

b) der tatsächliche Nettoausfall ist niedriger als die bestehende EWB

1460 (1240)	Unterschiedsb.	2732 (4925)

oder speziellere Unterkonten der vorgenannten Konten

5.5.4 Pauschalbewertung

5.5.4.1 Grundsatz

Aus der Erkenntnis, dass „immer" ein Teil der Forderungen ausfällt (z. B. wegen eintretender Zahlungsschwierigkeiten der Kunden oder nachträglicher Mängelrügen), folgt, dass der bislang nicht wertberichtigte Forderungsbestand vermutlich auch nicht in voller Höhe einbringlich ist.

Die Regelung des § 252 Abs. 1 Nr. 4 HGB schreibt vor, dass **vorsichtig** zu bewerten ist und alle **vorhersehbaren Verluste und Risiken**, die **bis zum Abschlussstichtag entstanden** sind, berücksichtigt werden müssen (**Vorsichtsprinzip**).

Hieraus folgt, dass der **Forderungsbestand der nicht einzeln wertberichtigten Forderungen** in Höhe des durchschnittlichen Ausfalls der Vergangenheit (Erfahrungswert) **pauschal wertzuberichtigen** ist (vgl. *Rinker*, S. 186 f.).

Die **pauschale Wertberichtigung** erfasst u. a. folgende **Risikofaktoren**:

- latente Ausfallrisiken
- noch eintretende Erlösschmälerungen (Skonti, Boni, sonstige Preisnachlässe)

- Mahn- und Beitreibungskosten
- Zinsverluste durch verspätete Kundenzahlungen.

Die Finanzverwaltung erkennt die Pauschalwertberichtigung unter bestimmten Voraussetzung als **steuerlich** zulässig an (vgl. *Bornhofen*, Buchführung 2, S. 172; *Kotz*, S. 439; *Rinker*, S. 186).

Forderungen ohne Ausfallrisiken dürfen allerdings in diese Berechnung **nicht** einbezogen werden. Hierzu gehören z. B.

- Forderungen gegenüber öffentlich-rechtlichen Körperschaften
- ausreichend gesicherte Forderungen
- aufrechenbare Forderungen.

ACHTUNG

Ertragsteuerlich zulässige pauschale Wertberichtigungen berechtigen jedoch **nicht** zur Berichtigung der Umsatzsteuer (vgl. Abschn. 17.1 Abs. 5 Satz 8 UStAE).

5.5.4.2 Bildung einer Pauschalwertberichtigung

In der Praxis wird bei der Bewertung der Forderungen aus LuL i. d. R. ein **gemischtes Verfahren aus Einzel- und Pauschalbewertung** angewendet.

Ausgehend vom Gesamtbestand der Forderungen aus LuL werden die uneinbringlichen Forderungen und die zweifelhaften Forderungen zunächst einzeln abgeschrieben (siehe 5.5.3.2 und 5.5.3.4).

Die einzeln abgeschriebenen Forderungen werden dann vom Gesamtbestand der Forderungen aus LuL abgezogen, sofern sie in diesem noch enthalten sind. Der verbleibende Forderungsbestand dient dann als Ausgangsbetrag für die Pauschalwertberichtigung.

Bevor eine Pauschalwertberichtigung aus dem noch nicht einzeln wertberichtigten Forderungsbestand berechnet werden kann, muss noch die darin **enthaltene USt herausgerechnet** werden, weil eine Berichtigung der USt bei der pauschalen Wertberichtigung **nicht** zulässig ist (vgl. Abschn. 17.1 Abs. 5 Satz 8 UStAE).

Vorgehensweise bei der Berechnung der Pauschalwertberichtigung (PWB):

1. **Vom Gesamtbestand** der Forderungen aus Lieferungen und Leistungen (Bruttoforderungen) werden zunächst die **bereits einzeln wertberichtigten Forderungen abgezogen, sofern sie in diesem noch enthalten sind**.
2. Der danach **verbleibende** (noch nicht wertberichtigte) **Forderungsbestand** ist **um die enthaltene Umsatzsteuer zu vermindern**, weil eine Berichtigung der USt im Rahmen der Pauschalbewertung unzulässig ist (USt-Berichtigungen sind erst dann zulässig, wenn ein Ausfall tatsächlich eingetreten ist).
3. Der **verbleibende Nettoforderungsbestand** ist **mit dem durchschnittlichen prozentualen Ausfall der Vergangenheit zu multiplizieren**, woraus sich der Betrag der pauschalen Wertberichtigung ergibt.

Beispiel

Der Forderungsbestand auf dem Konto „Forderungen aus LuL 1400 (1200)“ der Firma „Elektrogroßhandel e. K.“ beträgt zum 31.12.2020 insgesamt 127.925 € (brutto 19 % USt).

Darin sind die folgenden Forderungen enthalten:

- uneinbringliche Forderung gegenüber der Firma „Kurz e. K.“ in Höhe von 11.900 €,
- Forderung gegenüber dem Kunden Meiser in Höhe von 2.975 €, die vermutlich zu 50 % ausfällt (sachgerechte Schätzung).
- Der durchschnittliche Forderungsausfall der Vergangenheit beträgt 2 % (nachgewiesen).

Ermittlung der PWB:

	Bestand Konto 1400 (1200)	127.925 €
-	uneinbringliche Forderung (direkt abzuschreiben)	11.900 €
-	zweifelhafte Forderung (indirekt abzuschreiben)	2.975 €
=	Restbestand, der noch nicht wertberichtigt wurde	113.050 €
-	darin enthaltene USt (113.050 € : 1,19 · 19 %)	18.050 €
=	Bemessungsgrundlage für die PWB	95.000 €
·	2 % (durchschnittlicher Ausfall)	**1.900 €**

Die Erfassung der Pauschalwertberichtigung erfolgt wie bei der Einzelwertberichtigung durch den Buchungssatz **„Aufwandskonto an passives Bestandskonto“**.

Bei der **Einstellung in die PWB** werden die folgenden Konten verwendet:

Sollkonto – SKR 03 (SKR 04)	**Betrag** (Euro)	**Habenkonto** – SKR 03 (SKR 04)
Einstellung in die PWB auf Forderungen 2450 (6920) **[Aufwandskonto]**	Nettobetrag der Wertberichtigung	PWB auf Forderungen 0996 (1248) **[passives Bestandskonto]**

Beispiel

Fall wie in dem Beispiel zuvor. Die ermittelte PWB wird zum 31.12.2020 erfasst; der Bestand des Kontos „PWB auf Forderungen 0996 (1248)" hatte vor dieser Buchung den Saldo Null.

Sollkonto – SKR 03 (SKR 04)	**Betrag** (Euro)	**Habenkonto** – SKR 03 (SKR 04)
Einstellung in die PWB 2450 (6920)	1.900,00	PWB auf Forderungen 0996 (1248)

Aufgabe 41 > Seite 260

5.5.4.3 Anpassung der Pauschalwertberichtigung

Sofern bereits eine Pauschalwertberichtigung besteht (Bestand, der aus dem Vorjahr fortgeführt wurde), ist lediglich eine **Anpassung an den aktuellen Wert zum Bilanzstichtag** nötig (Erhöhung oder Verminderung um den Differenzbetrag zwischen dem Bestand der PWB aus dem Vorjahr und dem aktuellen Wert).

Die **Erhöhung** der PWB wird durch den folgenden Buchungssatz erfasst:

Sollkonto – SKR 03 (SKR 04)	**Betrag** (Euro)	**Habenkonto** – SKR 03 (SKR 04)
Einstellung in die PWB auf Forderungen 2450 (6920) **[Aufwandskonto]**	Erhöhungs- betrag	PWB auf Forderungen 0996 (1248) **[passives Bestandskonto]**

Beispiel

Der Forderungsbestand auf dem Konto „Forderungen aus LuL 1400 (1200)" der Firma „Computerhandel e. K." beträgt zum 31.12.2020 insgesamt 139.825 € (brutto 19 % USt).

Darin sind die folgenden Forderungen enthalten:

- uneinbringliche Forderung gegenüber der Firma „Kurz e. K." in Höhe von 23.800 €

- Forderung gegenüber dem Kunden Müller in Höhe von 5.950 €, die vermutlich zu 70 % ausfällt (sachgerechte Schätzung).

Der durchschnittliche Forderungsausfall der Vergangenheit beträgt 2 % (nachgewiesen).

Der Bestand der PWB aus dem Vorjahr beträgt 850 € (Bestand des Konto „0996 (1248)" im Haben).

Ermittlung der Pauschalwertberichtigung:

	Bestand Konto „1400 (1200)"	139.825 €
-	uneinbringliche Forderung (direkt abzuschreiben)	23.800 €
-	zweifelhafte Forderung (indirekt abzuschreiben)	5.950 €
=	Restbestand, der noch nicht wertberichtigt wurde	110.075 €
-	darin enthaltene USt (110.075 € : 1,19 · 19 %)	17.575€
=	Bemessungsgrundlage für die PWB	92.500 €
•	2 % (durchschnittlicher Ausfall)	1.850 €
	PWB zum 31.12.2020	1.850 €
-	PWB zum 31.12.2019	850 €
=	PWB-Erhöhung	**1.000 €**

Buchung:

Sollkonto – SKR 03 (SKR 04)	**Betrag** (Euro)	**Habenkonto** – SKR 03 (SKR 04)
Einstellung in die PWB 2450 (6920)	1.000,00	PWB auf Forderungen 0996 (1248)

Die **Herabsetzung (Verminderung)** der PWB wird wie folgt erfasst:

Sollkonto – SKR 03 (SKR 04)	**Betrag** (Euro)	**Habenkonto** – SKR 03 (SKR 04)
PWB auf Forderungen 0996 (1248) **[passives Bestandskonto]**	Herab-setzungs-betrag	Ertrag aus der Herabsetzung der PWB zu Forderungen 2730 (4920) **[Ertragskonto]**

Beispiel

Der Forderungsbestand auf dem Konto „Forderungen aus LuL 1400 (1200)" der Firma „Zweiradgroßhandel e. K." beträgt zum 31.12.2020 insgesamt 55.930 € (brutto 19 % USt).

Darin sind die folgenden Forderungen enthalten:

- uneinbringliche Forderung gegenüber der Firma „Müller e. K." in Höhe von 5.950 €
- Forderung gegenüber dem Kunden Maier in Höhe von 8.925 €, die vermutlich zu 60 % ausfällt (sachgerechte Schätzung).

Der durchschnittliche Forderungsausfall der Vergangenheit beträgt 3 % (nachgewiesen).

Der Bestand der PWB aus dem Vorjahr beträgt 1.250 € (Bestand des Konto „0996 (1248)" im Haben).

Ermittlung der Pauschalwertberichtigung:

	Bestand Konto „1400 (1200)"	55.930 €
-	uneinbringliche Forderung (direkt abzuschreiben)	5.950 €
-	zweifelhafte Forderung (indirekt abzuschreiben)	8.925 €
=	Restbestand, der noch nicht wertberichtigt wurde	41.055 €
-	darin enthaltene USt (41.055 € : 1,19 · 19 %)	6.555 €
=	Bemessungsgrundlage für die PWB	34.500 €
•	3 % (durchschnittlicher Ausfall)	1.035 €
	PWB zum 31.12.2020	1.035 €
-	PWB zum 31.12.2019	1.250 €
=	Ertrag aus der Herbsetzung	**215 €**

Buchung:

Sollkonto – SKR 03 (SKR 04)	**Betrag** (Euro)	**Habenkonto** – SKR 03 (SKR 04)
PWB auf Forderungen 0996 (1248)	215,00	Ertrag aus Herabs. PWB 2730 (4920)

Da der Ausweis von Wertberichtigungen in der Bilanz nicht zulässig ist, muss der Wert der Pauschalwertberichtigung, also der Bestand des Kontos **„PWB 0996 (1248)"** für den Jahresabschluss **mit dem Bestand der Forderungen aus Lieferungen und Leistungen saldiert werden**. Der hieraus ermittelte Saldo wird dann auf der Aktivseite der Bilanz als **Forderungen aus Lieferungen und Leistungen** ausgewiesen.

In der Buchführung wird die Pauschalwertberichtigung jedoch weitergeführt (als **Haben-Bestand** auf dem Konto **„EWB 0996 (1248)"**), und jährlich an den aktuellen Forderungsbestand angepasst.

Aufgabe 42 > Seite 260
Aufgabe 43 > Seite 260

G. Bewertungen und Buchungen der Verbindlichkeiten

1. Begriffliche Abgrenzung

Verbindlichkeiten des Unternehmens sind **Verpflichtungen, die dem Grunde und der Höhe nach feststehen**.

Die Verpflichtungen bestehen insbesondere in zukünftigen **Geldzahlungen**, können aber auch Warenlieferungen, Dienstleistungen oder Preisnachlässe sein.

Durch ihre Rückzahlung (Tilgung) wird das verfügbare Vermögen des Unternehmens vermindert. Das entscheidende Merkmal ist der **von einem Dritten einforderbare Leistungsanspruch** (vgl. *Bolin/Stephani/Wyrwa/Grefe*, S. 114).

Zu den **Verbindlichkeiten** gehören nach § 266 Abs. 3 HGB:

1. Anleihen
2. Verbindlichkeiten gegenüber Kreditinstituten
3. erhaltene Anzahlungen auf Bestellungen
4. Verbindlichkeiten aus Lieferungen und Leistungen
5. Verbindlichkeiten aus der Annahme gezogener Wechsel und der Ausstellung eigener Wechsel
6. Verbindlichkeiten gegenüber verbundenen Unternehmen
7. Verbindlichkeiten gegenüber Unternehmen, mit denen ein Beteiligungsverhältnis besteht
8. sonstige Verbindlichkeiten
   davon aus Steuern
   davon im Rahmen der sozialen Sicherheit.

2. Bewertung

2.1 Zugangsbewertung

Verbindlichkeiten sind zum Zeitpunkt ihrer Entstehung mit dem **Erfüllungsbetrag** anzusetzen (§ 253 Abs. 1 Satz 2 HGB). Darunter ist derjenige **Betrag** zu verstehen, **der zur Tilgung der Verbindlichkeit aufgebracht werden muss**.

2.2 Folgebewertung

Zu jedem der Passivierung der Verbindlichkeit folgenden Bilanzstichtag bleibt es zunächst bei der Pflicht der Bilanzierung mit dem **Erfüllungsbetrag**.

Verbindlichkeiten, die sich nach ihrer Erfassung **wertmäßig verändern** (z. B. Verbindlichkeiten in fremder Währung, deren Kurs schwankt), sind grundsätzlich nach dem sog. **Höchstwertprinzip** zu bilanzieren.

Dies bedeutet, dass **Erhöhungen** des Rückzahlungsbetrags zu einer **Aufstockung der Verbindlichkeit** führen, **Minderungen** des Rückzahlungsbetrags hingegen unberücksichtigt bleiben, (vgl. *Bolin/Stephani/Wyrwa/Grefe*, S. 116).

Weil bei **Verbindlichkeiten** von mehreren zur Wahl stehenden Bilanzansätzen somit **der höchste** in der Bilanz **anzusetzen** ist, wird diese Bilanzierungsregel als **„Höchstwertprinzip"** bezeichnet (vgl. *Bussiek/Ehrmann*, S. 241, *Rinker*, S. 195).

Beispiel

Die buchführungspflichtige Gewerbetreibende Elena Braun kauft in den USA für ihren Betrieb Waren im Wert von 10.000 US-$ ein. Zum Zeitpunkt des Einkaufs beträgt der Dollarkurs[1] 1,40 US-$/€ (1 € = 1,40 US-$). Zum 31.12. ist diese Verbindlichkeit gegenüber dem Lieferanten noch offen. Der Dollarkurs[1] beträgt zum Bilanzstichtag nun 1,30 US-$/€.

Die Verbindlichkeit steigt somit von 7.142,86 € auf 7.692,31 €. In der Bilanz zum 31.12. ist der höhere Wert der Verbindlichkeit auszuweisen.

Würde der Dollar-Kurs zum 31.12. beispielsweise 1,50 US-$/€ betragen, wäre die Verbindlichkeit in Euro niedriger (10.000 US-$: 1,50 US-$/€ = 6.666,66 €) als zu ihrer Entstehung. In diesem Fall ist der ursprüngliche (höhere) Erfüllungsbetrag (7.142,86 €) in der Bilanz auszuweisen.

---

[1] Devisenkassamittelkurs

Steuerrechtlich darf der höhere Rückzahlungsbetrag nur dann bilanziert werden, wenn er **dauerhaft gestiegen** ist (§ 6 Abs. 1 Nr. 3 Satz 1 EStG und BMF-Schreiben vom 02.09.2016). Fremdwährungsverbindlichkeiten können deshalb in der Steuerbilanz in einigen Fällen nicht mit dem höheren Wert angesetzt werden, weil Kursschwankungen **keine** dauerhafte Wertveränderung darstellen.

Hält eine **Wechselkursveränderung** im Zusammenhang mit einer **Verbindlichkeit des laufenden Geschäftsverkehrs**

- bis zum **Zeitpunkt der Aufstellung der Handelsbilanz** oder
- dem **davor liegenden Tilgungszeitpunkt**

an, kann von einer **dauerhaften** Werterhöhung ausgegangen werden, die auch steuerlich zu einer Werterhöhung berechtigt (vgl. BMF-Schreiben vom 02.09.2016, Gliederungspunkt IV, abgedruckt im Amtlichen Einkommensteuer-Handbuch 2019, Anhang 9 VI).

Übersicht: Bewertung von Verbindlichkeiten bei gestiegenem Erfüllungsbetrag

Dauer der Werterhöhung	Handelsbilanz	Steuerbilanz
dauerhafte Werterhöhung	Ansatz des höheren Rückzahlungsbetrags (**Erhöhungspflicht**)	Ansatz des höheren Rückzahlungsbetrags (**Erhöhungspflicht**) (Maßgeblichkeit § 5 Abs. 1 Satz 1 EStG)
vorübergehende Werterhöhung	Ansatz des höheren Rückzahlungsbetrags (**Erhöhungspflicht**) [Ausnahme: § 256a Satz 2 HGB bei Fremdwährungsverbindlichkeiten (Wahlrecht)]	Erhöhungs**verbot** (§ 6 Abs. 1 Nr. 3 Satz 1 i. V. mit Nr. 2 EStG)

Anders als bei Rückstellungen kommt **handelsrechtlich** eine **Abzinsung nicht** in Betracht. Dies gilt auch für unverzinsliche und niedrig verzinsliche Verbindlichkeiten.

INFO

Steuerrechtlich besteht für **unverzinsliche** Verbindlichkeiten mit einer Laufzeit von **mindestens 12 Monaten** eine **Abzinsungspflicht** in Höhe von **5,5 % pro Jahr**. Hiervon **ausgenommen** sind Verbindlichkeiten, die auf einer **Anzahlung** oder **Vorauszahlung** beruhen (vgl. § 6 Abs. 1 Nr. 3 Satz 2 EStG).

2.3 Disagio

Es gibt Darlehen, bei denen der **Auszahlungsbetrag niedriger als der Rückzahlungsbetrag** ist. Die **Differenz** zwischen der Auszahlung und der Rückzahlung wird als „Disagio" (= Abgeld) oder „Damnum" bezeichnet.

Beispiel

Der Unternehmer Kurz nimmt zur Finanzierung eines Sachanlagenkaufs bei seiner Bank ein Darlehen in Höhe von 40.000 € auf. Nach dem Darlehensvertrag erhält Herr Kurz eine Auszahlung in Höhe von 98 %, also 39.200 €. Er muss aber 40.000 € an die Bank zurückzahlen.

Der Differenzbetrag von 800 € (2 % von 40.000 €) ist das Disagio.

Ein Disagio wird i. d. R. bei der **Vereinbarung eines feststehenden Zinssatzes** über einen bestimmten Zeitraum (z. B. Zinssatz 3 % p. a. gleichbleibend über einen Zeitraum von 5 Jahren) **beim Abschluss des Darlehensvertrages** festgelegt.

Weil das Disagio eine Art **Prämie für die Zinsfestschreibung** ist, hat es den Charakter von **vorausbezahlten Zinsen** (vgl. *Hufnagel/Burgfeld-Schächer*, S. 140).

Es könnte somit direkt als **Zinsaufwand** erfasst werden (was nach § 250 Abs. 3 HGB in der handelsrechtlichen Buchführung zulässig ist).

Das **Steuerrecht** lässt diese Vorgehensweise in der Buchführung jedoch **nicht** zu. Es schreibt vor, dass diese Aufwendungen über die Laufzeit des Darlehens zu verteilen sind (vgl. H 6.10 (Damnum) EStH 2019). Sachgerechter ist jedoch eine **Verteilung auf die Dauer der Zinsbindung** (vgl. H 6.10 (Zinsfestschreibung) EStH 2019).

Das Disagio wird in der Praxis bei der Darlehensaufnahme i. d. R. **aktiviert** (es wird auf dem **aktiven Bestandskonto „Damnum/Disagio** 0986 (1940)" im **Soll** erfasst).

Die Gegenbuchung erfolgt – wenn das Disagio vom Darlehensbetrag einbehalten wird – auf der **Habenseite** des **Darlehenskontos**, weil das Disagio auch zum Rückzahlungsbetrag des Darlehens gehört und Verbindlichkeiten mit ihrem **Rückzahlungsbetrag** anzusetzen sind (vgl. § 253 Abs. 1 HGB).

Die **Erfassung** des Disagios erfolgt somit durch den folgenden **Buchungssatz**:

Sollkonto – SKR 03 (SKR 04)	**Betrag** (Euro)	**Habenkonto** – SKR 03 (SKR 04)
Damnum/Disagio 0986 (1940) **[aktives Bestandskonto]**	Disagiobetrag	Darlehenskonto, z. B. 0630 (3150) **[passives Bestandskonto]**

Beispiel

Fall wie in dem Beispiel zuvor (Darlehensaufnahme in Höhe von 40.000 € unter Abzug eines Damnums von 2 % bei der Darlehensauszahlung).

Buchung der Darlehensauszahlung:

Sollkonto – SKR 03 (SKR 04)	**Betrag** (Euro)	**Habenkonto** – SKR 03 (SKR 04)
Bank 1200 (1800)	39.200,00	Verbindlichkeiten gegenüber Kreditinstituten 0630 (3150)
Damnum/Disagio 0986 (1940)	800,00	Verbindlichkeiten gegenüber Kreditinstituten 0630 (3150)

Die Verteilung des Disagios auf die Jahre der Zinsbindung (= **Abschreibung des Disagios**) kann

- **linear**
- **digital** (arithmetisch-degressiv) oder
- **proportional** im Verhältnis der im Abrechnungszeitraum gezahlten Zinsen zum Gesamtzinsaufwand

erfolgen.

Die sachgerechte Abschreibung hängt von der Art der Darlehensrückzahlung ab. In der Regel wird die folgende Zuordnung sachgerecht sein (vgl. *Bornhofen* Buchführung 2, S. 190 ff.; *Kliewer/Zschenderlein/Schneider*, S. 547):

Darlehensart	Abschreibung des Disagios
Fälligkeitsdarlehen Darlehen, welches am Ende der Vertragslaufzeit in einem Betrag zurückgezahlt wird.	**lineare** Abschreibung
Ratendarlehen Darlehen, welches mit gleichbleibenden Raten getilgt wird.	**digitale** Abschreibung
Annuitätendarlehen Darlehen, welches mit gleichbleibenden Annuitäten, die Tilgung und Zinsen enthalten, „bedient“ wird. Der Tilgungsanteil steigt, der Zinsanteil fällt mit jeder Zahlung.	**proportionale** Abschreibung

Beispiel

Die Unternehmerin Christina Diehl nimmt am 15.06.2020 zur Finanzierung einer betrieblichen Anlageninvestition ein Darlehen in Höhe von 50.000 € auf, das am 15.06.2024 in einem Betrag zurückzuzahlen ist (Fälligkeitsdarlehen mit einer Laufzeit von 4 Jahren).

Im Darlehensvertrag wird eine Zinsbindung von 3 % p. a. für die gesamte Laufzeit vereinbart. Hierfür muss Frau Diehl ein Damnum von 2 % des Darlehensbetrages an die Bank bezahlen. Frau Diehl erhält deshalb nur 98 % der Darlehenssumme ausgezahlt.

Das Damnum in Höhe von 1.000 € (2 % von 50.000 €) wird aktiviert und über die Dauer der Zinsbindung (4 Jahre) linear verteilt. Hier wird nach der kaufmännischen Zinsrechnung gerechnet (1 Jahr = 360 Tage, 1 Monat = 30 Tage).

Abschreibungsverlauf:

Jahr	Aufteilung	Euro
2020	1.000 € : 4 Jahre = 250 € 250 € : 360 Tage • 195 Tage (16.06. bis 30.12.) =	135,42
2021	1.000 € : 4 Jahre = 250 €	250,00
2022	1.000 € : 4 Jahre = 250 €	250,00
2023	1.000 € : 4 Jahre = 250 €	250,00
2024	1.000 € : 4 Jahre = 250 € 250 € : 360 Tage • 165 Tage (01.01. bis 15.06.) =	114,58
	Summe	**1.000,00**

Buchung der Abschreibung:
Der Anteil des Disagios, der auf das jeweilige Kalenderjahr entfällt, wird als **Zinsaufwand** erfasst.

Die zeitanteilige **Auflösung des Disagios** wird durch den folgenden **Buchungssatz** erfasst:

Sollkonto – SKR 03 (SKR 04)	**Betrag** (Euro)	**Habenkonto** – SKR 03 (SKR 04)
Abschreibungen auf Disagio/Damnum zur Finanzierung 2123 (7323) bzw.	Auflösungsbetrag	Damnum/Disagio 0986 (1940)
Abschreibungen auf Disagio/Damnum zur Finanzierung des AV 2124 (7324)	Auflösungsbetrag	Damnum/Disagio 0986 (1940)

Die Konten „2123 (7323") und „2124 (7324) werden über das Oberkonto **„Zinsaufwendungen für langfristige Verbindlichkeiten** 2120 (7320)" abgeschlossen, weil der Auflösungsbetrag vom Charakter her **Zinsaufwand** darstellt.

Beispiel

Fall wie im Beispiel zuvor. Abschreibung des Disagios zum 31.12.2020:

Sollkonto – SKR 03 (SKR 04)	**Betrag** (Euro)	**Habenkonto** – SKR 03 (SKR 04)
Abschreibung auf Damnum/Disagio zur Finanzierung des AV 2124 (7324)	135,42	Damnum/Disagio 0986 (1940)

Digitale Abschreibung
Digitale Abschreibung bedeutet, dass der Ausgangsbetrag **in gleichmäßig fallenden Beträgen** (= arithmetisch-degressiv) abgeschrieben wird.

Die Ermittlung des **Jahresabschreibungsbetrags** ist dann folgendermaßen durchzuführen:

1. Das **Disagio** wird durch den folgenden **Teiler** dividiert:

$\frac{n(n+1)}{2}$, wobei „n" die Laufzeit des Darlehens in Jahren ist.

2. Das Ergebnis aus 1. wird dann **mit den Abschreibungsjahren in umgekehrter Reihenfolge multipliziert** (beispielsweise bei einer Laufzeit von 4 Jahren im ersten Jahr mit „4“, im zweiten Jahr mit „3“, im dritten Jahr mit „2“ und im vierten Jahr mit „1“).
3. Für das erste und das letzte Darlehensjahr ist ggf. eine zeitanteilige Berücksichtigung des Abschreibungsbetrags vorzunehmen.

Beispiel

Fall wie in dem Beispiel zuvor, jetzt jedoch mit dem Unterschied, dass das Darlehen in 4 gleich hohen Raten, jeweils zum 15.06., zu tilgen ist.

Das Disagio (1.000 €) ist folgendermaßen abzuschreiben:

$$\frac{\text{Disagio}}{\text{Teiler}} = \frac{1.000\text{ €}}{4\,(4+1):2} = \mathbf{100\text{ €}}$$

Jahr	Aufteilung		Euro
2020	100 € • 4 = 400 € 400 € : 360 Tage • 195 Tage (16.06. - 30.12.) =		216,67
2021	400 € : 360 Tage • 165 Tage (01.01. - 15.06.) = 100 € • 3 = 300 € 300 € : 360 Tage • 195 Tage (16.06. - 30.12.) =	183,33 € 162,50 €	345,83
2022	300 € : 360 Tage • 165 Tage (01.01. - 15.06.) = 100 € • 2 = 200 € 200 € : 360 Tage • 195 Tage (16.06. - 30.12.) =	137,50 € 108,33 €	245,83
2023	200 € : 360 Tage • 165 Tage (01.01. - 15.06.) = 100 € • 1 = 100 € 100 € : 360 Tage • 195 Tage (16.06. - 30.12.) =	91,67 € 54,17 €	145,84
2024	100 € : 360 Tage • 165 Tage (01.01. - 15.06.) =		45,83
	Summe		**1.000,00**

Proportionale Abschreibung

Proportionale Abschreibung bedeutet die Verteilung des Disagios über die Dauer der Zinsbindung im Verhältnis der auf die einzelnen Jahre entfallenden Zinsen zu den Gesamtzinsen.

Der **Jahresabschreibungsbetrag** wird dann wie folgt berechnet:

$$\text{Disagio} \cdot \frac{\text{Zinsaufwand des Betrachtungsjahres für das Darlehen}}{\text{Gesamtzinsaufwand für das Darlehen über die Zinsbindung}}$$

Beispiel

Der buchführungspflichtige Gewerbetreibende Fölbach nimmt am 15.06.2020 ein Darlehen in Höhe von 100.000 € mit einer Laufzeit von 4 Jahren auf, das monatlich mit einer gleichbleibenden Annuität in Höhe von 1.174,25 € „bedient" wird. Die Auszahlung des Darlehens beträgt 98 % (abzgl. 2 % Disagio). Bei einem Zinssatz von 3 % p. a. fallen über die Gesamtlaufzeit Zinsen in Höhe von 6.364 € an. Für das Jahr 2020 beträgt der Zinsaufwand 1.625 € (100.000 € · 3 % : 360 Tage · 195 Tage).

Die Abschreibung des Disagios beträgt für 2020 somit:

$$\frac{2.000\,€ \cdot 1.625\,€}{6.364\,€} = \mathbf{510{,}69\,€}$$

INFO

Steuerlich darf das aktivierte Disagio sowohl bei einem Annuitäten- wie auch bei einem Ratendarlehen auch linear abgeschrieben werden (BFH-Urteil vom 19.1.1978, BStBl 1978 Teil II S. 262.)

Aufgabe 44 > Seite 261
Aufgabe 45 > Seite 262

Übersicht: Bilanzierung einer Verbindlichkeit mit Disagio

1. Verbindlichkeit
Die **Verbindlichkeit** ist zum **Rückzahlungsbetrag** – also mit den 100 % – zu bilanzieren.

Erhöhungen der Verbindlichkeiten müssen grundsätzlich berücksichtigt werden (Höchstwertprinzip).

2. Disagio
Das **Disagio** hat den **Charakter eines aktiven Rechnungsabgrenzungspostens**; es ist wie folgt zu bilanzieren:

Handelsrecht

- sofortige Erfassung als Aufwand (Zinsaufwand)

oder

- **Aktivierung** als aktiver Rechnungsabgrenzungsposten und **Abschreibung über die Laufzeit** (Zeitraum der Zinsbindung) (§ 250 Abs. 3 HGB).

Abschreibung des Disagios

- Fälligkeitsdarlehen → **lineare** Abschreibung
- Tilgungsdarlehen → arithmetisch degressive (**„digitale“**) Abschreibung
- Annuitätendarlehen → Abschreibung im **Verhältnis der im Abrechnungszeitraum gezahlten Zinsen zum Gesamtzinsaufwand**

Kapitalgesellschaften müssen das Disagio entweder gesondert in der Bilanz ausweisen oder im Anhang angeben (vgl. § 268 Abs. 6 HGB).

Steuerrecht
Pflicht zur Aktivierung als aktiver Rechnungsabgrenzungsposten und **Abschreibung über die Laufzeit** (Zeitraum der Zinsbindung) (H 6.10 (Zinsfestschreibung) EStH 2019).

2.4 Verbindlichkeiten in fremder Währung

Verbindlichkeiten in fremder Währung (sog. **Valutaverbindlichkeiten**) sind zum **Zeitpunkt ihrer Entstehung** grundsätzlich mit dem Devisenkassamittelkurs (= arithmetischer Mittelwert aus dem Geld- und Briefkurs) der ausländischen Währung in Euro umzurechnen und mit diesem Betrag in der Buchführung zu erfassen (vgl. § 256a Satz 1 HGB):

$$\frac{\text{Verbindlichkeit in fremder Währung (z. B. 10.000 US-\$)}}{\text{Devisenkassamittelkurs der ausländ. Währung (z. B. 1,3522 US-\$/€)}} = \text{Verbindlichkeit in € (hier: 7.395,36 €)}$$

Bei Verbindlichkeiten in fremder Währung (z. B. US-Dollar) kommt es vor, dass sich der **Erfüllungsbetrag bis zur Begleichung verändert**.

Wenn der **Erfüllungsbetrag sinkt**, weil der Wert der ausländischen Währung gegenüber dem Euro sinkt bzw. der Euro gegenüber der ausländischen Währung steigt, wird die Verbindlichkeit **bis zu ihrer Begleichung grundsätzlich mit ihrem ursprünglichen Erfüllungsbetrag** (= Anschaffungskosten) **fortgeführt**. Das Realisationsprinzip (§ 252 Abs. 1 Nr. 4 HGB) verbietet eine Herabsetzung der Verbindlichkeit, weil nicht realisierte Gewinne nicht ausgewiesen werden dürfen.

Erträge (Gewinne) aus Kursdifferenzen werden deshalb grundsätzlich **erst bei der Begleichung der Verbindlichkeit** ausgewiesen.

Ausnahmsweise dürfen diese Wertschwankungen bei **kurzfristigen** Verbindlichkeiten in der **Handelsbilanz** bereits zum Bilanzstichtag berücksichtigt werden (siehe Info-Box auf der Folgeseite). Weil dieses Wahlrecht **steuerlich nicht** zulässig ist, wird es hier nicht angewendet.

Beispiel

Der buchführungspflichtige Gewerbetreibende Nico Meidt kauft Anfang Dezember 2020 in den USA für seinen Betrieb Waren im Wert von 10.000 US-$ ein. Zum Zeitpunkt des Einkaufs beträgt der Dollarkurs 1,3352 US-$/€ (1 € = 1,3352 US-$). Zum 31.12.2020 ist diese Verbindlichkeit gegenüber dem Lieferanten noch offen. Der Dollarkurs beträgt zum Bilanzstichtag nun 1,40 US-$/€. Einfuhrzoll und Einfuhrumsatzsteuer bleiben hier aus Vereinfachungsgründen unberücksichtigt (sie werden in Euro gegenüber dem Zollamt geschuldet).

Die Verbindlichkeit ist somit von 7.489,52 € auf 7.142,86 € gefallen. In der Bilanz zum 31.12.2020 sollte somit der ursprüngliche Wert der Verbindlichkeit ausgewiesen werden (also 7.489,52 €).

Im Juni 2021 bezahlt Herr Meidt die Verbindlichkeit durch Banküberweisung. Zu diesem Zeitpunkt beträgt der Geldkurs 1,4122 US-$/€ (= 7.081,15 €).

Buchung bei Entstehung der Verbindlichkeit (Anfang Dezember 2020):

Sollkonto – SKR 03 (SKR 04)		**Betrag** (Euro)	**Habenkonto** – SKR 03 (SKR 04)	
Wareneingang	3200 (5200)	7.489,52	Verbindlichk. a. LuL	1600 (3300)

Buchung zum Zeitpunkt der Bezahlung (Juni 2021):

Sollkonto – SKR 03 (SKR 04)		**Betrag** (Euro)	**Habenkonto** – SKR 03 (SKR 04)	
Verbindlichk. a. LuL	1600 (3300)	7.081,15	Bank	1200 (1800)
Verbindlichk. a. LuL	1600 (3300)	408,37	Erträge aus Währungs.	2660 (4840)

INFO

Aus Praktikabilitätsgründen lässt **§ 256a Satz 2 HGB** bei Währungsverbindlichkeiten mit einer **Restlaufzeit von bis zu einem Jahr** zu, diese unter Außerachtlassen des Anschaffungswertprinzips (§ 253 Abs. 1 Satz 1 HGB) und des Realisationsprinzips (§ 252 Abs. 1 Nr. 4 Halbsatz 2 HGB) mit dem jeweils **aktuellen Stichtagswert** zu bilanzieren. Die hieraus ggf. resultierenden Aufwendungen oder Erträge aus der Währungsumrechnung werden dann zum Bilanzstichtag in der Gewinn- und Verlustrechnung ausgewiesen.

Nach der herrschenden Literaturmeinung handelt es sich hierbei **um ein Anwendungswahlrecht**, obwohl der Gesetzestext vordergründig eine Pflicht zur Anwendung dieser Regelung vorschreibt.

Steuerlich hat diese Regelung **keine Bedeutung**. Die Bewertung von Währungsverbindlichkeiten erfolgt für steuerliche Zwecke ausnahmslos nach § 6 Abs. 1 EStG (vgl. *Bolin/Stephani/Wyrwa/Grefe*, S. 71), was bedeutet, dass **kurzfristige Wertveränderungen** bei Verbindlichkeiten **nicht berücksichtigt werden dürfen**. Zu Einzelheiten siehe das BMF-Schreiben vom 02.09.2016, abgedruckt im Anhang 9 VI des EStH 2019.

Wenn der **Erfüllungsbetrag steigt**, weil der Wert der ausländischen Währung gegenüber dem Euro steigt bzw. der Euro gegenüber der ausländischen Währung sinkt, wird die Verbindlichkeit somit wie folgt behandelt:

Handelsbilanz
Der höhere Erfüllungsbetrag **muss** zum Abschlussstichtag in der Handelsbilanz grundsätzlich angesetzt werden (**Höchstwertprinzip für Verbindlichkeiten**); § 253 Abs. 1 Satz 2 i. V. mit § 252 Abs. 1 Nr. 4 HGB.

Steuerbilanz
Der höhere Erfüllungsbetrag **darf in der Steuerbilanz nur dann** angesetzt werden, wenn er **dauerhaft** höher ist (§ 6 Abs. 1 Nr. 3 Satz 1 EStG).

Hält eine **Wechselkurserhöhung** im Zusammenhang mit einer **Verbindlichkeit des laufenden Geschäftsverkehrs**

- bis zum **Zeitpunkt der Aufstellung der Handelsbilanz** oder
- dem **davor liegenden Tilgungszeitpunkt**

an, kann von einer **dauerhaften** Werterhöhung ausgegangen werden, die auch steuerlich zu einer Werterhöhung berechtigt (vgl. BMF-Schreiben vom 02.09.2016, Gliederungspunkt IV, abgedruckt im Amtlichen Einkommensteuer-Handbuch 2019, Anhang 9 VI).

Wenn Handels- und Steuerbilanz im konkreten Fall dennoch voneinander abweichen (z. B. weil die Erhöhung des Erfüllungsbetrags nicht dauerhaft und deshalb steuerrechtlich nicht erlaubt ist), dann ist die handelsrechtliche Ergebnisminderung außerhalb der Buchführung für steuerliche Zwecke wieder rückgängig zu machen (Hinzurechnung zum handelsrechtlichen Gewinn).

Beispiel

Der buchführungspflichtige Gewerbetreibende Fabian Schmid kauft Mitte November 2020 in den USA für seinen Betrieb Waren im Wert von 20.000 US-$ ein. Zum Zeitpunkt des Einkaufs beträgt der Dollarkurs[1] 1,3352 US-$/€. Zum 31.12.2020 ist diese Verbindlichkeit gegenüber dem Lieferanten noch offen. Der Dollarkurs[1] beträgt zum Bilanzstichtag nun 1,2947 US-$/€. Einfuhrzoll und Einfuhrumsatzsteuer bleiben hier aus Vereinfachungsgründen unberücksichtigt (sie werden in Euro gegenüber dem Zollamt geschuldet).

Die Verbindlichkeit steigt von 14.979,03 € auf 15.447,59 €. In der Handelsbilanz zum 31.12.2020 ist grundsätzlich der gestiegene Wert der Verbindlichkeit auszuweisen (also 15.447,59 €).

Anfang Januar 2021 bezahlt Herr Schmid die Verbindlichkeit durch Banküberweisung. Zu diesem Zeitpunkt beträgt der Geldkurs 1,2748 US-$/€ (= 15.688,74 €); die Verbindlichkeit ist also weiter gestiegen.

---

1 Devisenkassamittelkurs

Buchung bei Entstehung der Verbindlichkeit (November 2020):

Sollkonto – SKR 03 (SKR 04)	**Betrag** (Euro)	**Habenkonto** – SKR 03 (SKR 04)
Wareneingang 3200 (5200)	14.979,03	Verbindlichk. a. LuL 1600 (3300)

Buchung zum 31.12.2020:

Sollkonto – SKR 03 (SKR 04)	**Betrag** (Euro)	**Habenkonto** – SKR 03 (SKR 04)
Aufwend. aus Währungs. 2150 (6880)	468,56	Verbindlichk. a. LuL 1600 (3300)

Der in der handelsrechtlichen Buchführung erfasste Aufwand in Höhe von 468,56 € ist auch steuerlich anzuerkennen, weil zum 31.12. eine dauerhafte Werterhöhung vorliegt (die Werterhöhung hält bis zum Tilgungszeitpunkt an, und dieser liegt vor der Aufstellung des Jahresabschlusses).

Buchung zum Zeitpunkt der Bezahlung (Januar 2021):

Sollkonto – SKR 03 (SKR 04)	**Betrag** (Euro)	**Habenkonto** – SKR 03 (SKR 04)
Verbindlichk. a. LuL 1600 (3300)	15.447,59	Bank 1200 (1800)
Aufwend. aus Währungs. 2150 (6880)	241,15	Bank 1200 (1800)

Aufgabe 46 > Seite 262
Aufgabe 47 > Seite 263

Übersicht:

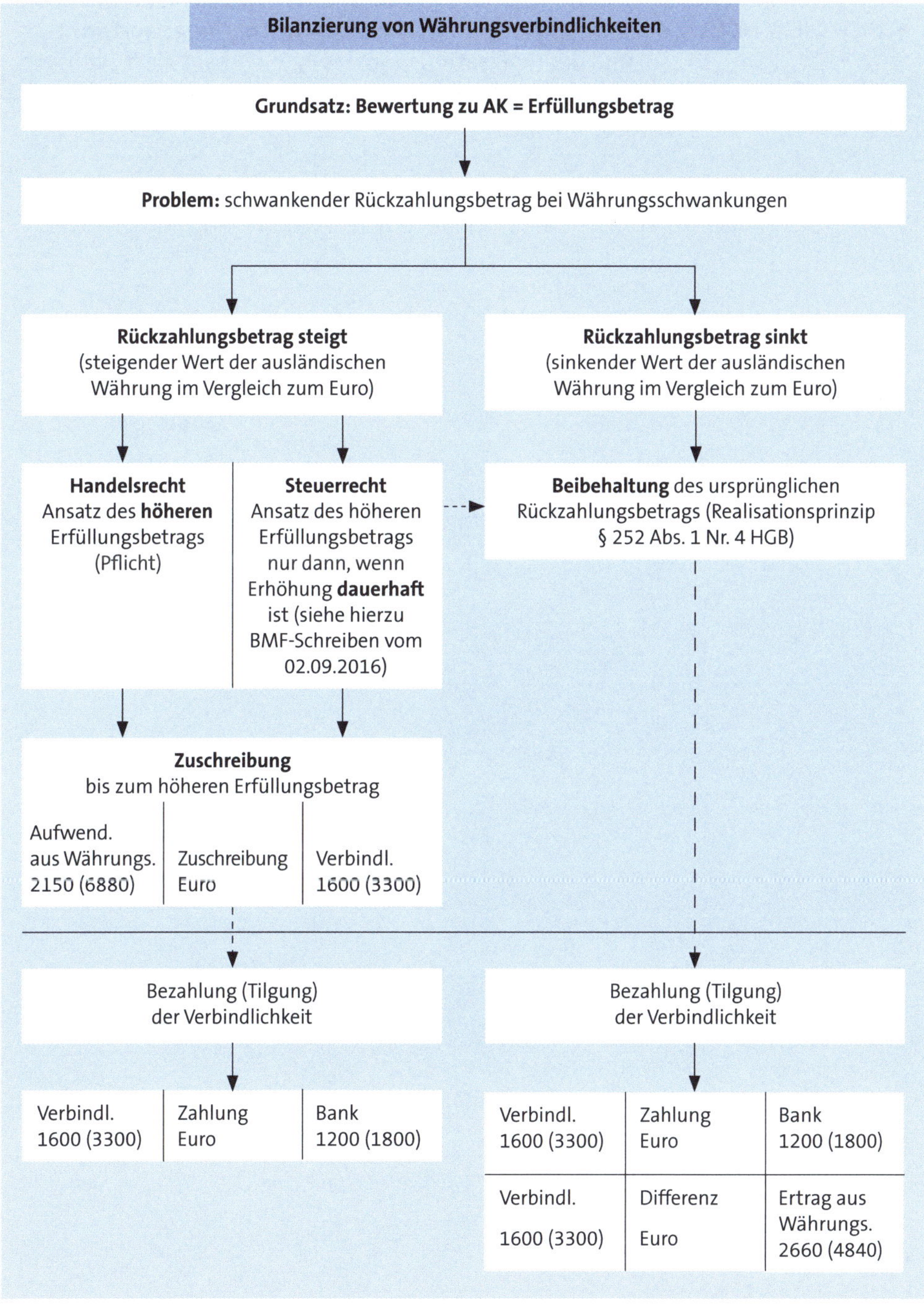
Bilanzierung von Währungsverbindlichkeiten
Grundsatz: Bewertung zu AK = Erfüllungsbetrag
Problem: schwankender Rückzahlungsbetrag bei Währungsschwankungen
Rückzahlungsbetrag steigt (steigender Wert der ausländischen Währung im Vergleich zum Euro)
Rückzahlungsbetrag sinkt (sinkender Wert der ausländischen Währung im Vergleich zum Euro)
Handelsrecht Ansatz des höheren Erfüllungsbetrags (Pflicht)
Steuerrecht Ansatz des höheren Erfüllungsbetrags nur dann, wenn Erhöhung dauerhaft ist (siehe hierzu BMF-Schreiben vom 02.09.2016)
Beibehaltung des ursprünglichen Rückzahlungsbetrags (Realisationsprinzip § 252 Abs. 1 Nr. 4 HGB)
Zuschreibung bis zum höheren Erfüllungsbetrag
Aufwend. aus Währungs. 2150 (6880)
Zuschreibung Euro
Verbindl. 1600 (3300)
Bezahlung (Tilgung) der Verbindlichkeit
Bezahlung (Tilgung) der Verbindlichkeit
Verbindl. 1600 (3300)
Zahlung Euro
Bank 1200 (1800)
Verbindl. 1600 (3300)
Zahlung Euro
Bank 1200 (1800)
Verbindl. 1600 (3300)
Differenz Euro
Ertrag aus Währungs. 2660 (4840)

Bei Währungsverbindlichkeiten mit einer **Restlaufzeit von bis zu einem Jahr lässt § 256a Satz 2 HGB** zu, diese unter **Außerachtlassen des Anschaffungswertprinzips** (§ 253 Abs. 1 Satz 1 HGB) **und des Realisationsprinzips** (§ 252 Abs. 1 Nr. 4 Halbsatz 2 HGB) mit dem jeweils **aktuellen Stichtagswert** zu bewerten (**Anwendungswahlrecht** zur Bewertungsvereinfachung).

Steuerlich hat diese Regelung **keine Bedeutung**. Die Bewertung von Währungsverbindlichkeiten erfolgt für steuerliche Zwecke ausnahmslos nach § 6 Abs. 1 EStG.

H. Grundzüge der betriebswirtschaftlichen Auswertung

1. Einführung

Die nachfolgenden Ausführungen geben einen ersten **Einblick** in die betriebswirtschaftliche **Auswertung der Buchführungsdaten mithilfe von Kennzahlen**.

Das Themengebiet der betriebswirtschaftlichen Auswertung der Unternehmensdaten kann wegen seiner Komplexität und dem dadurch bedingten großen Umfang hier nur anhand von ausgewählten Inhalten erfolgen.

Die Auswertung der Buchführungsdaten bzw. des Jahresabschlusses kann **intern** oder **extern** erfolgen (vgl. *Olfert/Rahn/Zschenderlein*, Stichworte 172, 173, 175).

Interne Analyse
Großes Interesse an Daten, die das Unternehmensgeschehen abbilden, haben zunächst die **Entscheidungsträger des Unternehmens**. Für sie werden die erarbeiteten eigenen (internen) Daten mithilfe von Kennzahlen aufbereitet.

Der **Unternehmer bzw. die Gesellschafter** möchten Informationen über

- die **Zusammensetzung und Veränderung des Vermögens**
- den **Stand der Schulden** und
- die **Finanz- und Ertragslage**,

damit sie die Entwicklung des Unternehmens verfolgen und steuern können.

Auch **Betriebs- oder Abteilungsleiter** brauchen Daten der Unternehmensentwicklung zur Beurteilung ihrer getroffenen Entscheidungen. Sie müssen beispielsweise wissen, wie sich eine bestimmte Investitionsentscheidung auf die Produktionskosten und die erbrachten Leistungen auswirkt (**Effizienz- und Wirtschaftlichkeitskontrolle**). Hieraus können dann Erkenntnisse für die in die Zukunft gerichteten Entscheidungen abgeleitet werden.

Externe Analyse
Außerhalb des Unternehmens gibt es auch zahlreiche Informationsinteressen.

Beispielsweise werden **die für die Besteuerung zur Verfügung gestellten Daten** (z. B. Gewinn oder Verlust aus Gewerbebetrieb) im Rahmen von Betriebsprüfungen **Plausibilitätsüberprüfungen unterzogen**. Hierbei wird beispielsweise überprüft, ob die aufgezeichneten Erlöse in einem „sinnvollen" Verhältnis zu den aufgezeichneten Aufwendungen stehen und wie sich dieses Verhältnis zum Branchendurchschnitt darstellt.

Bei größeren Unternehmen (insbesondere bei Kapitalgesellschaften) haben die **Kapitalgeber** Interesse an **Informationen über die Vermögens-, Finanz- und Ertragslage** des Unternehmens, in welches sie investiert haben. Sie möchten wissen, wie sicher ihr Kapital angelegt ist und wie sich das Gesamtkapital des Unternehmens verzinst.

Vergleiche mit **Konkurrenzunternehmen**, dem **Branchendurchschnitt** und **alternativen Anlagemöglichkeiten** verschaffen dann einen Eindruck über den Erfolg der getätigten Investition im Vergleich zu Investitionsalternativen.

Ähnliche Informationsinteressen sind potenziellen, also (möglichen) **zukünftigen Investoren** und natürlich auch den **Fremdkapitalgebern (insbesondere Banken)** zuzuschreiben. Bevor diese in ein Unternehmen investieren oder Kredite gewähren, möchten sie detaillierte Daten über das Unternehmen.

Die betriebswirtschaftliche **Auswertung mithilfe von Kennzahlen** soll zunächst einen groben Überblick über die Leistungen der Vergangenheit geben. Die gewonnenen Daten liefern dann Anhaltspunkte für eine tiefer gehende Analyse, deren Ergebnisse Schlüsse über die wirtschaftliche Lage der Unternehmung zulassen.

2. Ablauf einer betriebswirtschaftlichen Datenauswertung

Das nachfolgende Schaubild zeigt die **idealtypische Vorgehensweise** einer betriebswirtschaftlichen Auswertung des Zahlenmaterials der Buchführung und des Jahresabschlusses in strukturierter Form.

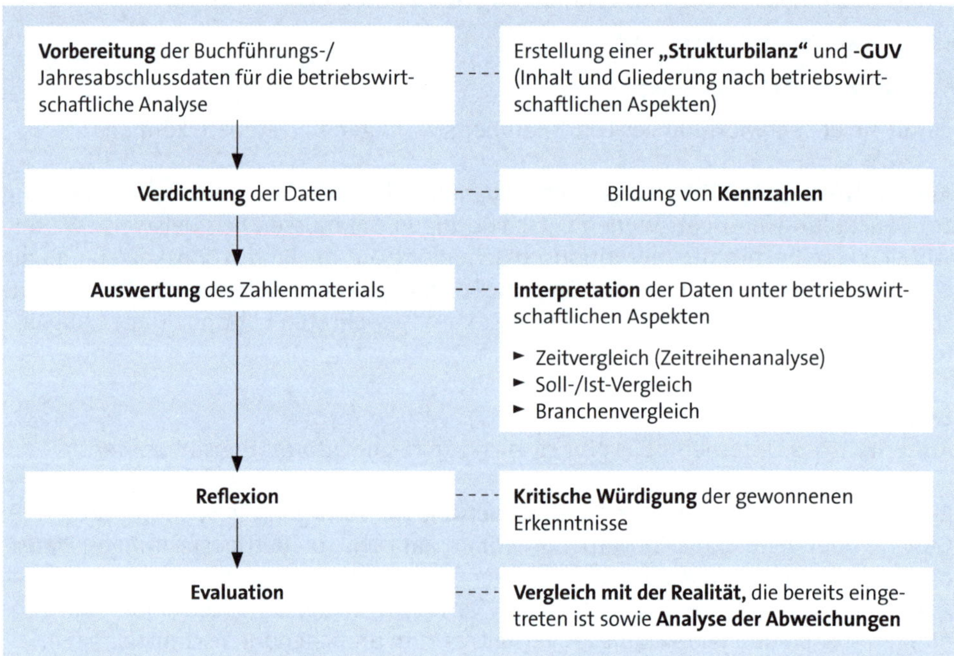

3. Aufbereitung des Zahlenmaterials

Bevor Kennzahlen gebildet werden, ist es notwendig, das vorliegende Zahlenmaterial aufzubereiten und eine Strukturbilanz zu erstellen (vgl. *Hufnagel/Burgfeld-Schächer*, S. 172 ff.; *Kliewer/Zschenderlein/Schneider*, S. 567):

- Posten, die **sachlich zusammengehören**, sind **zusammenzufassen**

  Beispiele

  Sonstige Forderungen und aktive Rechnungsabgrenzungsposten können zur Position „sonstiges Umlaufvermögen" zusammengefasst werden; passive Rechnungsabgrenzungsposten werden den sonstigen Verbindlichkeiten zugeschlagen.

- **Wertberichtigungen**, die im Zahlenmaterial der Buchführung enthalten sind, werden mit den ihnen zugehörigen Aktiva saldiert

  Beispiel

  Einzel- und Pauschalwertberichtigungen zu Forderungen aus LuL sind mit den Forderungen aus LuL zu verrechnen.

- Posten, die von ihrem **betriebswirtschaftlichen Charakter teilweise anderen Posten zuzuordnen** sind, müssen **aufgeteilt** und den entsprechenden Posten zugeordnet werden

  Beispiel

  Rückstellungen enthalten oftmals sowohl Fremd- als auch Eigenkapitalanteile. Sie sind entsprechend aufzuteilen und anteilig dem Eigenkapital bzw. den Schulden zuzuordnen.

- Ein aktiviertes **Disagio** ist **aufzulösen** und das Eigenkapital in gleicher Höhe zu kürzen, weil das aktivierte Disagio kein Vermögen darstellt, sondern der zeitlichen Abgrenzung im Rahmen der Gewinnermittlung dient.
- Der **Bilanzgewinn** bei Kapitalgesellschaften ist in Höhe der geplanten Ausschüttung den **kurzfristigen Verbindlichkeiten** zuzuordnen, weil das Unternehmen diesen Betrag den Gesellschaftern schuldet.

Aufbau einer Strukturbilanz:

AKTIVA	**Bilanz zum ...**	**PASSIVA**
	Euro	Euro
Anlagevermögen		**Eigenkapital**
Umlaufvermögen kurzfristige Forderungen flüssige Mittel (Kasse, Bank etc.) sonstiges Umlaufvermögen		**Fremdkapital** kurzfristige Schulden mittelfristige Schulden langfristige Schulden

- **Kalkulatorische Kosten** – beispielsweise der **kalkulatorische Unternehmerlohn** bei Einzelunternehmungen und Personengesellschaften, kalkulatorische Abschreibungen usw. – **sollten vor der Kennzahlenbildung in der Buchführung erfasst werden**, damit diese in den ordentlichen Betriebserfolg mit einfließen und entsprechend berücksichtigt werden (vgl. *Datev, Buchungsregeln für den Jahresabschluss*, S. 215).

4. Kennzahlen

Aus dem aufbereiteten Zahlenmaterial (Strukturbilanz und -GuV) sind zunächst „Standardkennzahlen" zu bilden.

Sie können mit den Zahlen

- **früherer Perioden** (= Zeitvergleich)
- **Planvorgaben** (= Soll-/Istvergleich) oder
- **Branchenkennzahlen** (= Branchenvergleich) verglichen werden.

Im Anschluss an den Zahlenvergleich erfolgt eine Abweichungsanalyse bzw. -interpretation, die eine der Grundlagen für zukünftige Entscheidungen bildet.

Nachfolgend wird eine **Auswahl typischer Kennzahlen** dargestellt.

4.1 Vermögensstruktur

$$\textbf{Anlagenintensität} = \frac{\text{Anlagevermögen}}{\text{Gesamtvermögen (AV + UV)}} \cdot 100$$

Ein Analyseziel der Kennzahl **„Anlagenintensität"** ist die Feststellung, ob sich die Intensität des Anlagevermögens im Zeitablauf verändert hat (Zeitreihenvergleich).

Beispielsweise könnte sich die Anlagenintensität in den vergangenen Jahren verringert haben, weil geringe Ersatz- oder Erweiterungsinvestitionen stattgefunden haben.

Es könnte aber auch eine positive Veränderung stattgefunden haben, weil Erweiterungs- und Rationalisierungsinvestitionen getätigt wurden. Auch der Vergleich mit anderen Unternehmen der selben Branche (Branchenvergleich) kann Aufschlüsse über die Anlagenkonstitution des betrachteten Unternehmens liefern.

Anlagenintensive Betriebe haben i. d. R. eine **hohe Fixkostenbelastung** (Abschreibungen und Instandhaltungen der Anlagen fallen unabhängig vom Umfang der Beschäftigung an); sie sind deshalb unflexibler und in Krisenzeiten bei rückläufigen Umsätzen **wirtschaftlich anfällig**.

$$\textbf{Umlaufintensität} = \frac{\text{Umlaufvermögen}}{\text{Gesamtvermögen (AV + UV)}} \cdot 100$$

Die Kennzahl **„Umlaufintensität“** liefert Informationen darüber, wie flexibel das betrachtete Unternehmen ist.

Eine hohe Umlaufintensität weist auf ein großes Liquiditätspotenzial hin, was sich positiv auf die Reaktionsfähigkeit bei Beschäftigungs- und Strukturveränderungen auswirkt.

$$\textbf{Vorratsintensität} = \frac{\text{Vorräte}}{\text{Gesamtvermögen (AV + UV)}} \cdot 100$$

Die Kennzahl **„Vorratsintensität“** ist nur im Zeit- und Branchenvergleich aussagekräftig. Eine hohe Vorratsintensität weist auf eine gewisse Unabhängigkeit gegenüber Marktschwankungen auf dem Beschaffungsmarkt hin, hat aber den Nachteil, dass Kapital gebunden wird, welches möglicherweise anderweitig benötigt wird.

4.2 Kapitalstruktur

$$\textbf{Eigenkapitalquote} = \frac{\text{Eigenkapital (EK)}}{\text{Gesamtkapital (EK + FK)}} \cdot 100$$

Die Kennzahl **„Eigenkapitalquote“** (= Eigenkapitalanteil) soll Auskunft darüber geben, wie unabhängig oder abhängig das Unternehmen von „fremden“ Kapitalgebern ist.

Ein hoher Eigenkapitalanteil (insbesondere im Vergleich zu anderen Unternehmen der selben Branche) gibt Auskunft über die Kreditwürdigkeit und die Krisenanfälligkeit des Unternehmens.

$$\textbf{Fremdkapitalquote} = \frac{\text{Fremdkapital (FK)}}{\text{Gesamtkapital (EK + FK)}} \cdot 100$$

Die **„Fremdkapitalquote“** (auch „Fremdkapitalanteil“ oder **„Anpassungskoeffizient“** genannt) gibt den **Verschuldungsgrad des Unternehmens** an.

Ein hoher Verschuldungsgrad (insbesondere relativ, also im Branchen- oder Zeitvergleich) macht das Unternehmen krisenanfällig, weil in Zeiten rückläufiger Umsätze Zins- und Tilgungslasten existenzbedrohend sein können.

4.3 Horizontale Bilanzkennzahlen

$$\textbf{Deckungsgrad A} = \frac{\text{Eigenkapital}}{\text{Anlagevermögen (AV)}} \cdot 100$$

Das Analyseziel des **Deckungsgrades A** (auch **Anlagendeckung 1** genannt) ist die Feststellung, wie stark das Anlagevermögen mit Eigenkapital finanziert ist.

Je höher der Deckungsgrad A ist, desto krisensicherer ist das Unternehmen (vgl. *Hufnagel/Burgfeld-Schächer*, S. 180).

$$\textbf{Deckungsgrad B} = \frac{\text{EK + langfristiges FK}}{\text{Anlagevermögen (AV)}} \cdot 100$$

Das Analyseziel des **Deckungsgrades B** (auch **Anlagendeckung 2** genannt) ist die Feststellung, ob der **„Grundsatz der Fristenkongruenz“** eingehalten wurde. Dieser besagt, dass Kapitalbindungsfristen (hier: Nutzungsdauer des AV) mit den Kapitalüberlassungsfristen (hier: langfristiges Kapital) übereinstimmen sollen (vgl. *Hufnagel/Burgfeld-Schächer*, S. 180).

Bei der **Untersuchung des Grades der Fristenkongruenz** muss auch berücksichtigt werden, dass der „eiserne Bestand“ beim Umlaufvermögen (beispielsweise der immer vorhandene Bestand an Vorräten) das Kapital ebenfalls langfristig bindet und deshalb langfristig finanziert sein sollte (vgl. *Kotz*, S. 528). Für diese Analyse eignet sich die Kennzahl des **Deckungsgrades C** (auch **Anlagendeckung 3** genannt):

$$\textbf{Deckungsgrad C} = \frac{\text{EK + langfristiges FK}}{\text{AV + eiserner Vorratsbestand}} \cdot 100$$

4.4 Rentabilität

Die Rentabilität ist ein **Maßstab für den Erfolg** der Unternehmung. Sie drückt insbesondere das prozentuale Verhältnis des erwirtschafteten Gewinns zum eingesetzten Kapital – also dessen **Verzinsung** – aus.

$$\textbf{Eigenkapitalrentabilität} = \frac{\text{Gewinn}}{\text{Eigenkapital ohne Gewinn}} \cdot 100$$

Bei Kapitalgesellschaften ist als **Gewinn** der **Jahresüberschuss** vor Besteuerung mit Ertragsteuern, bei Einzelunternehmungen und Personengesellschaften der **Gewinn abzüglich kalkulatorischem Unternehmerlohn**, sofern dieser noch nicht berücksichtigt wurde (beispielsweise bei der Erstellung einer Struktur-GuV).

Die Eigenkapitalrentabilität **sollte mindestens die landesübliche Kapitalverzinsung plus eine angemessene Risikoprämie erreichen**, damit der Einsatz des Eigenkapitals als „rentabel" gilt.

$$\textbf{Gesamtkapitalrentabilität} = \frac{\text{Gewinn + FK-Zinsen}}{\text{Gesamtkapital (EK ohne Gewinn + FK)}} \cdot 100$$

Die Gesamtkapitalrentabilität drückt die **durchschnittliche Verzinsung des insgesamt eingesetzten Kapitals** aus. Wenn sie größer als der Kreditzinssatz auf dem Markt ist, dann lohnt sich eine weitere Fremdfinanzierung von zusätzlich notwendigen Investitionen.

$$\textbf{Umsatzrentabilität} = \frac{\text{Gewinn}}{\text{Umsatz}} \cdot 100$$

Die Umsatzrentabilität zeigt, wie hoch der **prozentuale Gewinnanteil je Euro Umsatz** war. Sie hat insbesondere Bedeutung in der Zeitreihenanalyse und im zwischenbetrieblichen Vergleich.

Aufgabe 48 > Seite 263

4.5 Aufwandsstruktur (Kostenstruktur)

Die Bildung von Intensitätskennzahlen der Aufwendungen oder Kosten dient der **Analyse der Aufwands- oder Kostenstruktur** des Betriebes. Hier ist wiederum der Zeitvergleich (Zeitreihenanalyse) als auch der Vergleich mit Branchenkennzahlen interessant. Der Kennzahlenvergleich kann ggf. Hinweise für eine Optimierung der Kostenstruktur liefern.

Ausgewählte Kennzahlen (die je nach dem Untersuchungszweck und der Tiefe der Auswertung beliebig erweiterbar sind):

$$\textbf{Personalintensität} = \frac{\text{Gesamtpersonalkosten}}{\text{Umsatzerlöse}^{1}} \cdot 100$$

Die **Personalintensität** zeigt, welcher Anteil des Umsatzes für Personalkosten aufgewendet werden musste.

Im **Zeitvergleich** kann untersucht werden, ob der Personalkostenanteil je Umsatzeinheit gestiegen oder gesunken ist.

Im **Branchenvergleich** zeigt sich, ob der Personalkostenanteil im Vergleich zu Betrieben der selben Branche über oder unter dem Branchendurchschnitt liegt. Abweichungen sind dann zu analysieren.

$$\textbf{Materialintensität} = \frac{\text{Materialaufwand}}{\text{Umsatzerlöse}} \cdot 100$$

Die **Materialintensität** zeigt, welcher Anteil des Umsatzes für den Materialeinsatz aufgewendet werden musste. Je nach der Betriebsart könnte als „Materialaufwand" der **„Einsatz an Roh-, Hilfs- und Betriebsstoffen"** (produzierendes Gewerbe) oder der **„Wareneinsatz"** (Handelsbetriebe) zu den Umsatzerlösen in Beziehung gesetzt werden.

Positive Abweichungen im Zeitvergleich (die Materialintensität sinkt) weisen **bei gleich gebliebenen Beschaffungspreisen** beispielsweise auf eine verbesserte Produktion oder einen geringeren Schwund hin.

Negative Abweichungen (die Materialintensität steigt), sind in jedem Fall zu analysieren, weil dann die Effizienz der Produktion gesunken ist.

Nach diesem Muster können auch andere Aufwendungen oder Gruppen von Aufwendungen zu den Erlösen oder den gesamten Aufwendungen in Beziehung gesetzt werden, um Anhaltspunkte für weitergehende Analysen zu finden.

---

[1] alternativ: Gesamtleistung

5. Verprobung mithilfe steuerlicher Kennzahlen

Aufgabe der steuerlichen Außenprüfung (Betriebsprüfung) ist u. a., die **Plausibilität** bzw. den wahrscheinlichen Wahrheitsgehalt **der erklärten Zahlen** (Umsatz, Gewinn) **mithilfe bestimmter Kennzahlen zu überprüfen**.

Als Vergleichsmaßstab dienen die jährlich von der Finanzverwaltung veröffentlichten **Richtsätze**. Sie werden jährlich für die einzelnen Gewerbeklassen auf der Grundlage von Betriebsergebnissen zahlreicher geprüfter Unternehmen ermittelt (= **Branchendurchschnittswerte**). Die Richtsätze sind Prozentsätze des wirtschaftlichen Umsatzes für

- den **Rohgewinn**
- den **Halbreingewinn**
- den **Reingewinn.**

Bei Handelsbetrieben wird daneben der **Rohgewinnaufschlagsatz** ermittelt. Für Handwerks- und gemischte Betriebe wird der **Waren- und Materialeinsatz** untersucht.

Ausgangspunkte der Berechnungen sind bei Handelsbetrieben der

- wirtschaftliche (Waren-)**umsatz**
- wirtschaftliche Waren**einsatz**.

Wirtschaftlicher Umsatz
Wirtschaftlicher Umsatz im Sinne der Richtsätze ist die Jahresleistung des Betriebes zu Verkaufspreisen – **ohne** Umsatzsteuer – **abzüglich** der Preisnachlässe und der Forderungsverluste.

	Umsatzerlöse
-	Erlösschmälerungen (Skonti, Boni, Rabatte, nachträgliche Preisnachlässe)
-	Forderungsverluste
=	**wirtschaftlicher Warenumsatz**

Die folgenden Größen gehören **nicht** zum wirtschaftlichen Umsatz und sind entsprechend **herauszurechnen, wenn sie in den Umsatzerlösen enthalten sind**:

- **unentgeltliche Wertabgaben** (= Privatentnahmen, die nicht in Geld bestehen, beispielsweise Warenentnahmen für private Zwecke, privatanteilige Kfz-Nutzung usw.)
- Einnahmen aus Hilfsgeschäften
- Einnahmen aus in Vorjahren ausgebuchten Kundenforderungen
- Einnahmen aus nicht branchenüblichen Leistungen (z. B. aus ehrenamtlicher oder gutachterlicher Tätigkeit, aus Lotto- und Totoannahme)
- Leistungen an das Personal
- Leistungen für eigenbetriebliche Zwecke.

Wirtschaftlicher Waren-/Materialeinsatz
Der Waren-/Materialeinsatz im Sinne der Richtsätze wird mit den steuerlichen Anschaffungskosten (netto) des Wareneingangs angesetzt.

Zum Waren-/Materialeinsatz zählen **auch**:

- Nebenkosten bis zur Einlagerung (z. B. Frachten, Porti, Transportversicherungen, Zölle, Verbrauchsteuern etc.)
- Werklieferungen und Werkleistungen fremder Unternehmen.

	Waren-/Materialeingang
+	Anschaffungsnebenkosten (Transport, Versicherung der Ware etc.)
+	Bestandsminderung Waren-/Materialbestand
-	Bestandserhöhung Waren-/Materialbestand
=	**wirtschaftlicher Wareneinsatz**

Die folgenden Größen gehören nicht zum Waren-/Materialeinsatz und sind entsprechend **herauszurechnen, wenn sie im Wareneingang oder der Bestandsveränderung enthalten sind**:

- **unentgeltliche Wertabgaben** (ggf. mit den festgesetzten Pauschbeträgen)
- unentgeltliche Waren- und Materialabgaben an das Personal
- Waren-/Materialverbrauch für eigenbetriebliche Zwecke.

Wirtschaftlicher Rohgewinn
Die Differenz zwischen dem wirtschaftlichen Umsatz und dem wirtschaftlichen Waren-/Materialeinsatz ist der wirtschaftliche Rohgewinn (vgl. *Bornhofen*, Buchführung 2, S. 309):

	wirtschaftlicher Umsatz
-	wirtschaftlicher Waren-/Materialeinsatz
=	**wirtschaftlicher Rohgewinn**

Der prozentuale Unterschied zwischen dem wirtschaftlichen Umsatz und dem wirtschaftlichen Waren-/Materialeinsatz wird als **Rohaufschlag** oder **Rohgewinnaufschlag** bezeichnet. Man kann ihn auch als durchschnittlichen **Kalkulationszuschlag** bezeichnen, weil er diejenige Größe ist, die auf den Waren-/Materialeinsatz im Rahmen der Preiskalkulation durchschnittlich aufgeschlagen wurde.

$$\textbf{Rohaufschlagsatz (RAS)} = \frac{\text{wirtschaftlicher Rohgewinn}}{\text{wirtschaftlicher Waren-/Materialeinsatz}} \cdot 100$$

Eine weitere Größe der steuerlichen Verprobung ist der **wirtschaftliche Rohgewinnsatz** (auch **Handelsspanne** genannt). Mit dieser Größe kann der Waren-/Materialeinsatz durch eine Rückrechnung aus den Umsatzerlösen ermittelt werden.

$$\textbf{Rohgewinnsatz} = \frac{\text{wirtschaftlicher Rohgewinn}}{\text{wirtschaftlicher Umsatz}} \cdot 100$$

	wirtschaftlicher Umsatz
-	wirtschaftlicher Rohgewinn (= Umsatz · Rohgewinnsatz)
=	**wirtschaftlicher Waren-/Materialeinsatz**

Die Verprobung der Größe **„Gewinn“** erfolgt mithilfe der Kennzahl **„Reingewinnsatz“**:

$$\textbf{Reingewinnsatz} = \frac{\text{Reingewinn}}{\text{wirtschaftlicher Umsatz}} \cdot 100$$

Der Reingewinnsatz zeigt, wie viel Prozent Reingewinn je Euro Umsatz im Durchschnitt erzielt wurde. Starke Abweichungen gegenüber Vorjahren oder im Vergleich mit den Richtsätzen führen i. d. R. zu Erklärungsbedarf.

Aufgabe 49 > Seite 264
Aufgabe 50 > Seite 265

6. Grenzen einer betriebswirtschaftlichen Auswertung

Betriebswirtschaftliche Auswertungen auf Zahlenbasis sind – wie alle statistischen Auswertungen – in ihrer Aussagekraft begrenzt. Die Untersuchungsergebnisse sind deshalb immer unter Berücksichtigung ihrer „Unzulänglichkeiten" einer **kritischen Würdigung** zu unterziehen.

Einige wichtige Grenzen der betriebswirtschaftlichen Auswertung mithilfe von Kennzahlen sind nachfolgend genannt:

- Die vorliegenden **Daten besitzen Vergangenheitscharakter**, es mangelt an Zukunftsbezogenheit.
- Die Daten der Bilanz sind **zeitpunktbezogen** (es wird nur der Status eines Tages – des Abschlussstichtages – dargestellt).
- Es werden **nur quantitative Angaben** dargestellt (qualitative Angaben fehlen).
- Die Rechnungslegungsvorschriften (beispielsweise das **Vorsichtsprinzip** und das **Anschaffungskostenprinzip**) beeinflussen die Darstellung der wirtschaftlichen Lage (z. B. durch die zwangsweise **Bildung von stillen Reserven**).
- Die Angaben im Jahresabschluss sind **aus betriebswirtschaftlicher Sicht unvollständig**. Es fehlen z. B.
  - Angaben über Auftragsbestände
  - Kreditsicherheiten
  - schwebende Geschäfte
  - usw.

Auf die Berücksichtigung der Umsatzsteuer-Absenkung von 19 % auf 16 % und auf 7 % auf 5 % für den Zeitraum vom 01.07.2020 bis zum 31.12.2020 wurde bewusst verzichtet, da es sich nur um eine temporäre Regelung handelt, die zum 01.01.2021 ihre Gültigkeit verliert.

Aufgaben, die zeitlich in diesen „Absenkungszeitraum" fallen, sind deshalb mit den zum 30.06.2020 geltenden Umsatzsteuersätzen von 19 % bzw. 7 % zu lösen.

Aufgabe 1:

Die buchführungspflichtige Unternehmerin Jessica Löwenstein mietet ab dem 01.08.2020 von dem Pkw-Händler Sven Bauer in Koblenz einen Pkw. Die monatliche Miete beträgt 350 € + USt.

Die Leasing-Raten sind jeweils zum 1. eines Kalendermonats fällig und werden pünktlich durch Abbuchung vom Bankkonto (Lastschrift) beglichen.

Der Mietvertrag läuft über 3 Jahre und ist in dieser Zeit unkündbar. Am Ende der Laufzeit kann Frau Löwenstein den Pkw zurückgeben oder für 13.000 € + USt vom Autohaus Bauer übernehmen.

Die Anschaffung des Pkw durch das Autohaus Bauer erfolgte am 10.07.2020 (direkte Bezahlung durch Banküberweisung). Die betriebsgewöhnliche Nutzungsdauer beträgt 4 Jahre, die Abschreibung erfolgt linear. Der Pkw hat 25.000 € + USt gekostet. Der Vorgang wurde noch nicht gebucht.

Aufgaben:
Erstellen Sie alle Buchungen, die in 2020

a) beim Autohaus Bauer (Vermieter des Pkw)

b) bei der Unternehmerin Löwenstein (Mieterin des Pkw)

anfallen.

Lösung s. Seite 267

Aufgabe 2:

Die Einzelunternehmerin Liza de Rocco legt am 31.12.2019 einen Finanzmittelüberschuss ihres Unternehmens in Höhe von 15.000 € bei ihrer Hausbank für ein Jahr zu einem Zinssatz von 2 % p. a. an. Zum 31.12.2020 erhält sie von ihrer Bank vereinbarungsgemäß nach Abzug von Steuern die Zinsgutschrift auf ihrem Konto.

Aufgaben:

a) Berechnen Sie die Bruttozinsen, die Steuerabzüge und die Nettozinsen zum 31.12.2020.

b) Bilden Sie die Buchungssätze zur Erfassung der Zinsen und der Steuern in der Buchführung von Frau de Rocco.

Lösung s. Seite 268

Aufgabe 3:

Der Unternehmer Christian Lorenz legt zum 01.08.2019 einen Finanzmittelüberschuss seines Unternehmens in Höhe von 100.000 € für ein Jahr zu 2,25 % p. a. an. Die Zinsgutschrift erfolgt am 01.08.2020. Hierbei werden von der Bank KapESt und SolZ einbehalten und Herrn Lorenz ordnungsgemäß bescheinigt.

Aufgaben:

- Berechnen Sie den Zinsertrag 2019 und 2020 sowie die Steuerabzüge und den Auszahlungsbetrag am 01.08.2020.
- Erstellen Sie die Buchungssätze zur Erfassung der Zinserträge 2019 und 2020.

Lösung s. Seite 268

Aufgabe 4:

Die Gerrit Heibel GmbH legt am 02.01.2020 einen Finanzmittelüberschuss in Höhe von 25.000 € in Aktien der Z-AG an. Zum 30.04.2020 erhält sie von der Z-AG vor Abzug von KapESt und SolZ eine Dividende in Höhe von 2.000 €, die ihrem Konto nach Abzug der Steuern gutgeschrieben wird.

Aufgaben:

- Berechnen Sie die Steuerabzüge und den Auszahlungsbetrag am 30.04.2020.
- Erstellen Sie die Buchungssätze zur Erfassung des Dividendenertrags 2020.

Lösung s. Seite 269

Aufgabe 5:

Peter Sailer betreibt in Koblenz ein Skateboardgeschäft. Am 15.03.2020 kauft er bei einem Lieferanten in Amsterdam 100 Skateboards für 5.237 € (netto) auf Ziel. Beide USt-Id.-Nummern liegen vor. Er verwendet die Skateboards für sein Unternehmen in Deutschland.

Am 01.04.2020 bezahlt Herr Sailer die vorgenannte Rechnung unter Abzug von 3 % Skonto durch Banküberweisung.

Aufgabe:

Bilden Sie die Buchungssätze für März und April 2020 zur Erfassung des o. a. Vorgangs.

Lösung s. Seite 269

Aufgabe 6:

Jan Schwoll betreibt in Koblenz ein Großhandelsunternehmen für Motorradzubehör. Am 20.03.2020 verkauft Herr Schwoll 200 Motorradhelme für zusammen 10.000 € netto an einen Abnehmer in Paris auf Ziel. Der Abnehmer verwendet die Ware für sein Unternehmen in Frankreich. Beide USt-IdNrn. liegen vor und alle Buch- und Belegnachweise sind ordnungsgemäß erbracht.

Am 01.04.2020 bezahlt der Kunde die vorgenannte Rechnung unter Abzug von 2 % Skonto durch Banküberweisung.

Aufgabe:
Bilden Sie die Buchungssätze für März und April 2020 zur Erfassung des o. a. Vorgangs.

Lösung s. Seite 269

Aufgabe 7:

Der buchführungspflichtige Getränkegroßhändler M. Öztürk, Koblenz, kauft bei einem seiner Zulieferer in Köln neben der üblichen Getränkelieferung eine Flasche Champagner für 75 € + 14,25 € USt, die er einige Tage später einer guten Kundin zum Geburtstag schenkt.

Rechnung des Lieferanten:	Getränke XY	250,00 €
	1 Flasche Champagner	75,00 €
		325,00 €
	19 % USt	61,75 €
		386,75 €

Aufgaben:
Wie ist das Geschenk

a) aus einkommensteuerlicher Sicht

b) aus umsatzsteuerlicher Sicht zu behandeln und

c) wie ist die Rechnung zu buchen (noch nicht bezahlt)?

Lösung s. Seite 270

Aufgabe 8:

Die buchführungspflichtige Gewerbetreibende Heyka Eisenbrandt, Koblenz, lädt anlässlich einer Auftragsbesprechung im Juni 2020 ihre gute Kundin Alexandra Gangl in ein Nobelrestaurant zum Abendessen ein. Die Rechnung beläuft sich auf 250 € + 47,50 € USt (19 %). Frau Eisenbrandt bezahlt mit Scheckkarte ihres Unternehmens und erhält einen Beleg, der allen Nachweisvorschriften entspricht. Die erforderlichen Angaben macht Frau Eisenbrandt auf der Rückseite dieses Belegs.

Nach allgemeiner Verkehrsauffassung ist die Hälfte der Rechnung als unangemessen anzusehen.

Aufgaben:

a) Beurteilen Sie diese Ausgabe aus umsatzsteuerlicher Sicht.

b) Beurteilen Sie diese Ausgabe aus einkommensteuerlicher Sicht.

c) Erstellen Sie die erforderlichen Buchungssätze.

Lösung s. Seite 270

Aufgabe 9:

Der Unternehmer Muhammed Kimmel, Buxtehude, nutzt den betrieblichen Pkw, den er am 02.05.2020 für brutto 35.555 € (zugleich Bruttolistenpreis zum Zeitpunkt der Erstzulassung) für sein Unternehmen gekauft hatte, auch für Fahrten zwischen Wohnung und Betrieb. In 2020 (02.05. - 31.12.) ist er an insgesamt 150 Tagen zwischen Wohnung und Betrieb gefahren. Die Entfernung (einfache Strecke) beträgt 25 km. Es wurde kein Fahrtenbuch geführt. Der Pkw ist kein Elektro- oder Hybridelektro-Fahrzeug.

Aufgabe:

Ermitteln Sie die nichtabzugsfähigen Betriebsausgaben 2020 der Fahrten zwischen Wohnung und Betrieb und geben Sie an, wie diese in der Buchführung erfasst werden (können).

Lösung s. Seite 270

Aufgabe 10:

Die Unternehmerin Bianca Stein, Wasserburg, nutzt den betrieblichen Pkw, den sie am 01.06.2020 für brutto 36.666 € (zugleich Bruttolistenpreis zum Zeitpunkt der Erstzulassung) für ihr Unternehmen gekauft hatte, auch für Fahrten zwischen Wohnung und Betrieb. In 2020 (01.06. - 31.12.) ist sie an insgesamt 130 Tagen zwischen Wohnung und Betrieb gefahren. Die Entfernung (einfache Strecke) beträgt 10 km. Sie hat ein Fahrtenbuch geführt, aus dem die folgenden Daten hervorgehen: in 2020 insgesamt gefahrene km: 35.400; gesamte Kfz-Kosten dieses Pkw in 2020: 8.850 €. Der Pkw ist kein Elektro- oder Hybridelektro-Fahrzeug.

Aufgabe:
Ermitteln Sie die nichtabzugsfähigen Betriebsausgaben 2020 der Fahrten zwischen Wohnung und Betrieb und geben Sie an, wie diese in der Buchführung erfasst werden (können).

Lösung s. Seite 271

Aufgabe 11:

Martina Erbar ist Inhaberin einer Werbeagentur in Winningen bei Koblenz. Im Juni 2020 hatte sie eine Reise zu einer größeren Auftragsbesprechung in Frankfurt unternommen. Sie ist mit ihrem privaten Pkw gefahren und hatte in Frankfurt in einem Hotel übernachtet.

Sie erhalten die folgenden Informationen:

- Entfernung Winningen - Frankfurt (einfache Strecke): 150 km
- Reisebeginn am 07.06.2020 um 13.00 Uhr
- Rückkehr am 09.06.2020 um 20.00 Uhr
- Hotelrechnung:

2 Übernachtungen ohne Frühstück:	150 €
[140,19 € + 9,81 € USt (7 %)]	
Frühstück: 2 · 8 €	16 €
[13,45 € + 2,55 € USt (19 %)]	**166 €**

  Bezahlung mit der Geldkarte des betrieblichen Girokontos.
- weitere Verpflegungskosten:

07.06.2020:	kein Beleg
08.06.2020:	kein Beleg
09.06.2020:	71,40 € (brutto 19 % USt), Barzahlung

Eine ordnungsgemäße Reisekostenabrechnung liegt vor; die vorgelegten Belege entsprechen allen gesetzlichen Anforderungen.

Aufgaben:
a) Ermitteln Sie
   - die Höhe der einkommensteuerlich abziehbaren Reisekosten
   - die Höhe der abziehbaren Vorsteuern.

b) Bilden Sie die Buchungssätze zur Erfassung dieser Reisekosten.

Lösung s. Seite 271

Aufgabe 12:

Der zum Vorsteuerabzug berechtigte Unternehmer Wolfgang Weber betreibt in Koblenz einen Gartenbaubetrieb. Am 01.06.2020 hat Herr Weber für sein Unternehmen einen neuen Transporter (Lkw) gekauft. Folgende Rechnung liegt vor:

Lkw, Listenpreis netto	45.000 €
10 % Rabatt	4.500 €
	40.500 €
19 % USt	7.695 €
zu zahlen	**48.195 €**

Am 18.06.2020 hat Herr Weber die Rechnung unter Abzug von 2 % Skonto vom Rechnungsendbetrag durch Banküberweisung bezahlt.

Am 28.06.2020 hat Herr Weber die Rechnung des Händlers für die Lieferung von Winterreifen (Kompletträder) für den Lkw in Höhe von 910 € + 19 % USt erhalten (noch nicht bezahlt).

Aufgabe:
Berechnen Sie die Anschaffungskosten für den neuen Transporter und erstellen Sie die Buchungsssätze zur Erfassung dieser Anschaffung.

Lösung s. Seite 273

Aufgabe 13:

Der Unternehmer Weber, Koblenz, hat von seinem Angestellten Thomas Förster auf dem Firmengrundstück einen Parkplatz anlegen lassen.

Hierzu liegen Ihnen die folgenden Daten vor:

► eingekauftes Material (Sand, Schotter etc.)	2.500 € + 19 % USt
► dem Lager entnommenes Material	3.500 €
► Arbeitszeit von Herrn Förster für die Erstellung des Parkplatzes	60 Stunden
► Bruttolohn/Stunde	18 €
► Materialgemeinkosten	20 % der Materialeinzelkosten
► Fertigungsgemeinkosten	60 % der Fertigungseinzelkosten
► Verwaltungsgemeinkosten	2 % der Herstellungskosten ohne Verwaltungsgemeinkosten

Die Zukäufe erfolgten auf Ziel (noch nicht bezahlt).

Aufgabe:
Berechnen Sie die niedrigstmöglichen Herstellungskosten a) nach HGB und b) nach EStG für den Parkplatz und erstellen Sie die Buchungssätze zur Erfassung dieses Vorgangs in der handelsrechtlichen Buchführung.

Lösung s. Seite 274

Aufgabe 14:

Steuerberater Ritzdorf erstellt den Jahresabschluss 2020 für die „Wohlgemuth & Einig OHG" (Getränkegroßhandel) in Koblenz. Herr Ritzdorf vertritt oftmals eigenwillige Auffassungen, die aber nicht immer unbegründet oder falsch sind.

Aufgabe:
Prüfen Sie die folgenden Auffassungen, die Herr Ritzdorf bei der Jahresabschlusserstellung vertritt, auf deren Richtigkeit. Begründen Sie Ihre Antworten kurz mithilfe der Regelungen des § 252 HGB.

1. 2019 wurden die Buchführung und der Jahresabschluss von einem anderen Steuerberater erstellt, den Herr Ritzdorf überhaupt nicht leiden kann. Herr Ritzdorf hat die Buchführung der „Wohlgemuth & Einig OHG" deshalb am 01.01.2020 völlig neu begonnen, ohne zu berücksichtigen was vorher gebucht wurde. Er ist der Auffassung, dass der „Schrott", den das andere Steuerberatungsbüro erstellt hat, unberücksichtigt bleiben kann, ja sogar muss.
2. Die Herren Wohlgemuth und Einig haben Herrn Ritzdorf gegenüber geäußert, dass sie – falls sich die Geschäftslage 2021 nicht deutlich verbessert – den Geschäftsbetrieb in der zweiten Jahreshälfte 2021 einstellen und die OHG liquidieren werden.

   Da Herr Ritzdorf nicht an eine bessere Geschäftslage im Jahr 2021 glaubt, setzt er 2020 schon einmal alle Vermögensgegenstände zum halben Buchwert an, denn bei einer Auflösung der OHG könnten höchstens diese Beträge als Verkaufserlöse erzielt werden.
3. Herr Ritzdorf hasst Abschreibungstabellen, da ihm diese zu viel Arbeit machen. Aus diesem Grund fasst er die gesamte Geschäftsausstattung zu einer Position zusammen und schreibt diese mit 20 % ab.
4. Eine auf Lager liegende Palette Wein des Jahrgangs 2018 hat einen Einkaufswert (Anschaffungskosten) von 10.000 € (= Bestand auf dem Konto „Bestand Waren 3980 (1140)"). Da der Markt mit dieser Weinsorte regelrecht „überschwämmt" ist, kann der Wein nur noch zur Hälfte des Wertes verkauft werden. Herr Ritzdorf nimmt deshalb jetzt schon eine Abschreibung auf Vorräte in Höhe von 5.000 € vor.
5. Eine andere Palette Wein des Jahrgangs 2018, die mit Anschaffungskosten von 8.000 € auf dem Konto „Bestand Waren 3980 (1140)" erfasst wurde, ist schon seit Jahren nachweislich im Wert gestiegen. Am 31.12.2020 beläuft sich der Wert dieser Palette auf rund 30.000 €. Da Herr Ritzdorf im Auftrag seiner Mandanten für die Vorlage der Bilanz bei der Bank ein möglichst hohes Vermögen der OHG ausweisen soll, setzt er diese Palette Wein mit 30.000 € in der Bilanz an.

6. Mit dem Themengebiet der „zeitlichen Abgrenzung“ war Herr Ritzdorf schon seit seiner Berufsschulzeit auf „Kriegsfuß“. Aus diesem Grund wurde 2020 auch nur nach Zahlungsvorgängen gebucht.

   Die Dezemberlöhne wie auch die Lohnnebenkosten (Sozialversicherungsbeiträge, Lohnsteuer usw.) der Wohlgemuth & Einig OHG wurden erst am 02.01.2021 durch Überweisung bezahlt und deshalb auch für Januar 2021 erfasst.

7. Wie der bisherige Steuerberater der OHG für 2019 Abschreibungen vorgenommen und Vermögensgegenstände bewertet hat, ist Herrn Ritzdorf egal. Er schreibt 2020 alle Vermögensgegenstände so ab, wie er es für richtig hält. Herr Ritzdorf verwendet deshalb andere Abschreibungsprozentsätze und -methoden als sein Kollege (auch bei bereits 2019 bilanzierten Vermögensgegenständen).

Lösung s. Seite 274

Aufgabe 15:

Bestimmen Sie für die folgenden Fälle den handelsrechtlichen Wertansatz in der Bilanz zum 31.12.2020 unter Berücksichtigung von § 253 Abs. 3 und 4 HGB. Begründen Sie Ihre Entscheidungen. Sofern Buchungen notwendig sind, erstellen Sie bitte die entsprechenden Buchungssätze.

1. Claudia Weisbrod betreibt in Koblenz das Computerfachgeschäft Computer Weisbrod e.K. Bei der Inventur zum 31.12.2020 wird u. a. festgestellt, dass sich im Lager 50 Monitore befinden, die zum Stückpreis von 200 € (netto) eingekauft und mit diesem Wert im Warenbestand erfasst wurden. Zum 31.12.2020 betragen die Wiederbeschaffungskosten lt. Händlerliste einschließlich Nebenkosten netto 150 €.
2. Fall wie zuvor, jedoch mit dem Unterschied, dass die Monitore nur vorübergehend im Wert gefallen sind (zum Zeitpunkt der Bilanzaufstellung im Mai 2021 beträgt der Nettoeinkaufspreis wieder 200 €).
3. Ralf Bläser ist Eigentümer einer mittelgroßen Bauunternehmung in Gerolstein. Zu seinem Betriebsvermögen gehört ein unbebautes Grundstück, das er 2019 für 215.348 € angeschafft und mit diesem Wert zum 31.12.2019 bilanziert hat. Er hatte dieses Grundstück als Bauland erworben. In 2020 stellt sich aber heraus, dass eine Bebauung dieses Grundstücks nicht zulässig ist. Der Wert des Grundstücks sinkt daraufhin auf einen Wiederbeschaffungswert von 115.750 € einschließlich Anschaffungsnebenkosten.
4. Fall wie 3., jedoch mit dem Unterschied, dass eine Bebauung erst ab 2025 zulässig sein wird. Der Wert des Grundstücks sinkt deshalb vorübergehend auf einen Wiederbeschaffungswert von 180.725 € einschließlich Anschaffungsnebenkosten.

Lösung s. Seite 275

Aufgabe 16:

Bilden Sie die zum 31.12.2020 notwendigen Buchungssätze, die sich aus dem nachfolgenden Sachverhalt ergeben. Buchungen, die das Jahr 2021 betreffen, sind nicht aufzuführen. Sofern zu einer Textziffer keine Buchung erfolgt, ist dies zu begründen.

Zu jedem Buchungssatz ist dessen Gewinnauswirkung mit anzugeben!

Sachverhalt
Der buchführungspflichtige Gewerbetreibende Philipp Witzmann legt Ihnen zu den folgenden Geschäftsvorfällen die entsprechenden Unterlagen zur Erfassung in seiner Buchführung vor:

1. Herr Witzmann hat die Dezember- und Januarmiete in Höhe von jeweils 1.000 € + 19 % USt bereits Ende Dezember 2020 an seinen Vermieter überwiesen (Lastschrift auf dem Bankkonto am 31.12.2020). Der Vorgang wurde noch nicht gebucht.
2. Den Jahresbeitrag für die betriebliche Kfz-Versicherung in Höhe von 960 € hatte Herr Witzmann termingerecht am 15.10.2020 durch Banküberweisung bezahlt und in voller Höhe auf dem Konto „Kfz-Versicherungen 4520 (6520)" im Soll erfasst.
3. Am 01.12.2020 hat Herr Witzmann die Zinsen für das betriebliche Darlehen A vereinbarungsgemäß für die Zeit vom 01.12.2020 bis zum 31.03.2021 in Höhe von 800 € im Voraus durch Banküberweisung bezahlt. Der Vorgang wurde noch nicht gebucht.

Lösung s. Seite 276

Aufgabe 17:

Bilden Sie die zum 31.12.2020 notwendigen Buchungssätze, die sich aus dem nachfolgenden Sachverhalt ergeben. Buchungen, die das Jahr 2021 betreffen, sind nicht aufzuführen. Sofern zu einer Textziffer keine Buchung erfolgt, ist dies zu begründen.

Zu jedem Buchungssatz ist dessen Gewinnauswirkung mit anzugeben!

Sachverhalt
Der buchführungspflichtige Gewerbetreibende Philipp Witzmann legt Ihnen zu den folgenden Geschäftsvorfällen die entsprechenden Unterlagen zur Erfassung in seiner Buchführung vor:

1. Herr Witzmann vermietet an den zum Vorsteuerabzug berechtigten Gewerbetreibenden Gerlach eine Lagerhalle. Die Miete für Dezember 2020 und Januar 2021 in Höhe von jeweils 500 € + 19 % USt hat Herr Witzmann bereits Ende Dezember 2020 von seinem Mieter erhalten (Gutschrift auf dem Bankkonto am 31.12.2020). Der Vorgang wurde noch nicht gebucht.
2. Seinem Kunden Fischer hat Herr Witzmann am 01.06.2020 ein Darlehen in Höhe von 10.000 €, Laufzeit 2 Jahre, Zinssatz 10 % p. a., gewährt. Die Zinsen sind vereinbarungsgemäß halbjährlich im Voraus zu bezahlen. Am 01.12.2020 erhält Herr Witzmann die Zinsen für den Zeitraum 01.12.2020 bis 31.05.2021 durch Banküberweisung. Die Bankgutschrift vom 01.12.2020 wurde noch nicht gebucht.

Lösung s. Seite 277

Aufgabe 18:

Bilden Sie die zum 31.12.2020 notwendigen Buchungssätze, die sich aus dem nachfolgenden Sachverhalt ergeben. Buchungen, die das Jahr 2021 betreffen, sind nicht aufzuführen. Sofern zu einer Textziffer keine Buchung erfolgt, ist dies zu begründen.

Zu jedem Buchungssatz ist dessen Gewinnauswirkung mit anzugeben!

Sachverhalt
Der buchführungspflichtige Gewerbetreibende Philip Luy legt Ihnen zu den folgenden Geschäftsvorfällen die entsprechenden Unterlagen zur Erfassung in seiner Buchführung vor:

1. Die Dezembermiete 2020 in Höhe von 750 € netto für einen vermieteten Verkaufsraum, für den Herr Luy zur USt optiert hat, wurde erst am 15.01.2021 von dem Mieter überwiesen (Gutschrift auf dem Bankkonto von Herrn Luy am 16.01.2021).
2. Am 01.12.2020 hat Herr Luy die Kfz-Versicherung in Höhe von 600 € für ½ Jahr im Voraus (01.12.2020 - 31.05.2021) durch Banküberweisung bezahlt. Es wurde noch nichts gebucht.
3. Herr Luy schuldet am 31.12.2020 noch das Bezugsgeld für eine Fachzeitschrift in Höhe von 90 € + 7 % USt. Die Rechnung geht erst am 10.01.2021 ein und wird am 12.01.2021 durch Banküberweisung beglichen. Zum 31.12.2020 wurde noch nichts gebucht.
4. Am 31.03.2020 erhielt Herr Luy von seiner Bank Wertpapierzinsen in Höhe von 2.208,75 € (Nettozinsen) ausgezahlt (Gutschrift auf den Bankkonto). Für die einbehaltenen Steuern hat er eine ordnungsgemäße Steuergutschrift erhalten. Da die Zinsen dem Zeitraum 01.10.2019 - 31.03.2020 zuzurechnen sind, hatte er zum 31.12.2019 eine anteilige Forderung erfasst. Hier sind die Buchungen zum 31.03.2020 zu erstellen (es wurde noch nichts gebucht).
5. Die private Haftpflichtversicherung in Höhe von 150 € für die Zeit vom 01.07.2020 - 30.06.2021 wurde von Herrn Luy am 28.06.2020 durch Banküberweisung bezahlt. Es wurde noch nichts gebucht.
6. Die am 31.12.2020 fällige vierteljährliche Tilgungszahlung in Höhe von 14.000 € für die Hypothek, die zur Finanzierung des Betriebsgebäudes aufgenommen wurde, wurde dem Bankkonto erst am 05.01.2021 belastet. Es wurde noch nichts gebucht.
7. Für einen vermieteten Büroraum des eigenen Bürogebäudes hat Herr Luy am 01.11.2020 die Miete für ein Vierteljahr (01.11. - 31.01.) im Voraus auf dem Bankkonto erhalten. Es wurde gebucht: „1200 (1800) Bank | 1.800 € | 2750 (4860) Grundstückserträge“ (keine Option zur USt).

Lösung s. Seite 278

Aufgabe 19:

Lesen Sie § 249 HGB und R 5.7 EStR und beurteilen Sie die nachfolgend aufgeführten Sachverhalte. Entscheiden Sie für jeden Fall gesondert, ob

a) handelsrechtlich

b) steuerrechtlich

die Bildung einer Rückstellung

- vorgeschrieben (= Pflicht) oder
- nicht zulässig (= Verbot) ist.

Geben Sie im Fall der Rückstellungsbildung den jeweils relevanten Buchungssatz an!

Im Rahmen der Jahresabschlussvorbereitung für die Helm & Rolli OHG in Koblenz sind die folgenden Sachverhalte im Hinblick auf Rückstellungsbildungen zu beurteilen:

Sachverhalte

1. Der 2020 angestrengte Prozess gegen die Frick & Co. KG auf Schadenersatz wegen mangelhafter Lieferung wird im Jahr 2021 wahrscheinlich verloren gehen. Dadurch werden vermutlich Gerichtskosten in Höhe von 1.500 € fällig.
2. Die aus dem abgelaufenen Geschäftsjahr resultierenden Garantieverpflichtungen werden erfahrungsgemäß noch Kosten in Höhe von 25.000 € verursachen.
3. Wegen des Konkurrenzdrucks hat sich die Helm & Rolli OHG dafür entschieden, auch weiterhin neben den Garantieleistungen auch Kulanzleistungen zu erbringen, deren Höhe rund 20 % der Kosten für die Garantieverpflichtungen beträgt (Erfahrungswert).
4. Im Dezember 2020 stellt sich heraus, dass die Heizungsanlage der Helm & Rolli OHG defekt ist. Der Kundendienst informiert die Geschäftsleitung der Helm & Rolli OHG, dass eine Reparatur notwendig ist, die etwa 10.000 € kostet. Zunächst wird eine provisorische Reparatur durchgeführt, damit die Heizung weiterläuft. Die Geschäftsleitung gibt die Reparatur im Dezember 2020 für Januar 2021 in Auftrag.
5. Die Helm & Rolli OHG hatte im Juni 2020 mit dem Smith Warehouse in New York (USA) einen Liefervertrag in Höhe von 40.000 US-$ abgeschlossen (die Lieferung ist vom Abnehmer Smith Warehouse in US-Dollar zu bezahlen). Die Waren werden jedoch erst Anfang 2021 nach New York geliefert. Wegen der seit Mitte 2020 eingetretenen und weiterhin anhaltenden Dollarschwäche ist aus diesem Geschäft mit einem Verlust in Höhe von 2.000 € zu rechnen.

Lösung s. Seite 279

Aufgabe 20:

Der buchführungspflichtige Gewerbetreibende Willi Diell, Koblenz, hat zum 31.12.2020 für eine zu erwartende Gewerbesteuernachzahlung für 2020 in Höhe von 2.500 € eine Gewerbesteuerrückstellung in dieser Höhe gebildet.

Der Gewerbesteuerbescheid für 2020, der am 20.11.2021 bei Herrn Diell eingeht, weist eine Gewerbesteuernachzahlung in Höhe von 2.450 € aus.

Wie lauten die Buchungen zum 20.11.2021?

Lösung s. Seite 280

Aufgabe 21:

Bei dem buchführungspflichtigen Gewerbetreibenden Philipp Gerlach, Koblenz, ist Ende 2020 eine dringende Reparatur am Dach des Geschäftsgebäudes notwendig, die wegen schlechter Witterungsverhältnisse erst Anfang 2021 durchgeführt werden kann. Der Kostenvoranschlag des Dachdeckers vom 15.12.2020 beläuft sich auf 14.000 €.

Die Reparaturarbeiten werden im Februar 2021 begonnen und am 25.03.2021 abgeschlossen. Die Rechnung des Dachdeckers beträgt 16.000 € + 3.040 € USt. Herr Gerlach bezahlt dem Dachdecker die 19.040 € am 15.04.2021 durch Banküberweisung.

Wie lauten die Buchungen

a) zum 31.12.2020 und
b) zum 25.03.2021?

Lösung s. Seite 280

Aufgabe 22:

Bilden Sie diejenigen Buchungssätze, die bei den folgenden Sachverhalten zum 31.12.2020 handelsrechtlich notwendig sind. Bei Bewertungsalternativen ist so zu bewerten, dass der niedrigstmögliche Gewinn ausgewiesen wird.

1. Auf dem Grund und Boden B wird 2020/2021 das Betriebsgebäude B hergestellt. Das Grundstück umfasst 3.000 qm. Es wurde 2010 für 210.210 € inkl. ANK angeschafft. Ein vergleichbares Grundstück in dem von der Gemeinde bereitgestellten Gewerbegebiet könnte am 31.12.2020 für 60 €/qm einschließlich Kaufnebenkosten erworben werden. Es ist davon auszugehen, dass dieser Marktwert von Dauer ist.
2. Der Gewerbetreibende Weckbecker hat im Februar 2020 festverzinsliche Wertpapiere für 50.750 € inkl. Kaufnebenkosten zur langfristigen Anlage erworben (Wertpapiere des Betriebsvermögens) und auf dem Konto „Wertpapiere des AV 0525 (0900)" im Soll erfasst. Am 31.12.2020 haben die Wertpapiere laut Börsennotierung einen Wert von 49.000 €. Die Kaufnebenkosten betragen 1,5 %.

3. Fall wie zuvor, mit dem Unterschied, dass die Wertpapiere am 31.12.2020 laut Börsennotierung einen Wert von 70.000 € haben. Es ist davon auszugehen, dass dieser Wert von Dauer ist.

4. Der buchführungspflichtige Gewerbetreibende Franzen hat im Januar 2017 für sein Unternehmen ein Grundstück für 205.550 € inklusive Anschaffungsnebenkosten erworben und auf dem Konto „Unbebaute Grundstücke 0065 (0215)" im Soll erfasst. In 2020 möchte er eine Lagerhalle auf diesem Grundstück errichten. Ende 2019 stellte sich heraus, dass das Grundstück chemisch verseucht ist. Die Sanierungskosten würden sich auf 150.000 € belaufen. Der Marktwert des Grundstücks beträgt deshalb zum 31.12.2020 nur noch 50.000 €.

5. Das unbebaute Grundstück A wurde 2011 für 125.125 € einschließlich Anschaffungsnebenkosten erworben und auf dem Konto „Unbebaute Grundstücke 0065 (0215)" im Soll erfasst. Weil die Gemeinde das Gebiet 2012 entgegen der Erwartungen nicht zum Bauland erklärt hatte, sank der Wert auf 100.000 €. Eine außerplanmäßige Abschreibung in Höhe von 25.125 € wurde zum 31.12.2012 vorgenommen. Im Juli 2020 fasst die Gemeinde den Beschluss, das Gebiet, in dem das Grundstück A liegt, zum Bauland zu deklarieren. Der Marktwert des Grundstücks steigt deshalb in 2020 auf 150.000 €.

Lösung s. Seite 280

Aufgabe 23:

Eberhard Duchstein betreibt in der Innenstadt von Koblenz einen Buchladen.

Für die Versandabteilung kauft Herr Duchstein am 15.01.2020 die nachfolgend aufgeführten Vermögensgegenstände auf Ziel. Vom Lieferer erhält er die folgende Rechnung:

Versandmanagerprogramm „Versand 2020"	253,00 €
Verpackungsanlage	1.000,00 €
	1.253,00 €
+ 19 % USt	238,07 €
	1.491,07 €

Die Nutzungsdauer beider Vermögensgegenstände soll 5 Jahre betragen. Herr Duchstein bezahlt die Rechnung am 20.01.2020 unter Abzug von 2 % Skonto durch Banküberweisung.

Aufgabenstellung:

a) Bilden Sie die Buchungssätze für die Anschaffung.

b) Ermitteln Sie die höchstmöglichen steuerlichen Abschreibungsbeträge für 2020 und bilden Sie die entsprechenden Buchungssätze. Hier wird unterstellt, dass 2020 keine weiteren Anlagegegenstände mit AK ≤ 1.000 € angeschafft wurden oder werden.

Lösung s. Seite 281

Aufgabe 24:

Ernst Heimes betreibt in der Innenstadt von Koblenz einen Buchladen. Er ist buchführungspflichtig nach § 238 HGB.

Herr Heimes hat zum 01.11.2020 ein Konkurrenzunternehmen in Koblenz komplett gekauft, das er nun unter seinem Namen weiterführt. Sie erhalten hierzu die folgenden Informationen:

► Kaufpreis des ganzen Unternehmens (durch Bankscheck bezahlt)	180.000 €
► übernommenes Vermögen	
Ladeneinrichtung	50.000 €
Warenbestand	40.000 €
► übernommene Schulden (Lieferantenverbindlichkeiten)	30.000 €

a) Ermitteln Sie in Nebenrechnungen den übernommenen Firmenwert und die Abschreibung 2020 für
   - den Firmenwert (geschätzte Nutzungsdauer: 5 Jahre)
   - die übernommene Ladeneinrichtung (geschätzte Restnutzungsdauer: 4 Jahre).

b) Bilden Sie die Buchungssätze für den gesamten Erwerbsvorgang und die Abschreibungen 2020.

Lösung s. Seite 282

Aufgabe 25:

Felix Wirges betreibt in der Innenstadt von Koblenz ein Bürofachgeschäft. Er ist buchführungspflichtig nach § 238 HGB. Für ihn ist der folgende Sachverhalt zu bearbeiten:

Das Gebäude, in dem Herr Wirges das Geschäft betreibt (keine Wohnzwecke), gehört zum Betriebsvermögen. Es wurde von Herrn Wirges zusammen mit dem Grund und Boden am 15.09.2000 für umgerechnet 480.000 € (inkl. Anschaffungsnebenkosten) erworben. Der Wert des Gebäudes beträgt 70 % der AK. Das Gebäude wurde 1998 vom Hersteller fertig gestellt und bis zum Verkauf an Herrn Wirges linear abgeschrieben. Der Hersteller hatte den Bauantrag im Mai 1996 gestellt.

Aufgabenstellung:
Ermitteln Sie die höchstmögliche Abschreibung für 2020 unter der Annahme, dass Herr Wirges auch in den Vorjahren höchstmöglich abgeschrieben hat und bilden Sie den entsprechenden Buchungssatz zum 31.12.2020.

Lösung s. Seite 283

Aufgabe 26:

Der Gewerbetreibende Wirges (siehe Übungsaufgabe zuvor) hat am 01.12.2020 eine Lagerhalle für sein Unternehmen fertig gestellt, für die er den Bauantrag im Februar 2019 gestellt hatte. Die Herstellungskosten des Gebäudes haben insgesamt 340.000 € betragen und sind bisher auf dem Konto „0120 (0710) Geschäftsbauten im Bau" erfasst.

Aufgabenstellung:
Ermitteln Sie die höchstmögliche Abschreibung für 2020 und bilden Sie die Buchungssätze für den Anlagenzugang und die Abschreibung 2020.

Lösung s. Seite 283

Aufgabe 27:

Der zum Vorsteuerabzug berechtigte buchführungspflichtige Unternehmer Fölbach betreibt in Koblenz eine Offsetdruckerei. Am 14.03.2020 (= Lieferdatum) hatte Herr Fölbach für die Druckerei eine neue Druckmaschine angeschafft. Folgende Rechnung liegt vor:

Druckmaschine, Listenpreis netto	75.000 €
10 % Rabatt	- 7.500 €
	67.500 €
19 % USt	12.825 €
zu zahlen	**80.325 €**

Am 20.03.2020 bezahlte Herr Fölbach die obige Rechnung unter Abzug von 2 % Skonto durch Banküberweisung.

Am 28.03.2020 erhielt Herr Fölbach die Rechnung des Spediteurs für die Lieferung (Transport) der neuen Maschine über 1.125 € + 19 % USt.

Aufgabenstellung:

a) Stellen Sie in einer Nebenrechnung die Ermittlung der Anschaffungskosten (**2020**) und der Abschreibung **2020** für die neue Druckmaschine dar. Die neue Anlage soll 8 Jahre höchstmöglich abgeschrieben werden.

b) Zeigen Sie den Abschreibungsverlauf der gesamten Nutzungsdauer der neuen Maschine (Tabelle).

c) Erstellen Sie den Buchungssatz für die Abschreibung **2020**.

Lösung s. Seite 283

Aufgabe 28:

Der zum Vorsteuerabzug berechtigte Unternehmer Kaiser betreibt in Andernach ein Großhandelsgeschäft für Trekking-Zubehör. Am 28.03.2020 kauft Herr Kaiser zwei neue Schreibtische für das Büro seines Unternehmens auf Ziel:

Schreibtisch Expert 1	253 €
Schreibtisch Expert 2	847 €
	1.100 €
+ 19 % Umsatzsteuer	209 €
	1.309 €

Herr Kaiser bezahlt die Rechnung unter Abzug von 3 % Skonto am 31.03.2020.

Aufgabenstellung:
Bilden Sie die Buchungssätze zur Erfassung der Anschaffung und der Abschreibung der Schreibtische für 2020 unter der Annahme, dass 2020 keine anderen Anlagegegenstände für das Unternehmen angeschafft wurden. Die betriebsgewöhnliche Nutzungsdauer der Schreibtische beträgt 12 Jahre. Die steuerliche Abschreibung für 2020 soll höchstmöglich erfolgen.

Lösung s. Seite 284

Aufgabe 29:

Der zum Vorsteuerabzug berechtigte buchführungspflichtige Unternehmer Fritz Willwersch betreibt in Koblenz das Einzelhandelsunternehmen „Multimedia Willwersch e. K.“. Ende 2020 plant er, in 2021 ein neues Regalsystem für das Lager seines Unternehmens anzuschaffen. Das Regalsystem soll etwa 19.200 € + USt kosten (Kostenvoranschlag). Die tatsächliche Anschaffung erfolgt dann im August 2021.

Der nach § 5 EStG für Herrn Willwersch ermittelte Gewinn 2020 beträgt 134.800 €.

Das Regalsystem wird am 10.08.2021 für 19.200 € + 3.648 € = 22.848 € geliefert und von Herrn Willwersch mit einem Bankscheck bezahlt. Die betriebsgewöhnliche Nutzungsdauer beträgt 10 Jahre.

Im Jahr der Anschaffung des Regalsystems möchte Herr Willwersch die Wahlrechte gem. § 7g Abs. 2 EStG in Anspruch nehmen. Der Gesamtbestand der in Anspruch genommenen Investitionsabzugsbeträge zum 31.12.2020 beträgt 9.600 €.

Aufgabenstellung:
Bilden Sie alle infrage kommenden Buchungssätze und Nebenrechnungen für 2020 und 2021. Die Regalwand soll steuerlich linear, aber höchstmöglich abgeschrieben werden, die Sonderabschreibung nach § 7g Abs. 5 und 6 EStG soll jedoch nicht angewendet werden, weil sie erst im nachfolgenden Kapitel behandelt wird.

Lösung s. Seite 285

Aufgabe 30:

Sachverhalt
Philipp Witzmann betreibt in Koblenz das Einzelhandelsunternehmen „Telekommunikation Witzmann e. K." Bei ihm hat sich der nachfolgend dargestellte Sachverhalt ereignet, der von Ihnen erfasst werden soll.

Herr Witzmann plant Ende 2020 die Anschaffung einer neuen Verkaufstheke für sein Ladengeschäft. Die Verkaufstheke soll ca. 4.000 € + USt kosten (Kostenvoranschlag). Die tatsächliche Anschaffung erfolgt im Mai 2021.

Der nach § 5 EStG für Herrn Witzmann ermittelte Gewinn 2020 beträgt 98.450 €.

Die Verkaufstheke wird am 10.05.2021 für 4.000 € + 760 € = 4.760 € geliefert und von Herrn Witzmann mit einem Bankscheck bezahlt. Die betriebsgewöhnliche Nutzungsdauer beträgt 10 Jahre.

Im Jahr der Anschaffung der Verkaufstheke möchte Herr Witzmann § 7g Abs. 2 EStG bezogen auf die Verkaufstheke anwenden. Weitere Investitionsabzugsbeträge bestehen zum 31.12.2020 nicht.

Aufgabenstellung:
Bilden Sie alle infrage kommenden Buchungssätze und Nebenrechnungen für 2020 und 2021. Die Verkaufstheke soll linear, aber höchstmöglich abgeschrieben werden. Es sollen alle anwendbaren steuerlichen Wahlrechte ausgeschöpft werden (Ziel: niedrigstmöglicher steuerlicher Gewinn).

Lösung s. Seite 286

Aufgabe 31:

Sachverhalt
Wolfgang Weber betreibt in Koblenz eine Druckerei mit Verlag. Er ist buchführungspflichtig nach § 238 HGB. Die Voraussetzungen für die Anwendung von § 7g EStG sind bei ihm nicht erfüllt.

Herr Weber möchte in den Jahren 2020 und 2021 einen **möglichst niedrigen steuerlichen Gewinn** ausweisen.

Am 02.11.2020 entsteht durch einen Kurzschluss ein Maschinenbrand, der zur völligen Zerstörung der Druckmaschine 1 führt. Diese Maschine wird anschließend verschrottet.

Die Versicherung bezahlt Herrn Weber eine Entschädigung in Höhe von 40.000 € (Banküberweisung am 01.12.2020).

Die zerstörte Druckmaschine wurde im Januar 2014 für 80.000 € netto angeschafft. Die Abschreibung erfolgt linear über 8 Jahre.

Herr Weber erwirbt am 15.01.2021 (= Lieferdatum) eine neue Druckmaschine für 70.000 € + 19 % USt gegen Bankscheck, die auch über eine Nutzungsdauer von 8 Jahren, aber höchstmöglich abgeschrieben werden soll. Die Anwendung von § 7g EStG ist nicht möglich.

Aufgabenstellung:
Bilden Sie alle notwendigen Buchungssätze für **2020 und 2021** zur Erfassung des o. g. Sachverhalts aus steuerlicher Sicht. Nebenrechnungen sind vollständig aufzuführen.

Lösung s. Seite 287

Aufgabe 32:

Ein Posten eingekaufter Ware, der mit Anschaffungskosten von 30.000 € zu Buch steht, hat wegen gesunkener Beschaffungspreise am 31.12.2020 nur noch einen Marktwert von 27.000 €. Zum Zeitpunkt der Veräußerung der Ware Ende April 2021 beträgt der Wiederbeschaffungspreis der Ware 31.000 € (= vorübergehende Wertminderung).

Aufgabenstellung:
Mit welchem Wert ist die Ware zum 31.12.2020 zu bilanzieren:

a) nach Handelsrecht?

b) nach Steuerrecht?

Begründen Sie Ihre Entscheidung. Sofern zum 31.12.2020 eine Buchung vorzunehmen ist, erstellen Sie den entsprechenden Buchungssatz!

Lösung s. Seite 288

Aufgabe 33:

Der buchführungspflichtige Großhändler Andreas Zigan hat die Ware W1 im Mai 2020 für 20.000 € + 19 % USt eingekauft. Zum Bilanzstichtag (31.12.2020) liegt diese Ware mengenmäßig unverändert im Lager (im Warenbestand enthalten). Am 31.12.2020 beträgt der Verkaufspreis dieser Ware brutto 27.132 €. Zum Zeitpunkt der Bilanzerstellung im April 2021 beträgt der Verkaufspreis 25.704 € (brutto 19 %). An Erlösminderungen und Vertriebskosten werden bis zum Verkauf noch rund 3.000 € netto anfallen. Der durchschnittliche Rohgewinnaufschlagsatz beträgt 20 %.

Aufgabenstellung:

a) Mit welchem Wert ist die Ware W1 zum 31.12.2020 zu bilanzieren? Begründen Sie Ihre Entscheidung.

b) Sofern zum 31.12.2020 eine Buchung vorzunehmen ist, erstellen Sie den entsprechenden Buchungssatz!

Lösung s. Seite 289

Aufgabe 34:

Hinsichtlich der Bewertung des Warenbestandes W2 liegen folgende Angaben vor:

Warenbestand am 01.01.2020 (Konto „Bestand W2 3982 (1142)“	156.400 €

Warenbestand W2 am 31.12.2020 lt. Inventur:

zu Einkaufspreisen, netto	104.000 €
zu Anschaffungskosten, netto	110.000 €
zu Verkaufspreisen, netto	159.500 €

Im Schlussbestand ist ein Posten mit AK von 29.500 € enthalten, dessen beizulegender Zeitwert (= Teilwert) am 31.12.2020 aufgrund gesunkener Anschaffungskosten nur noch 20.000 € beträgt (dauerhafte Wertminderung).

Aufgabenstellung:

a) Mit welchem Wert ist Ware W2 zum 31.12.2020 zu bilanzieren?

b) Sofern zum 31.12.2020 eine Buchung vorzunehmen ist, erstellen Sie den entsprechenden Buchungssatz!

Lösung s. Seite 289

Aufgabe 35:

Hubert König betreibt in Koblenz ein Großhandelsunternehmen für Dachdeckerbedarf (Dachdecker König e. K.). Er beauftragt Sie mit der Erstellung seiner Bilanz und Gewinn- und Verlustrechnung zum 31.12.2020.

Der Warenbestand „Dämmplatten“ muss zum 31.12.2020 bewertet werden. Hierfür liegen die folgenden Daten vor:

Anfangsbestand 01.01.	190 Stück à 24 €
Zugang 14.02.	250 Stück à 28 €
Zugang 21.06.	120 Stück à 25 €
Zugang 30.08.	140 Stück à 32 €
Schlussbestand lt. Inventur	180 Stück

Der Saldo des Kontos „3985 (1145) Dämmplatten“ beträgt 4.560 € im Soll.

Aufgabenstellung:

a) Bewerten Sie den Bestand zum 31.12.2020 nach der Durchschnittsmethode.

b) Erstellen Sie den Buchungssatz für die Wertanpassung des Kontos „3985 (1145)“.

Lösung s. Seite 290

Aufgabe 36:

Gehen Sie erneut von den Daten der Übungsaufgabe zuvor aus (Fall „Dachdecker König e. K.“)!

Aufgabenstellung:
a) Bewerten Sie den Bestand zum 31.12.2020 nach dem Lifo-Verfahren.

b) Erstellen Sie den Buchungssatz für die Wertanpassung des Kontos „3985 (1145)“.

Lösung s. Seite 290

Aufgabe 37:

Gehen Sie erneut von den Daten der Übungsaufgabe 35 aus (Fall „Dachdecker König e. K.“)!

Aufgabenstellung:
a) Bewerten Sie den Bestand zum 31.12.2020 nach dem Fifo-Verfahren.

b) Erstellen Sie den Buchungssatz für die Wertanpassung des Kontos „3985 (1145)“.

Lösung s. Seite 291

Aufgabe 38:

Der buchführungspflichtige Einzelhändler Rico Hinstoff hat in seinem Betriebsvermögen 100 Aktien der XY AG, die der kurzfristigen Anlage überschüssiger Finanzmittel dienen. Er hatte die Aktien im November 2020 für 10.500 € + 1,5 % Anschaffungsnebenkosten erworben und auf dem Konto „Wertpapiere im Rahmen der kurzfristigen Finanzdisposition 1349 (1530)“ mit 10.657,50 € im Soll erfasst.

Zum 31.12.2020 (= Bilanzstichtag) beträgt der Börsenkurs der Aktie der XY AG 90 €. Im März 2021 steigt der Kurs dieser Aktie wieder an und erreicht zum 31.03.2021 einen Börsenkurs von 110 €. Die Aktien befinden sich am Tag der Bilanzaufstellung (31.03.2021) noch im Betriebsvermögen von Herrn Hinstorff.

Aufgabenstellung:
Wie sind die Aktien zum 31.12.2020 zu bewerten:

a) nach Handelsrecht?

b) nach Steuerrecht?

Begründen Sie Ihre Entscheidung. Sofern zum 31.12.2020 eine Buchung vorzunehmen ist, erstellen Sie den entsprechenden Buchungssatz!

Lösung s. Seite 291

Aufgabe 39:

Sachverhalt

Dietmar Fölbach betreibt in Koblenz eine Druckerei. Er ist Kaufmann im Sinne des HGB und nach § 238 HGB buchführungspflichtig. Zum 31.12.2020 überprüft er im Rahmen der Buchinventur seinen Forderungsbestand. Hierbei fertigt er die folgenden Notizen an, die Ihnen inklusive der zugehörigen Belege vorliegen:

1. Die Forderung aus LuL gegenüber dem Kunden Thomas Förster vom 01.05.2020 in Höhe von 4.165 € (brutto 19 % USt) ist in voller Höhe uneinbringlich, da die Vollstreckung in das Privatvermögen am 29.11.2020 erfolglos war.
2. Fall wie zuvor, mit dem Unterschied, dass die Hälfte der ursprünglichen Forderung noch eingetrieben werden kann. Der Rest fällt mit Sicherheit aus.
3. Am 30.12.2020 Zahlungseingang in Höhe von 1.000 € (Bankgutschrift) auf eine Forderung aus LuL gegen Freddy Schäfer, Mayen, die bereits 2008 in voller Höhe abgeschrieben wurde. Die bereits abgeschriebene Forderung stammte aus dem Jahr 2005.

Aufgabenstellung:

Bilden Sie die im Jahr 2020 erforderlichen Buchungssätze für die vorgenannten Fälle.

Lösung s. Seite 292

Aufgabe 40:

Sachverhalt

1. Die Forderung aus LuL gegenüber der Werbeagentur Godde & Partner vom 15.06.2020 in Höhe von 5.950 € (brutto 19 % USt) ist vermutlich nur noch zu 80 % einbringlich (sachgerechte Schätzung).
2. Die bereits als zweifelhaft erfasste und im Dezember 2019 zu 50 % indirekt abgeschriebene Forderung in Höhe von 7.140 € (brutto 19 % USt) gegenüber der Bauunternehmung Jettinger, Montabaur, war tatsächlich zu 50 % eintreibbar (Zahlungseingang in Höhe von 3.570 € im Dezember 2020 auf dem Bankkonto). Datum der ursprünglichen Forderung: 05.01.2019. Der Zahlungseingang wurde noch nicht gebucht.
3. Sachverhalt wie zuvor, mit dem Unterschied, dass der Zahlungseingang 4.760 € beträgt.
4. Sachverhalt wie 3., mit dem Unterschied, dass der Zahlungseingang 1.190 € beträgt.

Aufgabenstellung:

Bilden Sie die im Jahr 2020 erforderlichen Buchungssätze für die vorgenannten Fälle.

Lösung s. Seite 293

Aufgabe 41:

Sachverhalt
Der Forderungsbestand auf dem Konto „Forderungen aus LuL 1400 (1200)" der Firma „Druckerei und Verlag Fölbach e. K." beträgt zum 31.12.2020 insgesamt 119.000 € (brutto 19 % USt).

Darin sind die folgenden Forderungen enthalten:

- uneinbringliche Forderung gegenüber dem Kunden Godde in Höhe von 11.900 €
- Forderung gegenüber dem Kunden Förster in Höhe von 5.355 €, die vermutlich zu 60 % ausfällt (sachgerechte Schätzung).

Der durchschnittliche Forderungsausfall der Vergangenheit beträgt 4 % (nachgewiesen).

Aufgabenstellung:
Berechnen Sie die Pauschalwertberichtigung zum 31.12.2020 und erstellen Sie den Buchungssatz zur Erfassung der PWB; der Bestand des Kontos „Pauschalwertberichtung auf Forderungen" hat zu diesem Zeitpunkt den Saldo Null.

Lösung s. Seite 294

Aufgabe 42:

Sachverhalt
Fall wie in der Übungsaufgabe 41, jetzt jedoch mit dem Unterschied, dass der Bestand des Kontos „Pauschalwertberichtung auf Forderungen" zum Jahresbeginn bereits den Saldo 2.570 € im Haben hat.

Aufgabenstellung:
Berechnen Sie die PWB-Anpassung zum 31.12.2020 und erstellen Sie den notwendigen Buchungssatz.

Lösung s. Seite 294

Aufgabe 43:

Sachverhalt
René Croissant betreibt in Bad Dürkheim eine Großbäckerei in der Rechtsform eines Einzelunternehmens. Die nachfolgend aufgeführten Vorgänge sind noch zu berücksichtigen.

1. Im November 2020 wurde die Eröffnung des Insolvenzverfahrens über das Vermögen des Imbissstandbesitzers Weiß mangels Masse abgelehnt. Croissant hatte an Weiß noch eine Bruttoforderung über 428 € (Steuersatz 7 %) für nicht bezahlte Brötchen (auf dem Konto „Forderungen a LuL 1400 (1200)" erfasst).
2. Als Abschlusszahlung aus der Insolvenz des Supermarktes „Immerfrisch" gingen am 27.12.2020 noch 1.284 € auf dem Bankkonto ein. Die zweifelhafte Forderung an

„Immerfrisch" in Höhe von insgesamt 6.420 € (auf dem Konto „Zweifelhafte Forderungen 1460 (1240)" erfasst) war Mitte 2020 mit 70 % einzelwertberichtigt worden (Steuersatz 7 %). Im Dezember 2020 wurde noch nichts gebucht.

3. Gegen den Kunden „Gaston" in Metz (Frankreich) hatte Croissant am 31.12.2020 noch eine Forderung aus einer steuerfreien Lieferung in Höhe von 4.000 € (auf dem Konto „Forderungen a LuL 1400 (1200)" erfasst).
4. Der Gesamtbestand der Forderungen aus Lieferungen und Leistungen auf dem Konto „Forderungen a LuL 1400 (1200)" hatte zum 31.12.2020 vor der Berücksichtigung der Tz. 1. - 2. einen Bestand von 71.628 €; davon 29.750 € brutto 19 % USt und 37.878 € brutto 7 % USt. In den vergangenen Jahren wurde für die Pauschalwertberichtigung ein betriebsindividueller Prozentsatz von 3 % ermittelt. Der Bestand auf dem Konto „Pauschalwertberichtigung auf Forderungen" beträgt 1.450 €.

Aufgabenstellung:
Bilden Sie alle für 2020 notwendigen Buchungssätze und stellen Sie die notwendigen Nebenrechnungen übersichtlich dar.

Lösung s. Seite 295

Aufgabe 44:

Sachverhalt
Die buchführungspflichtige Gewerbetreibende Christine Fusenich nimmt am 14.10.2020 zur Finanzierung eines Maschinenkaufs ein Darlehen in Höhe von 100.000 € auf, das am 14.10.2025 in einem Betrag zurückzuzahlen ist (Fälligkeitsdarlehen).

- vereinbarter Zinssatz über die gesamte Laufzeit: 3,5 %
- Auszahlungsbetrag bei der Darlehensaufnahme: 96 %

Die Auszahlung des Darlehensbetrages erfolgt auf das Girokonto von Frau Fusenich (Damnum von 4 % wird einbehalten).

Die Zinsen für 2020 werden am 31.12.2020 vom Bankkonto abgebucht. Die Berechnung erfolgt nach der kaufmännischen Zinsrechnung.

Aufgabenstellung:
Bilden Sie alle Buchungssätze, die sich aus diesem Vorgang für 2020 ergeben. Zu jedem Buchungssatz ist die entsprechende Gewinnauswirkung mit anzugeben. Alle Berechnungen sind aufzuführen.

Lösung s. Seite 296

Aufgabe 45:

Sachverhalt
Der buchführungspflichtige Gewerbetreibende Jörg Perscheid nimmt bei der Sparkasse Koblenz zum 01.04.2020 (Wertstellung) ein Darlehen zur Finanzierung einer Anlageninvestition in Höhe von 200.000 € auf.

Daten zu dem Darlehen:

- Auszahlungskurs 98 %
- Laufzeit 20 Jahre
- jährliche Tilgung 5 %
- Zinssatz 5 % p. a.
- Zinsbindungsfrist 10 Jahre

Tilgungen und Zinszahlungen erfolgen jeweils zum 01.04. des folgenden Jahres. Es wurde noch nichts gebucht.

Aufgabenstellung:
Bilden Sie alle Buchungssätze, die sich aus diesem Vorgang für 2020 ergeben. Alle Berechnungen sind aufzuführen und zu erläutern!

Lösung s. Seite 296

Aufgabe 46:

Sachverhalt
Der buchführungspflichtige Gewerbetreibende Felix Lehn kauft am 30.11.2020 in London Waren für sein Unternehmen in Koblenz auf Ziel. Die Waren unterliegen in Deutschland bei der Umsatzsteuer dem allgemeinen Steuersatz. Der Rechnungsbetrag beläuft sich auf 5.500 britische Pfund (GBP). Zu diesem Zeitpunkt beträgt der Devisenkassamittelkurs 1 € = 0,9456 GBP. Am 31.12.2020 beträgt der Kurs 0,9233 GBP. Herr Lehn bezahlt die Verbindlichkeit am 10.01.2021 durch Banküberweisung bei einem Geldkurs von 0,9032 GBP. Die Vereinfachungsregelung des § 256a Satz 2 HGB soll **nicht** angewendet werden!

Aufgabenstellung:
Bilden Sie alle Buchungssätze, die sich aus diesem Vorgang für 2020 und 2021 ergeben. Berechnungen sind aufzuführen und zu erläutern!

Lösung s. Seite 297

Aufgabe 47:

Sachverhalt
Fall wie bei der Übungsaufgabe zuvor, jedoch mit dem Unterschied, dass sich der Devisenkassamittelkurs des britischen Pfundes wie folgt entwickelt:

30.11.2020: 1 € = 0,9456 GBP
31.12.2020: 1 € = 0,9637 GBP
10.01.2021: 1 € = 0,9889 GBP

Aufgabenstellung:
Bilden Sie alle Buchungssätze, die sich aus diesem Vorgang für 2020 und 2021 ergeben. Berechnungen sind aufzuführen und zu erläutern!

Lösung s. Seite 298

Aufgabe 48:

Sachverhalt
Die „Test 1 GmbH" stellt Ihnen folgende – verkürzte – Bilanz zum 31.12.2020 zur Verfügung:

AKTIVA		**Test 1 GmbH 31.12.2020**	**PASSIVA**
	Euro		Euro
Grundstücke	520.000	gezeichnetes Kapital	660.000
Maschinen	1.600.000	Kapitalrücklagen	360.000
Vorräte	700.000	Gewinnrücklagen	500.000
Forderungen	380.000	Jahresüberschuss	320.000
Bankguthaben	320.000	Pensionsrückstellungen	140.000
		Darlehensverbindlichk.	940.000
		Verbindlichk. a LuL	460.000
		sonstige Verbindlichk.	140.000
	3.520.000		3.520.000

Der Jahresüberschuss wird Anfang 2021 voll ausgeschüttet.

Die Gewinn- und Verlustrechnung weist Umsatzerlöse in Höhe von 2.400.000 € aus.

Die GuV enthält außerdem folgende Aufwendungen:

Materialaufwand	650.000 €
Personalaufwand	870.000 €
Fremdkapitalzinsen	98.000 €
Steuern vom Einkommen und Ertrag	160.000 €

Aufgabenstellung:

1. Ermitteln Sie folgende Kennzahlen und erläutern Sie, welche Bedeutung der jeweiligen Kennzahl zukommt:
   a) Eigenkapitalrentabilität
   b) Gesamtkapitalrentabilität
   c) Deckungsgrad B (Anlagendeckung 2)
2. Lässt sich die wirtschaftliche Lage der Test 1 GmbH aus den vorliegenden Informationen hinreichend abgesichert beurteilen?

   Nennen Sie die mindestens erforderlichen Unterlagen, die zu einer abgesicherten Beurteilung erforderlich sind.

Lösung s. Seite 298

Aufgabe 49:

Sachverhalt

Auszug aus der Saldenbilanz des Einzelunternehmers „Elektrohandel Peters e. K." zum 31.12.2020:

Konto	SKR 03 (04)	Euro
Wareneingang	3200 (5200)	345.000
Erhaltene Skonti	3730 (5730)	3.500
Erhaltene Boni	3769 (5769)	2.400
Bezugsnebenkosten	3800 (5800)	12.000
Bestandsveränderungen	3950 (5881)	
Bestand Waren	3980 (1140)	48.500
Umsatzerlöse	8200 (4000)	678.000
Erlösschmälerungen	8700 (4700)	7.500
Gewährte Skonti	8730 (4730)	5.600
Gewährte Boni	8769 (4769)	4.800

Warenendbestand gemäß Inventar zum 31.12.2020: 55.800
(noch nicht berücksichtigt)

Aufgabenstellung:

1. Ermitteln Sie
   a) den wirtschaftlichen Wareneinsatz
   b) den wirtschaftlichen Warenumsatz.
2. Berechnen Sie den Rohaufschlagsatz.

Lösung s. Seite 301

Aufgabe 50:

Sachverhalt

Die Summen- und Saldenliste des Einzelhandelsunternehmens „Massive Natur-Möbel e. K." weist zum 31.12.2020 u. a. folgende Salden aus (Auszug):

Konto	SKR 03 (04)	Euro
Wareneingang	3200 (5200)	1.898.400
Erhaltene Skonti	3730 (5730)	14.000
Erhaltene Boni	3769 (5769)	9.600
Bezugsnebenkosten	3800 (5800)	48.000
Bestand Waren	3980 (1140)	194.000
Erlöse	8200 (4000)	2.412.000
Gewährte Skonti	8730 (4730)	19.200
Gewährte Boni	8769 (4769)	22.400
Gewährte Rabatte	8770 (4770)	30.000

Der Warenbestand laut Inventur zum 31.12.2020 beträgt 223.200 € (noch nicht berücksichtigt).

Die übrigen Erträge betragen	24.000 €
die übrigen Aufwendungen betragen	346.300 €.

Aufgabe:

a) Ermitteln Sie aus den vorgegebenen Zahlen
- den wirtschaftlichen Umsatz
- den wirtschaftlichen Wareneinsatz
- den Rohgewinn
- den Rohaufschlagsatz
- den Reingewinnsatz.

b) Geben Sie stichwortartig an, was der Rohaufschlagsatz und der Reingewinnsatz aussagen sollen.

c) Im Branchendurchschnitt beträgt der Rohaufschlagsatz 30 % und der Reingewinnsatz 4,22 %. Vergleichen Sie die von Ihnen ermittelten Werte mit diesen Werten und stellen Sie Vermutungen an, warum die von Ihnen ermittelten Werte vom Branchendurchschnitt abweichen.

Lösung s. Seite 302

ACHTUNG

Auf die Berücksichtigung der Umsatzsteuer-Absenkung von 19 % auf 16 % und auf 7 % auf 5 % für den Zeitraum vom 01.07.2020 bis zum 31.12.2020 wurde bewusst verzichtet, da es sich nur um eine temporäre Regelung handelt, die zum 01.01.2021 ihre Gültigkeit verliert.

Aufgaben, die zeitlich in diesen „Absenkungszeitraum" fallen, wurden deshalb mit den zum 30.06.2020 geltenden Umsatzsteuersätzen von 19 % bzw. 7 % gelöst.

Lösung zu 1:

a) Buchungen beim Leasing-Geber (Vermieter):

Aktivierung und Abschreibung des Leasing-Gegenstandes

Sollkonto – SKR 03 (SKR 04)		**Betrag** (Euro)	**Habenkonto** – SKR 03 (SKR 04)	
Sonstige BGA	0490 (0690)	25.000,00	Bank	1200 (1800)
Vorsteuer 19 %	1576 (1406)	4.750,00	Bank	1200 (1800)
Abschreib. Sachanlagen	4830 (6220)	3.125,00	Sonstige BGA	0490 (0690)

Abschreibung Pkw: 25.000 € : 4 Jahre = 6.250 €/Jahr • 6/12 (Juli - Dez. 2020) = **3.125 €**.

Erfassung der Leasing-Erlöse (monatlich)

Sollkonto – SKR 03 (SKR 04)		**Betrag** (Euro)	**Habenkonto** – SKR 03 (SKR 04)	
Bank	1200 (1800)	350,00	Sonstige Erlöse betr.	8640 (4836)
Bank	1200 (1800)	66,50	Umsatzsteuer 19 %	1776 (3806)

b) Buchungen beim Leasing-Nehmer (Mieter):

Erfassung der Leasing-Raten (monatlich)

Sollkonto – SKR 03 (SKR 04)		**Betrag** (Euro)	**Habenkonto** – SKR 03 (SKR 04)	
Mietleasing Kfz	4570 (6560)	350,00	Bank	1200 (1800)
Vorsteuer 19 %	1576 (1406)	66,50	Bank	1200 (1800)

Lösung zu 2:

a) Bruttozinsen, Steuerabzüge, Nettozinsen:

Bruttozinsen:

15.000 € • 2 % = **300,00 €**

Abrechnung der Bank zum 31.12.2020:

	Bruttozinsen		300,00 €
-	KapESt	300 € • 25 % =	75,00 €
-	SolZ	75 € • 5,5 % =	4,13 €
=	Nettozinsen		**220,87 €**

b) Buchungen zum 31.12.2020:

Sollkonto – SKR 03 (SKR 04)		**Betrag** (Euro)	**Habenkonto** – SKR 03 (SKR 04)	
Bank	1200 (1800)	220,87	Zinserträge	2650 (7110)
Privatsteuern	1810 (2150)	79,13	Zinserträge	2650 (7110)

Lösung zu 3:

(1) Zinsertrag 2019 und 2020:

2019:	100.000 € • 2,25 % • 150/360 (01.08. - 30.12.2019) =	937,50 €
2020:	100.000 € • 2,25 % • 210/360 (01.01. - 31.07.2020) =	1.312,50 €

(2) Buchung der Zinsen 2019 zum 31.12.2019:

Sollkonto – SKR 03 (SKR 04)		**Betrag** (Euro)	**Habenkonto** – SKR 03 (SKR 04)	
Sonstige Vermögensg.	1500 (1300)	937,50	Zinserträge	2650 (7100)

(3) Abrechnung der Bank zum 01.08.2020:

	Bruttozinsen	100.000,00 € • 2,25 % =	2.250,00 €
-	KapESt	2.250,00 € • 25 % =	562,50 €
-	SolZ	562,50 € • 5,5 % =	30,94 €
=	Nettozinsen		**1.656,56 €**

(4) Buchungen zum 01.08.2020:

Sollkonto – SKR 03 (SKR 04)		**Betrag** (Euro)	**Habenkonto** – SKR 03 (SKR 04)	
Bank	1200 (1800)	937,50	Sonstige Vermögensg.	1500 (1300)
Bank	1200 (1800)	719,06	Zinserträge	2650 (7110)
Privatsteuern	1810 (2150)	593,44	Zinserträge	2650 (7110)

Nebenrechnung: 719,06 € + 593,44 € = 1.312,50 € (Bruttozinsen 2020)

Lösung zu 4:

(1) Abrechnung der Bank zum 30.04.2020:

	Bruttodividende		2.000,00 €
-	KapESt	2.000 € • 25 % =	500,00 €
-	SolZ	500 € • 5,5 % =	27,50 €
=	Nettodividende		**1.472,50 €**

(2) Buchung der Bankgutschrift:

Sollkonto – SKR 03 (SKR 04)		**Betrag** (Euro)	**Habenkonto** – SKR 03 (SKR 04)	
Bank	1200 (1800)	1.472,50	Lfd. Erträge a. Anteilen	2625 (7014)

(3) Buchung der Steuerbescheinigung:

Sollkonto – SKR 03 (SKR 04)		**Betrag** (Euro)	**Habenkonto** – SKR 03 (SKR 04)	
KapESt 25 %	2213 (7630)	500,00	Lfd. Erträge a. Anteilen	2625 (7014)
SolZ auf KapESt 25 %	2216 (7633)	27,50	Lfd. Erträge a. Anteilen	2625 (7014)

Lösung zu 5:

Buchung der Eingangsrechnung zum 15.03.2020:

Sollkonto – SKR 03 (SKR 04)		**Betrag** (Euro)	**Habenkonto** – SKR 03 (SKR 04)	
Innerg. Erwerb 19 % USt	3425 (5425)	5.237,00	Verbindl. a LuL	1600 (3300)
Abz. VoSt a. innerg. Erw.	1574 (1404)	995,03	USt a. innerg. Erw.	1774 (3804)

Buchung der Zahlung zum 01.04.2020:

Sollkonto – SKR 03 (SKR 04)		**Betrag** (Euro)	**Habenkonto** – SKR 03 (SKR 04)	
Verbindl. a LuL	1600 (3300)	5.079,89	Bank	1200 (1800)
Verbindl. a LuL	1600 (3300)	157,11	Erhaltene Skonti aus...	3748 (5748)
USt a. innerg. Erw.	1774 (3804)	29,85	Abz. VoSt a. innerg. Erw.	1574 (1404)

Lösung zu 6:

Buchung der Ausgangsrechnung zum 20.03.2020:

Sollkonto – SKR 03 (SKR 04)		**Betrag** (Euro)	**Habenkonto** – SKR 03 (SKR 04)	
Forderungen a LuL	1400 (1200)	10.000,00	Steuerfreie innerg. Lief.	8125 (4125)

Buchung des Zahlungseingangs zum 01.04.2020:

Sollkonto – SKR 03 (SKR 04)		**Betrag** (Euro)	**Habenkonto** – SKR 03 (SKR 04)	
Bank	1200 (1800)	9.800,00	Forderungen a LuL	1400 (1200)
Erlösschm. a. innerg. Lief.	8724 (4724)	200,00	Forderungen a LuL	1400 (1200)

Lösung zu 7:

a) aus einkommensteuerlicher Sicht → **nicht**abzugsfähige Betriebsausgabe (§ 4 Abs. 5 Nr. 1 EStG)

b) aus umsatzsteuerlicher Sicht → Vorsteuer nach § 15 Abs. 1a UStG **nicht** abziehbar

c) Buchungen:

Sollkonto – SKR 03 (SKR 04)		**Betrag** (Euro)	**Habenkonto** – SKR 03 (SKR 04)	
Wareneingang	3400 (5400)	250,00	Verbindl. a LuL	1600 (3300)
Vorsteuer 19 %	1576 (1406)	47,50	Verbindl. a LuL	1600 (3300)
Geschenke nicht abzugsf.	4635 (6620)	89,25	Verbindl. a LuL	1600 (3300)

Geschenk 75,00 € netto + 14,25 € nicht abziehbare Vorsteuer = 89,25 € nicht abziehbare Betriebsausgabe

Lösung zu 8:

a) Die Vorsteuer, die auf den angemessenen Anteil entfällt (23,75 €), ist abziehbar, die Vorsteuer des unangemessenen Anteils (23,75 €) ist nicht abziehbar.

b) Als Betriebsausgabe abzugsfähig sind 70 % der angemessenen Netto-Bewirtungskosten (250 € · ½ · 70 % = **87,50 €**).

Nicht abzugsfähig ist die Hälfte der Netto-Bewirtungskosten (unangemessener Anteil) sowie 30 % der angemessenen Netto-Bewirtungskosten und die auf den unangemessenen Anteil entfallende Vorsteuer:

30 % von 125 € + 125 € + 23,75 € = **186,25 €**.

c) Buchungen:

Sollkonto – SKR 03 (SKR 04)		**Betrag** (Euro)	**Habenkonto** – SKR 03 (SKR 04)	
Vorsteuer 19 %	1576 (1406)	23,75	Bank	1200 (1800)
Bewirtungskosten	4650 (6640)	87,50	Bank	1200 (1800)
Nicht abz. Bewirtungsk.	4654 (6644)	186,25	Bank	1200 (1800)

Lösung zu 9:

Kosten der Fahrten nach der Prozentmethode:

35.500 € • 0,03 % • 25 km = 266,25 € • 8 Monate = 2.130 €

davon steuerlich als BA abzugsfähig:

150 Fahrten • 25 km • 0,30 € = 1.125 €

nichtabzugsfähige BA:

2.130 € - 1.125 € = **1.005 €**

Buchung:

Sollkonto – SKR 03 (SKR 04)		**Betrag** (Euro)	**Habenkonto** – SKR 03 (SKR 04)	
Fahrten zw. Wohnung und Betriebsst. (nichtabz. Teil)	4679 (6689)	1.005,00	Fahrten zw. Wohnung und Betriebsst. (Haben)	4680 (6690)

Lösung zu 10:

Kosten der Fahrten nach der Fahrtenbuchmethode:

130 Tage • 20 km = 2.600 km
• 0,25 €/km (8.850 € : 35.400 km) = 650 €

davon steuerlich als BA abzugsfähig:

130 Fahrten • 10 km • 0,30 € = 390 €

nichtabzugsfähige BA:

650 € - 390 € = **260 €**

Buchung:

Sollkonto – SKR 03 (SKR 04)	**Betrag** (Euro)	**Habenkonto** – SKR 03 (SKR 04)
Fahrten zw. Wohnung und Betriebsst. (nichtabz. Teil) 4679 (6689)	260,00	Fahrten zw. Wohnung und Betriebsst. (Haben) 4680 (6690)

Lösung zu 11:

I. einkommensteuerlich absetzbare Reisekosten

1. **Fahrtkosten**
   300 km • 0,30 € = 90,00 €

2. **Übernachtungskosten**
   Hotelrechnung ohne Frühstück netto 140,19 €

3. **Verpflegungsmehraufwendungen**

07.06.2020	Anreise-Pauschbetrag	14 €	
08.06.2020	24 Std.-Pauschbetrag	28 €	
09.06.2020	Abreise-Pauschbetrag	14 €	
= abzugsfähige Betriebsausgaben		56 €	56 €

tatsächliche Verpflegungskosten/nabz. BA

08.06.2020:	Frühstück netto		6,72 €
09.06.2020:	Frühstück netto		6,72 €
	weiterer Verpflegungsbeleg		
	brutto 19 %	71,40 €	
	- VoSt	11,40 €	60,00 €
	Summe		73,44 €
	- abziehbare Pauschbeträge (s. o.)		56,00 €
	nicht abziehbar		**17,44 €**

Summe der abzugsfähigen Betriebsausgaben **286,19 €**

II. abziehbare Vorsteuern

1.	aus Fahrtkosten: sofern Frau Erbar Benzinquittungen vorlegt, ist die Vorsteuer hieraus abziehbar (hier keine Angaben)	0,00 €
2.	aus der Hotelrechnung (9,81 € + 2,55 € = 12,36 €)	12,36 €
3.	aus dem weiteren Verpflegungsbeleg	11,40 €
	Summe der abziehbaren Vorsteuern	**23,76 €**

III. Buchungssätze

Fahrtkosten:

Sollkonto – SKR 03 (SKR 04)		**Betrag** (Euro)	**Habenkonto** – SKR 03 (SKR 04)	
Reisekosten Untern. Fahrtk.	4673 (6673)	90,00	Privateinlagen	1890 (2180)

Hotelkosten:

Sollkonto – SKR 03 (SKR 04)		**Betrag** (Euro)	**Habenkonto** – SKR 03 (SKR 04)	
Vorsteuer 7 %	1571 (1401)	9,81	Bank	1200 (1800)
Vorsteuer 19 %	1576 (1406)	2,55	Bank	1200 (1800)
Reisek. Untern. Übern.	4676 (6680)	140,19	Bank	1200 (1800)
Reisek. Untern. Verpfleg.	4674 (6674)	13,45	Bank	1200 (1800)

Weiterer Verpflegungsbeleg:

Sollkonto – SKR 03 (SKR 04)		**Betrag** (Euro)	**Habenkonto** – SKR 03 (SKR 04)	
Vorsteuer 19 %	1576 (1406)	11,40	Kasse	1000 (1600)
Reisek. Untern. Verpfleg.	4674 (6674)	42,56	Kasse	1000 (1600)
Reisek. Untern. (nabz. Teil)	4672 (6672)	17,44	Kasse	1000 (1600)

Nebenrechnung:	abziehbare Verpflegungsmehraufwendungen (14 € + 28 € + 14 €)	56,00 €
	bei der Hotelrechnung bereits erfasst	13,44 €
	noch abziehbar	**42,56 €**
	Verpflegungsbeleg netto	60,00 €
	davon noch abziehbar (s. o.)	42,56 €
	nicht abziehbar	**17,44 €**

besser: Verrechnungskonto „Verr. Reisek. Untern. Verpflegung 1591 (1371)“ einrichten!

Hotelrechnung:

Sollkonto – SKR 03 (SKR 04)		**Betrag** (Euro)	**Habenkonto** – SKR 03 (SKR 04)	
Reisek. Untern. Übern.	4676 (6680)	140,19	Bank	1200 (1800)
Vorsteuer 7 %	1571 (1401)	9,81	Bank	1200 (1800)
Verr. Reisek. Untern. Verpfl.	1591 (1371)	13,44	Bank	1200 (1800)
Vorsteuer 19 %	1576 (1406)	2,56	Bank	1200 (1800)

Weiterer Verpflegungsbeleg:

Sollkonto – SKR 03 (SKR 04)		**Betrag** (Euro)	**Habenkonto** – SKR 03 (SKR 04)	
Verr. Reisek. Untern. Verpfl.	1591 (1371)	60,00	Kasse	1000 (1600)
Vorsteuer 19 %	1576 (1406)	11,40	Kasse	1000 (1600)

Abziehbare/nicht abziehbare Verpflegungsmehraufwendungen:

Sollkonto – SKR 03 (SKR 04)		**Betrag** (Euro)	**Habenkonto** –– SKR 03 (SKR 04)	
Reisek. Untern. Verpfl.	4674 (6674)	56,00	Verr. Reisek. Unt. Verpfl.	1591 (1371)
Reisek. Untern. nabz.	4672 (6672)	17,44	Verr. Reisek. Unt. Verpfl.	1591 (1371)

Lösung zu 12:

I. Ermittlung der AK

			Euro
	Anschaffungspreis netto		45.000
+	nachträgliche AK netto (Winterräder)		910
-	Anschaffungspreisminderungen netto		
	Rabatt	4.500 €	
	Skonto (2 % von 40.500 €)	810 €	5.310
=	AK		**40.600**

II. Buchungssätze

Sollkonto – SKR 03 (SKR 04)		**Betrag** (Euro)	**Habenkonto** – SKR 03 (SKR 04)	
Lkw	0350 (0540)	40.500,00	Verbindl. a LuL	1600 (3300)
Vorsteuer 19 %	1576 (1406)	7.695,00	Verbindl. a LuL	1600 (3300)
Verbindl. a LuL	1600 (3300)	47.231,10	Bank	1200 (1800)
Verbindl. a LuL	1600 (3300)	810,00	Lkw	0350 (0540)
Verbindl. a LuL	1600 (3300)	153,90	Vorsteuer 19 %	1576 (1406)
Lkw	0350 (0540)	910,00	Verbindl. a LuL	1600 (3300)
Vorsteuer 19 %	1576 (1406)	172,90	Verbindl. a LuL	1600 (3300)

Nebenrechnungen:

- 45.000 € - 4.500 € Rabatt = 40.500 € + 7.695 € (19 % USt) = 48.195 € - 963,90 € (2 % Skonto) = 47.231,10 €
- Skontoabzug netto (963,90 € : 1,19 = 810 €)
- Vorsteuerkorrektur zum Skontoabzug: 810 € • 19 % = 153,90 €

Lösung zu 13:

I. Ermittlung der HK

			Euro
	Materialeinzelkosten:	2.500 € + 3.500 € =	6.000,00
+	Materialgemeinkosten:	6.000 € • 20 % =	1.200,00
+	Fertigungseinzelkosten:	60 Stunden • 18 € =	1.080,00
+	Fertigungsgemeinkosten:	1.080 € • 60 % =	648,00
=	**a) und b) niedrigstmögliche HK nach Handels- und Steuerrecht**		**8.928,00**

II. Buchungssätze

Sollkonto – SKR 03 (SKR 04)		**Betrag** (Euro)	**Habenkonto** – SKR 03 (SKR 04)	
Rohstoffe	3000 (5100)	2.500,00	Verbindl. a LuL	1600 (3300)
Vorsteuer 19 %	1576 (1406)	475,00	Verbindl. a LuL	1600 (3300)
Hof- u. Wegbefestigungen	0112 (0285)	8.928,00	aktivierte Eigenleist.	8990 (4820)

Lösung zu 14:

1. Die Vorgehensweise von Herrn Ritzdorf ist nicht zulässig, weil sie ein Verstoß gegen § 252 Abs. 1 Nr. 1 HGB (Grundsatz der Bilanzidentität) ist. Die Wertansätze der Eröffnungsbilanz des Geschäftsjahres müssen mit denen der Schlussbilanz des vorhergehenden Geschäftsjahrs übereinstimmen.
2. Die vorgenommene Herabsetzung der Buchwerte ist unzulässig. Bei der Bewertung ist davon auszugehen, dass das Unternehmen fortgeführt wird, weil dem nicht tatsächliche oder rechtliche Gegebenheiten entgegenstehen (Grundsatz der Unternehmensfortführung gem. § 252 Abs. 1 Nr. 2 HGB).
3. Die Zusammenfassung der gesamten Geschäftsausstattung zu einer Position verstößt gegen den Grundsatz der Einzelbewertung gem. § 252 Abs. 1 Nr. 3 HGB (Vermögensgegenstände und Schulden sind grundsätzlich einzeln zu bewerten).
4. Die Abschreibung auf Vorräte in Höhe von 5.000 € ist nach dem Grundsatz der Vorsicht gem. § 252 Abs. 1 Nr. 4 HGB zulässig (Risiken und Verluste sind bereits dann zu berücksichtigen, wenn sie vorhersehbar sind; sog. Imparitätsprinzip).
5. Die vorgenommene Werterhöhung (Zuschreibung) ist nicht zulässig; sie verstößt gegen das Realisationsprinzip gem. § 252 Abs. 1 Nr. 4 HGB, nach dem Gewinne erst dann berücksichtigt werden dürfen, wenn sie (durch Umsatz) realisiert sind.

6. Die Buchung nach Zahlungsvorgängen ohne wirtschaftliche Abgrenzung der Aufwendungen und Erträge verstößt gegen den Grundsatz der zeitlichen Abgrenzung von Aufwendungen und Erträgen gem. § 252 Abs. 1 Nr. 5 HGB). Aufwendungen und Erträge des Geschäftsjahres sind unabhängig von den Zeitpunkten der entsprechenden Zahlungen zu berücksichtigen. Sie sind dem Wirtschaftsjahr ihrer Verursachung zuzuordnen. Die Dezemberlöhne und zugehörigen Lohnnebenkosten sind deshalb zum 31.12.2020 zu erfassen.
7. Die Veränderung der Abschreibungsmethoden und -prozentsätze ist in der beschriebenen Form unzulässig (Verstoß gegen den Grundsatz der Stetigkeit gem. § 252 Abs. 1 Nr. 6 HGB, der besagt, dass die auf den vorhergehenden Jahresabschluss angewandten Ansatz- und Bewertungsmethoden beizubehalten sind).

Lösung zu 15:

Zur Tz. 1:

Die 50 Computermonitore sind nach § 253 Abs. 4 HGB (= strenges Niederstwertprinzip) mit 7.500 € (50 · 150 €) im Jahresabschluss anzusetzen. Bestandsminderung: 50 · 200 € (bisheriger Wert) minus 50 · 150 € (neuer Wert) = 2.500 €.

Buchung:

Sollkonto – SKR 03 (SKR 04)	**Betrag** (Euro)	**Habenkonto** – SKR 03 (SKR 04)
Bestandsveränd. Waren 3950 (5881)	2.500,00	Bestand Waren 3980 (1140)

Zur Tz. 2:

Lösung wie bei 1.; die spätere Werterholung hat handelsrechtlich für die Bewertung des Umlaufvermögens keine Bedeutung (Stichtagsprinzip!); die tatsächlichen Verhältnisse am Abschlussstichtag sind ausschlaggebend.

Hinweis: Die Erfassung der Wertminderung ist für steuerliche Zwecke (in der Steuerbilanz) nicht zulässig, weil keine dauerhafte Wertminderung vorliegt.

Zur Tz. 3:

Das unbebaute Grundstück ist mit 115.750 € zu bilanzieren, weil eine dauerhafte Wertminderung vorliegt und in diesem Fall der niedrigere Wert angesetzt werden muss (strenges Niederstwertprinzip gem. § 253 Abs. 3 Satz 5 HGB). Der bisherige Wert ist durch eine außerplanmäßige Abschreibung zu vermindern (215.348 € - 115.750 € = 99.598 €).

Buchung:

Sollkonto – SKR 03 (SKR 04)	**Betrag** (Euro)	**Habenkonto** – SKR 03 (SKR 04)
Außerplanm. Abschreib. 4840 (6230)	99.598,00	unbebaute Grundstücke 0065 (0215)

Zur Tz. 4:

Da eine nur vorübergehende Wertminderung vorliegt, darf keine Abschreibung auf den niedrigeren Zeitwert vorgenommen werden (Umkehrschluss aus § 253 Abs. 3 Satz 3 HGB); vgl. *Theile*, S. 87.

Lösung zu 16:

Tz.	Soll Kto.-Nr. SKR 03 (SKR 04)	Betrag Euro	Haben Kto.-Nr. SKR 03 (SKR 04)	Buchungstext bzw. Erläuterungen	Aufwand Euro	Ertrag Euro
1	4210 (6310) *Miete*	1.000,00	1200 (1800) *Bank*	Miete Dezember	1.000,00	
	1576 (1406) *Vorsteuer 19%*	190,00	1200 (1800) *Bank*	VoSt zur Dezembermiete		
	0980 (1900) *akt. RAP*	1.000,00	1200 (1800) *Bank*	Miete Januar		
	1576 (1406) *Vorsteuer 19 %*	190,00	1200 (1800) *Bank*	VoSt zur Januarmiete		
2	0980 (1900) *akt. RAP*	760,00	4520 (6520) *Kfz.-Vers.*	Abgrenzung Beitrag 01.01. - 15.10.2021 960 € : 12 Monate · 9,5 Monate	- 760,00	
3	2120 (7320) *Zinsaufw.*	200,00	1200 (1800) *Bank*	Zinsen für Dezember	200,00	
	0980 (1900) *akt. RAP*	600,00	1200 (1800) *Bank*	Abgrenzung $\frac{3}{4}$ für Jan. - März 2021 (akt. RAP)		

Lösung zu 17:

Tz.	Soll Kto.-Nr. SKR 03 (SKR 04)	Betrag Euro	Haben Kto.-Nr. SKR 03 (SKR 04)	Buchungstext bzw. Erläuterungen	Aufwand Euro	Ertrag Euro
1	1200 (1800) *Bank*	500,00	2750 (4860) *Grundstück-serträge*	Miete Dezember		500,00
	1200 (1800) *Bank*	95,00	1776 (3806) *USt 19 %*	USt zur Dezembermiete		
	1200 (1800) *Bank*	500,00	0990 (3900) *passive Rechn.abgr.*	Miete Januar		
	1200 (1800) *Bank*	95,00	1776 (3806) *USt 19 %*	USt zur Januarmiete § 13 Abs. 1 Nr. 1 Buchst. a Satz 4 UStG		
2	1200 (1800) *Bank*	83,33	2650 (7110) *Zinserträge*	Zinsertrag Dezember: 10.000 € · 10 % : 360 Tage · 30 Tage		83,33
	1200 (1800) *Bank*	416,67	0990 (3900) *passive Rechn.abgr.*	Zinsen 01.01. - 31.05.2021: 10.000 € · 10 % : 360 Tage · 150 Tage		

Lösung zu 18:

Tz.	Soll Kto.-Nr. SKR 03 (SKR 04)	Betrag Euro	Haben Kto.-Nr. SKR 03 (SKR 04)	Buchungstext bzw. Erläuterungen	Aufwand Euro	Ertrag Euro
1	1501 (1301) *sonst. Ford.*	750,00	2750 (4860) *Grundst. erträge*	sonst. Forderung Miete		750,00
	1501 (1301) *sonst. Ford.*	142,50	1776 (3806) *USt 19 %*	USt zur Miet-forderung		
2	4520 (6520) *Kfz-Vers.*	100,00	1200 (1800) *Bank*	Kfz-Versicherung für Dez. 2020	100,00	
	0980 (1900) *akt. Rechn. abgr.*	500,00	1200 (1800) *Bank*	Abgrenzung ⁵⁄₆ für Jan. - Mai 2021 (akt. RAP)		
3	4940 (6820) *Bücher, Zeitschr.*	90,00	1700 (3300) *Sonst. Verb.*	Nettobetrag Zeit-schrift (Verbindl.)	90,00	
	1548 (1434) *VoSt im Folgejahr abziehbar*	6,30	1700 (3300) *Sonst. Verb.*	Vorsteuer erst im Folgejahr abziehbar (weil am 31.12. noch keine Rechnung vorliegt)		
4	1200 (1800) *Bank*	1.500,00	1500 (1300) *Sonst. Ford.*	Zinsen 01.10.2019 - 31.12.2019 (2.208,75 € : 73,625 · 100 = 3.000 € · ³⁄₆ = 1.500 €)		
	1200 (1800) *Bank*	708,75	2650 (7110) *Zinserträge*	Nettozinsen 2020		708,75
	1810 (2150) *Privatsteuern*	750,00	2650 (7110) *Zinserträge*	Steuergutschrift KapESt (3.000 € · 25 %)		750,00
	1810 (2150) *Privat-steuern*	41,25	2650 (7110) *Zinserträge*	Steuergutschrift SolZ 5,5 % zur KapESt		41,25

5	1800 (2100) *Privat-entnahmen*	150,00	1200 (1800) *Bank*	Keine zeitliche Abgrenzung, weil kein betrieblicher Aufwand, sondern eine Privatentnahme vorliegt.		
6	Keine Buchung (keine zeitliche Abgrenzung, weil weder Aufwand noch Ertrag vorliegt).					
7	2750 (4860) *Grundst.-erträge*	600,00	0990 (3900) *passive Rechn. abgr.*	Abgrenzung Miete 01.01. - 31.12.2021		- 600,00

Lösung zu 19:

1. Es **muss** eine **Rückstellung für ungewisse Verbindlichkeiten** in Höhe von 1.500 € gebildet werden (§ 249 Abs. 1 Satz 1 HGB). Buchungssatz:

Sollkonto – SKR 03 (SKR 04)	**Betrag** (Euro)	**Habenkonto** – SKR 03 (SKR 04)
Rechts- u. Beratungskosten 4950 (6825)	1.500,00	Sonstige Rückstellungen 0970 (3070)

2. Es **muss** eine **Rückstellung für ungewisse Verbindlichkeiten** in Höhe von 25.000 € gebildet werden (§ 249 Abs. 1 Satz 1 HGB). Buchungssatz:

Sollkonto – SKR 03 (SKR 04)	**Betrag** (Euro)	**Habenkonto** – SKR 03 (SKR 04)
Aufwand f. Gewährleist. 4790 (6790)	25.000,00	Rückst. für Gewährleist. 0974 (3090)

3. Es **muss** eine **Rückstellung für Gewährleistungen, die ohne rechtliche Verpflichtung erbracht werden**, gebildet werden (§ 249 Abs. 1 Satz 2 Nr. 2 HGB). Buchungssatz:

Sollkonto – SKR 03 (SKR 04)	**Betrag** (Euro)	**Habenkonto** – SKR 03 (SKR 04)
Aufwand f. Gewährleist. 4790 (6790)	5.000,00	Rückst. für Gewährleist. 0974 (3090)

4. Es **muss** eine **Rückstellung für unterlassene Aufwendungen für Instandhaltung** gebildet werden, weil die Reparatur innerhalb von drei Monaten nach Ablauf des Geschäftsjahres nachgeholt wird (§ 249 Abs. 1 Satz 2 Nr. 1 HGB). Buchungssatz:

Sollkonto – SKR 03 (SKR 04)	**Betrag** (Euro)	**Habenkonto** – SKR 03 (SKR 04)
Instandh. betriebl. Räume 4260 (6335)	10.000,00	Rückst. für Instandh. 0971 (3075)

5. Es **muss** eine **Rückstellung für drohende Verluste aus schwebenden Geschäften** gebildet werden, (§ 249 Abs. 1 Satz 1 HGB). Buchungssatz:

Sollkonto – SKR 03 (SKR 04)	**Betrag** (Euro)	**Habenkonto** – SKR 03 (SKR 04)
Aufwand a. Kursdifferenz. 2150 (6880)	2.000,00	Rückst. f. droh. Verluste 0976 (3092)

Beachte: Steuerrechtlich ist die Rückstellung für drohende Verluste aus schwebenden Geschäften nicht erlaubt (vgl. § 5 Abs. 4a EStG). Für steuerliche Zwecke sind die 2.000 € dem Gewinn wieder hinzuzurechnen.

Lösung zu 20:

Buchungen zum 20.11.2020:

Sollkonto – SKR 03 (SKR 04)	**Betrag** (Euro)	**Habenkonto** – SKR 03 (SKR 04)
Gewerbesteuerrückst. 0956 (3035)	2.450,00	Sonstige Verbindlichk. 1701 (3501)
Gewerbesteuerrückst. 0956 (3035)	50,00	Erträge aus der Auflösung von Gewerbesteuerrück. 2283 (7643)

Lösung zu 21:

a) Buchung zum 31.12.2020:

Sollkonto – SKR 03 (SKR 04)	**Betrag** (Euro)	**Habenkonto** – SKR 03 (SKR 04)
Grundstücksaufwend. 4290 (6350)	14.000,00	Rückst. f. Instandhaltung 0971 (3075)

b) Buchungen zum 25.03.2021:

Sollkonto – SKR 03 (SKR 04)	**Betrag** (Euro)	**Habenkonto** – SKR 03 (SKR 04)
Rückst. f. Instandhaltung 0971 (3075)	14.000,00	Verbindl. a LuL 1600 (3300)
Periodenfr. Aufwend. 2020 (6960)	2.000,00	Verbindl. a LuL 1600 (3300)
Vorsteuer 19 % 1576 (1406)	3.040,00	Verbindl. a LuL 1600 (3300)

Lösung zu 22:

1. AK (zugleich Buchwert)	210.210 €
- Zeitwert 31.12.2020: 3.000 qm · 60 €/qm	180.000 €
= dauerhafte Wertminderung → außerplanm. Abschreibung (Pflicht)	**30.210 €**

Sollkonto – SKR 03 (SKR 04)	**Betrag** (Euro)	**Habenkonto** – SKR 03 (SKR 04)
Außerplanm. Abschreib. 4840 (6230)	30.210,00	Bebaute Grundstücke 0085 (0235)

2. AK (zugleich Buchwert) 50.750 €
- Zeitwert 31.12.2020 : 49.000 € + 735 € (1,5 % ANK) 49.735 €
= Wertminderung → → außerplanm. Abschreibung (Wahlrecht) **1.015 €**

Sollkonto – SKR 03 (SKR 04)	**Betrag** (Euro)	**Habenkonto** – SKR 03 (SKR 04)
Abschreib. auf Finanzanl. 4870 (7200)	1.015,00	Wertpap. d. Anlageverm. 0525 (0900)

3. Keine Buchung erforderlich/zulässig, weil der Zeitwert über den Anschaffungskosten liegt und die Anschaffungskosten nicht überschritten werden dürfen (Anschaffungswertprinzip gem. § 253 Abs. 1 Satz 1 HGB).

4. AK (zugleich Buchwert) 205.550 €
- Zeitwert 31.12.2020 50.000 €
= dauerhafte Wertminderung → außerplanm. Abschreibung (Pflicht) **155.550 €**

Sollkonto – SKR 03 (SKR 04)	**Betrag** (Euro)	**Habenkonto** – SKR 03 (SKR 04)
Außerplanm. Abschreib. 4840 (6230)	155.550,00	unbebaute Grundstücke 0065 (0215)

5. Zeitwert 31.12.2020 150.000 €
- Buchwert 100.000 €
= Wertsteigerung → Zuschreibung (Pflicht) **50.000 €**

Zuschreibungspflicht gem. § 253 Abs. 5 Satz 1 HGB, jedoch höchstens bis zur Höhe der ursprünglichen Anschaffungskosten (hier 125.125 €); Zuschreibung somit: 25.125 €.

Sollkonto – SKR 03 (SKR 04)	**Betrag** (Euro)	**Habenkonto** – SKR 03 (SKR 04)
Unbebaute Grundstücke 0065 (0215)	25.125,00	Zuschreib. a. Sachanl. 2710 (4910)

Lösung zu 23:

a) Buchung der Anschaffung:

Sollkonto – SKR 03 (SKR 04)	**Betrag** (Euro)	**Habenkonto** – SKR 03 (SKR 04)
Sofortabschreib. GWG 4855 (6260)	245,41	Bank 1200 (1800)
Wirtschaftsgüter (Sammelposten) 0485 (0675)	980,00	Bank 1200 (1800)
Vorsteuer 19 % 1576 (1406)	230,93	Bank 1200 (1800)

b) Abschreibung zum 31.12.2020:

Sollkonto – SKR 03 (SKR 04)	**Betrag** (Euro)	**Habenkonto** — SKR 03 (SKR 04)
AfA auf den Sammelp. 4862 (6264)	196,00	Wirtschaftsgüter (Sammelposten) 0485 (0675)

Nebenrechnung:

980 € • 20 % = 196 € (§ 6 Abs. 2a EStG)

Lösung zu 24:

a) Vermögen - Schulden = EK
→ 90.000 € (50.000 € + 40.000 €) - 30.000 € = **60.000 €**

Firmenwert: Kaufpreis - EK des übernommenen Unternehmens
180.000 € - 60.000 € = **120.000 €**

Abschreibung: a) Firmenwert: 120.000 € : 10 Jahre • $^{2}/_{12}$ (zeitanteilig) = **2.000 €**

b) Ladeneinrichtung: 50.000 € : 4 Jahre • $^{2}/_{12}$ (zeitanteilig) = 2.083,33 €, gerundet: **2.084 €**

b) Buchungen zum 01.11.2020 (Erfassung des Erwerbs):

Sollkonto – SKR 03 (SKR 04)	**Betrag** (Euro)	**Habenkonto** – SKR 03 (SKR 04)
Ladeneinrichtung 0430 (0640)	50.000,00	Verrechn. Erwerb Einzelu. 1591 (1371)
Bestand Waren 3980 (1140)	40.000,00	Verrechn. Erwerb Einzelu. 1591 (1371)
Verrechn. Erwerb Einzelu. 1591 (1371)	30.000,00	Verbindl. a LuL 1600 (3300)
Geschäfts-/Firmenwert 0035 (0150)	120.000,00	Verrechn. Erwerb Einzelu. 1591 (1371)
Verrechn. Erwerb Einzelu. 1591 (1371)	180.000,00	Bank 1200 (1800)

Buchungen zum 31.12.2020 (Erfassung der Abschreibungen):

Sollkonto – SKR 03 (SKR 04)	**Betrag** (Euro)	**Habenkonto** – SKR 03 (SKR 04)
Abschr. Gesch./ Firmenwert 4824 (6205)	2.000,00	Gesch.-/Firmenwert 0035 (0150)
Abschr. auf Sachanlagen 4830 (6220)	2.084,00	Ladeneinrichtung 0430 (0640)

Steuerlich höchstzulässige AfA für den aktivierten Firmenwert:

- pro Kalenderjahr: 120.000 € : 15 Jahre = **8.000 €**
- für 2020: 8.000 € · $^2/_{12}$ (Nov. - Dez.) = 1.333,33 €, gerundet **1.334 €**
- Hinzurechnung zum handelsrechtlichen Gewinn für Zwecke der Besteuerung: 2.000 € - 1.334 € = **666 €**

Lösung zu 25:

Abschreibung 2020: linear 4 % (Wirtschaftsgebäude, Kaufvertrag vor 2001) von 336.000 € (70 % von 480.000 €) = **13.440 €**

Sollkonto – SKR 03 (SKR 04)		**Betrag** (Euro)	**Habenkonto** – SKR 03 (SKR 04)	
Abschr. auf Gebäude	4831 (6221)	13.440,00	Geschäftsbauten	0090 (0240)

Lösung zu 26:

Abschreibung 2020: 3 % linear von 340.000 € (Wirtschaftsgebäude) · $^1/_{12}$ zeitanteilig = **850 €**

Sollkonto – SKR 03 (SKR 04)		**Betrag** (Euro)	**Habenkonto** – SKR 03 (SKR 04)	
Geschäftsbauten	0090 (0240)	340.000,00	Geschäftsb. im Bau	0120 (0710)
Abschreib. a. Gebäude	4831 (6221)	850,00	Geschäftsbauten	0090 (0240)

Lösung zu 27:

a) **Ermittlung der AK (2020):**

			Euro
	Anschaffungspreis netto		75.000
+	ANK netto (Transport)		1.125
-	Anschaffungspreisminderungen netto		
	Rabatt	7.500 €	
	Skonto	1.350 €	8.850
=	AK		**67.275**

Skonto netto: 2 % von 80.325 € = 1.606,50 € : 1,19 = 1.350 €

Ermittlung der Abschreibung (2020):

siehe nachfolgende Tabelle **14.016 €**

b) **Abschreibungsverlauf:**

Jahr	Wert 01.01. €	Zugang €	Abschreibung €	Wert 31.12. €
2020	0,00	67.275,00	14.016,00 (67.275 € · 25 % · $^{10}/_{12}$)	53.259,00
2021	53.259,00		13.315,00 (53.259 € · 25 %)	39.944,00

Jahr	Wert 01.01. €	Zugang €	Abschreibung €	Wert 31.12. €
2022	39.944,00		9.986,00 (39.944 € · 25 %)	29.958,00
2023	29.958,00		7.490,00 (29.958 € · 25 %)	22.468,00
2024	22.468,00		5.617,00 (22.468 · 25 %)	16.851,00
2025	16.851,00		5.322,00 (16.851 € : 38 M. RND · 12 M.)	11.529,00
2026	11.529,00		5.322,00	6.207,00
2027	6.207,00		5.322,00	885,00
2028	885,00		884,00	1,00

c) Buchung 2020:

Tz.	**Soll Kto.-Nr. SKR 03 (SKR 04)**	**Betrag Euro**	**Haben Kto.-Nr. SKR 03 (SKR 04)**	**Buchungstext bzw. Erläuterungen**	Aufwand Euro	Ertrag Euro
	4830 (6220) *Abschreibung Sachanlagen*	14.016,00	0210 (0440) *Maschinen*	AfA Druckmaschine 2020	14.016,00	

Lösung zu 28:

Expert 1: 253 € - 7,59 € (3 % Skontoabzug) = 245,41 € → GWG § 6 Abs. 2a Satz 4 EStG

Sollkonto – SKR 03 (SKR 04)	**Betrag** (Euro)	**Habenkonto** – SKR 03 (SKR 04)
Sofortabschreibung GWG 4855 (6260)	245,41	Bank 1200 (1800)
Abziehbare VoSt 19 % 1576 (1406)	46,63	Bank 1200 (1800)

Expert 2: 847 € - 25,41 € (3 % Skontoabzug) = 821,59 € → Poolwirtschaftsgut § 6 Abs. 2a Satz 1 EStG

Sollkonto – SKR 03 (SKR 04)	**Betrag** (Euro)	**Habenkonto** – SKR 03 (SKR 04)
Wirtschaftsgüter (Sammelposten) 0485 (0675)	821,59	Bank 1200 (1800)
Vorsteuer 19 % 1576 (1406)	156,10	Bank 1200 (1800)
Abschreibungen auf den GWG Sammelposten 4862 (6264)	164,32	Wirtschaftsgüter (Sammelposten) 0485 (0675)

Nebenrechnung Abschreibung Sammelposten:
821,59 • 20 % = **164,32 €**

Lösung zu 29:

2020:

Inanspruchnahme eines Investitionsabzugsbetrags gem. § 7g Abs. 1 EStG in Höhe von 50 % der geplanten AK (19.200 €) = **9.600 €**, der auf Antrag **außerhalb der Buchführung** für ertragsteuerliche Zwecke **von dem in der Buchführung ermittelten Gewinn abgezogen** wird.

Ggf. statistische Erfassung:

Sollkonto – SKR 03 (SKR 04)	**Betrag** (Euro)	**Habenkonto** – SKR 03 (SKR 04)
Investitionsabz. § 7g Abs. 1 9970 (9970)	9.600,00	Investitionsabz. § 7g Abs. 1 (Gegenkonto) 9971 (9971)

2021:

1. **Hinzurechnung** gem. § 7g Abs. 2 EStG **außerhalb der Buchführung** für ertragsteuerliche Zwecke in Höhe von 50 % der AK, höchstens jedoch in Höhe des in Anspruch genommenen Investitionsabzugsbetrags; hier: **9.600 €**.

   Ggf. statistische Erfassung:

Sollkonto – SKR 03 (SKR 04)	**Betrag** (Euro)	**Habenkonto** – SKR 03 (SKR 04)
Hinzurechn. Investitionsabz. § 7g Abs. 2 (Gegenkonto) 9973 (9973)	9.600,00	Hinzurechn. Investitionsabz. § 7g Abs. 2 9972 (9972)

2. **Erfassung des Anlagenzugangs:**

Sollkonto – SKR 03 (SKR 04)	**Betrag** (Euro)	**Habenkonto** – SKR 03 (SKR 04)
Sonstige BGA 0490 (0690)	19.200,00	Bank 1200 (1800)
Vorsteuer 19 % 1576 (1406)	3.648,00	Bank 1200 (1800)

3. **Erfassung der Abschreibung zum 31.12.2021:**

Sollkonto – SKR 03 (SKR 04)	**Betrag** (Euro)	**Habenkonto** – SKR 03 (SKR 04)
Kürzung der AK/HK § 7g Abs. 2 4853 (6243)	9.600,00	Sonstige BGA 0490 (0690)
Abschr. auf Sachanl. 4830 (6220)	400,00	Sonstige BGA 0490 (0690)

   Nebenrechnungen:
   Abschreibungs-Bemessungsgrundlage: AK - Kürzung der AK § 7g Abs. 2 EStG hier:

   19.200 € - 9.600 € = **9.600 €**

   planmäßige Abschreibung: 9.600 € : 10 Jahre • 5/12 (Aug. - Dez.) = **400 €**

Beachte: Die vorgenannten Abschreibungsbeträge sind nur für steuerliche Zwecke zulässig. Die Abschreibung im handelsrechtlichen Jahresabschluss beträgt somit:

19.200 € (AK) : 10 Jahre • 5/12 (Aug. - Dez.) = 800 €

Lösung zu 30:

2020:

Inanspruchnahme eines Investitionsabzugsbetrags gem. § 7g Abs. 1 EStG in Höhe von 50 % der geplanten AK (4.000 €) = **2.000 €**, der auf Antrag **außerhalb der Buchführung** für ertragsteuerliche Zwecke **von dem in der Buchführung ermittelten Gewinn abgezogen** wird.

Ggf. statistische Erfassung:

Sollkonto – SKR 03 (SKR 04)	**Betrag** (Euro)	**Habenkonto** – SKR 03 (SKR 04)
Investitionsabz. § 7g 9970 (9970)	2.000,00	Investitionsabz. § 7g Abs. 1 (Gegenkonto) 9971 (9971)

2021:

1. **Hinzurechnung** gem. § 7g Abs. 2 EStG **außerhalb der Buchführung** für ertragsteuerliche Zwecke in Höhe von 50 % der AK, höchstens jedoch in Höhe des in Anspruch genommenen Investitionsabzugsbetrags; hier: **2.000 €**.

   Ggf. statistische Erfassung:

Sollkonto – SKR 03 (SKR 04)	**Betrag** (Euro)	**Habenkonto** – SKR 03 (SKR 04)
Hinzurechn. Investitionsabz. § 7g Abs. 2 (Gegenkonto) 9973 (9973)	2.000,00	Hinzurechn. Investitionsabz. § 7g Abs. 2 9972 (9972)

2. **Erfassung des Anlagenzugangs:**

Sollkonto – SKR 03 (SKR 04)	**Betrag** (Euro)	**Habenkonto** – SKR 03 (SKR 04)
Ladeneinrichtung 0430 (0640)	4.000,00	Bank 1200 (1800)
Vorsteuer 19 % 1576 (1406)	760,00	Bank 1200 (1800)

3. **Erfassung Abschreibung zum 31.12.2021:**

Sollkonto – SKR 03 (SKR 04)	**Betrag** (Euro)	**Habenkonto** – SKR 03 (SKR 04)
Kürzung der AK/HK § 7g Abs. 2 4853 (6243)	2.000,00	Ladeneinrichtung 0430 (0640)
Abschr. auf Sachanl. 4830 (6220)	134,00	Ladeneinrichtung 0430 (0640)
Sonderabschr. § 7g Abs. 5 4851 (6241)	400,00	Ladeneinrichung 0430 (0640)

Nebenrechnungen:

Abschreibungs-Bemessungsgrundlage: AK minus Kürzung der AK § 7g Abs. 2 EStG; hier: 4.000 € - 2.000 € = **2.000 €**

planmäßige Abschreibung § 7 Abs. 1 EStG: 2.000 € : 10 Jahre • 8/12 (Mai - Dez.) = 133,33 €, gerundet = **134 €**

Sonderabschreibung § 7g Abs. 5 EStG: 2.000 € • 20 % = **400 €**

Beachte: Die vorgenannten Abschreibungsbeträge sind nur für steuerliche Zwecke zulässig. Handelsrechtlich ist keine Sonderabschreibung möglich. Die Abschreibung im handelsrechtlichen Jahresabschluss beträgt somit:

4.000 € (AK) : 10 Jahre • 8/12 (Mai - Dez.) = 266,67 €, gerundet **267 €**

Lösung zu 31:

Buchungen 2020:

1. zeitanteilige Abschreibung und Anlagenabgang

Sollkonto – SKR 03 (SKR 04)	**Betrag** (Euro)	**Habenkonto** – SKR 03 (SKR 04)
Abschreib. a. Sachanlagen 4830 (6220)	8.334,00	Maschinen 0210 (0440)
Außerplanm. Abschr. 4840 (6230)	11.665,00	Maschinen 0210 (0440)
Restbuchwert Anlagenabg. 2315 (4855)	1,00	Maschinen 0210 (0440)

2. Versicherungsentschädigung

Sollkonto – SKR 03 (SKR 04)	**Betrag** (Euro)	**Habenkonto** – SKR 03 (SKR 04)
Bank 1200 (1800)	40.000,00	Versicherungsentsch. 2742 (4970) (= sonst. betriebl. Erträge)

3. Bildung der RfE

Sollkonto – SKR 03 (SKR 04)	**Betrag** (Euro)	**Habenkonto** – SKR 03 (SKR 04)
Einstellungen in die steuerl. Rücklage für Ersatzbesch. nach R 6.6 EStR (sonst betriebl. Aufw.) 2344 (6928)	28.334,00	RfE gem. R 6.6 EStR 0932 (2982)

Nebenrechnung:

Entschädigung	40.000 €
Restbuchwert Anlagenabgang	11.666 €
aufgedeckte stille Reserve	**28.334 €** (= RfE gem. R 6.6 Abs. 4 EStR)

Beachte: Diese Buchung ist nur für steuerliche Zwecke zulässig. Handelsrechtlich wurde die Möglichkeit der Bildung eines Sonderpostens mit Rücklageanteil (SoPo) durch das Bilanzrechtsmodernisierungsgesetz abgeschafft.

Jahreswechsel

Buchungen 2021:

1. Anschaffung des Ersatzwirtschaftsguts

Sollkonto – SKR 03 (SKR 04)		**Betrag** (Euro)	**Habenkonto** – SKR 03 (SKR 04)	
Maschinen	0210 (0440)	70.000,00	Bank	1200 (1800)
Abziehbare VoSt 19 %	1576 (1406)	13.300,00	Bank	1200 (1800)

2. Übertragung der stillen Reserven auf das Ersatzwirtschaftsgut

Sollkonto – SKR 03 (SKR 04)		**Betrag** (Euro)	**Habenkonto** – SKR 03 (SKR 04)	
RfE gem. R 6.6 EStR	0932 (2982)	28.334,00	Maschinen	0210 (0440)

Beachte:
Diese Buchung ist nur für steuerliche Zwecke zulässig. Handelsrechtlich müssen die ursprünglichen AK (= 70.000 €) ausgewiesen werden. Alternative Vorgehensweise: Keine Buchung der Übertragung der stillen Reserve; stattdessen Kürzung der AK außerhalb der Buchführung für steuerliche Zwecke.

Die steuerliche Abschreibung erfolgt von den gekürzten AK: 70.000 € - 28.334 € = 41.666 €. Die steuerliche AfA 2021 beträgt somit: 41.666 € · 25 % (§ 7 Abs. 2 EStG) = 10.416,50 €, gerundet 10.417 €.

Sollkonto – SKR 03 (SKR 04)		**Betrag** (Euro)	**Habenkonto** – SKR 03 (SKR 04)	
Abschreib. a. Sachanl.	4830 (6220)	10.417,00	Maschinen	0210 (0440)

Lösung zu 32:

a) Bewertung nach Handelsrecht:

Handelsrechtlich gilt beim UV das strenge Niederstwertprinzip; d. h. auch bei vorübergehender Wertminderung muss der niedrigere Stichtagswert (hier 27.000 €) angesetzt werden (§ 253 Abs. 4 HGB);

Buchung:

Sollkonto – SKR 03 (SKR 04)		**Betrag** (Euro)	**Habenkonto** – SKR 03 (SKR 04)	
Bestandsveränd. Waren	3950 (5881)	3.000,00	Bestand Waren	3980 (1140)

b) Bewertung nach Steuerrecht:

Steuerrechtlich besteht bei **vorübergehender** Wertminderung ein Abschreibungs**verbot** (§ 6 Abs. 1 Nr. 2 EStG). Es erfolgt eine Hinzurechnung in Höhe von 3.000 € außerhalb der Buchführung zur Ermittlung des steuerlichen Gewinns.

Lösung zu 33:

a) Bewertung:

	Nettoverkaufspreis = 27.132 € : 1.19 =	22.800 €
-	durchschnittl. 20 % Rohgewinnaufschlag 22.800 € : 120 • 20 =	3.800 €
=	beizulegender Zeitwert (= Teilwert)	**19.000 €**
	Warenbestand (AK)	20.000 €
-	Teilwert	19.000 €
=	Abwertung	**1.000 €**

Handelsrechtlich gilt beim UV das strenge Niederstwertprinzip; d.h. der niedrigere Stichtagswert (hier 19.000 €) **muss** angesetzt werden (§ 253 Abs. 4 HGB).

Steuerlich ist die Abwertung auf den niedrigeren Teilwert **zwingend**: Weil die Wertminderung „dauerhaft" (bis zum Zeitpunkt der Abschlussaufstellung anhaltend) ist, darf nach § 6 Abs. 1 Nr. 2 EStG der niedrigere Teilwert angesetzt werden.

b) Buchung:

Sollkonto – SKR 03 (SKR 04)	**Betrag** (Euro)	**Habenkonto** – SKR 03 (SKR 04)
Bestandsveränd. Waren 3950 (5881)	1.000,00	Bestand Waren 3980 (1140)

Lösung zu 34:

a) Bewertung:

AK		110.000 €
-	Wertminderung eines darin enthaltenen Postens	9.500 €
=	modifizierte AK = Wert zum 31.12.	**100.500 €**
Bestand Konto „3982 (1142)" zum 01.01. (Bilanzwert)		156.400 €
-	Wert zum 31.12. (s. o.)	100.500 €
=	Bestandsminderung	**55.900 €**

b) Buchung:

Sollkonto – SKR 03 (SKR 04)	**Betrag** (Euro)	**Habenkonto** – SKR 03 (SKR 04)
Bestandsveränd. Waren 3950 (5881)	55.900,00	Bestand Ware W2 3982 (1142)

Lösung zu 35:

a) Durchschnittswertermittlung und Ermittlung der Bestandsveränderung:

190 · 24 € =	4.560 €	
250 · 28 € =	7.000 €	
120 · 25 € =	3.000 €	
140 · 32 € =	4.480 €	
700	19.040 €	: 700 Stück = **27,20 €/Stück**

Schlussbestand:	180 • 27,20 € =	4.896 €
Bestandsveränderung:	SB	4.896 €
	- AB	4.560 €
	= Bestandserhöhung	**336 €**

b) Buchung:

Sollkonto – SKR 03 (SKR 04)	**Betrag** (Euro)	**Habenkonto** – SKR 03 (SKR 04)
Bestand Waren 3985 (1145)	336,00	Bestandsveränd. Waren 3950 (5881)

Lösung zu 36:

a) Schlussbestand: 180 • 24 € = **4.320 €** (aus dem Anfangsbestand)

Bestandsveränderung:	SB	4.320 €
	- AB	4.560 €
	= Bestandminderung	**- 240 €**

b) Buchung:

Sollkonto – SKR 03 (SKR 04)	**Betrag** (Euro)	**Habenkonto** – SKR 03 (SKR 04)
Bestandsveränd. Waren3950 (5881)	240,00	Bestand Waren 3985 (1145)

Lösung zu 37:

Schlussbestand:	140 • 32 € =	4.480 €	(aus dem Zugang 30.08.)
	40 • 25 € =	1.000 €	(aus dem Zugang 21.06.)
	180	**5.480 €**	
Bestandsveränderung:	SB	5.480 €	
	- AB	4.560 €	
	= Bestandserhöhung	**920 €**	

Buchung:

Sollkonto – SKR 03 (SKR 04)	**Betrag** (Euro)	**Habenkonto** – SKR 03 (SKR 04)
Bestand Waren 3985 (1145)	920,00	Bestandsveränd. Waren 3950 (5881)

Lösung zu 38:

a) Bewertung nach Handelsrecht:

Handelsrechtlich gilt beim UV das strenge Niederstwertprinzip; d.h. auch bei vorübergehender Wertminderung muss der niedrigere Stichtagswert angesetzt werden (§ 253 Abs. 4 HGB). Der niedrigere Zeitwert beträgt im vorliegenden Fall:

100 Aktien • 90 € =	9.000,00 €
+ 1,5 % Anschaffungsnebenkosten	135,00 €
= beizulegender Zeitwert	**9.135,00 €**

Abschreibung auf den niedrigeren Wert:

AK	10.657,50 €
- beizulegender Zeitwert	9.135,00 €
= Abschreibung	**1.522,50 €**

Buchung:

Sollkonto – SKR 03 (SKR 04)	**Betrag** (Euro)	**Habenkonto** – SKR 03 (SKR 04)
Abschr. auf Wp des UV 4876 (7214)	1.522,50	Wertpap. d. kurzfr. Finz. 1349 (1530)

b) Bewertung nach Steuerrecht:

Steuerrechtlich besteht bei vorübergehender Wertminderung ein Abschreibungsverbot (§ 6 Abs. 1 Nr. 2 letzter Satz i. V. mit Abs. 1 Nr. 1 letzter Satz EStG). Eine dauerhafte Wertminderung ist steuerlich grundsätzlich nur dann anzunehmen, wenn bei Wirtschaftsgütern des Umlaufvermögens die Wertminderung bis zum Tag der Bilanzaufstellung oder dem davor liegenden Tag des Verkaufs anhält (was im vorliegenden Fall nicht erfüllt ist). Für steuerliche Zwecke ist die handelsrechtlich vorgenommene Abschreibung rückgängig zu machen (z. B. durch Hinzurechnung zum handelsrechtlichen Gewinn).

Lösung zu 39:

Tz. 1:

Direkte Abschreibung des Nettobetrags (4.165 € : 1,19 = 3.500 €) mit **Umsatzsteuerberichtigung** (3.500 € • 19 % = 665 €) gem. § 253 Abs. 4 HGB und § 17 Abs. 1 Abs. 2 Nr. 1 UStG:

Sollkonto – SKR 03 (SKR 04)	**Betrag** (Euro)	**Habenkonto** – SKR 03 (SKR 04)
Forderungsverl. übl. Höhe 2400 (6930)	3.500,00	Forderungen a LuL 1400 (1200)
Umsatzsteuer 19 % 1776 (3806)	665,00	Forderungen a LuL 1400 (1200)

Tz.2:

Direkte Abschreibung der Hälfte des Nettobetrags (4.165 € : 1,19 = 3.500 €, davon 50 % = 1.750 €) mit **Umsatzsteuerberichtigung** (1.750 € • 19 % = 332,50 €) gem. § 253 Abs. 4 HGB und § 17 Abs. 1 i. V. mit Abs. 2 Nr. 1 UStG:

Sollkonto – SKR 03 (SKR 04)	**Betrag** (Euro)	**Habenkonto** – SKR 03 (SKR 04)
Forderungsverl. übl. Höhe 2400 (6930)	1.750,00	Forderungen a LuL 1400 (1200)
Umsatzsteuer 19 % 1776 (3806)	332,50	Forderungen a LuL 1400 (1200)

Tz. 3:

Ertrag aus bereits abgeschriebener Forderung mit einem **Umsatzsteuersatz** in Höhe **von 16 %** [2005 galt ein USt-Satz von 16 %] (1.000 € : 1,16 = 862,07 €) mit **Umsatzsteuerberichtigung** (862,07 € • 16 % = 137,93 €) gem. § 253 Abs. 4 HGB und § 17 Abs. 2 Nr. 1 Satz 2 UStG:

Sollkonto – SKR 03 (SKR 04)	**Betrag** (Euro)	**Habenkonto** – SKR 03 (SKR 04)
Bank 1200 (1800)	862,07	Erträge a. abgeschr. Ford. 2732 (4925)
Bank 1200 (1800)	137,93	USt frühere Jahre 1791 (3845)

Lösung zu 40:

Tz. 1:

Indirekte Abschreibung 20 % vom Nettobetrag (5.950 € : 1,19 = 5.000 €, davon 20 % = 1.000 €); keine **Umsatzsteuerberichtigung**, weil noch keine Änderung der Bemessungsgrundlage feststeht.

Buchungen:

Sollkonto – SKR 03 (SKR 04)		**Betrag** (Euro)	**Habenkonto** – SKR 03 (SKR 04)	
Zweifelh. Forderungen	1460 (1240)	5.950,00	Forderungen a LuL	1400 (1200)
Einstellung in die EWB	2451 (6923)	1.000,00	EWB auf Forderungen	0998 (1246)

Tz. 2:

Erfassung des Zahlungseingangs (3.570 €), Auflösung der bestehenden EWB (3.000 €) und Korrektur der USt, die auf den ausgefallenen Teil entfällt (570 €):

Buchungen:

Sollkonto – SKR 03 (SKR 04)		**Betrag** (Euro)	**Habenkonto** – SKR 03 (SKR 04)	
Bank	1200 (1800)	3.570,00	Zweifelh. Ford.	1460 (1240)
EWB auf Forderungen	0998 (1246)	3.000,00	Zweifelh. Ford.	1460 (1240)
Umsatzsteuer Vorjahr	1790 (3841)	570,00	Zweifelh. Ford.	1460 (1240)

Tz. 3:

Erfassung des Zahlungseingangs (4.760 €), Auflösung der bestehenden EWB (3.000 €), Korrektur der USt, die auf den ausgefallenen Teil entfällt (380 €), Erfassung des Ertrags aus der zu hohen Abschreibung im Vorjahr:

	Bruttoforderung	7.140 €
-	Zahlungseingang	4.760 €
=	Bruttoausfall	2.380 €
-	berichtigte USt	380 €
=	Nettoausfall	2.000€
-	2019 bereits wertberichtigt	3.000€
=	Ertrag aus zu hoher Abschreibung	**1.000 €**

Buchungen:

Sollkonto – SKR 03 (SKR 04)		**Betrag** (Euro)	**Habenkonto** – SKR 03 (SKR 04)	
Bank	1200 (1800)	4.760,00	Zweifelh. Ford.	1460 (1240)
EWB auf Forderungen	0998 (1246)	3.000,00	Zweifelh. Ford.	1460 (1240)
Umsatzsteuer Vorjahr	1790 (3841)	380,00	Zweifelh. Ford.	1460 (1240)
Zweifelh. Ford.	1460 (1240)	1.000,00	Erträge a. abgeschr. Ford.	2732 (4925)

Tz. 4:

Erfassung des Zahlungseingangs (1.190 €), Auflösung der bestehenden EWB (3.000 €), Korrektur der USt, die auf den ausgefallenen Teil entfällt (950 €), Erfassung der zusätzlichen Abschreibung (2.000 € höherer Ausfall, als im Vorjahr angenommen):

	Bruttoforderung	7.140 €
-	Zahlungseingang	1.190 €
=	Bruttoausfall	5.950 €
-	berichtigte USt	950 €
=	Nettoausfall	5.000 €
-	2019 bereits wertberichtigt	3.000 €
=	zusätzliche Abschreibung	**2.000 €**

Buchungen:

Sollkonto – SKR 03 (SKR 04)		**Betrag** (Euro)	**Habenkonto** – SKR 03 (SKR 04)	
Bank	1200 (1800)	1.190,00	Zweifelh. Ford.	1460 (1240)
EWB auf Forderungen	0998 (1246)	3.000,00	Zweifelh. Ford.	1460 (1240)
Umsatzsteuer Vorjahr	1790 (3841)	950,00	Zweifelh. Ford.	1460 (1240)
Forderungsverl. übl. Höhe	2400 (6930)	2.000,00	Zweifelh. Ford.	1460 (1240)

Lösung zu 41:

Ermittlung der Pauschalwertberichtigung:

	Bestand Konto 1400 (1200)	119.000 €
-	uneinbringliche Forderung (direkt abzuschreiben)	11.900 €
-	zweifelhafte Forderung (indirekt abzuschreiben)	5.355 €
=	Restbestand, der noch nicht wertberichtigt wurde	101.745 €
-	darin enthaltene USt (101.745 € : 1,19 • 19 %)	16.245 €
=	Bemessungsgrundlage für die PWB	85.500 €
•	4 % (durchschnittlicher Ausfall) = PWB 2020	**3.420 €**

Buchung:

Sollkonto – SKR 03 (SKR 04)		**Betrag** (Euro)	**Habenkonto** – SKR 03 (SKR 04)	
Einstellung in die PWB	2450 (6920)	3.420,00	PWB auf Forderungen	0996 (1248)

Lösung zu 42:

Ermittlung der PWB-Anpassung:

PWB zum 31.12.2020	3.420 €
PWB zum 31.12.2019	2.570 €
PWB-Erhöhung	**850 €**

Buchung:

Sollkonto – SKR 03 (SKR 04)	**Betrag** (Euro)	**Habenkonto** – SKR 03 (SKR 04)
Einstellung in die PWB 2450 (6920)	850,00	PWB auf Forderungen 0996 (1248)

Lösung zu 43:

Tz.	Soll-Konto	Betrag (Euro)	Haben-Konto	Buchungstext/Erläuterung
1	2400 (6930)	400,00	1400 (1200)	Forderungsausfall Weiß netto
	1770 (3800)	28,00	1400 (1200)	USt-Korrektur zum Forderungsausfall
2	1200 (1800)	1.284,00	1460 (1240)	Zahlungseingang
	0998 (1246)	4.200,00	1460 (1240)	Auflösung EWB: 70 % v. 6.000 €
	2400 (6930)	600,00	1460 (1240)	Zusätzlicher Ausfall; Bruttoforderung 6.420 € - Zahlungseingang 1.284 € = Bruttoausfall 5.136 € : 1,07 = Nettoausfall 4.800 € - bereits berichtigt (EWB) 4.200 € = zusätzlich zu berichtigen **600 €**
	1770 (3800)	336,00	1460 (1240)	USt-Korrektur zum Ausfall: 4.800 € · 7 % = 336 €
3	Keine Buchung (keine Wertveränderung)			
4				

	Euro steuerfrei	Euro zu 7 %	Euro zu 19 %
Forderungen a LuL brutto	4.000	37.878	29.750
- USt		2.478	4.750
= Forderungen a LuL netto	**4.000**	35.400	**25.000**
Berichtigung Tz. 1 netto		400	
		35.000	
Restbestand, der noch nicht berichtigt wurde, netto			**64.000**

Soll-Konto	Betrag (Euro)	Haben-Konto	Buchungstext/Erläuterung
2450 (6920)	470,00	0996 (1248)	Erhöhung PWB: 64.000 € · 3 % = 1.920 € - Bestand PWB 1.450 € = Erhöhung **470 €**

Lösung zu 44:

Soll Kto.-Nr. SKR 03 (SKR 04)	Betrag Euro	Haben Kto.-Nr. SKR 03 (SKR 04)	Buchungstext bzw. Erläuterungen	Aufwand Euro	Ertrag Euro
1200 (1800)	96.000,00	0640 (3160)	Auszahlung Darlehen (96 %)		
0986 (1940)	4.000,00	0640 (3160)	Damnum (4 %)		
2120 (7320)	738,88	1200 (1800)	Zinsen 15.10. - 31.12.: 100.000 € • 3,5 % : 360 Tage • 76 Tage	738,88	
2124 (7324)	168,88	0986 (1940)	Abschreibung Damnum: 4.000 € : 5 Jahre : 360 Tage • 76 Tage	168,88	

Lösung zu 45:

Verbindlichkeiten sind nach § 253 Abs. 1 HGB und § 6 Abs. 1 Nr. 3 EStG zum Rückzahlungsbetrag zu bewerten. Eine Abzinsung entfällt, weil das Darlehen verzinslich ist (vgl. § 6 Abs. 1 Nr. 3 Satz 2 EStG).

Die Differenz zwischen Auszahlungsbetrag und Darlehen ist ein Disagio. Handelsrechtlich kann das Disagio nach § 250 Abs. 3 HGB direkt als Aufwand erfasst oder bei den aktiven Rechnungsabgrenzungsposten bilanziert und dann planmäßig abgeschrieben werden. In der Steuerbilanz ist das Disagio zu aktivieren und über die Zinsbindungsfrist des Darlehens zu verteilen. Da es sich um ein Ratendarlehen handelt, ist das Disagio arithmetisch-degressiv (digital) abzuschreiben. Hier erfolgt zum Zweck der Erstellung einer Einheitsbilanz die Aktivierung und Abschreibung über die Dauer der Zinsbindung (10 Jahre).

Digitaler AfA-Satz in 2020: $\frac{n\,(n+1)}{2} = \frac{10\,(11)}{2} = 55$

Degressionsbetrag:	4.000,00 € : 55 =	72,73 €
Abschreibung 2020:	72,73 € • 10 =	727,30 €
	zeitanteilig $^{9}/_{12}$ =	545,47 € (gerundet)

Buchung der Darlehensauszahlung:

Sollkonto – SKR 03 (SKR 04)	**Betrag** (Euro)	**Habenkonto** – SKR 03 (SKR 04)
Bank 1200 (1800)	180.000,00	Verbindlichkeiten gegenüber Kreditinstituten 0650 (3170)
Damnum/Disagio 0986 (1940)	20.000,00	Verbindlichkeiten gegenüber Kreditinstituten 0650 (3170)

Abschreibung des Disagios zum 31.12.2020:

Sollkonto – SKR 03 (SKR 04)	**Betrag** (Euro)	**Habenkonto** – SKR 03 (SKR 04)
Abschreibungen auf Disagio 2124 (7324)	545,47	Damnum/Disagio 0986 (1940)

Die Zinsen sind jährlich nachträglich zu zahlen. Sie sind nach § 252 Abs. 1 Nr. 5 HGB i. V. m. § 5 Abs. 1 EStG zum Bilanzstichtag als Verbindlichkeit anteilig zu erfassen.

5 % v. 200.000 € · $^{9}/_{12}$ = **7.500 €**

Zinsverbindlichkeit zum 31.12.2020:

Sollkonto – SKR 03 (SKR 04)	**Betrag** (Euro)	**Habenkonto** – SKR 03 (SKR 04)
Zinsaufwendungen 2120 (7320)	7.500,00	Verbindlichkeiten gegenüber Kreditinstituten 0631 (3151)

Lösung zu 46:

Buchung zum 30.11.2020 (Entstehung der Verbindlichkeit):

Sollkonto – SKR 03 (SKR 04)	**Betrag** (Euro)	**Habenkonto** – SKR 03 (SKR 04)
Wareneingang 3425 (5425)	5.816,41	Verbindl. a LuL 1600 (3300)
VoSt a. innergem. Erwerb 1574 (1404)	1.105,12	USt a. innergem. Erwerb 1774 (3804)

Buchung zum 31.12.2020:

Sollkonto – SKR 03 (SKR 04)	**Betrag** (Euro)	**Habenkonto** – SKR 03 (SKR 04)
Aufwend aus Währungs. 2151 (6881)	140,48	Verbindl. a LuL 1600 (3300)

[5.500,00 GBP : 0,9233 GBP/Euro = 5.956,89 € - 5.816,41 € = 140,48 €]

Der in der handelsrechtlichen Buchführung erfasste Aufwand in Höhe von 140,48 € ist aus steuerlichen Zwecken anzuerkennen, weil nach dem BMF-Schreiben vom 02.09.2016 eine dauerhafte Werterhöhung anzunehmen ist (die Werterhöhung hält bis zur Tilgung der Verbindlichkeit an und dieser Zeitpunkt liegt vor dem Zeitpunkt der Abschlussaufstellung).

Buchung zum 10.01.2021 (Bezahlung):

Sollkonto – SKR 03 (SKR 04)	**Betrag** (Euro)	**Habenkonto** – SKR 03 (SKR 04)
Verbindl. a LuL 1600 (3300)	5.956,89	Bank 1200 (1800)
Aufwend aus Währungs. 2151 (6881)	132,57	Bank 1200 (1800)

alternativ:

Sollkonto – SKR 03 (SKR 04)		**Betrag** (Euro)	**Habenkonto** – SKR 03 (SKR 04)	
Aufwend. aus Währungs.	2151 (6881)	132,57	Verbindl. a LuL	1600 (3300)
Verbindl. a LuL	1600 (3300)	6.089,46	Bank	1200 (1800)

Lösung zu 47:

Buchung zum 30.11.2020 (Entstehung der Verbindlichkeit):

Sollkonto – SKR 03 (SKR 04)		**Betrag** (Euro)	**Habenkonto** – SKR 03 (SKR 04)	
Wareneingang	3425 (5425)	5.816,41	Verbindl. a LuL	1600 (3300)
VoSt a. innergem. Erwerb	1574 (1404)	1.105,12	USt a. innergem. Erwerb	1774 (3804)

Zum 31.12.2020 wird keine Buchung vorgenommen, weil sich der Wert der Verbindlichkeit verringert hat (5.500 GBP : 0,9637 GBP/€ = 5.707,17 €) und dieser Ertrag wegen § 252 Abs. 1 Nr. 4 HGB (Realisationsprinzip) hier nicht erfasst werden soll, weil er noch nicht realisiert wurde.

Buchung zum 10.01.2021 (Bezahlung):

Sollkonto – SKR 03 (SKR 04)		**Betrag** (Euro)	**Habenkonto** – SKR 03 (SKR 04)	
Verbindl. a LuL	1600 (3300)	5.561,74	Bank	1200 (1800)
Verbindl. a LuL	1600 (3300)	254,67	Erträge a. Kursdiff.	2660 (4840)

Lösung zu 48:

1a) Eigenkapitalrentabilität:

Ermittlung:

$$\text{Eigenkapitalrentabilität} = \frac{\text{Gewinn (= Jahresüberschuss vor Steuern)}}{\text{Eigenkapital}} \cdot 100$$

$$= \frac{480.000\ €}{1.520.000\ €} \cdot 100 = \mathbf{31{,}58\ \%}$$

Jahresüberschuss vor Steuern = bilanzieller Jahresüberschuss + als Aufwendungen erfasste Steuern vom Einkommen und Ertrag

320.000 € + 160.000 € = **480.000 €**

Eigenkapital:	gez. Kapital	660.000 €
	Kapitalrücklagen	360.000 €
	Gewinnrücklagen	500.000 €
		1.520.000 €

Bedeutung und Bewertung:

Die Eigenkapitalrentabilität ist ein Maß für die Verzinsung des Eigenkapitals. Es sollte mindestens eine Verzinsung erreicht werden, die einer langfristigen Kapitalanlage auf dem Kapitalmarkt entspricht. Darüber hinaus sollten die Erträge noch das Haftungsrisiko des Eigenkapitals vergüten.

Soll-Ist-Vergleich: Vergleich der tatsächlich erreichten Eigenkapitalrentabilität mit einer vorgegebenen bzw. angestrebten Mindesteigenkapitalrentabilität. Es wird überprüft, ob die angestrebte Verzinsung des Eigenkapitals erreicht wurde.

Im vorliegenden Sachverhalt ist die Eigenkapitalrentabilität sehr positiv zu beurteilen, da eine solche Kapitalverzinsung auf dem Kapitalmarkt kaum zu erzielen ist.

1b) Gesamtkapitalrentabilität:

Ermittlung:

$$\text{Gesamtkapitalrentabilität} = \frac{\text{Jahresüberschuss vor Steuern + Fremdkapitazinsen}}{\text{Gesamtkapital (EK + FK)}} \cdot 100$$

$$= \frac{480.000\text{ €} + 98.000\text{ €}}{3.200.000\text{ €}} \cdot 100 = \mathbf{18{,}06\ \%}$$

Bedeutung und Bewertung:

Die Gesamtkapitalrentabilität stellt ein Maß für Verzinsung des insgesamt eingesetzten Kapitals dar.

Wenn die Zinssätze für zusätzliches Fremdkapital auf dem Kapitalmarkt unter der Gesamtkapitalrentabilität liegen, lässt sich die Eigenkapitalrentabilität durch Aufnahme zusätzlichen Fremdkapitals steigern. Dies setzt allerdings voraus, dass entsprechend rentable Potenziale im Unternehmen vorhanden sind, die durch weitere Kapitalzuführungen genutzt werden können und dass eine weitere Aufnahme von Fremdkapital möglich ist.

Im vorliegenden Sachverhalt ist die Gesamtkapitalrentabilität sehr positiv zu beurteilen.

1c) Deckungsgrad B:

Ermittlung:

$$\text{Deckungsgrad B (Anlagendeckung 2)} = \frac{\text{Eigenkapital + langfr. Fremdkapital}}{\text{Anlagevermögen}} \cdot 100$$

$$= \frac{1.520.000\text{ €} + 1.080.000\text{ €}}{2.120.000\text{ €}} \cdot 100 = \mathbf{122{,}64\ \%}$$

Eigenkapital:	gez. Kapital	660.000 €
	Kapitalrücklagen	360.000 €
	Gewinnrücklagen	500.000 €
		1.520.000 €
langfr. Fremdkapital:	Pensionsrückstellungen	140.000 €
	Darlehensverbindlichkeiten	940.000 €
		1.080.000 €
Anlagevermögen:	Grundstücke	520.000 €
	Maschinen	1.600.000 €
		2.120.000 €

Bedeutung und Bewertung:

- Überprüfung des Prinzips der Fristenkongruenz: Investitionen, die langfristig Mittel binden, sollen auch langfristig finanziert sein.
- Beurteilung der Solidität und Stabilität der Finanzierung.
- Je größer diese Kennzahl ausfällt, um so solider ist die Finanzierung. Werte ≥ 100 % werden positiv beurteilt.

Hier liegt ein positiver Wert vor, der dafür spricht, dass das Anlagevermögen solide finanziert ist.

2. Kritische Würdigung

Allein auf der Basis der vorliegenden verkürzten Bilanz und der unvollständigen Angaben aus der GuV ist eine betriebswirtschaftliche Auswertung nicht sinnvoll durchzuführen.

Folgende Unterlagen müssten mindestens vorliegen:

- vollständige Bilanz
- vollständige GuV
- Anhang bzw. Erläuterungsbericht
- ggf. Lagebericht
- Vorjahreszahlen

- Branchenzahlen

Lösung zu 49:

1. a) wirtschaftlicher Wareneinsatz:

	Wareneingang		345.000 €
+	Anschaffungsnebenkosten		12.000 €
-	Skonti		3.500 €
-	Boni		2.400 €
-	Bestandserhöhung		
	Warenendbestand	55.800 €	
	- Anfangsbestand Waren	48.500 €	7.300 €
=	**wirtschaftlicher Wareneinsatz**		**343.800 €**

b) wirtschaftlicher Warenumsatz:

	Erlöse	678.000 €
-	Erlösschmälerungen	7.500 €
-	Skonti	4.800 €
-	Rabatte	5.600 €
=	**wirtschaftlicher Warenumsatz**	**660.100 €**

2. Rohaufschlagsatz (RAS):

$$\frac{\text{wirtschaftlicher Warenumsatz - wirtschaftlicher Wareneinsatz}}{\text{wirtschaftlicher Wareneinsatz}} \cdot 100$$

$$\frac{660.100\text{ €} - 343.800\text{ €}}{343.800\text{ €}} \cdot 100 = \mathbf{92\ \%}$$

Lösung zu 50:

a)

		Euro	Euro
	wirtschaftlicher Warenumsatz:		
	Erlöse	2.412.000	
-	Erlösschmälerungen		
	Gewährte Skonti	19.200	
	Gewährte Boni	22.400	
	Gewährte Rabatte	30.000	
		2.340.400	2.340.400
	wirtschaftlicher Wareneinsatz:		
	Wareneingang	1.898.400	
+	Bezugsnebenkosten	48.000	
-	Anschaffungspreisminderungen		
	Erhaltene Skonti	14.000	
	Erhaltene Boni	9.600	
-	Bestandserhöhung Warenbestand	29.200	
		1.893.600	1.893.600

Rohgewinn:
(wirtschaftl. Warenumsatz minus wirtschaftl. Wareneinsatz) **446.800**

Rohaufschlagsatz (RAS) = Rohgewinn : wirtschaftl. Wareneinsatz · 100

= 446.800 € : 1.893.600 € • 100 = **23,60 %**

Reingewinnsatz:

Reingewinn = Rohgewinn + übrige Erträge - übrige Aufwendungen

= 446.800 € + 24.000 € - 346.300 € = **124.500 €**

Reingewinnsatz = Reingewinn : wirtschaftl. Warenumsatz · 100

= 124.500 € : 2.340.400 € • 100 = **5,32 %**

b) Kurzerläuterungen

- **Rohaufschlagsatz:** Diese Kennzahl soll zeigen, wie viel Prozent auf den Wareneinsatz durchschnittlich aufgeschlagen wurde, um die Erlöse zu erzielen.
- **Reingewinnsatz:** Diese Kennzahl soll zeigen, wie viel Reingewinn pro Euro Umsatz im Durchschnitt erzielt wurde.

c) Vergleich/Kurzinterpretation

- Der **Rohaufschlagsatz** liegt 6,40 Prozentpunkte unter dem Branchendurchschnitt. Mögliche Gründe: zu hohe Einkaufspreise; gewünschte Preise können am Markt nicht durchgesetzt werden (z. B. regional hohe Konkurrenz) oder bewusst niedrige Verkaufspreise, um Konkurrenz auszuschalten.
- Der **Reingewinnsatz** liegt 1,1 % über dem Branchendurchschnitt, trotz eines unter dem Branchendurchschnitt liegenden Rohaufschlagsatzes. Die übrigen Aufwendungen liegen somit unter dem Branchendurchschnitt.

Das MiniLex enthält die wichtigsten Begriffe, die in diesem Buch behandelt werden. Weitere Begriffe finden sich in: *Olfert/Rahn/Zschenderlein*, Lexikon der Betriebswirtschaftslehre, Kiehl

Abschreibungen
Sie dienen der Erfassung von Wertminderungen der Vermögensgegenstände in dem jeweils betrachteten Wirtschaftsjahr und können unterteilt werden in planmäßige und außerplanmäßige Abschreibungen. Beim abnutzbaren Anlagevermögen dienen **planmäßige** Abschreibungen der Verteilung der Anschaffungs- bzw. Herstellungskosten auf die Nutzungsdauer der Gegenstände. **Außerplanmäßige** Abschreibungen dokumentieren **außergewöhnliche** Wertminderungen von Vermögensgegenständen. Abschreibungen sind Aufwendungen, die den Gewinn mindern.

Abschreibungsplan
Festlegung der Verteilung der Anschaffungs-/Herstellungskosten eines abnutzbaren Anlagegegenstandes auf seine voraussichtliche Nutzungsdauer in einem Plan zum Beginn der Nutzung. Zu berücksichtigende Größen sind die **AK/HK**, die voraussichtliche **Nutzungsdauer** (Abschreibungszeitraum), der **Abschreibungsbeginn**, die **Abschreibungsmethode** und ggf. der Restverkaufserlös.

Absetzungen für Abnutzung (AfA)
Bezeichnung für **planmäßige Abschreibungen** auf abnutzbare Gegenstände des Anlagevermögens im deutschen **Steuerrecht** (z. B. in § 7 EStG). Es handelt sich um Abschreibungen auf Anlagegegenstände, deren Nutzungsdauer größer als 1 Jahr ist.

Aktiva
Zusammenfassender Ausdruck für die in einer Bilanz aufgeführten Vermögensteile des Unternehmens (Anlagevermögen, Umlaufvermögen, Rechnungsabgrenzungsposten). Bei einer in Kontenform aufgestellten Bilanz bezeichnet dieser Ausdruck die **„linke Seite" der Bilanz**.

Aktivieren
Buchung von Vermögenswerten auf einem aktiven Bestandskonto im Soll (Erfassung auf der Aktivseite der Bilanz).

Anlagevermögen
Begriff für die Teile des Vermögens, die dazu bestimmt sind, dem Geschäftsbetrieb dauernd zu dienen (vgl. § 247 Abs. 2 HGB).

Das Anlagevermögen gliedert sich nach § 266 Abs. 2 HGB in **immaterielle Vermögensgegenstände** (Konzessionen, Lizenzen, Firmenwert usw.), **Sachanlagen** (Grundstücke, Bauten, Maschinen usw.) und **Finanzanlagen** (Beteiligungen, Wertpapiere usw.).

Annuität
Von lat. annus = Jahr. Die bei der Tilgung einer Kapitalschuld regelmäßige **Zahlung, die Zins und Tilgung beinhaltet** und i. d. R. in **gleichbleibender Höhe** gezahlt wird (z. B. monatlich 1.000 €). Bei jeder nachfolgenden Zahlung verringert sich der Zinsanteil und erhöht sich der Tilgungsanteil in der Annuität im Vergleich zur vorherigen Zahlung.

Anschaffungskosten
Aufwendungen, die geleistet werden, um einen Vermögensgegenstand zu erwerben und in einen betriebsbereiten Zustand zu versetzen, soweit sie dem Vermögensgegenstand einzeln zugeordnet werden können (vgl. § 255 Abs. 1 HGB).

Anschaffungskosten sind wie folgt zu ermitteln:

	Kaufpreis, netto
+	Anschaffungsnebenkosten (Beschaffungskosten etc.), netto
+	nachträgliche Anschaffungskosten, netto
-	Anschaffungspreisminderungen (Skonto, Rabatt etc.), netto
=	**Anschaffungskosten**

Anschaffungswertprinzip
Jeder Vermögensgegenstand ist mit seinem Beschaffungs- bzw. Herstellungswert (AK bzw. HK) anzusetzen und bis zu seinem Ausscheiden aus dem Vermögen mit diesem Betrag fortzuführen (§ 253 Abs. 1 HGB). Nur diejenigen Wirtschaftsjahre, in denen ein Verbrauch bzw. eine Wertminderung dieser Güter stattfindet, werden mit Aufwand (= Abschreibungen) belastet.

Aufbewahrungsfristen
Buchführungs- und Aufzeichnungsunterlagen müssen sowohl nach Handelsrecht als auch nach Steuerrecht aufbewahrt werden. Die Dauer der Aufbewahrungspflicht hängt davon ab, um welche Unterlagen es sich handelt (z. B. **Buchungsbelege und Jahresabschlüsse 10 Jahre**; empfangene Handelsbriefe und Duplikate von versendeten Geschäftsbriefen 6 Jahre). Die Aufbewahrungsfristen sind in den §§ 257 HGB und 147 AO geregelt.

Aufwand, Aufwendungen
Die von einer Unternehmung **in einer Abrechnungsperiode** (z. B. Kalenderjahr) **verbrauchten Güter und Dienstleistungen** in Geld ausgedrückt. Aufwendungen werden auf den Aufwandskonten (z. B. Gehälter, Miete, Abschreibungen) im Soll gebucht. In der Gewinn- und Verlustrechnung werden die Aufwendungen der Abrechnungsperiode den Erträgen der selben Abrechnungsperiode als Abzugs- oder „Minusbeträge" gegenübergestellt. Die Differenz aus den Erträgen und den Aufwendungen ist der Gewinn/Verlust dieser Abrechnungsperiode. Aufwendungen wirken sich somit **Eigenkapital mindernd** aus.

Aufwandskonten
Auf den Aufwandskonten werden die Aufwendungen des Abrechnungszeitraums (Wirtschaftsjahr) im **Soll** erfasst. Aufwandskonten sind **Unterkonten des Eigenkapitalkontos** (aus der Sollseite des EK-Kontos abgeleitet).

In der manuellen Buchführung werden sie über das Gewinn- und Verlustkonto (GuVK) abgeschlossen, welches dann über das EK-Konto abgeschlossen wird. In der EDV-Buchführung werden ihre Salden programmgesteuert den jeweiligen GuV-Positionen zugeordnet.

Barwert
Der **auf den Bewertungsstichtag abgezinste Betrag** einer in der Zukunft erfolgenden Zahlung. Der Barwert hat Bedeutung für Rückstellungen und bestimmte Verbindlichkeiten mit einer Laufzeit von mehr als einem Jahr.

Beizulegender Zeitwert
Unter dem „beizulegenden Zeitwert" ist der **Marktpreis** zu verstehen. Gemeint ist aber nicht der Marktpreis im engen Sinn, sondern die **fiktiven Wiederbeschaffungskosten im Zeitpunkt der Bewertung**.

Belegprinzip
Keine Buchung darf ohne Beleg erfolgen. Dadurch soll gewährleistet werden, dass die Entstehung und Abwicklung der Geschäftsvorfälle stets nachvollzogen wer-

den kann. Weiterhin sollen dadurch fiktive Buchungen verhindert werden.

Bestandskonten
Konten, welche die Bestände der Bilanz aufnehmen und deren Veränderungen im Zeitablauf abbilden. Sie werden unterteilt in **Aktivkonten**, welche die Bestände der **Aktivseite** der Bilanz im **Soll** aufnehmen und **Passivkonten**, welche die Bestände der Passivseite der Bilanz im **Haben** aufnehmen. Für jeden Posten der Bilanz wird mindestens ein Bestandskonto geführt.

Betriebsstoffe
Sie werden für die Herstellung von Erzeugnissen benötigt, gehen aber nicht als Bestandteile in die Erzeugnisse ein (z. B. Reinigungs- und Schmiermittel für Maschinen).

Betriebsvermögensvergleich
Gewinnermittlung durch die Gegenüberstellung des Eigenkapitals zum Schluss des Abrechnungszeitraums und des Eigenkapitals zum Schluss des vorangegangenen Abrechnungszeitraums, vermehrt um Privatentnahmen und vermindert um Privateinlagen:

	EK am Ende des Abrechnungszeitraums (z. B. 31.12.)
-	EK am Ende des vorangegangenen Abrechnungszeitraums (z. B. 31.12. Vorjahr)
+	Privatentnahmen des Abrechnungszeitraums
-	Privateinlagen des Abrechnungszeitraums
=	**Gewinn/Verlust**

Bewertungsmaßstäbe
Maßstäbe zur Ermittlung der Wertansätze von Vermögensgegenständen und Schulden.

Das **Handelsrecht** sieht folgende Bewertungsmaßstäbe vor:

- Anschaffungskosten (AK)
- Herstellungskosten (HK)
- fortgeführte AK/HK (= AK/HK - Abschreibungen)
- beizulegender Zeitwert.

Das **Steuerrecht** nennt folgende Bewertungsmaßstäbe:

- Anschaffungskosten (AK)
- Herstellungskosten (HK)
- fortgeführte AK/HK (= AK/HK - AfA)
- Teilwert.

Bewertungsvereinfachungsverfahren
Der Grundsatz der Einzelbewertung erweist sich bei der Bewertung der Vorräte in der Praxis oftmals schwierig und unwirtschaftlich. Aus diesem Grund erlaubt der Gesetzgeber für den **Bereich des Vorratsvermögens** unter bestimmten Voraussetzungen Bewertungsvereinfachungen. Als vereinfachte Bewertungsverfahren kommen insbesondere in Betracht:

- Festbewertung (§ 240 Abs. 3 HGB),
- Gruppenbewertung (§ 240 Abs. 4 HGB),
- Verbrauchsfolgeverfahren (§ 256 Satz 1 HGB).

Bezugsnebenkosten
Aufwendungen, die bei der Beschaffung von Gegenständen (insbesondere beim Wareneinkauf) neben dem Nettoeinkaufspreis durch den Beschaffungsvorgang anfallen. Typische Bezugsnebenkosten sind **Verpackungs-, Versand-, Transport- und Versicherungskosten**. Sie gehören als **Anschaffungsnebenkosten** zu den Anschaffungskosten der Gegenstände.

Bilanz
Gegenüberstellung der Aktiva (Vermögensgegenstände und aktive Rechnungsabgrenzungsposten) und der Passiva (Eigenkapital, Schulden und passive Rechnungsabgrenzungsposten) eines Unternehmens zu einem bestimmten Stichtag (z. B. 31.12.). Vom ital. bilancia (= Waage) abgeleitet. Im **weiten Begriffssinn** wird unter „Bilanz" der **handelsrechtliche Jahresabschluss** verstanden.

Bilanzidentität
Die Wertansätze der Eröffnungsbilanz des Geschäftsjahres müssen mit denen der Schlussbilanz des vorangegangenen Geschäftsjahrs übereinstimmen.

Bilanzstichtag
Zeitpunkt für den die Bilanz (der Jahresabschluss) aufgestellt wird; i. d. R. ist dies der 31.12.; es kann aber auch ein anderer regelmäßiger Stichtag gewählt werden (abweichendes Wirtschaftsjahr).

Bruttoprinzip
Posten der Aktivseite der Bilanz (z. B. Forderungen) dürfen nicht mit Posten der Passivseite (z. B. Schulden), und Aufwendungen dürfen nicht mit Erträgen verrechnet werden (**Verrechnungsverbot nach § 246 Abs. 2 HGB**).

Buchführung
Planmäßige und lückenlose Dokumentation der Geschäftsvorfälle eines Unternehmens in zeitlicher Abfolge. Die Inhalte und Werte der Geschäftsvorfälle müssen hierbei zu erkennen sein.

Buchführungspflicht
Verpflichtung, die Geschäftsvorfälle eines Unternehmens nach bestimmten Regeln zu dokumentieren (aufzuzeichnen). Die handelsrechtliche Buchführungspflicht ist in den §§ 238 und 241a HGB, die steuerrechtliche Buchführungspflicht in den §§ 140, 141 AO geregelt.

Buchungssatz
Die sprachlich ausgedrückte Vorgehensweise bei einer Buchung. Er gibt an, auf welchem Konto im **Soll**, auf welchem Konto im **Haben** und mit welchem Betrag zu buchen ist. Zuerst wird das Konto, auf dem im **Soll** und danach das Konto, auf dem im **Haben** gebucht wird, genannt. Beide Konten werden mit dem Wort **„an"** verknüpft. Zusätzlich wird der zu erfassende Betrag genannt. Beispiel: **„Kasse an Bank 200 €"**.

Buchwert
Wert eines Vermögensgegenstands oder einer Verbindlichkeit in der Buchführung („in den Büchern").

Er ist der aus den ursprünglichen AK/HK abgeleitete Gegenwartswert (fortgeführte AK/HK), der nicht mit dem tatsächlichen Marktwert übereinstimmen muss.

Damnum
Unterschiedsbetrag zwischen dem Nennbetrag eines Darlehens (Rückzahlungsbetrag) und dem tatsächlich ausgezahlten Darlehensbetrag (Auszahlungsbetrag): Darlehensbetrag minus Damnum = Auszahlungsbetrag. Das Damnum wird als vorausgezahlter Zins für einen bestimmten Zeitraum interpretiert (z. B. für eine Festzinsvereinbarung über einen bestimmten Zeitraum). Es wird üblicherweise aktiviert (auf dem aktiven Bestandskonto „Damnum" im **Soll** erfasst) und über den Zeitraum der Zinsbindung oder die Laufzeit des Darlehens abgeschrieben (zeitanteilige Umbuchung auf das Konto „Zinsaufwendungen").

Degressive Abschreibung
Bei der degressiven Abschreibung wird der Wertverzehr des Anlagevermögens

ungleichmäßig auf die einzelnen Rechnungsperioden der geplanten Nutzungsdauer des Gegenstands verteilt. In den ersten Jahren der Nutzungsdauer erfolgt eine höhere Abschreibung als in späteren Jahren. Hierbei **sinkt der jährliche Abschreibungsbetrag** in jedem Folgejahr je nach der gewählten Art der degressiven Abschreibung stetig, in Sprüngen oder geometrisch (zur letztgenannten Form siehe das Stichwort **geometrisch-degressive Abschreibung**). Für bewegliche Wirtschaftsgüter des Anlagevermögens, die nach dem 31.12.2010 angeschafft oder hergestellt wurden, ist die degressive Abschreibung steuerlich nicht mehr zulässig.

Disagio
Abgeld, siehe Damnum.

Eigenkapital (EK)
Jene Mittel, die von den Eigentümern eines Unternehmens zu dessen Finanzierung aufgebracht oder als erwirtschafteter Gewinn im Unternehmen belassen wurde. Buchmäßiges Eigenkapital: Differenz von Vermögen (Aktiva) und Schulden (Passiva ohne Eigenkapital) zu einem bestimmten Zeitpunkt (z. B. 31.12.):

  Vermögen
\- Schulden
= **Eigenkapital**

Das EK setzt sich zusammen aus bilanziell ausgewiesenen Einzelpositionen (siehe z. B. § 266 Abs. 3 HGB) und bilanziell nicht erkennbaren stillen Reserven (z. B. infolge von Unterbewertungen des Vermögens und Überbewertungen von Schulden).

Eigenverbrauch
Entnahme oder Verwendung von Gegenständen oder Leistungen des Unternehmens für Zwecke, die nicht mit der Unternehmenstätigkeit in Zusammenhang stehen („Privatverbrauch"). Der Begriff „Eigenverbrauch" wurde 1999 aus dem UStG gestrichen und in den UStR durch den Begriff **„Unentgeltliche Wertabgaben"** ersetzt. Der Begriff „Eigenverbrauch" existiert in der Literatur und der Praxis aber mit der bisherigen Bedeutung fort. Der Eigenverbrauch unterliegt grundsätzlich der USt.

Einfuhrumsatzsteuer (EUSt)
Die **Einfuhr** von Gegenständen **aus dem Drittlandsgebiet** (Gebiet außerhalb der EU) in das Inland und die österreichischen Gebiete Jungholz und Mittelberg unterliegt der USt (§ 1 Abs. 1 Nr. 4 UStG). Für die eingeführten Gegenstände ist EUSt an das jeweilige Zollamt zu entrichten. Die entstandene EUSt ist dann gleichzeitig als Vorsteuer abziehbar (§ 15 Abs. 1 Nr. 2 UStG).

Einheitsbilanz
In einigen Fällen – insbesondere bei kleinen Unternehmen – gelingt es, einen Jahresabschluss zu erstellen, der **sowohl die zwingenden handelsrechtlichen als auch die steuerrechtlichen Vorschriften berücksichtigt**. Dieser Jahresabschluss wird üblicherweise als „Einheitsbilanz" bezeichnet.

Einlage
Siehe Privateinlage.

Einzelbewertung
Vermögensgegenstände und Schulden sind nach § 252 Abs. 1 Nr. 3 HGB zum Abschlussstichtag **einzeln zu bewerten** (**Grundsatz der Einzelbewertung**). Im Bereich des Vorratsvermögens erlaubt der Gesetzgeber unter bestimmten Voraussetzungen jedoch Bewertungsvereinfachungen, die vom Grundsatz der Einzelbewertung abweichen (Gruppenbewertung und Verbrauchsfolgeverfahren).

Einzelkosten
Kosten, die den Kostenträgern oder Kostenstellen einzeln (unmittelbar) zugerechnet werden können, z. B. das Holz, welches zur Produktion eines Stuhls verwendet wurde. Die Einzelkosten werden deshalb auch als **direkte** Kosten bezeichnet. Arten der Einzelkosten sind **Materialeinzelkosten**, **Fertigungseinzelkosten** (insbesondere Fertigungslöhne) und **Sondereinzelkosten** der Fertigung (z. B. Baupläne oder Modelle).

Entnahme
Siehe Privatentnahme.

Erfolg
Ergebnis des Wirtschaftens (positiv oder negativ); Ermittlung durch die **Erfolgsrechnung**.

Erfolgskonten
Konten der Buchführung, auf welchen die Erfolgsvorgänge der Unternehmenstätigkeit erfasst werden. Sie sind **Unterkonten des Eigenkapitalkontos** und werden in die zwei Gruppen **Aufwandskonten** und **Ertragskonten** unterteilt. Auf den **Aufwandskonten** (z. B. Gehälter, Miete, Strom) werden die Aufwendungen des Unternehmens im **Soll**, auf den **Ertragskonten** (z. B. Verkaufserlöse, Zinserträge, Mieterträge) die Erträge des Unternehmens im **Haben** erfasst. Die Erfolgskonten werden in der manuellen Buchführung über das Gewinn- und Verlustkonto (GuVK) abgeschlossen.

Erfolgsrechnung
Wertmäßige Ermittlung des Erfolgs einer Unternehmung für einen bestimmten Zeitabschnitt (z. B. Wirtschaftsjahr). Die Ermittlung des Erfolgs kann in der Buchführung durch **Betriebsvermögensvergleich** (Eigenkapitalvergleich) oder durch **Gewinn- und Verlustrechnung** erfolgen.

Bei dem **Betriebsvermögensvergleich** wird das Eigenkapital zum Ende des Abrechnungszeitraums dem Eigenkapital zum Ende des vorangegangenen Abrechnungszeitraums gegenübergestellt, vermehrt um die Privatentnahmen und vermindert um die Privateinlagen. Der Saldo ist dann der Gewinn/Verlust dieses Abrechnungszeitraums.

Bei der **Gewinn- und Verlustrechnung** werden die Erträge und die Aufwendungen des betrachteten Abrechnungszeitraums einander gegenübergestellt. Der Saldo ist dann der Gewinn/Verlust dieses Abrechnungszeitraums.

Erfüllungsbetrag
Verbindlichkeiten sind zu ihrem **Erfüllungsbetrag** anzusetzen (§ 253 Abs. 1 Satz 2 HGB). Der Erfüllungsbetrag entspricht dem **Rückzahlungsbetrag**. Darunter ist der Geldbetrag zu verstehen, der zur Erfüllung der Verbindlichkeit insgesamt aufgebracht werden muss.

Erlös
Der **Gegenwert aus dem Verkauf eines Gegenstandes oder einer Leistung**. Erlöse werden auf besonderen Erlöskonten, differenziert in verschiedene Erlösarten, ausgewiesen. Die Erfassung eines Erlöses auf einem **Erlöskonto** erfolgt im **Haben**.

Ertrag
Der von einer Unternehmung in einem bestimmten Abrechnungszeitraum durch die Erstellung von Gütern oder die Erbringung von Dienstleistungen **erwirtschaftete Wertzuwachs** (positiver Erfolgsbeitrag aus der Unternehmenstätigkeit). Zum **Ertrag** gehören die **Erlöse** und die **sonstigen Erträge** (z. B. Zuschreibungen auf Anlagegegenstände) einer Abrechnungsperiode.

Ertragskonten
Auf den Ertragskonten werden die Erträge des Abrechnungszeitraums (Wirtschaftsjahr) im **Haben** erfasst. Ertragskonten sind **Unterkonten des Eigenkapitalkontos** (aus der Habenseite des EK-Kontos abgeleitet). Sie werden über das Gewinn- und Verlustkonto (GuVK) abgeschlossen, welches dann über das EK-Konto abgeschlossen wird.

Erzeugnisse
Produkte, die **vom eigenen Betrieb hergestellt** oder wenigstens teilweise physisch bearbeitet wurden.

Festwert
Bewertung von Sachanlagegütern, Waren, Roh-, Hilfs- und Betriebsstoffen mit einem gleichbleibenden (unveränderten = festen) Wert. Der Festbewertung liegt die Annahme zugrunde, dass sich der Verbrauch und die Zugänge für eine gewisse Zeit entsprechen. Aus diesem Grund erlaubt der Gesetzgeber unter bestimmten Voraussetzungen eine Bilanzierung mit gleichbleibender Menge und gleichbleibendem Wert.

Fifo-Verfahren
Verbrauchsfolgeverfahren zur Ermittlung des Wertes der Vorräte. Bei diesem Verfahren wird unterstellt, dass die **zuerst eingekauften („first-in") zuerst wieder verkauft oder verbraucht („first-out")** werden. Diese Verbrauchsfolge kommt beispielsweise dann zu Stande, wenn Zugänge in einem Regal oder Lager jeweils „hinten" eingeräumt werden und Abgänge „von vorn nach hinten" erfolgen.

Der jeweilige Bestand setzt sich somit **aus den letzten Zugängen, die noch nicht verkauft oder verbraucht wurden**, zusammen, weil unterstellt wird, dass die jeweils ältesten Bestände zuerst verkauft oder verbraucht werden.

Das Fifo-Verfahren ist für steuerliche Zwecke **nicht** zulässig (vgl. R 6.9 Abs. 1 EStR).

Firmenwert
Siehe Geschäftswert.

Fixe Gemeinkosten
Kosten, deren Höhe **von der Beschäftigung unabhängig** ist. Sie fallen also grundsätzlich in der selben Höhe an, auch wenn mehr oder weniger produziert wird (z. B. die Abschreibung des Geschäftsgebäudes ist von der produzierten Menge unabhängig).

Folgebewertung
Zu den der Anschaffung oder Herstellung nachfolgenden Bilanzstichtagen sind die vorhandenen **Vermögensgegenstände neu zu bewerten** (Folgebewertung).

Die zum Bilanzstichtag vorhandenen Vermögensgegenstände sind grundsätzlich mit ihrem bisherigen Wert anzusetzen (Fortführung der AK/HK). Gegenstände des abnutzbaren Anlagevermögens sind um planmäßige Abschreibungen zu vermindern, andere Vermögensgegenstände sind grundsätzlich nur aufgrund außergewöhnlicher Vorgänge mit dem **beizulegenden Zeitwert** anzusetzen. Gegenstände des Umlaufvermögens müssen mit dem beizulegenden Zeitwert (Marktwert) bewertet werden, wenn dieser zum Bilanzstichtag **unter den AK/HK** liegt.

Forderungen
Schuldrechtlich begründete Ansprüche auf Leistungen gegenüber anderen Personen.

Forderungen aus Lieferungen und Leistungen
Ansprüche auf Leistungen (insbesondere Geldzahlungen) gegenüber Kunden aufgrund von Lieferungen (Warenverkäufe etc.) oder Dienstleistungen.

Fremdkapital
Zusammenfassende Bezeichnung für die in der Bilanz ausgewiesenen **Schulden** der Unternehmung.

Geldentnahme
Die Entnahme von Geld (Bargeld, Buchgeld) aus dem Betriebsvermögen für Zwecke außerhalb des Unternehmens (z. B. private Zwecke). Geldentnahmen unterliegen nicht der Umsatzsteuer.

Gemeinkosten
Kosten, die den Kostenträgern (z. B. hergestellte Produkte) oder Kostenstellen nicht direkt, sondern nur mithilfe von Zuschlagssätzen oder anderen Umlageinstrumenten zuzurechnen sind, weil sie für mehrere Kostenträger oder Kostenstellen gemeinsam anfallen (z. B. Heizkosten des Materiallagers). Sie werden auch als **indirekte Kosten** bezeichnet.

Geometrisch-degressive Abschreibung
Eine Form der Abschreibung mit fallenden jährlichen Abschreibungsbeträgen, die durch Anwendung eines konstanten Abschreibungsprozentsatzes (z. B. 25 %) auf den jeweils verbleibenden Restwert (Buchwert) berechnet wird (**Buchwert · Abschreibungsprozentsatz = Abschreibungsbetrag**). Steuerlich ist diese Form der Abschreibung in § 7 Abs. 2 EStG geregelt. Der Abschreibungsprozentsatz darf hiernach bei Gegenständen des beweglichen abnutzbaren Anlagevermögens, die 2009 oder 2010 angeschafft oder hergestellt wurden, höchstens das Zweieinhalbfache des linearen Abschreibungsprozentsatzes und höchstens 25 % betragen. Zum 01.01.2011 wurde die degressive AfA für alle ab diesem Datum angeschafften oder hergestellten Wirtschaftsgüter aufgehoben. Sie ist demzufolge nur noch bei Wirtschaftsgütern, die vor diesem Datum angeschafft bzw. hergestellt wurden, zulässig.

Geringwertige Wirtschaftsgüter (GWG)
Abnutzbare Gegenstände des beweglichen Anlagevermögens, die **einer selbstständigen Nutzung fähig** sind und die Wertgrenzen des § 6 Abs. **2** EStG (netto **800 €** bzw. § 6 Abs. **2a** EStG (netto **250,01 bis 1.000 €**) nicht übersteigen, dürfen unabhängig von ihrer geplanten Nutzungsdauer im Jahr der Anschaffung/Herstellung oder Einlage

- entweder **voll als Betriebsausgabe** abgezogen werden (= Alternative 1 nach § 6 Abs. 2 EStG für Wirtschaftsgüter bis netto **800 €**)
- oder in einem **Sammelposten** aktiviert und **über 5 Jahre gleichmäßig abgeschrieben** werden (= Alternative 2 nach § 6 Abs. **2a** EStG für Wirtschaftsgüter im Wert von netto **250,01 bis 1.000 €**)
- oder planmäßig über den Zeitraum der voraussichtlichen Nutzung abgeschrieben werden.

Bei Anwendung der **„Sammelpostenmethode"** nach § 6 Abs. **2a** EStG müssen **alle** GWG dieses Kalenderjahres mit einem Wert von mehr als 250 € bis 1.000 € in dem Sammelposten erfasst werden. GWG mit einem Wert bis 250 € müssen dann im Jahr ihrer Anschaffung, Herstellung oder Einlage voll oder alternativ über den Zeitraum ihrer voraussichtlichen Nutzung abgeschrieben werden (vgl. § 6 Abs. 2a Satz 4 EStG).

Innerhalb eines Wirtschaftsjahres darf der Steuerpflichtige für **alle** GWG dieses Wirtschaftsjahres nur **entweder** die Alternative 1 nach § 6 Abs. 2 EStG **oder** die Alternative 2 nach § 6 Abs. 2a EStG anwenden (**wirtschaftsjahrbezogenes Wahlrecht**). Eine „Mischung" der Alternativen innerhalb eines Wirtschaftsjahres ist nicht möglich.

Geschäftswert, derivativer
Betrag, den der Erwerber eines Unternehmens über den Wert des Reinvermögens hinaus bezahlt. Er ist somit als **Differenz zwischen dem Kaufpreis und dem übernommenen Reinvermögen** definiert.

Der Teil des Kaufpreises, welcher das übernommene Eigenkapital übersteigt, ist eine Vergütung für zahlreiche mit erworbene, einzeln kaum zu beziffernde immaterielle Werte des Unternehmens, die im Laufe der Geschäftstätigkeit selbst geschaffen und in der Bilanz nicht dargestellt wurden. Hierzu gehören beispielsweise der **Kundenstamm**, die **Liefer- und Absatzbeziehungen**, der **„gute Ruf" des Unternehmens**, die **Kenntnisse der Mitarbeiter** über Betriebsabläufe und vieles mehr.

Handels- und steuerrechtlich besteht eine **Aktivierungs- und Abschreibungspflicht**. Die Nutzungsdauer des Geschäfts- oder Firmenwerts ist sachgerecht zu schätzen. Über diesen Zeitraum ist er planmäßig abzuschreiben. Sollte die Nutzungsdauer nicht verlässlich geschätzt werden können, erfolgt die Abschreibung über einen Zeitraum von 10 Jahren (vgl. § 253 Abs. 3 Sätze 3 - 4 HGB).

Für steuerliche Zwecke wird die Nutzungsdauer im EStG zwingend vorgegeben. Sie beträgt **15 Jahre** (vgl. 7 Abs. 1 Satz 3 EStG).

Geschäftswert, originärer
Der von einem Unternehmen **selbst geschaffene** Wert des Unternehmens, der das in der Bilanz ausgewiesene Eigenkapital übersteigt. Er enthält immaterielle Werte, wie den **Kundenstamm**, die **Liefer- und Absatzbeziehungen**, den **„guten Ruf" des Unternehmens**, die **Kenntnisse der Mitarbeiter über Betriebsabläufe** und vieles mehr. Da er nicht objektiviert ist (bis zu einem Verkauf des Unternehmens ist der Geschäftswert eine subjektiv beeinflusste Größe), besteht für ihn ein Aktivierungs**verbot** (vgl. § 248 Abs. 2 Satz 2 HGB).

Gewinn
Anstieg des Eigenkapitals innerhalb eines Abrechnungszeitraums (z. B. Kalenderjahr) infolge der Unternehmenstätigkeit. Die Ermittlung des Gewinns erfolgt durch **Betriebsvermögensvergleich** oder **Gewinn- und Verlustrechnung**.

Gewinn- und Verlustkonto (GuVK)
Sammelkonto der manuellen Buchführung, auf dem die Salden der **Aufwandskonten** im **Soll** und die Salden der **Ertragskonten** im **Haben** erfasst werden. Die Sollseite des GuVK weist somit alle Aufwendungen des Wirtschaftsjahres (Wj.) aus, die Habenseite die Erträge dieses Wirtschaftsjahres. Der Saldo des GuVK ist dann der Gewinn/Verlust dieses Wj. Der Abschluss des GuVK erfolgt dann über das Eigenkapitalkonto. Eine EDV-Buchführung hat kein Gewinn- und Verlustkonto.

Gewinn- und Verlustrechnung
Verdichtete (zusammengefasste) Gegenüberstellung der in der Buchführung erfassten Aufwendungen und Erträge eines Wj. in Staffel- oder Kontenform. Sie ist neben der Bilanz der zweite Mindestbestandteil des Jahresabschlusses. Als Saldo weist sie den Gewinn/Verlust

des Wj. aus. § 275 HGB schreibt für Kapitalgesellschaften den Aufbau in Staffelform unter Ausweis von Zwischenergebnissen vor.

Grundsätze ordnungsmäßiger Buchführung (GoB)
Durch die Wissenschaft und die Praxis entwickelte Grundregeln, die zu beachten sind, damit eine Buchführung als ordnungsgemäß anerkannt werden kann. Sie sind aus den Zielen des Jahresabschlusses abgeleitet und größtenteils als Einzelvorschriften verstreut in den §§ 238 ff. HGB zu finden. Eine nicht den GoB entsprechende Buchführung kann verworfen werden.

Gruppenbewertung
Zur Erleichterung der Bewertung dürfen **gleichartige** Vermögensgegenstände des **Vorratsvermögens** jeweils zu einer Gruppe zusammengefasst und mit dem **gewogenen Durchschnittswert** angesetzt werden (vgl. § 240 Abs. 4 HGB und R 6.8 Abs. 4 EStR). Zur Definition des Begriffs „gleichartig" siehe R 6.9 Abs. 3 Sätze 2 - 4 EStR.

Das in der Praxis gebräuchlichste Verfahren der Gruppenbewertung ist die **Durchschnittsbewertung**, die als

- gewogener periodischer Durchschnitt

oder

- gleitender (permanenter) Durchschnitt

durchgeführt werden kann.

Haben
Die rechte Seite eines Kontos der Buchführung.

Handelsbilanz
Bilanz, die nach handelsrechtlichen Vorschriften (HGB, GmbHG, AktG) erstellt wird. Sie verfolgt insbesondere die folgenden zwei Ziele:

- **Information bestimmter Interessengruppen** (Geschäftsleitung, Kapitalgeber, Gläubiger, Arbeitnehmer, Öffentlichkeit);
- **Ermittlung des ausschüttungsfähigen Gewinns** für die Kapitalgeber oder Anteilseigner.

Herstellungskosten
Maßstab für die Wertermittlung der von dem Unternehmen **selbst hergestellten Vermögensgegenstände**. Es handelt sich um Aufwendungen, die durch den Verbrauch von Gütern und die Inanspruchnahme von Diensten für die Herstellung eines Vermögensgegenstandes, seine Erweiterung oder wesentliche Verbesserung anfallen. Sowohl handels- als auch steuerrechtlich gibt es **Pflichtbestandteile, Einbeziehungswahlrechte** und **-verbote**. Diese gehen aus § 255 Abs. 2, 2a und 3 HGB und § 6 Abs. 1 Nr. 1b EStG hervor.

Hilfsstoffe
Sie werden für die Produktion von Erzeugnissen verwendet und gehen als untergeordnete Bestandteile (Nebenstoffe) in die Produkte ein (z. B. Leim für die Herstellung von Büchern).

Höchstwertprinzip
Aus dem Grundsatz der Vorsicht (§ 252 Abs. 1 Nr. 4 HGB) und der Vorgabe, dass Verbindlichkeiten zu ihrem Erfüllungsbetrag anzusetzen sind (§ 253 Abs. 1 Satz 2 HGB) folgt, dass Erhöhungen des Rückzahlungsbetrags zwingend eine Aufstockung des Bilanzansatzes erfordern. Bei mehreren zur Wahl stehenden Bilanzansätzen ist bei **Schulden somit der höchste in der Bilanz anzusetzen**; diese Bilanzierungsregel wird als „Höchstwertprinzip" bezeichnet.

Imparitätsprinzip
Risiken und Verluste sind bereits dann zu berücksichtigen, wenn sie vorhersehbar sind (obwohl sie bis zum Tag der Jahresabschlusserstellung noch nicht tatsächlich eingetreten sind); § 242 Abs. 1 Nr. 4 HGB.

Inventar
Mengen- und wertmäßiges **Verzeichnis** aller Vermögensgegenstände und Schulden des Unternehmens **für einen bestimmten Zeitpunkt** (z. B. zum 31.12.), ermittelt durch eine Inventur.

Inventur
Vorgang der **körperlichen** und **buchmäßigen Bestandsaufnahme** aller Vermögensgegenstände und Schulden einer Unternehmung zur Überprüfung der in den Büchern (insbesondere auf den Konten) verzeichneten Bestände. Hinsichtlich der konkreten Durchführung sind verschiedene Methoden und Verfahren zulässig (vgl. §§ 240 - 241 HGB; R 5.3 und R 5.4 EStR).

Investitionsabzugsbetrag
Kleine und mittlere Unternehmen können für **geplante Investitionen der nachfolgenden drei Jahre** im Vorgriff auf die späteren Abschreibungen einen Gewinn mindernden Investitionsabzugsbetrag in Höhe von **bis zu 50 % der geplanten Anschaffungs- oder Herstellungskosten (AK/HK) bilden**, der in einem späteren Jahr durch eine entsprechende Gewinnerhöhung wieder zu kompensieren ist. Dieses für die steuerliche Gewinnermittlung gültige Wahlrecht ist **außerhalb der handelsrechtlichen Buchführung** zu berücksichtigen. Der Investitionsabzugsbetrag ist in § 7g EStG Abs. 1 - 4 EStG geregelt.

Kapitalertragsteuer
Abzugsteuer, die **von Kapitalerträgen** (Zins-, Dividendenerträge etc.) vor deren Auszahlung von der auszahlenden Stelle (z. B. Bank) einbehalten und an das Finanzamt abgeführt werden muss. Seit 2009 beträgt die Kapitalertragsteuer 25 % der Kapitalerträge.

Kontenrahmen
Übersichtliches Kontenordnungssystem, das für einen bestimmten Wirtschaftszweig entwickelt wurde (z. B. Industriekontenrahmen IKR, Gemeinschaftskontenrahmen GKR oder DATEV-Standardkontenrahmen SKR 03, SKR 04).

Konto
Eine zur Erfassung und wertmäßigen Dokumentation von Geschäftsvorfällen bestimmte Rechnung. Jedes Konto hat eine Soll- und eine Habenseite. Zu unterscheiden sind **Bestandskonten** (Aktivkonten und Passivkonten), **Erfolgskonten** (Aufwandskonten und Ertragskonten) und **Abschlusskonten** (Gewinn- und Verlustkonto und Schlussbilanzkonto).

Lifo-Verfahren
Verbrauchsfolgeverfahren zur Ermittlung des Wertes der Vorräte. Bei diesem Verfahren wird unterstellt, dass die **zuletzt eingekauften („last-in")** Vorräte **zuerst wieder verkauft oder verbraucht („first-out")** werden. Diese Verbrauchsfolge kommt beispielsweise dann zu Stande, wenn Zugänge in einem Regal oder Lager zuvorderst eingeräumt werden und Abgänge „von vorn nach hinten" erfolgen.

Der jeweilige Bestand setzt sich somit aus dem (historischen) Anfangsbestand und den in dem Betrachtungsjahr zuerst eingekauften Gegenständen, die nicht verkauft oder verbraucht wurden, zusammen.

Das Lifo-Verfahren ist auch **für steuerliche Zwecke zulässig** (vgl. § 6 Abs 1 Nr. 2a EStG und R 6.9 EStR).

Bei leicht verderblicher Ware ist das Lifo-Verfahren jedoch **nicht** zulässig, weil es dann nicht dem betrieblichen Geschehensablauf und somit nicht den Grundsätzen ordnungsmäßiger Buchführung entspricht (vgl. R 6.9 Abs. 2 Satz 2 EStR).

Leasing

Als Leasing wird eine aus der Miete abgeleitete **besondere Vertragsgestaltung zur Finanzierung von Investitionsgütern** (Gebäude, Maschinen, Fahrzeuge etc.) bezeichnet.

In der wirtschaftlichen Realität gibt es eine Vielzahl unterschiedlicher Vertragsgestaltungen des Leasings. Die Betriebswirtschaftslehre bildet hieraus je nach dem Betrachtungsgesichtspunkt verschiedene Leasing-Formen oder -arten. Grundsätzlich wird hinsichtlich der **Laufzeit** unterschieden in

- **Operating-Leasing** (kurzfristiges Leasing; i. d. R. **„reine“ Miete**) und
- **Finanzierungs-Leasing** (mittel-/langfristiges Leasing; die Vertragslaufzeit beträgt i. d. R. mehrere Jahre). Diese Form des Leasings ist **als Alternative zum Erwerb des Gegenstands** zu sehen. Das Finanzierungs-Leasing existiert in vielen verschiedenen Varianten, insbesondere im Hinblick auf die Rechte des Käufers nach Beendigung der „Grundmietzeit“ (z. B. Kaufoptions- oder Mietverlängerungsoptionsrecht).

Leistungsabschreibung

Abschreibung eines Anlagegegenstandes entsprechend der von diesem in dem Betrachtungszeitraum **erbrachten Leistung** im Verhältnis zur geplanten Gesamtleistung über die Gesamtnutzungsdauer. Ermittlung des Abschreibungsbetrags für ein Jahr:

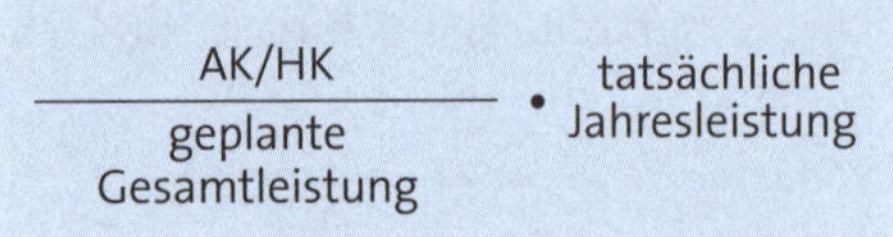

$$\frac{\text{AK/HK}}{\text{geplante Gesamtleistung}} \cdot \text{tatsächliche Jahresleistung}$$

Voraussetzung für die Anwendbarkeit dieser Abschreibungsart sind genaue Aufzeichnungen über die jährlichen Leistungen (z. B. Zählerstände von Maschinen).

Lineare Abschreibung

Gleichmäßige Verteilung der AK/HK **auf die geplante Nutzungsdauer** des Anlagegegenstandes. Ermittlung des Abschreibungsbetrags für ein Jahr:

$$\frac{\text{AK/HK}}{\text{Nutzungsdauer (Jahre)}}$$

Maßgeblichkeitsgrundsatz

Der Maßgeblichkeitsgrundsatz ist in **§ 5 Abs. 1 Satz 1 EStG** geregelt. Er schreibt vor, dass buchführungspflichtige Gewerbetreibende für steuerliche Zwecke grundsätzlich das Betriebsvermögen auszuweisen haben, welches nach den handelsrechtlichen Vorschriften auszuweisen ist (sog. **Grundsatz der Maßgeblichkeit der Handelsbilanz für die Steuerbilanz**). Abweichungen von den Handelsbilanzansätzen sind aber zulässig, wenn das Steuerrecht einen anderen Wertansatz vorschreibt oder zulässt.

Niederstwertprinzip

Für Vermögensgegenstände gibt das Handelsrecht vor, dass bei bestimmten Wertkonstellationen der jeweils **niedrigere Wert** angesetzt werden darf oder muss.

- Wenn der niedrigere Wert angesetzt werden **muss** (= Abschreibung auf den niedrigeren Wert), spricht man vom **strengen** Niederstwertprinzip.
- Wenn der niedrigere Wert angesetzt werden **darf** (= Abschreibung auf den niedrigeren Wert darf, muss aber nicht vorgenommen werden), spricht man vom **gemilderten** Niederstwertprinzip.

Das HGB gibt in § 253 Abs. 3 und 4 hierzu die folgenden Regelungen vor:

- **Anlagevermögen ohne Finanzanlagen**
  Beim Anlagevermögen müssen außerplanmäßige Abschreibungen auf den niedrigeren Wert vorgenommen werden, wenn die **Wertminderung voraussichtlich von Dauer** ist (= strenges Niederstwertprinzip). Bei nur **vorübergehender Wertminderung** ist eine Abschreibung auf den niedrigeren Wert **verboten**.
- **Finanzanlagen**
  Für Finanzanlagen (z. B. Aktien des Anlagevermögens) besteht ein **Abschreibungswahlrecht**, wenn eine voraussichtlich **vorübergehende** Wertminderung vorliegt (= **gemildertes** Niederstwertprinzip).

  Bei einer voraussichtlich **dauerhaften** Wertminderung gilt – wie auch bei anderen Gegenständen des Anlagevermögens – eine Abschreibungs**pflicht** (= **strenges** Niederstwertprinzip).
- **Umlaufvermögen**
  Beim Umlaufvermögen **müssen** außerplanmäßige Abschreibungen auch dann vorgenommen werden, wenn die Wertminderung voraussichtlich nicht dauerhaft – also nur vorübergehend – ist (= **immer strenges** Niederstwertprinzip).

Nutzungsdauer
Die (geplante) Nutzungsdauer ist der Zeitraum, in dem ein Vermögensgegenstand des abnutzbaren Anlagevermögens genutzt werden kann bzw. soll (vgl. § 253 Abs. 2 Satz 2 HGB). Sie bildet neben den AK/HK die zweite Berechnungsgrundlage für die Ermittlung der planmäßigen Abschreibung.

Nutzungsentnahme
Entnahme von Nutzungen **für Zwecke außerhalb des Unternehmens** (z. B. Nutzung eines betrieblichen Kopierers zur Erstellung von Kopien für **private** Zwecke). Nutzungsentnahmen unterliegen nach § 3 Abs. 9a Nr. 1 i. V. mit § 1 Abs. 1 Nr. 1 UStG grundsätzlich der Umsatzsteuer. In der Buchführung werden sie mit ihren anteiligen Kosten zzgl. USt als Privatentnahmen erfasst.

Passiva
Zusammenfassender Ausdruck für die in der Bilanz aufgeführten Finanzierungsquellen (Eigen- und Fremdkapital); „rechte" Seite der Bilanz.

Passivkonten
Passivkonten sind **die aus den Passiva abgeleiteten Bestandskonten**. Aus jeder Passivposition der Bilanz wird mindestens ein Konto (i. d. R. mit zahlreichen Unterkonten) abgeleitet. Passivkonten sind z. B. die folgenden Konten: **„Eigenkapital", „Verbindlichkeiten a LuL", „Verbindlichkeiten gegenüber Kreditinstituten"** usw.

Mehrungen werden auf den Passivkonten im **Haben, Minderungen** werden im **Soll** gebucht.

Passiv-Tausch
Bezeichnung für einen Vorgang, durch den eine Passivposition (z. B. Verbindlichkeiten a LuL) vermindert und gleichzeitig eine andere Passivposition (z. B. Verbindlichkeiten gegenüber Kreditinstituten) vermehrt wird.

Pauschalwertberichtigung
Pauschale Wertberichtigung auf die am Bilanzstichtag bestehenden Forderungen wegen des allgemeinen Kreditrisikos auf der Grundlage von Erfahrungswerten der Vergangenheit.

Poolabschreibung
Siehe Sammelposten.

Preisabzüge
Verminderungen der ursprünglichen Einkaufs- oder Verkaufspreise durch **Abzüge des Käufers** (z. B. durch **Skontoabzug**). Im **Einkaufsbereich vermindern die Nettobeträge der Preisabzüge die AK/HK**; die hierauf entfallende USt führt zu einer **Vorsteuerkorrektur**. Im **Verkaufsbereich** vermindern die Nettobeträge die Umsatzerlöse; die hierauf entfallende USt **vermindert die USt-Traglast** gegenüber dem Finanzamt.

Preisnachlässe
Verminderungen der ursprünglichen Einkaufs- oder Verkaufspreise durch **Nachlässe des Verkäufers** (z. B. **Rabatte**). Im Einkaufsbereich vermindern die Nettobeträge der Preisnachlässe die AK/HK und die in Rechnung zu stellende oder bereits berechnete USt (Vorsteuer). Im Verkaufsbereich vermindern die Nettobeträge die Umsatzerlöse; die hierauf entfallende USt vermindert die USt-Traglast gegenüber dem Finanzamt.

Privateinlagen
Übertragung von Vermögensgegenständen oder Nutzungen aus dem Privatvermögen in das Betriebsvermögen (z. B. Privateinlage von Bargeld in die Kasse des Unternehmens oder Nutzung des privaten Pkw für Zwecke des Unternehmens). Privateinlagen werden auf dem jeweiligen aktiven Bestandskonto (z. B. „Kasse“) oder dem entsprechenden Aufwandskonto (z. B. „Kfz-Betriebskosten“) im **Soll** und auf dem **Konto „Privateinlagen“** im **Haben** erfasst. Privateinlagen **erhöhen das Eigenkapital**.

Dienstleistungen können nicht zu Privateinlagen führen.

Privatentnahmen
Übertragung von **Geld, Sachen, Nutzungen** oder **Leistungen** aus dem betrieblichen Bereich **in den Privatbereich** des Unternehmers (z. B. Entnahme von Geld aus der Kasse des Unternehmens für private Zwecke). Privatentnahmen werden auf dem **Privatkonto „Privatentnahmen“** im **Soll** erfasst. Die Gegenbuchung einer Privatentnahme hängt davon ab, um welche Art der Privatentnahme es sich handelt. Privatentnahmen **vermindern** das **Eigenkapital**.

Privatkonten
Konten der Buchführung, auf welchen Privatentnahmen und -einlagen erfasst werden. Sie sind **Unterkonten des EK-Kontos** und werden deshalb über das EK-Konto abgeschlossen.

Privatvorgänge
Geschäftsvorfälle, die der Privatsphäre des Unternehmers zuzuordnen sind (Privatentnahmen und -einlagen).

Prozentmethode zur Ermittlung der privaten Kfz-Nutzung
Die Prozentmethode ist die bei der Berechnung der privaten Kfz-Nutzung anzuwendende Berechnungsmethode, sofern kein ordnungsgemäß geführtes Fahrtenbuch vorliegt und der Pkw zu mehr als 50 % betrieblichen Zwecken dient (vgl. § 6 Abs. 1 Nr. 4 EStG). Nach der Prozentmethode beträgt der Wert der privaten Pkw-Nutzung durch den Unternehmer **für jeden Monat der Privatnutzung 1 % des auf volle 100 € abgerundeten Bruttolistenpreises** des Fahrzeugs

zum Zeitpunkt der Erstzulassung (sog. **„1-%-Regelung“**).

Realisationsprinzip
Gewinne bzw. Erträge dürfen erst dann berücksichtigt werden, wenn sie z. B. durch Umsatz realisiert sind; § 252 Abs. 1 Nr. 4 HGB.

Rechnungsabgrenzungsposten
Bilanzposten, die **zum Zweck der periodengerechten Erfolgsermittlung gebildet** werden. Sie nehmen **Zahlungen vor dem Abschlussstichtag auf, die wirtschaftlich der Zeit nach dem Abschlussstichtag zuzuordnen sind** (beispielsweise vorausgezahlte Versicherungsbeiträge, die teilweise das Folgejahr betreffen).

- **Aktive Rechnungsabgrenzung:** Vorgänge, bei denen die **Ausgabe (Zahlung) im Betrachtungsjahr** erfolgt, der zu dieser Ausgabe gehörende **Aufwand** aber **teilweise oder vollständig einem anderen Wirtschaftsjahr** (z. B. dem nachfolgenden Jahr) zuzuordnen ist.
- **Passive Rechnungsabgrenzung:** Vorgänge, bei denen die **Einnahme (Zahlung) im Betrachtungsjahr** erfolgt, der zu dieser Einnahme gehörende Ertrag aber **teilweise oder vollständig einem anderen Wirtschaftsjahr** (z. B. dem nachfolgenden Jahr) zuzuordnen ist.

Reinvermögen
Andere Bezeichnung für das Eigenkapital (Vermögen - Schulden = Reinvermögen bzw. Eigenkapital).

Rohgewinn
Praxisüblicher Ausdruck für die Differenz aus Umsatzerlös(en) und Wareneinsatz eines oder aller Warengeschäfte innerhalb eines Abrechnungszeitraums (**Umsatzerlös/e - Wareneinsatz = Rohgewinn**).

Rohstoffe
Sie **gehen bei der Produktion von Erzeugnissen unmittelbar in die Produkte ein** und bilden deren **Hauptbestandteil** (z. B. Papier für die Herstellung von Büchern).

Rückstellungen
Vorgänge, die **dem Betrachtungsjahr als Aufwand zuzuordnen** sind, deren **genaue Höhe oder Fälligkeit** zum Ende des Wirtschaftsjahres jedoch **noch ungewiss** ist (z. B. Kosten der Jahresabschlusserstellung), werden als Rückstellungen erfasst. Der allgemeine Buchungssatz für die Bildung einer Rückstellung lautet: **„Aufwandskonto an Rückstellungskonto“**. Das Rückstellungskonto ist ein **passives Bestandskonto**. Der **Bilanzausweis** erfolgt auf der Passivseite **zwischen dem Eigenkapital und den Verbindlichkeiten** – siehe Bilanzgliederung § 266 Abs. 2 HGB).

Rückzahlungsbetrag
Siehe Erfüllungsbetrag.

Sachanlagevermögen
Zum Sachanlagevermögen gehören körperliche, greifbare Gegenstände (Sachen). Nach § 266 Abs. 2 HGB gehören hierzu

- Grundstücke, grundstücksgleiche Rechte und Bauten,
- technische Anlagen und Maschinen und
- andere Anlagen, Betriebs- und Geschäftsausstattung.

Sachentnahme
Entnahme einer Sache (eines Gegenstandes) durch den Unternehmer aus dem Unternehmensvermögen für Zwecke außerhalb des Unternehmens (z. B. Entnahme einer Ware für private Zwecke). Sachentnahmen sind als Privatentnahmen mit dem Teilwert (Wiederbeschaffungs-

kosten) als Privatentnahmen zu erfassen. Sie unterliegen nach § 3 Abs. 1b Nr. 1 i. V. mit § 1 Abs. 1 Nr. 1 UStG (unentgeltliche Wertabgaben) der USt.

Saldo

Differenzgröße beim Abschluss eines Kontos (ital. = Rechnungsabschluss). Er wird dadurch ermittelt, dass zunächst für beide Seiten des Kontos die Summe gebildet und dann die kleinere von der größeren Summe abgezogen wird. Diese Differenz ist der Saldo, der dann auf der Seite mit der bisher kleineren Summe eingetragen wird. Nach dem Eintragen des Saldos sind die Summen beider Seiten gleich groß.

Saldovortrag

Der **Eröffnungsbestand auf einem Bestandskonto zu Beginn eines Abrechnungszeitraums** (z. B. 01.01.), der aus dem vorangegangenen Abrechnungszeitraum (z. B. 31.12. Vorjahr) übernommen wurde. In der manuellen Buchführung wird er auch als Anfangsbestand bezeichnet.

Sammelposten

Wenn die Anschaffungskosten selbstständig nutzbarer Gegenstände des Anlagevermögens **über 250 € (netto) bis 1.000 € (netto)** betragen, können alle Wirtschaftsgüter dieser Art zu einem jahrgangsbezogenen Sammelposten nach § 6 Abs. 2a EStG zusammengefasst werden. Nach dieser Regelung dürfen sie zusammen mit den anderen Wirtschaftsgütern des Sammelpostens eines Wirtschaftsjahres **über einen Zeitraum von 5 Jahren gleichmäßig abgeschrieben werden**; also jährlich mit 20 %. Eine zeitanteilige Kürzung der Abschreibung findet nicht statt.

Siehe Geringwertige Witschaftsgüter.

Schlussbilanzkonto (SBK)

Konto der manuellen Buchführung, über das alle Bestandskonten (Aktiv- und Passivkonten) abgeschlossen werden. Es ist inhaltlich und wertmäßig mit der aus ihm entwickelten Bilanz (**Schlussbilanz**) **identisch**. In der EDV-Buchführung gibt es kein Schlussbilanzkonto. Die Summen- und Saldenbilanz ersetzt das SBK in seiner Funktion als Kontenübersicht.

Schulden

Verbindlichkeiten, Fremdkapital. Auf der Passivseite der Bilanz auszuweisen.

Skonto

Prozentualer Abzug vom Kaufpreis, der dem Käufer vom Verkäufer für schnelles Bezahlen gewährt wird (Preisabzug). Er beträgt i. d. R. 2 % oder 3 % und wird normalerweise bei Bezahlung innerhalb von 10 Tagen ab Lieferung gewährt. Auswirkungen in der Buchführung: siehe Stichwort Preisabzüge.

Sofortabschreibung geringwertiger Anlagegüter

Abnutzbare Gegenstände des **beweglichen** Anlagevermögens, die **einer selbstständigen Nutzung fähig** sind und die Wertgrenzen des § 6 Abs. 2 Satz 1 EStG (netto **800 €**) bzw. § 6 Abs. 2a Satz 4 EStG (netto **250 €**) nicht übersteigen, dürfen unabhängig von ihrer geplanten Nutzungsdauer **im Jahr der Anschaffung/Herstellung oder Einlage voll als Betriebsausgabe** abgezogen werden („Sofortabschreibung"). Das konkrete Wahlrecht hängt davon ab, ob der Steuerpflichtige die Anwendung von § 6 Abs. 2 oder 2a EStG für das betrachtete Wirtschaftsjahr wählt (**wirtschaftsjahrbezogenes Wahlrecht**); siehe hierzu auch das Stichwort „Geringwertige Wirtschaftsgüter".

Soll
Die **linke** Seite eines Kontos.

Sonderabschreibung § 7g EStG
Unter bestimmten Voraussetzungen besteht **bei abnutzbaren beweglichen Wirtschaftsgütern des Anlagevermögens** die Möglichkeit, neben der planmäßigen Abschreibung **für Zwecke der steuerlichen Gewinnermittlung** eine Sonderabschreibung in Höhe von **bis zu 20 % der AK/HK** in Anspruch zu nehmen (vgl. § 7g Abs. 5 EStG).

Steuerbilanz
Als Steuerbilanz wird die **aus der Handelsbilanz unter Beachtung steuerrechtlicher Vorschriften** (EStG, KStG) **abgeleitete Bilanz** bezeichnet. Sie dient dem Fiskus als Grundlage für die Besteuerung. Ihr Leitbild ist, dass Gewinne in den Perioden auszuweisen und zu besteuern sind, in denen sie entstanden sind. Gewinnverlagerungen auf andere Perioden sollen – bis auf die gesetzlich vorgesehenen Ausnahmen – nicht möglich sein. Das Steuerrecht enthält deshalb einige vom Handelsrecht abweichende Ansatz- und Bewertungsvorschriften (insbesondere in den §§ 4 - 7 EStG).

Stichtagsprinzip
Bei der Bilanzierung sind **die tatsächlichen Verhältnisse am Abschlussstichtag maßgeblich** für den Bilanzansatz und die Bewertung.

Stille Reserven
Eigenkapital, welches in der Bilanz nicht ausgewiesen wird. Es kommt dadurch zu Stande, dass Vermögensgegenstände nicht oder mit einem niedrigeren als ihrem tatsächlichen Wert und Schulden oder andere Passivpositionen ohne Eigenkapital mit einem höheren als ihrem realistischen Wert in der Bilanz ausgewiesen werden (**Unterbewertung von Aktiva und Überbewertung von Passiva**).

Teilwert
Der Teilwert ist ein Bewertungsmaßstab des Steuerrechts. Er ist der Betrag, den ein fiktiver Erwerber des ganzen Unternehmens für das einzelne Wirtschaftsgut im Gesamtkaufpreis ansetzen würde; dabei ist davon auszugehen, dass der Erwerber das Unternehmen fortführt (vgl. § 6 Abs. 1 Nr. 1 Satz 3 EStG).

Es soll also **fiktiv** überlegt werden, wie viel ein gedachter Käufer des ganzen Betriebs für den einzelnen Gegenstand (z. B. Pkw A) im Rahmen des Gesamtkaufpreises bezahlen würde. Dieser Wert entspricht dann dem Teilwert dieses Gegenstandes (hier: Pkw A).

Der Teilwert ist ein **Korrekturwert**, der beispielsweise **für Teilwertabschreibungen** Bedeutung hat (ist der Teilwert dauerhaft niedriger als die AK/HK oder die fortgeführten AK/HK, so darf steuerlich auf diesen niedrigeren Wert abgeschrieben werden).

Teilwertvermutungen
Weil der Teilwert ein **fiktiver** Wert ist (der Betrieb wird nicht tatsächlich, sondern nur gedanklich von einem Dritten erworben), lässt er sich nur im Wege der **Schätzung** ermitteln (R 6.7 Satz 1 EStR).

Zur Ermittlung des Teilwerts hat die Rechtsprechung **„Teilwertvermutungen"** aufgestellt, nach denen der Teilwert grundsätzlich zu bestimmen ist. Siehe hierzu H 6.7 (Teilwertvermutungen) EStH 2019.

Umlaufvermögen
Sammelbegriff für diejenigen Vermögensgegenstände des Betriebsvermögens, die dazu bestimmt sind, dem Geschäftsbetrieb **nur kurzfristig** zu dienen (Umkehrschluss aus § 247 Abs. 2 HGB). Zum Umlaufvermögen gehören

- Vorräte
- Forderungen und sonstige Vermögensgegenstände
- Wertpapiere zur kurzfristigen Anlage von Finanzmitteln
- flüssige Mittel (Kassenbestand, Guthaben auf Bankkonten usw.).

Unentgeltliche Wertabgaben
Wertabgaben des Unternehmens an den außerunternehmerischen Bereich als **Lieferungen ohne Entgelt** (z. B. Entnahme von Waren für private Zwecke des Unternehmers) oder **sonstige Leistungen ohne Entgelt** (z. B. Arbeitsleistungen eines Arbeitnehmers des Unternehmens für den Privatbereich des Unternehmers). Unentgeltliche Wertabgaben **unterliegen grundsätzlich der Umsatzsteuer**. Wenn es sich um Privatentnahmen des Unternehmers handelt, sind die Werte der unentgeltlichen Wertabgaben brutto im **Soll** auf dem **Privatkonto** zu erfassen. Die Gegenbuchung erfolgt mit dem Nettobetrag im **Haben** auf einem speziellen Ertragskonto und mit der auf den Nettobetrag entfallenden USt im **Haben** auf dem Umsatzsteuerkonto.

Variable Gemeinkosten
Kosten, deren Höhe **beschäftigungsabhängig** ist. Wird mehr produziert, fallen mehr variable Gemeinkosten an, wird weniger produziert, fallen weniger variable Gemeinkosten an. Hierzu zählt der Gesetzgeber auch den Wertverzehr des Anlagevermögens, soweit er durch die Fertigung veranlasst ist, obwohl die lineare Abschreibung in der Kostenrechnung den fixen Gemeinkosten zugeordnet wird.

Verbindlichkeiten
Zahlungsverpflichtungen gegenüber Dritten, die dem Grund und der Höhe nach feststehen (= Schulden). Sie sind in der Bilanz auf der Passivseite mit ihrem Rückzahlungsbetrag auszuweisen.

Verbindlichkeiten a LuL
Zahlungsverpflichtungen gegenüber Lieferanten aufgrund von erhaltenen Lieferungen oder Leistungen. In der Regel sind es **kurzfristig fällige Verbindlichkeiten** (innerhalb von 30 - 90 Tagen fällig).

Verbrauchsfolgeverfahren
Für **gleichartige** Vermögensgegenstände des Vorratsvermögens dürfen die Anschaffungs- oder Herstellungskosten gem. § 256 HGB auch nach den bestimmten Verbrauchs- oder Veräußerungsfolgen ermittelt werden, sofern dies den Grundsätzen ordnungsmäßiger Buchführung entspricht: siehe **Fifo-Methode** und **Lifo-Methode**.

Vereinfachungsregel für die Berechnung der Abschreibung
Sowohl im Jahr des Anlagenzugangs als auch im Jahr des Anlagenabgangs liegt i. d. R. kein volles Abschreibungsjahr vor. In diesen Jahren muss der Abschreibungsbetrag zeitanteilig ermittelt werden. Streng genommen müsste hierbei taggenau gerechnet werden. Aus Vereinfachungsgründen ist es aber auch zulässig, die Abschreibung **monatsgenau** zu berechnen. Im **Zugangsjahr** kann der **Zugangsmonat** als voller Monat gerechnet werden (unabhängig vom Anschaffungsdatum in diesem Monat). Im **Abgangsjahr** wird der **Monat des Anlagenabgangs** bei der Ermittlung der zeitanteiligen Abschreibung **außer Betracht** gelassen (es werden nur volle Abschreibungsmonate berücksichtigt).

Vermögen
Zusammenfassender Ausdruck für die im Unternehmen vorhandenen Vermögensgegenstände (Anlagevermögen und Umlaufvermögen).

Vertriebskosten
Aufwendungen für den Vertrieb (Verkauf) von Waren oder Erzeugnissen (**Verpackungs-, Versand-, Versicherungskosten** usw.). Sie werden als sonstige betriebliche Aufwendungen erfasst (Buchung auf dem entsprechenden Aufwandskonto im Soll). Bei der Ermittlung der Herstellungskosten dürfen sie **nicht** einbezogen werden.

Vorräte
Sammelbegriff für Gegenstände, die im Rahmen der Betriebstätigkeit bearbeitet, verarbeitet oder verkauft werden sollen (Roh-, Hilfs- und Betriebsstoffe, fertige und halbfertige Erzeugnisse und Waren). Sie werden auf der Aktivseite der Bilanz im Umlaufvermögen in der Position „Vorräte" ausgewiesen.

Vorsteuer
Umsatzsteuer, die dem Leistungsempfänger, der Unternehmer ist, von dem Leistenden, der ebenfalls Unternehmer ist, in Rechnung gestellt wurde. Der Leistungsempfänger kann die Vorsteuer – wenn die Voraussetzungen für den Vorsteuerabzug erfüllt sind – von seiner Umsatzsteuer-Traglast abziehen (Verrechnung mit der Umsatzsteuer, die er dem Finanzamt schuldet). Abziehbare Vorsteuerbeträge sind somit Forderungen gegenüber dem Finanzamt.

Waren
Produkte, die **von anderen Betrieben hergestellt** wurden und zwischen dem Ein- und Verkauf i. d. R. keine Veränderung erfahren (Fertigprodukte, die gehandelt werden).

Warenbestand
Wert des Warenvorrats zu einem bestimmten Zeitpunkt. In der Buchführung wird der Warenbestand i. d. R. nur einmal im Jahr zum Bilanzstichtag durch Inventur (körperliche Bestandsaufnahme) festgestellt. Ausnahme: Ordnungsgemäße Lagerbuchhaltung in Verbindung mit permanenter Inventur. Dann ist der aktuelle Lagerbestand jederzeit feststellbar (Warenbestand = Saldo des Warenbestandskontos).

Wareneingang
Der Einkauf von Waren, der in der Buchführung im **Soll** auf dem Bestandskonto „Warenbestand" oder dem Aufwandskonto „Wareneingang" erfasst wird. Üblich ist die Erfassung auf dem Konto „Wareneingang". Eine Abstimmung des Wareneingangskontos mit dem Warenbestandskonto erfolgt dann im Rahmen des Jahresabschlusses aufgrund der durch Inventur festgestellten Werte.

Wareneinsatz
Die zur Erzielung des Umsatzes eingesetzte Ware (Warenabgang), bewertet zum Einstandswert (Einkaufspreise netto zzgl. Bezugsnebenkosten netto). Der Wareneinsatz ist Aufwand des Unternehmens zur Erzielung des Erlöses aus dem Verkauf und der Entnahme von Waren.

Wertaufholung
Wenn sich der Wert eines auf den niedrigeren Zeitwert abgeschriebenen Vermögensgegenstandes nach dem Bilanzstichtag wieder erholt, ist sowohl handels- als auch steuerrechtlich zwingend eine Zuschreibung auf den gestiegenen Wert vorzunehmen (vgl. § 253 Abs. 5 Satz 1 HGB und § 6 Abs. 1 Nr. 2 letzter Satz EStG); sog. striktes Wertaufholungsgebot; höchstens jedoch bis zum Wert der ursprünglichen (historischen) AK/HK.

Wiederbeschaffungskosten
Kosten, die notwendig sind, ein aus dem Betrieb ausgeschiedenes Wirtschaftsgut erneut anzuschaffen. Gegenstände die dem Unternehmen für Zwecke außerhalb des Unternehmens entnommen

werden (z. B. für private Zwecke des Unternehmers), sind für die Umsatzsteuer mit deren Wiederbeschaffungskosten zu bewerten (Nettoeinkaufspreis zzgl. Nebenkosten zum Zeitpunkt des Umsatzes).

Zinsen
Der Preis für die Überlassung von Kapital oder Geld. In der Buchführung sind geschuldete Zinsen Aufwand und zu erhaltende Zinsen Ertrag.

Zugangsbewertung
Vermögensgegenstände, die dem Vermögen zugehen, sind im Fall der **Anschaffung** mit ihren **Anschaffungskosten**, **selbst hergestellte** Vermögensgegenstände mit ihren **Herstellungskosten** zu erfassen (vgl. § 253 Abs. 1 Satz 1 HGB und § 6 Abs. 1 Nr. 1 Satz 1 EStG).

A. Besonderheiten bei den laufenden Buchungen

Bilke/Heining/Mann, Lehrbuch Buchführung und Bilanzsteuerrecht, 12. Auflage, Herne 2017

Bolin/Stephani/Wyrwa/Grefe, Kompakt-Training Bilanzen, 10. Auflage, Herne 2020

Bundesministerium der Finanzen (Hrsg.), Amtliches Einkommensteuer-Handbuch 2019

Kliewer/Zschenderlein/Schneider, Die Prüfung der Steuerfachangestellten, 38. Auflage, Herne 2019

Kotz, H., Rechnungswesen, 5. Auflage, Herne 2013

Olfert/Rahn/Zschenderlein, Lexikon der Betriebswirtschaftslehre, 9. Auflage, Herne 2020

Strohner/Gödtel, Reisekosten, 2. Auflage, Herne 2015

Zschenderlein, O., Kompakt-Training Buchführung 1, 10. Auflage, Herne 2020

B. Jahresabschlussvorbereitung

Bilanz, Buchführung, Kostenrechnung (BBK), Fach 13, S. 4447, NWB Verlag, Herne

Bilke/Heining/Mann, Lehrbuch Buchführung und Bilanzsteuerrecht, 12. Auflage, Herne/Berlin 2017

Bolin/Stephani/Wyrwa/Grefe, Kompakt-Training Bilanzen, 10. Auflage, Herne 2020

Bornhofen, M., Buchführung 2, 31. Auflage, Wiesbaden 2020

Bussiek/Ehrmann, Buchführung, 9. Auflage, Ludwigshafen 2009

Rinker, C., Bilanzen, 16. Auflage, Herne 2020

Theile, C., Bilanzrechtsmodernisierungsgesetz, 3. Auflage, Herne/Berlin 2011

Zschenderlein, O., Kompakt-Training Buchführung 1, 10. Auflage, Herne 2020

C. Zeitliche Abgrenzung von Aufwendungen und Erträgen

Bilke/Heining/Mann, Lehrbuch Buchführung und Bilanzsteuerrecht, 12. Auflage, Herne/Berlin 2017

Bolin/Stephani/Wyrwa/Grefe, Kompakt-Training Bilanzen, 10. Auflage, Herne 2020

Bussiek/Ehrmann, Buchführung, 9. Auflage, Ludwigshafen 2009

Rinker, C., Bilanzen, 16. Auflage, Herne 2020

Theile, C., Bilanzrechtsmodernisierungsgesetz, 3. Auflage, Herne/Berlin 2011

D. Bewertungen und Buchungen im Anlagevermögen

Bolin/Stephani/Wyrwa/Grefe, Kompakt-Training Bilanzen, 10. Auflage, Herne 2020

Bornhofen, M., Buchführung 1, 32. Auflage, Wiesbaden 2020

Bussiek/Ehrmann, Buchführung, 9. Auflage, Ludwigshafen 2009

Theile, C., Bilanzrechtsmodernisierungsgesetz, 3. Auflage, Herne/Berlin 2011

E. Steuerliche Besonderheiten im Anlagevermögen

Bolin/Stephani/Wyrwa/Grefe, Kompakt-Training Bilanzen, 10. Auflage, Herne 2020

Bornhofen, M., Buchführung 1, 32. Auflage, Wiesbaden 2020

Bussiek/Ehrmann, Buchführung, 9. Auflage, Ludwigshafen 2009

Schäfer/Schlarb, Änderungen im Steuer- und Gesellschaftsrecht 2007/2008, Mainz 2008

Theile, C., Bilanzrechtsmodernisierungsgesetz, 3. Auflage, Herne/Berlin 2011

F. Bewertungen und Buchungen im Umlaufvermögen

Bilke/Heining/Mann, Lehrbuch Buchführung und Bilanzsteuerrecht, 12. Auflage, Herne/Berlin 2017

Bolin/Stephani/Wyrwa/Grefe, Kompakt-Training Bilanzen, 10. Auflage, Herne 2020

Bornhofen, M., Buchführung 2, 31. Auflage, Wiesbaden 2020

Bundesministerium der Finanzen (Hrsg.), Amtliches Einkommensteuer-Handbuch 2019

Bussiek/Ehrmann, Buchführung, 9. Auflage, Ludwigshafen 2009

Korth, M., Kontierungs-Handbuch, 4. Auflage, München 2003

Kotz, H., Rechnungswesen, 5. Auflage, Herne 2013

Rinker, C., Bilanzen, 16. Auflage, Herne 2020

Theile, C., Bilanzrechtsmodernisierungsgesetz, 3. Auflage, Herne/Berlin 2011

G. Bewertung und Buchung der Verbindlichkeiten

Bolin/Stephani/Wyrwa/Grefe, Kompakt-Training Bilanzen, 10. Auflage, Herne 2020

Bornhofen, M., Buchführung 2, 31. Auflage, Wiesbaden 2020

Bundesministerium der Finanzen (Hrsg.), Amtliches Einkommensteuer-Handbuch 2019

Bussiek/Ehrmann, Buchführung, 9. Auflage, Ludwigshafen 2009

Hufnagel/Burgfeld-Schächer, Einführung in die Buchführung und Bilanzierung, 9. Auflage, Herne 2018

Korth, M., Kontierungs-Handbuch, 4. Auflage, München 2003

Kotz, H., Rechnungswesen, 5. Auflage, Herne 2013

Rinker, C., Bilanzen, 16. Auflage, Herne 2020

Theile, C., Bilanzrechtsmodernisierungsgesetz, 3. Auflage, Herne/Berlin 2011

H. Grundzüge der betriebswirtschaftlichen Auswertung

Bornhofen, M., Buchführung 2, 31. Auflage, Wiesbaden 2020

Datev eG, Buchungsregeln für den Jahresabschluss, 3. Auflage, Nürnberg 2005

Hufnagel/Burgfeld-Schächer, Einführung in die Buchführung und Bilanzierung, 9. Auflage, Herne/Berlin 2018

Kliewer/Zschenderlein/Schneider, Die Prüfung der Steuerfachangestellten, 38. Auflage, Herne 2019

Kotz, H., Rechnungswesen, 5. Auflage, Herne 2013

Olfert/Rahn/Zschenderlein, Lexikon der Betriebswirtschaftslehre, 9. Auflage, Herne 2020

DATEV-Kontenrahmen nach dem Bilanzrichtlinie-Umsetzungsgesetz
Standardkontenrahmen - Prozessgliederungsprinzip (SKR 03)
Gültig für 2020

Bilanz-Posten[2]	Programmverbindung[4] Abschlusszweck[4]	0 Anlage- und Kapitalkonten
		KU 0600-0800 KU 0809 KU 0819-0963 KU 0968-0969 KU 0987-0989 KU 0996-0999
		0005 Rückständige fällige Einzahlungen auf Geschäftsanteile
		Immaterielle Vermögensgegenstände
Entgeltlich erworbene Konzessionen, gewerbliche Schutzrechte und ähnliche Rechte und Werte sowie Lizenzen an solchen Rechten und Werten		**0010 Entgeltlich erworbene Konzessionen, gewerbliche Schutzrechte und ähnliche Rechte und Werte sowie Lizenzen an solchen Rechten und Werten** 0015 Konzessionen 0020 Gewerbliche Schutzrechte 0025 Ähnliche Rechte und Werte 0027 EDV-Software 0030 Lizenzen an gewerblichen Schutzrechten und ähnlichen Rechten und Werten
Geschäfts- oder Firmenwert		**0035 Geschäfts- oder Firmenwert**
Geleistete Anzahlungen		**0038 Anzahlungen auf Geschäfts- oder Firmenwert** **0039 Geleistete Anzahlungen auf immaterielle Vermögensgegenstände**
Geschäfts- oder Firmenwert		**0040 Verschmelzungsmehrwert**
Selbst geschaffene gewerbliche Schutzrechte und ähnliche Rechte und Werte	HB	**0043 Selbst geschaffene immaterielle Vermögensgegenstände**
	HB	0044 EDV-Software
	HB	0045 Lizenzen und Franchiseverträge
	HB	0046 Konzessionen und gewerbliche Schutzrechte
	HB	0047 Rezepte, Verfahren, Prototypen
	HB	0048 Immaterielle Vermögensgegenstände in Entwicklung
		Sachanlagen
Grundstücke, grundstücksgleiche Rechte und Bauten einschließlich der Bauten auf fremden Grundstücken		**0050 Grundstücke, grundstücksgleiche Rechte und Bauten einschließlich der Bauten auf fremden Grundstücken** 0059 Grundstücksanteil des häuslichen Arbeitszimmers **0060 Grundstücksgleiche Rechte ohne Bauten** 0065 Unbebaute Grundstücke 0070 Grundstücksgleiche Rechte (Erbbaurecht, Dauerwohnrecht, unbebaute Grundstücke) 0075 Grundstücke mit Substanzverzehr
Geleistete Anzahlungen und Anlagen im Bau		0079 Anzahlungen auf Grundstücke und grundstücksgleiche Rechte ohne Bauten

Bilanz-Posten[2]	Programmverbindung[4] Abschlusszweck[4]	0 Anlage- und Kapitalkonten
Grundstücke, grundstücksgleiche Rechte und Bauten einschließlich der Bauten auf fremden Grundstücken		**0080 Bauten auf eigenen Grundstücken und grundstücksgleichen Rechten** 0085 Grundstückswerte eigener bebauter Grundstücke 0090 Geschäftsbauten 0100 Fabrikbauten 0110 Garagen 0111 Außenanlagen für Geschäfts-, Fabrik- und andere Bauten 0112 Hof- und Wegebefestigungen 0113 Einrichtungen für Geschäfts-, Fabrik- und andere Bauten 0115 Andere Bauten
Geleistete Anzahlungen und Anlagen im Bau		0120 Geschäfts-, Fabrik- und andere Bauten im Bau auf eigenen Grundstücken 0129 Anzahlungen auf Geschäfts-, Fabrik- und andere Bauten auf eigenen Grundstücken und grundstücksgleichen Rechten
Grundstücke, grundstücksgleiche Rechte und Bauten einschließlich der Bauten auf fremden Grundstücken		0140 Wohnbauten 0145 Garagen 0146 Außenanlagen 0147 Hof- und Wegebefestigungen 0148 Einrichtungen für Wohnbauten 0149 Gebäudeteil des häuslichen Arbeitszimmers
Geleistete Anzahlungen und Anlagen im Bau		0150 Wohnbauten im Bau auf eigenen Grundstücken 0159 Anzahlungen auf Wohnbauten auf eigenen Grundstücken und grundstücksgleichen Rechten
Grundstücke, grundstücksgleiche Rechte und Bauten einschließlich der Bauten auf fremden Grundstücken		**0160 Bauten auf fremden Grundstücken** 0165 Geschäftsbauten 0170 Fabrikbauten 0175 Garagen 0176 Außenanlagen 0177 Hof- und Wegebefestigungen 0178 Einrichtungen für Geschäfts-, Fabrik-, Wohn- und andere Bauten 0179 Andere Bauten
Geleistete Anzahlungen und Anlagen im Bau		0180 Geschäfts-, Fabrik- und andere Bauten im Bau auf fremden Grundstücken 0189 Anzahlungen auf Geschäfts-, Fabrik- und andere Bauten auf fremden Grundstücken
Grundstücke, grundstücksgleiche Rechte und Bauten einschließlich der Bauten auf fremden Grundstücken		0190 Wohnbauten 0191 Garagen 0192 Außenanlagen 0193 Hof- und Wegebefestigungen 0194 Einrichtungen für Wohnbauten
Geleistete Anzahlungen und Anlagen im Bau		0195 Wohnbauten im Bau auf fremden Grundstücken 0199 Anzahlungen auf Wohnbauten auf fremden Grundstücken

Bilanz-Posten[2]	Programm-verbindung[4] Abschluss-zweck[4]	0 Anlage- und Kapitalkonten
Technische Anlagen und Maschinen		**0200 Technische Anlagen und Maschinen** 0210 Maschinen 0220 Maschinengebundene Werkzeuge 0240 Technische Anlagen 0260 Transportanlagen und Ähnliches 0280 Betriebsvorrichtungen
Geleistete Anzahlungen und Anlagen im Bau		0290 Technische Anlagen und Maschinen im Bau 0299 Anzahlungen auf technische Anlagen und Maschinen
Andere Anlagen, Betriebs- und Geschäftsausstattung		**0300 Andere Anlagen, Betriebs- und Geschäftsausstattung** 0310 Andere Anlagen 0320 Pkw 0350 Lkw 0380 Sonstige Transportmittel 0400 Betriebsausstattung 0410 Geschäftsausstattung 0420 Büroeinrichtung 0430 Ladeneinrichtung 0440 Werkzeuge 0450 Einbauten in fremde Grundstücke 0460 Gerüst- und Schalungsmaterial 0480 Geringwertige Wirtschaftsgüter 0485 Wirtschaftsgüter (Sammelposten) 0490 Sonstige Betriebs- und Geschäftsausstattung
Geleistete Anzahlungen und Anlagen im Bau		0498 Andere Anlagen, Betriebs- und Geschäftsausstattung im Bau 0499 Anzahlungen auf andere Anlagen, Betriebs- und Geschäftsausstattung
		Finanzanlagen
Anteile an verbundenen Unternehmen		0500 Anteile an verbundenen Unternehmen (Anlagevermögen) 0501 Anteile an verbundenen Unternehmen, Personengesellschaften 0502 Anteile an verbundenen Unternehmen, Kapitalgesellschaften 0503 Anteile an herrschender oder mehrheitlich beteiligter Gesellschaft, Kapitalgesellschaften 0504 Anteile an herrschender oder mehrheitlich beteiligter Gesellschaft
Ausleihungen an verbundene Unternehmen		0505 Ausleihungen an verbundene Unternehmen 0506 Ausleihungen an verbundene Unternehmen, Personengesellschaften 0507 Ausleihungen an verbundene Unternehmen, Kapitalgesellschaften 0508 Ausleihungen an verbundene Unternehmen, Einzelunternehmen
Anteile an verbundenen Unternehmen		0509 Anteile an herrschender oder mehrheitlich beteiligter Gesellschaft, Personengesellschaften
Beteiligungen		0510 Beteiligungen 0513 Typisch stille Beteiligungen 0516 Atypisch stille Beteiligungen 0517 Beteiligungen an Kapitalgesellschaften 0518 Beteiligungen an Personengesellschaften 0519 Beteiligung einer GmbH & Co. KG an einer Komplementär GmbH

Bilanz-Posten[2]	Programm-verbindung[4] Abschluss-zweck[4]	0 Anlage- und Kapitalkonten
Ausleihungen an Unternehmen, mit denen ein Beteiligungsverhältnis besteht		0520 Ausleihungen an Unternehmen, mit denen ein Beteiligungsverhältnis besteht 0523 Ausleihungen an Unternehmen, mit denen ein Beteiligungsverhältnis besteht, Personengesellschaften 0524 Ausleihungen an Unternehmen, mit denen ein Beteiligungsverhältnis besteht, Kapitalgesellschaften
Wertpapiere des Anlagevermögens		**0525 Wertpapiere des Anlagevermögens** 0530 Wertpapiere mit Gewinnbeteiligungsansprüchen, die dem Teileinkünfteverfahren unterliegen 0535 Festverzinsliche Wertpapiere 0538 Anteile einer GmbH & Co. KG an einer Komplementär-GmbH[1]
Sonstige Ausleihungen		**0540 Sonstige Ausleihungen** 0550 Darlehen
Genossenschaftsanteile		**0570 Genossenschaftsanteile zum langfristigen Verbleib**
Sonstige Ausleihungen		0580 Ausleihungen an Gesellschafter 0582 Ausleihungen an GmbH-Gesellschafter 0583 Ausleihungen an stille Gesellschafter 0584 Ausleihungen an persönlich haftende Gesellschafter 0586 Ausleihungen an Kommanditisten 0590 Ausleihungen an nahe stehende Personen
Rückdeckungsansprüche aus Lebensversicherungen		**0595 Rückdeckungsansprüche aus Lebensversicherungen zum langfristigen Verbleib**
		Verbindlichkeiten
Anleihen		**0600 Anleihen** nicht konvertibel 0601 - Restlaufzeit bis 1 Jahr 0605 - Restlaufzeit 1 bis 5 Jahre 0610 - Restlaufzeit größer 5 Jahre 0615 Anleihen konvertibel 0616 - Restlaufzeit bis 1 Jahr 0620 - Restlaufzeit 1 bis 5 Jahre 0625 - Restlaufzeit größer 5 Jahre
Verbindlichkeiten gegenüber Kreditinstituten oder *Kassenbestand, Bundesbankguthaben, Guthaben bei Kreditinstituten und Schecks*		**0630 Verbindlichkeiten gegenüber Kreditinstituten** 0631 - Restlaufzeit bis 1 Jahr 0640 - Restlaufzeit 1 bis 5 Jahre 0650 - Restlaufzeit größer 5 Jahre 0660 Verbindlichkeiten gegenüber Kreditinstituten aus Teilzahlungsverträgen 0661 - Restlaufzeit bis 1 Jahr 0670 - Restlaufzeit 1 bis 5 Jahre 0680 - Restlaufzeit größer 5 Jahre 0690 Verbindlichkeiten gegenüber -98 Kreditinstituten, für Restlaufzeitdifferenzierung (nur Bilanzierer)[8]
Verbindlichkeiten gegenüber Kreditinstituten		0699 Gegenkonto 0630-0689 bei Aufteilung der Konten 0690-0698

Bilanz-Posten[2]	Programmverbindung[4] Abschlusszweck[4]	0 Anlage- und Kapitalkonten
Verbindlichkeiten gegenüber verbundenen Unternehmen oder *Forderungen gegen verbundene Unternehmen*		**0700 Verbindlichkeiten gegenüber verbundenen Unternehmen**
		0701 - Restlaufzeit bis 1 Jahr
		0705 - Restlaufzeit 1 bis 5 Jahre
		0710 - Restlaufzeit größer 5 Jahre
Verbindlichkeiten gegenüber Unternehmen, mit denen ein Beteiligungsverhältnis besteht oder *Forderungen gegen Unternehmen, mit denen ein Beteiligungsverhältnis besteht*		**0715 Verbindlichkeiten gegenüber Unternehmen, mit denen ein Beteiligungsverhältnis besteht**
		0716 - Restlaufzeit bis 1 Jahr
		0720 - Restlaufzeit 1 bis 5 Jahre
		0725 - Restlaufzeit größer 5 Jahre
Sonstige Verbindlichkeiten		**0730 Verbindlichkeiten gegenüber Gesellschaftern**
		0731 - Restlaufzeit bis 1 Jahr
		0740 - Restlaufzeit 1 bis 5 Jahre
		0750 - Restlaufzeit größer 5 Jahre
		0755 Verbindlichkeiten gegenüber Gesellschaftern für offene Ausschüttungen
		0760 Darlehen typisch stiller Gesellschafter
		0761 - Restlaufzeit bis 1 Jahr
		0764 - Restlaufzeit 1 bis 5 Jahre
		0767 - Restlaufzeit größer 5 Jahre
		0770 Darlehen atypisch stiller Gesellschafter
		0771 - Restlaufzeit bis 1 Jahr
		0774 - Restlaufzeit 1 bis 5 Jahre
		0777 - Restlaufzeit größer 5 Jahre
		0780 Partiarische Darlehen
		0781 - Restlaufzeit bis 1 Jahr
		0784 - Restlaufzeit 1 bis 5 Jahre
		0787 - Restlaufzeit größer 5 Jahre
		0790 -98 Sonstige Verbindlichkeiten, für Restlaufzeitdifferenzierung (nur Bilanzierer)[8]
		0799 Gegenkonto 0730-0789 und 1665-1678 und 1695-1698 bei Aufteilung der Konten 0790-0798
		Kapital Kapitalgesellschaft
Gezeichnetes Kapital	K	**0800 Gezeichnetes Kapital[17]**
Gezeichnetes Kapital	K	0809 Kapitalerhöhung aus Gesellschaftsmitteln
	K	0810 Geschäftsguthaben der verbleibenden Mitglieder
	K	0811 Geschäftsguthaben der ausscheidenden Mitglieder
	K	0812 Geschäftsguthaben aus gekündigten Geschäftsanteilen
	K	0813 Rückständige fällige Einzahlungen auf Geschäftsanteile, vermerkt
		0815 Gegenkonto Rückständige fällige Einzahlungen auf Geschäftsanteile, vermerkt

Bilanz-Posten[2]	Programmverbindung[4] Abschlusszweck[4]	0 Anlage- und Kapitalkonten
Eigene Anteile	K	0819 Erworbene eigene Anteile
Nicht eingeforderte ausstehende Einlagen		0820 -29 Ausstehende Einlagen auf das gezeichnete Kapital, nicht eingefordert (Passivausweis, vom gezeichneten Kapital offen abgesetzt; eingeforderte ausstehende Einlagen s. Konten 0830-0838)
Eingeforderte, noch ausstehende Kapitaleinlagen		0830 -38 Ausstehende Einlagen auf das gezeichnete Kapital, eingefordert (Forderungen, nicht eingeforderte ausstehende Einlagen s. Konten 0820-0829)
Nachschüsse		0839 Nachschüsse (Forderungen, Gegenkonto 0845)
		Kapitalrücklage
Kapitalrücklage	K	**0840 Kapitalrücklage[17]**
	K	0841 Kapitalrücklage durch Ausgabe von Anteilen über Nennbetrag[17]
	K	0842 Kapitalrücklage durch Ausgabe von Schuldverschreibungen für Wandlungsrechte und Optionsrechte zum Erwerb von Anteilen[17]
	K	0843 Kapitalrücklage durch Zuzahlungen gegen Gewährung eines Vorzugs für Anteile[17]
	K	0844 Kapitalrücklage durch andere Zuzahlungen in das Eigenkapital[17]
	K	0845 Nachschusskapital (Gegenkonto 0839)[17]
		Gewinnrücklagen
Gesetzliche Rücklage	K	**0846 Gesetzliche Rücklage[17]**
Andere Gewinnrücklagen	K	0848 Andere Gewinnrücklagen aus dem Erwerb eigener Anteile
Rücklage für Anteile an einem herrschenden oder mehrheitlich beteiligten Unternehmen		0849 Rücklage für Anteile an einem herrschenden oder mehrheitlich beteiligten Unternehmen
Satzungsmäßige Rücklagen	K	**0851 Satzungsmäßige Rücklagen[17]**
	K	0852 Andere Ergebnisrücklagen
Andere Gewinnrücklagen	K HB	**0853 Gewinnrücklagen aus den Übergangsvorschriften BilMoG**
	K HB	0854 Gewinnrücklagen aus den Übergangsvorschriften BilMoG (Zuschreibung Sachanlagevermögen)
	K	**0855 Andere Gewinnrücklagen[17]**
	K	0856 Eigenkapitalanteil von Wertaufholungen[17]
	K HB	0857 Gewinnrücklagen aus den Übergangsvorschriften BilMoG (Zuschreibung Finanzanlagevermögen)

Bilanz-Posten[2)]	Programmverbindung[4)] Abschlusszweck[4)]	0 Anlage- und Kapitalkonten
Andere Gewinnrücklagen	K HB	0858 Gewinnrücklagen aus den Übergangsvorschriften BilMoG (Auflösung der Sonderposten mit Rücklageanteil)
	K HB	0859 Latente Steuern (Gewinnrücklage Haben) aus erfolgsneutralen Verrechnungen
Gewinnvortrag o. *Verlustvortrag*	K	**0860 Gewinnvortrag vor Verwendung**[17)]
		F 0865 Gewinnvortrag vor Verwendung (mit Aufteilung für Kapitalkontenentwicklung)
		F 0867 Verlustvortrag vor Verwendung (mit Aufteilung für Kapitalkontenentwicklung)
Gewinnvortrag o. *Verlustvortrag*	K	**0868 Verlustvortrag vor Verwendung**[17)]
		R 0869
		Kapital
		Eigenkapital Vollhafter/Einzelunternehmer
		F 0870 Festkapital
		F 0871 -79 Kapital (fester Anteil, nur Einzelunternehmen)[8)22)]
		F 0880 Variables Kapital
		F 0881 -89 Kapital (variabler Anteil, nur Einzelunternehmen)[8)22)]
		Fremdkapital Vollhafter
		F 0890 Gesellschafter-Darlehen
		R 0891 -99
		Eigenkapital Teilhafter
		F 0900 Kommandit-Kapital
		R 0901 -09
		F 0910 Verlustausgleichskonto
		R 0911 -19
		Fremdkapital Teilhafter
		F 0920 Gesellschafter-Darlehen
		R 0921 -29
		Sonderposten mit Rücklageanteil
Sonderposten mit Rücklageanteil		0930 Sonderposten mit Rücklageanteil, steuerfreie Rücklagen[6)]
	SB	0931 Steuerfreie Rücklagen nach § 6b EStG[8)]
	SB	0932 Sonderposten mit Rücklageanteil nach R 6.6 EStR
		R 0939
		0940 Sonderposten mit Rücklageanteil, Sonderabschreibungen[6)]
		R 0943
	SB	0945 Ausgleichsposten bei Entnahmen § 4g EStG
	SB	0946 Rücklage für Zuschüsse
		0947 Sonderposten mit Rücklageanteil nach § 7g Abs. 5 EStG
Sonderposten für Zuschüsse und Zulagen	HB	0949 Sonderposten für Zuschüsse und Zulagen

Bilanz-Posten[2)]	Programmverbindung[4)] Abschlusszweck[4)]	0 Anlage- und Kapitalkonten
		Rückstellungen
Rückstellungen für Pensionen und ähnliche Verpflichtungen		**0950 Rückstellungen für Pensionen und ähnliche Verpflichtungen**
Rückstellungen für Pensionen und ähnliche Verpflichtungen oder *Aktiver Unterschiedsbetrag aus der Vermögensverrechnung*	HB	0951 Rückstellungen für Pensionen und ähnliche Verpflichtungen zur Saldierung mit Vermögensgegenständen zum langfristigen Verbleib nach § 246 Abs. 2 HGB
Rückstellungen für Pensionen und ähnliche Verpflichtungen		0952 Rückstellungen für Pensionen und ähnliche Verpflichtungen gegenüber Gesellschaftern oder nahe stehenden Personen (10 % Beteiligung am Kapital)
		0953 Rückstellungen für Direktzusagen
		0954 Rückstellungen für Zuschussverpflichtungen für Pensionskassen und Lebensversicherungen
Steuerrückstellungen		**0955 Steuerrückstellungen**
		0956 Gewerbesteuerrückstellung nach § 4 Abs. 5b EStG
		R 0957
Sonstige Rückstellungen		0961 Urlaubsrückstellungen
Steuerrückstellungen		0962 Steuerrückstellung aus Steuerstundung (BStBK)
		0963 Körperschaftsteuerrückstellung
Sonstige Rückstellungen		0964 Rückstellungen für mit der Altersversorgung vergleichbare langfristige Verpflichtungen zum langfristigen Verbleib
		0965 Rückstellungen für Personalkosten
		0966 Rückstellungen zur Erfüllung der Aufbewahrungspflichten
Sonstige Rückstellungen oder *Aktiver Unterschiedsbetrag aus der Vermögensverrechnung*	HB	0967 Rückstellungen für mit der Altersversorgung vergleichbare langfristige Verpflichtungen zur Saldierung mit Vermögensgegenständen zum langfristigen Verbleib nach § 246 Abs. 2 HGB
Passive latente Steuern	HB	0968 Passive latente Steuern
Steuerrückstellungen	HB	0969 Rückstellung für latente Steuern

Bilanz-Posten[2)]	Programmverbindung[4)] Abschlusszweck[4)]	0 Anlage- und Kapitalkonten
Sonstige Rückstellungen		0970 Sonstige Rückstellungen
		0971 Rückstellungen für unterlassene Aufwendungen für Instandhaltung, Nachholung in den ersten drei Monaten
		0973 Rückstellungen für Abraum- und Abfallbeseitigung
		0974 Rückstellungen für Gewährleistungen (Gegenkonto 4790)
	HB	0976 Rückstellungen für drohende Verluste aus schwebenden Geschäften
		0977 Rückstellungen für Abschluss- und Prüfungskosten
	HB	0978 Aufwandsrückstellungen nach § 249 Abs. 2 HGB a. F.
		0979 Rückstellungen für Umweltschutz
		Abgrenzungsposten
Rechnungsabgrenzungsposten (Aktiva)		**0980 Aktive Rechnungsabgrenzung**
Aktive latente Steuern	HB	0983 Aktive latente Steuern
Rechnungsabgrenzungsposten (Aktiva)	SB	0984 Als Aufwand berücksichtigte Zölle und Verbrauchsteuern auf Vorräte
	SB	0985 Als Aufwand berücksichtigte Umsatzsteuer auf Anzahlungen
		0986 Damnum/Disagio
Andere Gewinnrücklagen	K HB	0987 Rechnungsabgrenzungsposten (Gewinnrücklage Soll) aus erfolgsneutralen Verrechnungen
	K HB	0988 Latente Steuern (Gewinnrücklage Soll) aus erfolgsneutralen Verrechnungen
		F 0989 Gesamthänderisch gebundene Rücklagen (mit Aufteilung für Kapitalkontenentwicklung)
Rechnungsabgrenzungsposten (Passiva)		**0990 Passive Rechnungsabgrenzung**
Sonstige Aktiva oder *sonstige Passiva*		0992 Abgrenzungen unterjährig pauschal gebuchter Abschreibungen für BWA
Forderungen aus Lieferungen und Leistungen H-Saldo		0996 Pauschalwertberichtigung auf Forderungen - Restlaufzeit bis zu 1 Jahr
		0997 - Restlaufzeit größer 1 Jahr
		0998 Einzelwertberichtigungen auf Forderungen - Restlaufzeit bis zu 1 Jahr
		0999 - Restlaufzeit größer 1 Jahr

Bilanz-Posten[2)]	Programmverbindung[4)] Abschlusszweck[4)]	1 Finanz- und Privatkonten
		KU 1000-1371 V 1372 KU 1373-1509 V 1510-1511 KU 1512-1517 V 1518 KU 1519-1709 M 1710-1711 KU 1712-1717 M 1718-1724 KU 1725-1868 V 1869[10)] KU 1870-1878 M 1879[10)] KU 1880-1999
		Kassenbestand, Bundesbank- und Postbankguthaben, Guthaben bei Kreditinstituten und Schecks
Kassenbestand, Bundesbankguthaben, Guthaben bei Kreditinstituten und Schecks		**F 1000 Kasse**
		F 1010 Nebenkasse 1
		F 1020 Nebenkasse 2
Kassenbestand, Bundesbankguthaben, Guthaben bei Kreditinstituten und Schecks oder *Verbindlichkeiten gegenüber Kreditinstituten*		**F 1100 Bank (Postbank)**
		F 1110 Bank (Postbank 1)
		F 1120 Bank (Postbank 2)
		F 1130 Bank (Postbank 3)
		F 1190 LZB-Guthaben
		F 1195 Bundesbankguthaben
		F 1200 Bank
		F 1210 Bank 1
		F 1220 Bank 2
		F 1230 Bank 3
		F 1240 Bank 4
		F 1250 Bank 5
		R 1289
		1290 Finanzmittelanlagen im Rahmen der kurzfristigen Finanzdisposition (nicht im Finanzmittelfonds enthalten)
		1295 Verbindlichkeiten gegenüber Kreditinstituten (nicht im Finanzmittelfonds enthalten)
Forderungen aus Lieferungen und Leistungen oder *sonstige Verbindlichkeiten*		F 1300 Wechsel aus Lieferungen und Leistungen
		F 1301 - Restlaufzeit bis 1 Jahr
		F 1302 - Restlaufzeit größer 1 Jahr
		F 1305 Wechsel aus Lieferungen und Leistungen, bundesbankfähig
Forderungen gegen verbundene Unternehmen oder *Verbindlichkeiten gegenüber verbundenen Unternehmen*		1310 Besitzwechsel gegen verbundene Unternehmen
		1311 - Restlaufzeit bis 1 Jahr
		1312 - Restlaufzeit größer 1 Jahr
		1315 Besitzwechsel gegen verbundene Unternehmen, bundesbankfähig

Bilanz-Posten[2]	Programmverbindung[4] Abschlusszweck[4]	1 Finanz- und Privatkonten
Forderungen gegenüber Unternehmen, mit denen ein Beteiligungsverhältnis besteht oder *Verbindlichkeiten gegenüber Unternehmen, mit denen ein Beteiligungsverhältnis besteht*		1320 Besitzwechsel gegen Unternehmen, mit denen ein Beteiligungsverhältnis besteht 1321 - Restlaufzeit bis 1 Jahr 1322 - Restlaufzeit größer 1 Jahr 1325 Besitzwechsel gegen Unternehmen, mit denen ein Beteiligungsverhältnis besteht, bundesbankfähig
Sonstige Wertpapiere		1327 Finanzwechsel 1329 Andere Wertpapiere mit unwesentlichen Wertschwankungen
Kassenbestand, Bundesbankguthaben, Guthaben bei Kreditinstituten und Schecks		**F 1330 Schecks**
		Wertpapiere
Anteile an verbundenen Unternehmen		**1340 Anteile an verbundenen Unternehmen (Umlaufvermögen)** **1344 Anteile an herrschender oder mit Mehrheit beteiligter Gesellschaft**
Sonstige Wertpapiere		**1348 Sonstige Wertpapiere** 1349 Wertpapieranlagen im Rahmen der kurzfristigen Finanzdisposition
		Forderungen und sonstige Vermögensgegenstände
Sonstige Vermögensgegenstände		1350 GmbH-Anteile zum kurzfristigen Verbleib 1352 Genossenschaftsanteile zum kurzfristigen Verbleib
	SB	1353 Vermögensgegenstände zur Erfüllung von mit der Altersversorgung vergleichbaren langfristigen Verpflichtungen
Aktiver Unterschiedsbetrag aus der Vermögensverrechnung oder *sonstige Rückstellungen*	HB	1354 Vermögensgegenstände zur Saldierung mit der Altersversorgung vergleichbaren langfristigen Verpflichtungen nach § 246 Abs. 2 HGB
Sonstige Vermögensgegenstände		1355 Ansprüche aus Rückdeckungsversicherungen
	SB	1356 Vermögensgegenstände zur Erfüllung von Pensionsrückstellungen und ähnlichen Verpflichtungen zum langfristigen Verbleib
Aktiver Unterschiedsbetrag aus der Vermögensverrechnung oder *Rückstellungen für Pensionen und ähnliche Verpflichtungen*	HB	1357 Vermögensgegenstände zur Saldierung mit Pensionsrückstellungen und ähnlichen Verpflichtungen zum langfristigen Verbleib nach § 246 Abs. 2 HGB F 1358 -59

Bilanz-Posten[2]	Programmverbindung[4] Abschlusszweck[4]	1 Finanz- und Privatkonten
Sonstige Vermögensgegenstände oder *sonstige Verbindlichkeiten*		F 1360 Geldtransit R 1370
	EÜR	F 1371 Verrechnungskonto Gewinnermittlung § 4 Abs. 3 EStG, nicht ergebniswirksam
	EÜR	1372 Wirtschaftsgüter des Umlaufvermögens nach § 4 Abs. 3 Satz 4 EStG
Sonstige Vermögensgegenstände		1373 Forderungen gegen Kommanditisten und atypisch stille Gesellschafter 1374 - Restlaufzeit bis 1 Jahr 1375 - Restlaufzeit größer 1 Jahr 1376 Forderungen gegen typisch stille Gesellschafter 1377 - Restlaufzeit bis 1 Jahr 1378 - Restlaufzeit größer 1 Jahr R 1379
Sonstige Vermögensgegenstände oder *sonstige Verbindlichkeiten*		F 1380 Überleitungskonto Kostenstelle
Sonstige Vermögensgegenstände		1381 Forderungen gegen GmbH-Gesellschafter 1382 - Restlaufzeit bis 1 Jahr 1383 - Restlaufzeit größer 1 Jahr 1385 Forderungen gegen persönlich haftende Gesellschafter 1386 - Restlaufzeit bis 1 Jahr 1387 - Restlaufzeit größer 1 Jahr
		1389 Ansprüche aus betrieblicher Altersversorgung und Pensionsansprüche (Mitunternehmer)[28]
Sonstige Vermögensgegenstände oder *sonstige Verbindlichkeiten*		F 1390 Verrechnungskonto Ist-Versteuerung
	EÜR	F 1391 Neutralisierung ertragswirksamer Sachverhalte für § 4 Abs. 3 EStG
	SB	1394 Forderungen gegen Gesellschaft/ Gesamthand[1,28]
Forderungen aus Lieferungen und Leistungen oder *sonstige Verbindlichkeiten*		**S 1400 Forderungen aus Lieferungen und Leistungen** R 1401 -06 Forderungen aus Lieferungen und Leistungen F 1410 -44 Forderungen aus Lieferungen und Leistungen ohne Kontokorrent
	EÜR	F 1445 Forderungen aus Lieferungen und Leistungen zum allgemeinen Umsatzsteuersatz oder eines Kleinunternehmers (EÜR)
	EÜR	F 1446 Forderungen aus Lieferungen und Leistungen zum ermäßigten Umsatzsteuersatz (EÜR)
	EÜR	F 1447 Forderungen aus steuerfreien oder nicht steuerbaren Lieferungen und Leistungen (EÜR)
	EÜR	F 1448 Forderungen aus Lieferungen und Leistungen nach Durchschnittssätzen nach § 24 UStG (EÜR)
	EÜR	F 1449 Gegenkonto 1445-1448 bei Aufteilung der Forderungen nach Steuersätzen (EÜR)

Bilanz-Posten[2]	Programmverbindung[4] Abschlusszweck[4]	1 Finanz- und Privatkonten
Forderungen aus Lieferungen und Leistungen oder *sonstige Verbindlichkeiten*	EÜR	F 1450 Forderungen nach § 11 Abs. 1 Satz 2 EStG für § 4 Abs. 3 EStG F 1451 Forderungen aus Lieferungen und Leistungen ohne Kontokorrent - Restlaufzeit bis 1 Jahr F 1455 - Restlaufzeit größer 1 Jahr F 1460 Zweifelhafte Forderungen F 1461 - Restlaufzeit bis 1 Jahr F 1465 - Restlaufzeit größer 1 Jahr
Forderungen gegen verbundene Unternehmen oder *Verbindlichkeiten gegenüber verbundenen Unternehmen*		F 1470 Forderungen aus Lieferungen und Leistungen gegen verbundene Unternehmen F 1471 - Restlaufzeit bis 1 Jahr F 1475 - Restlaufzeit größer 1 Jahr
Forderungen gegen verbundene Unternehmen H-Saldo		1478 Wertberichtigungen auf Forderungen gegen verbundene Unternehmen - Restlaufzeit bis 1 Jahr 1479 - Restlaufzeit größer 1 Jahr
Forderungen gegen Unternehmen, mit denen ein Beteiligungsverhältnis besteht oder *Verbindlichkeiten gegenüber Unternehmen, mit denen ein Beteiligungsverhältnis besteht*		F 1480 Forderungen aus Lieferungen und Leistungen gegen Unternehmen, mit denen ein Beteiligungsverhältnis besteht F 1481 - Restlaufzeit bis 1 Jahr F 1485 - Restlaufzeit größer 1 Jahr
Forderungen gegen Unternehmen, mit denen ein Beteiligungsverhältnis besteht H-Saldo		1488 Wertberichtigungen auf Forderungen gegen Unternehmen, mit denen ein Beteiligungsverhältnis besteht - Restlaufzeit bis 1 Jahr 1489 - Restlaufzeit größer 1 Jahr
Forderungen aus Lieferungen und Leistungen oder *sonstige Verbindlichkeiten*		F 1490 Forderungen aus Lieferungen und Leistungen gegen Gesellschafter F 1491 - Restlaufzeit bis 1 Jahr F 1495 - Restlaufzeit größer 1 Jahr
Forderungen aus Lieferungen und Leistungen H-Saldo		1498 Gegenkonto zu sonstigen Vermögensgegenständen bei Buchungen über Debitorenkonto
Forderungen aus Lieferungen und Leistungen H-Saldo oder *sonstige Verbindlichkeiten S-Saldo*		1499 Gegenkonto 1451-1497 bei Aufteilung Debitorenkonto
Sonstige Vermögensgegenstände		**1500 Sonstige Vermögensgegenstände** 1501 - Restlaufzeit bis 1 Jahr 1502 - Restlaufzeit größer 1 Jahr 1503 Forderungen gegen Vorstandsmitglieder und Geschäftsführer - Restlaufzeit bis 1 Jahr 1504 - Restlaufzeit größer 1 Jahr

Bilanz-Posten[2]	Programmverbindung[4] Abschlusszweck[4]	1 Finanz- und Privatkonten
Sonstige Vermögensgegenstände		1505 Forderungen gegen Aufsichtsrats- und Beiratsmitglieder - Restlaufzeit bis 1 Jahr 1506 - Restlaufzeit größer 1 Jahr 1507 Forderungen gegen sonstige Gesellschafter - Restlaufzeit bis 1 Jahr 1508 - Restlaufzeit größer 1 Jahr
Geleistete Anzahlungen		**1510 Geleistete Anzahlungen auf Vorräte** AV 1511 Geleistete Anzahlungen, 7 % Vorsteuer R 1512 -17 AV 1518 Geleistete Anzahlungen, 19 % Vorsteuer
Sonstige Vermögensgegenstände		1519 Forderungen gegen Arbeitsgemeinschaften 1520 Forderungen gegenüber Krankenkassen aus Aufwendungsausgleichsgesetz 1521 Agenturwarenabrechnung 1522 Genussrechte 1524 Einzahlungsansprüche zu Nebenleistungen oder Zuzahlungen 1525 Kautionen 1526 - Restlaufzeit bis 1 Jahr 1527 - Restlaufzeit größer 1 Jahr
Sonstige Vermögensgegenstände oder *sonstige Verbindlichkeiten*	U U	F 1528 Nachträglich abziehbare Vorsteuer nach § 15a Abs. 2 UStG F 1529 Zurückzuzahlende Vorsteuer nach § 15a Abs. 2 UStG
Sonstige Vermögensgegenstände		1530 Forderungen gegen Personal aus Lohn- und Gehaltsabrechnung 1531 - Restlaufzeit bis 1 Jahr 1537 - Restlaufzeit größer 1 Jahr R 1538 -39 1540 Forderungen aus Gewerbesteuerüberzahlungen 1542 Steuererstattungsansprüche gegenuber anderen Ländern F 1543 Forderungen an das Finanzamt aus abgeführtem Bauabzugsbetrag 1544 Forderung gegenüber Bundesagentur für Arbeit 1545 Forderungen aus Umsatzsteuer-Vorauszahlungen 1546 Umsatzsteuerforderungen Vorjahr 1547 Forderungen aus entrichteten Verbrauchsteuern
Sonstige Vermögensgegenstände oder *sonstige Verbindlichkeiten*		S 1548 Vorsteuer in Folgeperiode/im Folgejahr abziehbar
Sonstige Vermögensgegenstände		1549 Körperschaftsteuerrückforderung 1550 Darlehen 1551 - Restlaufzeit bis 1 Jahr 1555 - Restlaufzeit größer 1 Jahr

Bilanz-Posten[2]	Programmverbindung[4] Abschlusszweck[4]	1 Finanz- und Privatkonten
Sonstige Vermögensgegenstände oder *sonstige Verbindlichkeiten*	U	F 1556 Nachträglich abziehbare Vorsteuer nach § 15a Abs. 1 UStG, bewegliche Wirtschaftsgüter
	U	F 1557 Zurückzuzahlende Vorsteuer nach § 15a Abs. 1 UStG, bewegliche Wirtschaftsgüter
	U	F 1558 Nachträglich abziehbare Vorsteuer nach § 15a Abs. 1 UStG, unbewegliche Wirtschaftsgüter
	U	F 1559 Zurückzuzahlende Vorsteuer nach § 15a Abs. 1 UStG, unbewegliche Wirtschaftsgüter
		S 1560 Aufzuteilende Vorsteuer
		S 1561 Aufzuteilende Vorsteuer 7 %
		S 1562 Aufzuteilende Vorsteuer aus innergemeinschaftlichem Erwerb
		S 1563 Aufzuteilende Vorsteuer aus innergemeinschaftlichem Erwerb 19 %
		R 1564 -65
		S 1566 Aufzuteilende Vorsteuer 19 %
		S 1567 Aufzuteilende Vorsteuer nach §§ 13a und 13b UStG
		R 1568
		S 1569 Aufzuteilende Vorsteuer nach §§ 13a und 13b UStG 19 %
	U	S 1570 Abziehbare Vorsteuer
	U	S 1571 Abziehbare Vorsteuer 7 %
	U	S 1572 Abziehbare Vorsteuer aus innergemeinschaftlichem Erwerb
	U	S 1573 Vorsteuer aus Erwerb als letzter Abnehmer innerhalb eines Dreiecksgeschäfts
	U	S 1574 Abziehbare Vorsteuer aus innergemeinschaftlichem Erwerb 19 %
		R 1575
	U	S 1576 Abziehbare Vorsteuer 19 %
	U	S 1577 Abziehbare Vorsteuer nach § 13b UStG 19 %
	U	S 1578 Abziehbare Vorsteuer nach § 13b UStG
		R 1579
	EÜR	1580 Gegenkonto Vorsteuer § 4 Abs. 3 EStG
	EÜR	1581 Auflösung Vorsteuer aus Vorjahr § 4 Abs. 3 EStG
	EÜR	1582 Vorsteuer aus Investitionen § 4 Abs. 3 EStG
	EÜR	1583 Gegenkonto für Vorsteuer nach Durchschnittssätzen für § 4 Abs. 3 EStG
	U	S 1584 Abziehbare Vorsteuer aus innergemeinschaftlichem Erwerb von Neufahrzeugen von Lieferanten ohne USt-Id-Nr.
	U	S 1585 Abziehbare Vorsteuer aus der Auslagerung von Gegenständen aus einem Umsatzsteuerlager
	U	F 1587 Vorsteuer nach allgemeinen Durchschnittssätzen UStVA Kz. 63
	U	F 1588 Entstandene Einfuhrumsatzsteuer
		R 1589
		1590 Durchlaufende Posten
		1592 Fremdgeld
Sonstige Verbindlichkeiten S-Saldo		F 1593 Verrechnungskonto erhaltene Anzahlungen bei Buchung über Debitorenkonto

Bilanz-Posten[2]	Programmverbindung[4] Abschlusszweck[4]	1 Finanz- und Privatkonten
Forderungen gegen verbundene Unternehmen oder *Verbindlichkeiten gegenüber verbundenen Unternehmen*		**1594 Forderungen gegen verbundene Unternehmen**
		1595 - Restlaufzeit bis 1 Jahr
		1596 - Restlaufzeit größer 1 Jahr
Forderungen gegen Unternehmen, mit denen ein Beteiligungsverhältnis besteht oder *Verbindlichkeiten gegenüber Unternehmen, mit denen ein Beteiligungsverhältnis besteht*		1597 Forderungen gegen Unternehmen, mit denen ein Beteiligungsverhältnis besteht
		1598 - Restlaufzeit bis 1 Jahr
		1599 - Restlaufzeit größer 1 Jahr
		Verbindlichkeiten
Verbindlichkeiten aus Lieferungen und Leistungen oder *sonstige Vermögensgegenstände*		**S 1600 Verbindlichkeiten aus Lieferungen und Leistungen**
		R 1601 -03 Verbindlichkeiten aus Lieferungen und Leistungen
	EÜR	F 1605 Verbindlichkeiten aus Lieferungen und Leistungen zum allgemeinen Umsatzsteuersatz (EÜR)
	EÜR	F 1606 Verbindlichkeiten aus Lieferungen und Leistungen zum ermäßigten Umsatzsteuersatz (EÜR)
	EÜR	F 1607 Verbindlichkeiten aus Lieferungen und Leistungen ohne Vorsteuerabzug (EÜR)
	EÜR	F 1609 Gegenkonto 1605-1607 bei Aufteilung der Verbindlichkeiten nach Steuersätzen (EÜR)
		F 1610 -23 Verbindlichkeiten aus Lieferungen und Leistungen ohne Kontokorrent
	EÜR	F 1624 Verbindlichkeiten aus Lieferungen und Leistungen für Investitionen für § 4 Abs. 3 EStG
		F 1625 Verbindlichkeiten aus Lieferungen und Leistungen ohne Kontokorrent - Restlaufzeit bis 1 Jahr
		F 1626 - Restlaufzeit 1 bis 5 Jahre
		F 1628 - Restlaufzeit größer 5 Jahre
Verbindlichkeiten gegenüber verbundenen Unternehmen oder *Forderungen gegen verbundene Unternehmen*		F 1630 Verbindlichkeiten aus Lieferungen und Leistungen gegenüber verbundenen Unternehmen
		F 1631 - Restlaufzeit bis 1 Jahr
		F 1635 - Restlaufzeit 1 bis 5 Jahre
		F 1638 - Restlaufzeit größer 5 Jahre
Verbindlichkeiten gegenüber Unternehmen, mit denen ein Beteiligungsverhältnis besteht oder *Forderungen gegen Unternehmen, mit denen ein Beteiligungsverhältnis besteht*		F 1640 Verbindlichkeiten aus Lieferungen und Leistungen gegenüber Unternehmen, mit denen ein Beteiligungsverhältnis besteht
		F 1641 - Restlaufzeit bis 1 Jahr
		F 1645 - Restlaufzeit 1 bis 5 Jahre
		F 1648 - Restlaufzeit größer 5 Jahre

Bilanz-Posten[2]	Programmverbindung[4] Abschlusszweck[4]	1 Finanz- und Privatkonten
Verbindlichkeiten aus Lieferungen und Leistungen oder *sonstige Vermögensgegenstände*		F 1650 Verbindlichkeiten aus Lieferungen und Leistungen gegenüber Gesellschaftern
		F 1651 - Restlaufzeit bis 1 Jahr
		F 1655 - Restlaufzeit 1 bis 5 Jahre
		F 1658 - Restlaufzeit größer 5 Jahre
Verbindlichkeiten aus Lieferungen und Leistungen S-Saldo oder *sonstige Vermögensgegenstände H-Saldo*		1659 Gegenkonto 1625-1658 bei Aufteilung Kreditorenkonto
Verbindlichkeiten aus der Annahme gezogener Wechsel und aus der Ausstellung eigener Wechsel		**F 1660 Wechselverbindlichkeiten**
		F 1661 - Restlaufzeit bis 1 Jahr
		F 1662 - Restlaufzeit 1 bis 5 Jahre
		F 1663 - Restlaufzeit größer 5 Jahre
Sonstige Verbindlichkeiten		1665 Verbindlichkeiten gegenüber GmbH-Gesellschaftern
		1666 - Restlaufzeit bis 1 Jahr
		1667 - Restlaufzeit 1 bis 5 Jahre
		1668 - Restlaufzeit größer 5 Jahre
		1670 Verbindlichkeiten gegenüber persönlich haftenden Gesellschaftern
		1671 - Restlaufzeit bis 1 Jahr
		1672 - Restlaufzeit 1 bis 5 Jahre
		1673 - Restlaufzeit größer 5 Jahre
		1675 Verbindlichkeiten gegenüber Kommanditisten
		1676 - Restlaufzeit bis 1 Jahr
		1677 - Restlaufzeit 1 bis 5 Jahre
		1678 - Restlaufzeit größer 5 Jahre
		1691 Verbindlichkeiten gegenüber Arbeitsgemeinschaften
	EÜR	1692 Neutralisierung aufwandswirksamer Sachverhalte für § 4 Abs. 3 EStG
	EÜR	1693 Ergebnisneutrale Sachverhalte für § 4 Abs. 3 EStG
Sonstige Verbindlichkeiten		1695 Verbindlichkeiten gegenüber stillen Gesellschaftern
		1696 - Restlaufzeit bis 1 Jahr
		1697 - Restlaufzeit 1 bis 5 Jahre
		1698 - Restlaufzeit größer 5 Jahre
		1700 Sonstige Verbindlichkeiten
		1701 - Restlaufzeit bis 1 Jahr
		1702 - Restlaufzeit 1 bis 5 Jahre
		1703 - Restlaufzeit größer 5 Jahre
	EÜR	1704 Sonstige Verbindlichkeiten nach § 11 Abs. 2 Satz 2 EStG für § 4 Abs. 3 EStG
		1705 Darlehen
		1706 - Restlaufzeit bis 1 Jahr
		1707 - Restlaufzeit 1 bis 5 Jahre
		1708 - Restlaufzeit größer 5 Jahre
Sonstige Verbindlichkeiten oder *sonstige Vermögensgegenstände*		1709 Gewinnverfügungskonto stille Gesellschafter

Bilanz-Posten[2]	Programmverbindung[4] Abschlusszweck[4]	1 Finanz- und Privatkonten
Erhaltene Anzahlungen auf Bestellungen (Passiva)		**1710 Erhaltene Anzahlungen auf Bestellungen (Verbindlichkeiten)**
	U	AM 1711 Erhaltene, versteuerte Anzahlungen 7 % USt (Verbindlichkeiten)
		R 1712 -17
	U	AM 1718 Erhaltene, versteuerte Anzahlungen 19 % USt (Verbindlichkeiten)
		1719 Erhaltene Anzahlungen - Restlaufzeit bis 1 Jahr
		1720 - Restlaufzeit 1 bis 5 Jahre
		1721 - Restlaufzeit größer 5 Jahre
Erhaltene Anzahlungen auf Bestellungen (Aktiva)		1722 Erhaltene Anzahlungen auf Bestellungen (von Vorräten offen abgesetzt)
Sonstige Verbindlichkeiten oder *sonstige Vermögensgegenstände*		S 1725 Umsatzsteuer in Folgeperiode fällig (§§ 13 Abs. 1 Nr. 6 und 13b Abs. 2 UStG)
Sonstige Verbindlichkeiten		S 1728 Umsatzsteuer aus im anderen EU-Land steuerpflichtigen elektronischen Dienstleistungen
		1729 Steuerzahlungen aus im anderen EU-Land steuerpflichtigen elektronischen Dienstleistungen an kleine einzige Anlaufstelle (KEA/MOSS)
		1730 Kreditkartenabrechnung
		1731 Agenturwarenabrechnung
		1732 Erhaltene Kautionen
		1733 - Restlaufzeit bis 1 Jahr
		1734 - Restlaufzeit 1 bis 5 Jahre
		1735 - Restlaufzeit größer 5 Jahre
		1736 Verbindlichkeiten aus Steuern und Abgaben
		1737 - Restlaufzeit bis 1 Jahr
		1738 - Restlaufzeit 1 bis 5 Jahre
		1739 - Restlaufzeit größer 5 Jahre
		1740 Verbindlichkeiten aus Lohn und Gehalt
Sonstige Verbindlichkeiten oder *sonstige Vermögensgegenstände*		1741 Verbindlichkeiten aus Lohn- und Kirchensteuer
		1742 Verbindlichkeiten im Rahmen der sozialen Sicherheit
		1743 - Restlaufzeit bis 1 Jahr
		1744 - Restlaufzeit 1 bis 5 Jahre
		1745 - Restlaufzeit größer 5 Jahre
Sonstige Verbindlichkeiten		1746 Verbindlichkeiten aus Einbehaltungen (KapESt und SolZ, KiSt auf KapESt) für offene Ausschüttungen
		1747 Verbindlichkeiten für Verbrauchsteuern
		1748 Verbindlichkeiten für Einbehaltungen von Arbeitnehmern
		1749 Verbindlichkeiten an das Finanzamt aus abzuführendem Bauabzugsbetrag
		1750 Verbindlichkeiten aus Vermögensbildung
		1751 - Restlaufzeit bis 1 Jahr
		1752 - Restlaufzeit 1 bis 5 Jahre
		1753 - Restlaufzeit größer 5 Jahre
		1754 Steuerzahlungen an andere Länder

Bilanz-Posten[2)]	Programmverbindung[4)] Abschlusszweck[4)]	1 Finanz- und Privatkonten
Sonstige Verbindlichkeiten oder *sonstige Vermögensgegenstände*		**1755 Lohn- und Gehaltsverrechnung**
	EÜR	1756 Lohn- und Gehaltsverrechnung nach § 11 Abs. 2 Satz 2 EStG für § 4 Abs. 3 EStG
	SB	1757 Verbindlichkeiten gegenüber Gesellschaft/Gesamthand[1)28)]
		1758 Sonstige Verbindlichkeiten aus genossenschaftlicher Rückvergütung
Sonstige Verbindlichkeiten oder *sonstige Vermögensgegenstände*		1759 Voraussichtliche Beitragsschuld gegenüber den Sozialversicherungsträgern
Steuerrückstellungen oder *sonstige Vermögensgegenstände*		S 1760 Umsatzsteuer nicht fällig
	U	S 1761 Umsatzsteuer nicht fällig 7 %
		S 1762 Umsatzsteuer nicht fällig aus im Inland steuerpflichtigen EU-Lieferungen
		R 1763
	U	S 1764 Umsatzsteuer nicht fällig aus im Inland steuerpflichtigen EU-Lieferungen 19 %
		R 1765
	U	S 1766 Umsatzsteuer nicht fällig 19 %
Sonstige Verbindlichkeiten		S 1767 Umsatzsteuer aus im anderen EU-Land steuerpflichtigen Lieferungen
		S 1768 Umsatzsteuer aus im anderen EU-Land steuerpflichtigen sonstigen Leistungen/Werklieferungen
Sonstige Verbindlichkeiten oder *sonstige Vermögensgegenstände*		S 1769 Umsatzsteuer aus der Auslagerung von Gegenständen aus einem Umsatzsteuerlager
		S 1770 Umsatzsteuer
		S 1771 Umsatzsteuer 7 %
		S 1772 Umsatzsteuer aus innergemeinschaftlichem Erwerb
		R 1773
		S 1774 Umsatzsteuer aus innergemeinschaftlichem Erwerb 19 %
		R 1775
		S 1776 Umsatzsteuer 19 %
		S 1777 Umsatzsteuer aus im Inland steuerpflichtigen EU-Lieferungen
		S 1778 Umsatzsteuer aus im Inland steuerpflichtigen EU-Lieferungen 19 %
		S 1779 Umsatzsteuer aus innergemeinschaftlichem Erwerb ohne Vorsteuerabzug
	U	F 1780 Umsatzsteuer-Vorauszahlungen
	U	F 1781 Umsatzsteuer-Vorauszahlungen 1/11
	U	F 1782 Nachsteuer, UStVA Kz. 65
	U	F 1783 In Rechnung unrichtig oder unberechtigt ausgewiesene Steuerbeträge, UStVA Kz. 69
	U	S 1784 Umsatzsteuer aus innergemeinschaftlichem Erwerb von Neufahrzeugen von Lieferanten ohne Umsatzsteuer-Identifikationsnummer
		S 1785 Umsatzsteuer nach § 13b UStG
		R 1786
		S 1787 Umsatzsteuer nach § 13b UStG 19 %
		1788 Einfuhrumsatzsteuer aufgeschoben bis ...
		1789 Umsatzsteuer laufendes Jahr

Bilanz-Posten[2)]	Programmverbindung[4)] Abschlusszweck[4)]	1 Finanz- und Privatkonten
Sonstige Verbindlichkeiten oder *sonstige Vermögensgegenstände*		1790 Umsatzsteuer Vorjahr
		1791 Umsatzsteuer frühere Jahre
Sonstige Vermögensgegenstände oder *sonstige Verbindlichkeiten*		1792 Sonstige Verrechnungskonten (Interimskonten)
Sonstige Vermögensgegenstände H-Saldo		1793 Verrechnungskonto geleistete Anzahlungen bei Buchung über Kreditorenkonto
Sonstige Verbindlichkeiten oder *sonstige Vermögensgegenstände*		S 1794 Umsatzsteuer aus Erwerb als letzter Abnehmer innerhalb eines Dreiecksgeschäfts
Sonstige Verbindlichkeiten	EÜR	1795 Verbindlichkeiten im Rahmen der sozialen Sicherheit für § 4 Abs. 3 EStG
		1796 Ausgegebene Geschenkgutscheine
		1797 Verbindlichkeiten aus Umsatzsteuer-Vorauszahlungen
		F 1799
		Privat (Eigenkapital) Vollhafter/Einzelunternehmer
		F 1800 Privatentnahmen allgemein
		F 1801 -09 Privatentnahmen allgemein (nur Einzelunternehmen)[8)22)]
		F 1810 Privatsteuern
		F 1811 -19 Privatsteuern (nur Einzelunternehmen)[8)22)]
		F 1820 Sonderausgaben beschränkt abzugsfähig
		F 1821 -29 Sonderausgaben beschränkt abzugsfähig (nur Einzelunternehmen)[8)22)]
		F 1830 Sonderausgaben unbeschränkt abzugsfähig
		F 1831 -39 Sonderausgaben unbeschränkt abzugsfähig (nur Einzelunternehmen)[8)22)]
		F 1840 Zuwendungen, Spenden
		F 1841 -49 Zuwendungen, Spenden (nur Einzelunternehmen)[8)22)]
		F 1850 Außergewöhnliche Belastungen
		F 1851 -59 Außergewöhnliche Belastungen (nur Einzelunternehmen)[8)22)]
		F 1860 Grundstücksaufwand
		F 1861 -68 Grundstücksaufwand (nur Einzelunternehmen)[8)22)]
		1869 Grundstücksaufwand (Umsatzsteuerschlüssel möglich, nur Einzelunternehmen)[8)10)22)]
		F 1870 Grundstücksertrag
		F 1871 -78 Grundstücksertrag (nur Einzelunternehmen)[8)22)]
		1879 Grundstücksertrag (Umsatzsteuerschlüssel möglich, nur Einzelunternehmen)[8)10)22)]
		F 1880 Unentgeltliche Wertabgaben
		F 1881 -89 Unentgeltliche Wertabgaben (nur Einzelunternehmen)[8)22)]
		F 1890 Privateinlagen
		F 1891 -99 Privateinlagen (nur Einzelunternehmen)[8)22)]

Bilanz-Posten[2]	Programmverbindung[4] Abschlusszweck[4]	1 Finanz- und Privatkonten	GuV-Posten[2]	Programmverbindung[4] Abschlusszweck[4]	2 Abgrenzungskonten
		Privat (Fremdkapital) Teilhafter			KU 2310-2319
		F 1900 Privatentnahmen allgemein (TH), FK			V 2350-2374
		R 1901 -09			M 2400-2409 M 2430-2449 KU 2481
		F 1910 Privatsteuern (TH), FK			KU 2660-2669
		R 1911 -19			M 2707-2712 M 2715
		F 1920 Sonderausgaben beschränkt abzugsfähig (TH), FK			M 2720-2722 M 2725
		R 1921 -29			KU 2727-2729 M 2732-2734
		F 1930 Sonderausgaben unbeschränkt abzugsfähig (TH), FK			V 2736 KU 2737-2741
		R 1931 -39			M 2750-2752 KU 2841
		F 1940 Zuwendungen, Spenden (TH), FK			KU 2865
		R 1941 -49			KU 2867
		F 1950 Außergewöhnliche Belastungen (TH), FK			**Sonstige betriebliche Aufwendungen**
		R 1951 -59	Sonstige betriebliche Aufwendungen		R 2000 R 2001
		F 1960 Grundstücksaufwand (TH), FK		K	2004 Verluste durch Verschmelzung und Umwandlung
		R 1961 -69			R 2005
		F 1970 Grundstücksertrag (TH), FK			
		R 1971 -79			2006 Verluste durch außergewöhnliche Schadensfälle (nur Bilanzierer)[8]
		F 1980 Unentgeltliche Wertabgaben (TH), FK			2007 Aufwendungen für Restrukturierungs- und Sanierungsmaßnahmen
		R 1981 -89			2008 Verluste aus der Veräußerung oder der Aufgabe von Geschäftsaktivitäten nach Steuern
		F 1990 Privateinlagen (TH), FK			**Betriebsfremde und periodenfremde Aufwendungen**
		R 1991 -99			
					2010 Betriebsfremde Aufwendungen
					2020 Periodenfremde Aufwendungen
					Aufwendungen aus der Anwendung von Übergangsvorschriften i. S. d. BilMoG
				HB	2090 Aufwendungen aus der Anwendung von Übergangsvorschriften
				HB	2091 Aufwendungen aus der Anwendung von Übergangsvorschriften (Pensionsrückstellungen)
					R 2092
				HB	2094 Aufwendungen aus der Anwendung von Übergangsvorschriften (Latente Steuern)
					Zinsen und ähnliche Aufwendungen
			Zinsen und ähnliche Aufwendungen	G K	**2100 Zinsen und ähnliche Aufwendungen**
				G K	2102 Steuerlich nicht abzugsfähige andere Nebenleistungen zu Steuern § 4 Abs. 5b EStG
					2103 Steuerlich abzugsfähige andere Nebenleistungen zu Steuern
				G K	2104 Steuerlich nicht abzugsfähige andere Nebenleistungen zu Steuern

GuV-Posten[2]	Programmverbindung[4] Abschlusszweck[4]	2 Abgrenzungskonten
Zinsen und ähnliche Aufwendungen	G K	2105 Zinsaufwendungen § 233a AO nicht abzugsfähig
		2106 Zinsen aus Abzinsung des KSt-Erhöhungsbetrages § 38 KStG[11]
	G K	2107 Zinsaufwendungen § 233a AO abzugsfähig
	G K	2108 Zinsaufwendungen §§ 234 bis 237 AO nicht abzugsfähig
	G K	2109 Zinsaufwendungen an verbundene Unternehmen
	G K	2110 Zinsaufwendungen für kurzfristige Verbindlichkeiten
	G K	2111 Zinsaufwendungen §§ 234 bis 237 AO abzugsfähig
	G	2113 Nicht abzugsfähige Schuldzinsen nach § 4 Abs. 4a EStG (Hinzurechnungsbetrag)
	K	2114 Zinsen für Gesellschafterdarlehen
	G K	2115 Zinsen und ähnliche Aufwendungen §§ 3 Nr. 40 und 3c EStG bzw. § 8b Abs. 1 und 4 KStG[9)16)]
	G K	2116 Zinsen und ähnliche Aufwendungen an verbundene Unternehmen §§ 3 Nr. 40 und 3c EStG bzw. § 8b Abs. 1 KStG[9)16)]
	K	2117 Zinsen an Gesellschafter mit einer Beteiligung von mehr als 25 % bzw. diesen nahe stehende Personen
	G K	2118 Zinsen auf Kontokorrentkonten
	G K	2119 Zinsaufwendungen für kurzfristige Verbindlichkeiten an verbundene Unternehmen
	G K	2120 Zinsaufwendungen für langfristige Verbindlichkeiten
	G K	2123 Abschreibungen auf Disagio/Damnum zur Finanzierung
	G K	2124 Abschreibungen auf Disagio/Damnum zur Finanzierung des Anlagevermögens
	G K	2125 Zinsaufwendungen für Gebäude, die zum Betriebsvermögen gehören
	G K	2126 Zinsen zur Finanzierung des Anlagevermögens
	G K	2127 Renten und dauernde Lasten
	G	2128 Zinsaufwendungen für Kapitalüberlassung durch Mitunternehmer § 15 EStG (mit Sonderbetriebseinnahme korrespondierend)
	G K	2129 Zinsaufwendungen für langfristige Verbindlichkeiten an verbundene Unternehmen
	G K	2130 Diskontaufwendungen
	G K	2139 Diskontaufwendungen an verbundene Unternehmen
		2140 Zinsähnliche Aufwendungen
		2141 Kreditprovisionen und Verwaltungskostenbeiträge
		2142 Zinsanteil der Zuführungen zu Pensionsrückstellungen
		2143 Zinsaufwendungen aus der Abzinsung von Verbindlichkeiten
		2144 Zinsaufwendungen aus der Abzinsung von Rückstellungen
		2145 Zinsaufwendungen aus der Abzinsung von Pensionsrückstellungen und ähnlichen/vergleichbaren Verpflichtungen

GuV-Posten[2]	Programmverbindung[4] Abschlusszweck[4]	2 Abgrenzungskonten
Zinsen und ähnliche Aufwendungen oder *Sonstige Zinsen und ähnliche Erträge*	HB	2146 Zinsaufwendungen aus der Abzinsung von Pensionsrückstellungen und ähnlichen/vergleichbaren Verpflichtungen zur Verrechnung nach § 246 Abs. 2 HGB
	HB	2147 Aufwendungen aus Vermögensgegenständen zur Verrechnung nach § 246 Abs. 2 HGB
Zinsen und ähnliche Aufwendungen	G K	2148 Steuerlich nicht abzugsfähige Zinsaufwendungen aus der Abzinsung von Rückstellungen
		2149 Zinsähnliche Aufwendungen an verbundene Unternehmen
Sonstige betriebliche Aufwendungen		2150 Aufwendungen aus der Währungsumrechnung
		2151 Aufwendungen aus der Währungsumrechnung (nicht § 256a HGB)
		2166 Aufwendungen aus Bewertung Finanzmittelfonds
		2170 Nicht abziehbare Vorsteuer
		2171 Nicht abziehbare Vorsteuer 7 %
		R 2174 -75
		2176 Nicht abziehbare Vorsteuer 19 %
		Steuern vom Einkommen und Ertrag
Steuern vom Einkommen und Ertrag	K	2200 Körperschaftsteuer
	K	2203 Körperschaftsteuer für Vorjahre
	K	2204 Körperschaftsteuererstattungen für Vorjahre
	K	2208 Solidaritätszuschlag
	K	2209 Solidaritätszuschlag für Vorjahre
	K	2210 Solidaritätszuschlagerstattungen für Vorjahre
	G K	2213 Kapitalertragsteuer 25 %
	G K	2216 Anrechenbarer Solidaritätszuschlag auf Kapitalertragsteuer 25 %
	G K	2218 Ausländische Steuer auf im Inland steuerfreie DBA-Einkünfte
	G K	2219 Anrechnung/Abzug ausländische Quellensteuer
	G K HB	2250 Aufwendungen aus der Zuführung und Auflösung von latenten Steuern
	G K HB	2255 Erträge aus der Zuführung und Auflösung von latenten Steuern
	G K	2260 Aufwendungen aus der Zuführung zu Steuerrückstellungen für Steuerstundung (BStBK)
	G K	2265 Erträge aus der Auflösung von Steuerrückstellungen für Steuerstundung (BStBK)
		R 2280
	G K	2281 Gewerbesteuernachzahlungen und Gewerbesteuererstattungen für Vorjahre nach § 4 Abs. 5b EStG
		R 2282
	G K	2283 Erträge aus der Auflösung von Gewerbesteuerrückstellungen nach § 4 Abs. 5b EStG
		R 2284

GuV-Posten[2]	Programmverbindung[4] Abschlusszweck[4]	2 Abgrenzungskonten
Sonstige Steuern		2285 Steuernachzahlungen Vorjahre für sonstige Steuern
		2287 Steuererstattungen Vorjahre für sonstige Steuern
		2289 Erträge aus der Auflösung von Rückstellungen für sonstige Steuern
		Sonstige Aufwendungen
Sonstige betriebliche Aufwendungen		**2300 Sonstige Aufwendungen**
		2307 Sonstige Aufwendungen betriebsfremd und regelmäßig
	G K	2308 Sonstige nicht abziehbare Aufwendungen
		2309 Sonstige Aufwendungen unregelmäßig
		2310 Anlagenabgänge Sachanlagen (Restbuchwert bei Buchverlust)
		2311 Anlagenabgänge immaterielle Vermögensgegenstände (Restbuchwert bei Buchverlust)
		2312 Anlagenabgänge Finanzanlagen (Restbuchwert bei Buchverlust)
	G K	2313 Anlagenabgänge Finanzanlagen § 3 Nr. 40 EStG bzw. § 8b Abs. 3 KStG (Restbuchwert bei Buchverlust)[9]
Sonstige betriebliche Erträge		2315 Anlagenabgänge Sachanlagen (Restbuchwert bei Buchgewinn)
		2316 Anlagenabgänge immaterielle Vermögensgegenstände (Restbuchwert bei Buchgewinn)
		2317 Anlagenabgänge Finanzanlagen (Restbuchwert bei Buchgewinn)
	G K	2318 Anlagenabgänge Finanzanlagen § 3 Nr. 40 EStG bzw. § 8b Abs. 2 KStG (Restbuchwert bei Buchgewinn)[9]
Sonstige betriebliche Aufwendungen		2320 Verluste aus dem Abgang von Gegenständen des Anlagevermögens
	G K	2323 Verluste aus der Veräußerung von Anteilen an Kapitalgesellschaften (Finanzanlagevermögen) § 3 Nr. 40 EStG bzw. § 8b Abs. 3 KStG[9]
		2325 Verluste aus dem Abgang von Gegenständen des Umlaufvermögens (außer Vorräte)
	G K	2326 Verluste aus dem Abgang von Gegenständen des Umlaufvermögens (außer Vorräte) § 3 Nr. 40 EStG bzw. § 8b Abs. 3 KStG[9]
	EÜR	2327 Abgang von Wirtschaftsgütern des Umlaufvermögens nach § 4 Abs. 3 Satz 4 EStG
	G K EÜR	2328 Abgang von Wirtschaftsgütern des Umlaufvermögens § 3 Nr. 40 EStG bzw. § 8b Abs. 3 KStG nach § 4 Abs. 3 Satz 4 EStG[9]
	SB	2339 Einstellungen in die steuerliche Rücklage nach § 4g EStG
	SB	2342 Einstellungen in die steuerliche Rücklage nach § 6b Abs. 3 EStG
	SB	2343 Einstellungen in die steuerliche Rücklage nach § 6b Abs. 10 EStG
	SB	2344 Einstellungen in die Rücklage für Ersatzbeschaffung nach R 6.6 EStR
	SB	2345 Einstellungen in steuerliche Rücklagen
		2347 Aufwendungen aus dem Erwerb eigener Anteile
		2350 Sonstige Grundstücksaufwendungen (neutral)
Sonstige Steuern		2375 Grundsteuer
Sonstige betriebliche Aufwendungen	G K	2380 Zuwendungen, Spenden, steuerlich nicht abziehbar
	G K	2381 Zuwendungen, Spenden für wissenschaftliche und kulturelle Zwecke
	G K	2382 Zuwendungen, Spenden für mildtätige Zwecke
	G K	2383 Zuwendungen, Spenden für kirchliche, religiöse und gemeinnützige Zwecke
	G K	2384 Zuwendungen, Spenden an politische Parteien
	K	2385 Nicht abziehbare Hälfte der Aufsichtsratsvergütungen
		2386 Abziehbare Aufsichtsratsvergütungen
	G K	2387 Zuwendungen, Spenden in das zu erhaltende Vermögen (Vermögensstock) einer Stiftung für gemeinnützige Zwecke
		R 2388
	G K	2389 Zuwendungen, Spenden in das zu erhaltende Vermögen (Vermögensstock) einer Stiftung für kirchliche, religiöse und gemeinnützige Zwecke
	G K	2390 Zuwendungen, Spenden an Stiftungen in das zu erhaltende Vermögen (Vermögensstock) für wissenschaftliche, mildtätige, kulturelle Zwecke
		2400 Forderungsverluste (übliche Höhe)
	U	AM 2401 Forderungsverluste 7 % USt (übliche Höhe)
	U	AM 2402 Forderungsverluste aus steuerfreien EU-Lieferungen (übliche Höhe)
	U	AM 2403 Forderungsverluste aus im Inland steuerpflichtigen EU-Lieferungen 7 % USt (übliche Höhe)
		R 2404 -05
	U	AM 2406 Forderungsverluste 19 % USt (übliche Höhe)
		R 2407
	U	AM 2408 Forderungsverluste aus im Inland steuerpflichtigen EU-Lieferungen 19 % USt (übliche Höhe)
		R 2409
Abschreibungen auf Vermögensgegenstände des Umlaufvermögens, soweit diese die in der Kapitalgesellschaft üblichen Abschreibungen überschreiten		2430 Forderungsverluste, unüblich hoch
	U	AM 2431 Forderungsverluste 7 % USt (soweit unüblich hoch)
		R 2432 -35
	U	AM 2436 Forderungsverluste 19 % USt (soweit unüblich hoch)
		R 2437 -38
	G K	2440 Abschreibungen auf Forderungen gegenüber Kapitalgesellschaften, an denen eine Beteiligung besteht (soweit unüblich hoch), § 3c EStG bzw. § 8b Abs. 3 KStG
	K	2441 Abschreibungen auf Forderungen gegenüber Gesellschaftern und nahe stehenden Personen (soweit unüblich hoch), § 8b Abs. 3 KStG

GuV-Posten[2)]	Programmverbindung[4)] Abschlusszweck[4)]	2 Abgrenzungskonten
Sonstige betriebliche Aufwendungen		2450 Einstellungen in die Pauschalwertberichtigung auf Forderungen 2451 Einstellungen in die Einzelwertberichtigung auf Forderungen
Einstellungen in Gewinnrücklagen in die Rücklage für Anteile an einem herrschenden oder mehrheitlich beteiligten Unternehmen		2480 Einstellungen in die Rücklage für Anteile an einem herrschenden oder mehrheitlich beteiligten Unternehmen
		F 2481 Einstellungen in gesamthänderisch gebundene Rücklagen (mit Aufteilung für Kapitalkontenentwicklung) 2485 Einstellungen in andere Ergebnisrücklagen
Aufwendungen aus Verlustübernahme	G K	2490 Aufwendungen aus Verlustübernahme
Auf Grund einer Gewinngemeinschaft, eines Gewinn- oder Teilgewinnabführungsvertrags abgeführte Gewinne		2492 Abgeführte Gewinne auf Grund einer Gewinngemeinschaft
Auf Grund einer Gewinngemeinschaft, eines Gewinn- oder Teilgewinnabführungsvertrags abgeführte Gewinne oder *Erträge aus Verlustübernahme*	G K	2493 Abgeführte Gewinnanteile (Soll)/ ausgeglichene Verlustanteile (Haben) bei stiller Gesellschaft § 8 GewStG
Auf Grund einer Gewinngemeinschaft, eines Gewinn- oder Teilgewinnabführungsvertrags abgeführte Gewinne	K	2494 Abgeführte Gewinne auf Grund eines Gewinn- oder Teilgewinnabführungsvertrags
Einstellung in die Kapitalrücklage nach den Vorschriften über die vereinfachte Kapitalherabsetzung		2495 Einstellungen in die Kapitalrücklage nach den Vorschriften über die vereinfachte Kapitalherabsetzung
Einstellungen in Gewinnrücklagen in die gesetzliche Rücklage		2496 Einstellungen in die gesetzliche Rücklage

GuV-Posten[2)]	Programmverbindung[4)] Abschlusszweck[4)]	2 Abgrenzungskonten
Einstellungen in Gewinnrücklagen in satzungsmäßige Rücklagen		2497 Einstellungen in satzungsmäßige Rücklagen
Einstellungen in Gewinnrücklagen in die Rücklage für Anteile an einem herrschenden oder mehrheitlich beteiligten Unternehmen		2498 Einstellungen in den Ausgleichsposten für aktivierte eigene Anteile
Einstellungen in Gewinnrücklagen in andere Gewinnrücklagen		2499 Einstellungen in andere Gewinnrücklagen
		Sonstige betriebliche Erträge
Sonstige betriebliche Erträge		R 2500 R 2501
	K	2504 Erträge durch Verschmelzung und Umwandlung
		R 2505 -07 2508 Gewinn aus der Veräußerung oder der Aufgabe von Geschäftsaktivitäten nach Steuern
		Betriebsfremde und periodenfremde Erträge
		2510 Sonstige betriebsfremde Erträge 2520 Periodenfremde Erträge
		Erträge aus der Anwendung von Übergangsvorschriften i. S. d. BilMoG
	HB	2590 Erträge aus der Anwendung von Übergangsvorschriften
		R 2591 -93
	HB	2594 Erträge aus der Anwendung von Übergangsvorschriften (latente Steuern)
		Zinserträge
Erträge aus Beteiligungen		2600 Erträge aus Beteiligungen
	G K	2603 Erträge aus Beteiligungen an Personengesellschaften (verbundene Unternehmen), § 9 GewStG bzw. § 18 EStG[23)]
	G K	2615 Erträge aus Anteilen an Kapitalgesellschaften (Beteiligung) § 3 Nr. 40 EStG bzw. § 8b Abs. 1 KStG[9)]
	G K	2616 Erträge aus Anteilen an Kapitalgesellschaften (verbundene Unternehmen) § 3 Nr. 40 EStG bzw. § 8b Abs. 1 KStG[9)]
	G K	2618 Gewinnanteile aus gewerblichen und selbständigen Mitunternehmerschaften, § 9 GewStG bzw. § 18 EStG[23)]
		2619 Erträge aus Beteiligungen an verbundenen Unternehmen

GuV-Posten[2]	Programmverbindung[4] Abschlusszweck[4]	2 Abgrenzungskonten
Erträge aus anderen Wertpapieren und Ausleihungen des Finanzanlagevermögens		2620 Erträge aus anderen Wertpapieren und Ausleihungen des Finanzanlagevermögens
		2621 Erträge aus Ausleihungen des Finanzanlagevermögens
		2622 Erträge aus Ausleihungen des Finanzanlagevermögens an verbundenen Unternehmen
		2623 Erträge aus Anteilen an Personengesellschaften (Finanzanlagevermögen)
	G K	2625 Erträge aus Anteilen an Kapitalgesellschaften (Finanzanlagevermögen) § 3 Nr. 40 EStG bzw. § 8b Abs. 1 und 4 KStG[9]
	G K	2626 Erträge aus Anteilen an Kapitalgesellschaften (verbundene Unternehmen) § 3 Nr. 40 EStG bzw. § 8b Abs. 1 KStG[9]
		2640 Zins- und Dividendenerträge
		2641 Erhaltene Ausgleichszahlungen (als außenstehender Aktionär)
		2646 Erträge aus Anteilen an Personengesellschaften (verbundene Unternehmen)
		2647 Erträge aus anderen Wertpapieren des Finanzanlagevermögens an Kapitalgesellschaften (verbundene Unternehmen)
		2648 Erträge aus anderen Wertpapieren des Finanzanlagevermögens an Personengesellschaften (verbundene Unternehmen)
		2649 Erträge aus anderen Wertpapieren und Ausleihungen des Finanzanlagevermögens aus verbundenen Unternehmen
Sonstige Zinsen und ähnliche Erträge		**2650 Sonstige Zinsen und ähnliche Erträge**
		R 2652
	G K	2653 Zinserträge § 233a AO und § 4 Abs. 5b EStG, steuerfrei
		2654 Erträge aus anderen Wertpapieren und Ausleihungen des Umlaufvermögens
	G K	2655 Erträge aus Anteilen an Kapitalgesellschaften (Umlaufvermögen) § 3 Nr. 40 EStG bzw. § 8b Abs. 1 und 4 KStG[9]
	G K	2656 Erträge aus Anteilen an Kapitalgesellschaften (verbundene Unternehmen) § 3 Nr. 40 EStG bzw. § 8b Abs. 1 KStG[9]
		2657 Zinserträge § 233a AO, steuerpflichtig
	K	2658 Zinserträge § 233a AO, steuerfrei (Anlage GK KSt)[8]
		2659 Sonstige Zinsen und ähnliche Erträge aus verbundenen Unternehmen
Sonstige betriebliche Erträge		2660 Erträge aus der Währungsumrechnung
		2661 Erträge aus der Währungsumrechnung (nicht § 256a HGB)
		2666 Erträge aus Bewertung Finanzmittelfonds

GuV-Posten[2]	Programmverbindung[4] Abschlusszweck[4]	2 Abgrenzungskonten
Sonstige Zinsen und ähnliche Erträge		2670 Diskonterträge
		2679 Diskonterträge aus verbundenen Unternehmen
		2680 Zinsähnliche Erträge
	G K	2682 Steuerfreie Zinserträge aus der Abzinsung von Rückstellungen
		2683 Zinserträge aus der Abzinsung von Verbindlichkeiten
		2684 Zinserträge aus der Abzinsung von Rückstellungen
		2685 Zinserträge aus der Abzinsung von Pensionsrückstellungen und ähnlichen/vergleichbaren Verpflichtungen
Sonstige Zinsen und ähnliche Erträge oder *Zinsen und ähnliche Aufwendungen*	HB	2686 Zinserträge aus der Abzinsung von Pensionsrückstellungen und ähnlichen/vergleichbaren Verpflichtungen zur Verrechnung nach § 246 Abs. 2 HGB
	HB	2687 Erträge aus Vermögensgegenständen zur Verrechnung nach § 246 Abs. 2 HGB
Sonstige Zinsen und ähnliche Erträge		2688 Zinsertrag aus vorzeitiger Rückzahlung des Körperschaftsteuer-Erhöhungsbetrages § 38 KStG[11]
		2689 Zinsähnliche Erträge aus verbundenen Unternehmen
		Sonstige Erträge
Sonstige betriebliche Erträge		**2700 Andere betriebs- und/oder periodenfremde (neutrale) sonstige Erträge**
		2705 Sonstige betriebliche und regelmäßige Erträge (neutral)
		2707 Sonstige Erträge betriebsfremd und regelmäßig
		2709 Sonstige Erträge unregelmäßig
		2710 Erträge aus Zuschreibungen des Sachanlagevermögens
		2711 Erträge aus Zuschreibungen des immateriellen Anlagevermögens
		2712 Erträge aus Zuschreibungen des Finanzanlagevermögens
	G K	2713 Erträge aus Zuschreibungen des Finanzanlagevermögens § 3 Nr. 40 EStG bzw. § 8b Abs. 3 Satz 8 KStG[9]
	G K	2714 Erträge aus Zuschreibungen § 3 Nr. 40 EStG bzw. § 8b Abs. 2 KStG[9]
		2715 Erträge aus Zuschreibungen des Umlaufvermögens (außer Vorräte)
	G K	2716 Erträge aus Zuschreibungen des Umlaufvermögens § 3 Nr. 40 EStG bzw. § 8b Abs. 3 Satz 8 KStG[9]
		2720 Erträge aus dem Abgang von Gegenständen des Anlagevermögens
	G K	2723 Erträge aus der Veräußerung von Anteilen an Kapitalgesellschaften (Finanzanlagevermögen) § 3 Nr. 40 EStG bzw. § 8b Abs. 2 KStG[9]
		2725 Erträge aus dem Abgang von Gegenständen des Umlaufvermögens (außer Vorräte)
	G K	2726 Erträge aus dem Abgang von Gegenständen des Umlaufvermögens (außer Vorräte) § 3 Nr. 40 EStG bzw. § 8b Abs. 2 KStG[9]
		2727 Erträge aus der Auflösung einer steuerlichen Rücklage nach § 6b Abs. 3 EStG
		2728 Erträge aus der Auflösung einer steuerlichen Rücklage nach § 6b Abs. 10 EStG

GuV-Posten[2]	Programmverbindung[4] Abschlusszweck[4]	2 Abgrenzungskonten
Sonstige betriebliche Erträge	SB	2729 Erträge aus der Auflösung der Rücklage für Ersatzbeschaffung, R 6.6 EStR
		2730 Erträge aus der Herabsetzung der Pauschalwertberichtigung auf Forderungen
		2731 Erträge aus der Herabsetzung der Einzelwertberichtigung auf Forderungen
		2732 Erträge aus abgeschriebenen Forderungen
		2735 Erträge aus der Auflösung von Rückstellungen
		2736 Erträge aus der Herabsetzung von Verbindlichkeiten
	SB	2737 Erträge aus der Auflösung einer steuerlichen Rücklage nach § 4g EStG
		R 2738 -39
		2740 Erträge aus der Auflösung einer steuerlichen Rücklage
		2741 Erträge aus der Auflösung steuerrechtlicher Sonderabschreibungen
		2742 Versicherungsentschädigungen und Schadenersatzleistungen
		2743 Investitionszuschüsse (steuerpflichtig)
	G K	2744 Investitionszulagen (steuerfrei)
Ertrag aus Kapitalherabsetzung	K	2745 Erträge aus Kapitalherabsetzung
Sonstige betriebliche Erträge	G K	2746 Steuerfreie Erträge aus der Auflösung von steuerlichen Rücklagen
	G K	2747 Sonstige steuerfreie Betriebseinnahmen
		2749 Erstattungen Aufwendungsausgleichsgesetz
Umsatzerlöse		2750 Grundstückserträge
	U	AM 2751 Erlöse aus Vermietung und Verpachtung, umsatzsteuerfrei § 4 Nr. 12 UStG
	U	AM 2752 Erlöse aus Vermietung und Verpachtung 19 % USt
		R 2753 -54
Sonstige betriebliche Erträge		2760 Erträge aus der Aktivierung unentgeltlich erworbener Vermögensgegenstände
		2762 Kostenerstattungen, Rückvergütungen und Gutschriften für frühere Jahre
Umsatzerlöse		2764 Erträge aus Verwaltungskostenumlage
Erträge aus Verlustübernahme	K	2790 Erträge aus Verlustübernahme
Auf Grund einer Gewinngemeinschaft, eines Gewinn- oder Teilgewinnabführungsvertrags erhaltene Gewinne		2792 Erhaltene Gewinne auf Grund einer Gewinngemeinschaft
	G K	2794 Erhaltene Gewinne auf Grund eines Gewinn- oder Teilgewinnabführungsvertrags
Entnahmen aus der Kapitalrücklage		2795 Entnahmen aus der Kapitalrücklage

GuV-Posten[2]	Programmverbindung[4] Abschlusszweck[4]	2 Abgrenzungskonten
Entnahmen aus Gewinnrücklagen aus der gesetzlichen Rücklage		2796 Entnahmen aus der gesetzlichen Rücklage
Entnahmen aus Gewinnrücklagen aus satzungsmäßigen Rücklagen		2797 Entnahmen aus satzungsmäßigen Rücklagen
Entnahmen aus Gewinnrücklagen aus der Rücklage für Anteile an einem herrschenden oder mehrheitlich beteiligten Unternehmen		2798 Entnahmen aus dem Ausgleichsposten für aktivierte eigene Anteile
Entnahmen aus Gewinnrücklagen aus anderen Gewinnrücklagen		2799 Entnahmen aus anderen Gewinnrücklagen
Entnahmen aus Gewinnrücklagen aus der Rücklage für Anteile an einem herrschenden oder mehrheitlich beteiligten Unternehmen		2840 Entnahmen aus der Rücklage für Anteile an einem herrschenden oder mehrheitlich beteiligten Unternehmen
		F 2841 Entnahmen aus gesamthänderisch gebundenen Rücklagen (mit Aufteilung für Kapitalkontenentwicklung)
		2850 Entnahmen aus anderen Ergebnisrücklagen
Gewinnvortrag oder *Verlustvortrag*		**2860 Gewinnvortrag nach Verwendung**
		F 2865 Gewinnvortrag nach Verwendung (mit Aufteilung für Kapitalkontenentwicklung)
		F 2867 Verlustvortrag nach Verwendung (mit Aufteilung für Kapitalkontenentwicklung)
Gewinnvortrag oder *Verlustvortrag*		**2868 Verlustvortrag nach Verwendung**
		R 2869
Ausschüttung		2870 Vorabausschüttung

GuV-Posten[2]	Programmverbindung[4] Abschlusszweck[4]	2 Abgrenzungskonten	Bilanz-/GuV-Posten[2]	Programmverbindung[4] Abschlusszweck[4]	3 Wareneingangs- und Bestandskonten
		Verrechnete kalkulatorische Kosten			V 3000-3106 KU 3107 V 3108-3348 KU 3349 V 3350-3599 V 3700-3949 KU 3950-3999
Sonstige betriebliche Aufwendungen		2890 Verrechneter kalkulatorischer Unternehmerlohn 2891 Verrechnete kalkulatorische Miete und Pacht 2892 Verrechnete kalkulatorische Zinsen 2893 Verrechnete kalkulatorische Abschreibungen 2894 Verrechnete kalkulatorische Wagnisse 2895 Verrechneter kalkulatorischer Lohn für unentgeltliche Mitarbeiter R 2900			**Materialaufwand**
			Aufwendungen für Roh-, Hilfs- und Betriebsstoffe und für bezogene Waren		3000 Roh-, Hilfs- und Betriebsstoffe AV 3010-19 Einkauf Roh-, Hilfs- und Betriebsstoffe 7 % Vorsteuer R 3020-29 AV 3030-39 Einkauf Roh-, Hilfs- und Betriebsstoffe 19 % Vorsteuer R 3040-59
				U	AV 3060 Einkauf Roh-, Hilfs- und Betriebsstoffe, innergemeinschaftlicher Erwerb 7 % Vorsteuer und 7 % Umsatzsteuer R 3061
				U	AV 3062-63 Einkauf Roh-, Hilfs- und Betriebsstoffe, innergemeinschaftlicher Erwerb 19 % Vorsteuer und 19 % Umsatzsteuer R 3064-65
				U	AV 3066 Einkauf Roh-, Hilfs- und Betriebsstoffe, innergemeinschaftlicher Erwerb ohne Vorsteuer und 7 % Umsatzsteuer
				U	AV 3067 Einkauf Roh-, Hilfs- und Betriebsstoffe, innergemeinschaftlicher Erwerb ohne Vorsteuer und 19 % Umsatzsteuer R 3068-69 AV 3070 Einkauf Roh-, Hilfs- und Betriebsstoffe 5,5 % Vorsteuer AV 3071 Einkauf Roh-, Hilfs- und Betriebsstoffe 10,7 % Vorsteuer R 3072-74
				U	AV 3075 Einkauf Roh-, Hilfs- und Betriebsstoffe aus einem USt-Lager § 13a UStG 7 % Vorsteuer und 7 % Umsatzsteuer
				U	AV 3076 Einkauf Roh-, Hilfs- und Betriebsstoffe aus einem USt-Lager § 13a UStG 19 % Vorsteuer und 19 % Umsatzsteuer R 3077-88
				U	AV 3089 Erwerb Roh-, Hilfs- und Betriebsstoffe als letzter Abnehmer innerhalb Dreiecksgeschäft 19 % Vorsteuer und 19 % Umsatzsteuer 3090 Energiestoffe (Fertigung) AV 3091 Energiestoffe (Fertigung) 7 % Vorsteuer AV 3092 Energiestoffe (Fertigung) 19 % Vorsteuer R 3093-98

Bilanz-/GuV-Posten[2]	Programmverbindung[4] Abschlusszweck[4]	3	Wareneingangs- und Bestandskonten
Aufwendungen für bezogene Leistungen		**3100**	**Fremdleistungen**
		AV 3106	Fremdleistungen 19 % Vorsteuer
		R 3107	
		AV 3108	Fremdleistungen 7 % Vorsteuer
		3109	Fremdleistungen ohne Vorsteuer
			Umsätze, für die als Leistungsempfänger die Steuer nach § 13b UStG geschuldet wird
	U	AV 3110	Bauleistungen eines im Inland ansässigen Unternehmers 7 % Vorsteuer und 7 % Umsatzsteuer
		R 3111 -12	
	U	AV 3113	Sonstige Leistungen eines im anderen EU-Land ansässigen Unternehmers 7 % Vorsteuer und 7 % Umsatzsteuer
		R 3114	
	U	AV 3115	Leistungen eines im Ausland ansässigen Unternehmers 7 % Vorsteuer und 7 % Umsatzsteuer
		R 3116 -19	
	U	AV 3120 -21	Bauleistungen eines im Inland ansässigen Unternehmers 19 % Vorsteuer und 19 % Umsatzsteuer
		R 3122	
	U	AV 3123	Sonstige Leistungen eines im anderen EU-Land ansässigen Unternehmers 19 % Vorsteuer und 19 % Umsatzsteuer
		R 3124	
	U	AV 3125 -26	Leistungen eines im Ausland ansässigen Unternehmers 19 % Vorsteuer und 19 % Umsatzsteuer
		R 3127 -29	
	U	AV 3130	Bauleistungen eines im Inland ansässigen Unternehmers ohne Vorsteuer und 7 % Umsatzsteuer
		R 3131 -32	
	U	AV 3133	Sonstige Leistungen eines im anderen EU-Land ansässigen Unternehmers ohne Vorsteuer und 7 % Umsatzsteuer
		R 3134	
	U	AV 3135	Leistungen eines im Ausland ansässigen Unternehmers ohne Vorsteuer und 7 % Umsatzsteuer
		R 3136 -39	
	U	AV 3140 -41	Bauleistungen eines im Inland ansässigen Unternehmers ohne Vorsteuer und 19 % Umsatzsteuer
		R 3142	
	U	AV 3143	Sonstige Leistungen eines im anderen EU-Land ansässigen Unternehmers ohne Vorsteuer und 19 % Umsatzsteuer
		R 3144	
	U	AV 3145 -46	Leistungen eines im Ausland ansässigen Unternehmers ohne Vorsteuer und 19 % Umsatzsteuer
		R 3147 -49	

Bilanz-/GuV-Posten[2]	Programmverbindung[4] Abschlusszweck[4]	3	Wareneingangs- und Bestandskonten
Aufwendungen für bezogene Leistungen		S/AV 3150	Erhaltene Skonti aus Leistungen, für die als Leistungsempfänger die Steuer nach § 13b UStG geschuldet wird
	U	S/AV 3151	Erhaltene Skonti aus Leistungen, für die als Leistungsempfänger die Steuer nach § 13b UStG geschuldet wird 19 % Vorsteuer und 19 % Umsatzsteuer
		R 3152	
		S/AV 3153	Erhaltene Skonti aus Leistungen, für die als Leistungsempfänger die Steuer nach § 13b UStG geschuldet wird ohne Vorsteuer aber mit Umsatzsteuer
	U	S/AV 3154	Erhaltene Skonti aus Leistungen, für die als Leistungsempfänger die Steuer nach § 13b UStG geschuldet wird ohne Vorsteuer, mit 19 % Umsatzsteuer
		R 3155 -59	
		3160	Leistungen nach § 13b UStG mit Vorsteuerabzug[21]
		3165	Leistungen nach § 13b UStG ohne Vorsteuerabzug[21]
	G K	3170	Fremdleistungen (Miet- und Pachtzinsen bewegliche Wirtschaftsgüter)
	G K	3175	Fremdleistungen (Miet- und Pachtzinsen unbewegliche Wirtschaftsgüter)
	G K	3180	Fremdleistungen (Entgelte für Rechte und Lizenzen)
	G	3185	Fremdleistungen (Vergütungen für die Überlassung von Wirtschaftsgütern - mit Sonderbetriebseinnahme korrespondierend)
Aufwendungen für Roh-, Hilfs- und Betriebsstoffe und für bezogene Waren		**3200**	**Wareneingang**
		AV 3300 -09	Wareneingang 7 % Vorsteuer
		R 3310 -48	
		3349	Wareneingang ohne Vorsteuerabzug
		AV 3400 -09	Wareneingang 19 % Vorsteuer
		R 3410 -19	
	U	AV 3420 -24	Innergemeinschaftlicher Erwerb 7 % Vorsteuer und 7 % Umsatzsteuer
	U	AV 3425 -29	Innergemeinschaftlicher Erwerb 19 % Vorsteuer und 19 % Umsatzsteuer
	U	AV 3430	Innergemeinschaftlicher Erwerb ohne Vorsteuer und 7 % Umsatzsteuer
		R 3431 -34	
	U	AV 3435	Innergemeinschaftlicher Erwerb ohne Vorsteuer und 19 % Umsatzsteuer
		R 3436 -39	
	U	AV 3440	Innergemeinschaftlicher Erwerb von Neufahrzeugen von Lieferanten ohne USt-Id-Nr. 19 % Vorsteuer und 19 % Umsatzsteuer
		R 3441 -49	
		R 3500 -04	

Bilanz-/GuV-Posten[2)]	Programmverbindung[4)] Abschlusszweck[4)]	3 Wareneingangs- und Bestandskonten	
Aufwendungen für Roh-, Hilfs- und Betriebsstoffe und für bezogene Waren		AV 3505	Wareneingang 5,5 % Vorsteuer
		-09	
		R 3510	
		-39	
		AV 3540	Wareneingang 10,7 % Vorsteuer
		-49	
	U	AV 3550	Steuerfreier innergemeinschaftlicher Erwerb
		3551	Wareneingang im Drittland steuerbar
		3552	Erwerb 1. Abnehmer innerhalb eines Dreiecksgeschäftes
	U	AV 3553	Erwerb Waren als letzter Abnehmer innerhalb Dreiecksgeschäft 19 % Vorsteuer und 19 % Umsatzsteuer
		R 3554	
		-57	
		3558	Wareneingang im anderen EU-Land steuerbar
		3559	Steuerfreie Einfuhren
	U	AV 3560	Waren aus einem Umsatzsteuerlager, § 13a UStG 7 % Vorsteuer und 7 % Umsatzsteuer
		R 3561	
		-64	
	U	AV 3565	Waren aus einem Umsatzsteuerlager, § 13a UStG 19 % Vorsteuer und 19 % Umsatzsteuer
		R 3566	
		-69	
		3600	Nicht abziehbare Vorsteuer
		-09	
		3610	Nicht abziehbare Vorsteuer 7 %
		-19	
		R 3620	
		-29	
		R 3650	
		-59	
		3660	Nicht abziehbare Vorsteuer 19 %
		-69	
		3700	Nachlässe
		3701	Nachlässe aus Einkauf Roh-, Hilfs- und Betriebsstoffe
		AV 3710	Nachlässe 7 % Vorsteuer
		-11	
		R 3712	
		-13	
		AV 3714	Nachlässe aus Einkauf Roh-, Hilfs- und Betriebsstoffe 7 % Vorsteuer
		AV 3715	Nachlässe aus Einkauf Roh-, Hilfs- und Betriebsstoffe 19 % Vorsteuer
		R 3716	
	U	AV 3717	Nachlässe aus Einkauf Roh-, Hilfs- und Betriebsstoffe, innergemeinschaftlicher Erwerb 7 % Vorsteuer und 7 % Umsatzsteuer
	U	AV 3718	Nachlässe aus Einkauf Roh-, Hilfs- und Betriebsstoffe, innergemeinschaftlicher Erwerb 19 % Vorsteuer und 19 % Umsatzsteuer
		R 3719	
		AV 3720	Nachlässe 19 % Vorsteuer
		-21	
		R 3722	
		-23	
	U	AV 3724	Nachlässe aus innergemeinschaftlichem Erwerb 7 % Vorsteuer und 7 % Umsatzsteuer
	U	AV 3725	Nachlässe aus innergemeinschaftlichem Erwerb 19 % Vorsteuer und 19 % Umsatzsteuer
		R 3726	
		-29	

Bilanz-/GuV-Posten[2)]	Programmverbindung[4)] Abschlusszweck[4)]	3 Wareneingangs- und Bestandskonten	
Aufwendungen für Roh-, Hilfs- und Betriebsstoffe und für bezogene Waren		S/AV 3730	Erhaltene Skonti
		S/AV 3731	Erhaltene Skonti 7 % Vorsteuer
		R 3732	
		S/AV 3733	Erhaltene Skonti aus Einkauf Roh-, Hilfs- und Betriebsstoffe
		S/AV 3734	Erhaltene Skonti aus Einkauf Roh-, Hilfs- und Betriebsstoffe 7 % Vorsteuer
		R 3735	
		S/AV 3736	Erhaltene Skonti 19 % Vorsteuer
		R 3737	
		S/AV 3738	Erhaltene Skonti aus Einkauf Roh-, Hilfs- und Betriebsstoffe 19 % Vorsteuer
		R 3739	
		-40	
	U	S/AV 3741	Erhaltene Skonti aus Einkauf Roh-, Hilfs- und Betriebsstoffe aus steuerpflichtigem innergemeinschaftlichem Erwerb 19 % Vorsteuer und 19 % Umsatzsteuer
		R 3742	
	U	S/AV 3743	Erhaltene Skonti aus Einkauf Roh-, Hilfs- und Betriebsstoffe aus steuerpflichtigem innergemeinschaftlichem Erwerb 7 % Vorsteuer und 7 % Umsatzsteuer
		S/AV 3744	Erhaltene Skonti aus Einkauf Roh-, Hilfs- und Betriebsstoffe aus steuerpflichtigem innergemeinschaftlichem Erwerb
		S/AV 3745	Erhaltene Skonti aus steuerpflichtigem innergemeinschaftlichem Erwerb
	U	S/AV 3746	Erhaltene Skonti aus steuerpflichtigem innergemeinschaftlichem Erwerb 7 % Vorsteuer und 7 % Umsatzsteuer
		R 3747	
	U	S/AV 3748	Erhaltene Skonti aus steuerpflichtigem innergemeinschaftlichem Erwerb 19 % Vorsteuer und 19 % Umsatzsteuer
		R 3749	
		AV 3750	Erhaltene Boni 7 % Vorsteuer
		-51	
		R 3752	
		3753	Erhaltene Boni aus Einkauf Roh-, Hilfs- und Betriebsstoffe
		AV 3754	Erhaltene Boni aus Einkauf Roh-, Hilfs- und Betriebsstoffe 7 % Vorsteuer
		AV 3755	Erhaltene Boni aus Einkauf Roh-, Hilfs- und Betriebsstoffe 19 % Vorsteuer
		R 3756	
		-59	
		AV 3760	Erhaltene Boni 19 % Vorsteuer
		-61	
		R 3762	
		-68	
		3769	Erhaltene Boni
		3770	Erhaltene Rabatte
		AV 3780	Erhaltene Rabatte 7 % Vorsteuer
		-81	
		R 3782	

Bilanz-/GuV-Posten[2]	Programmverbindung[4] Abschlusszweck[4]	3 Wareneingangs- und Bestandskonten
Aufwendungen für Roh-, Hilfs- und Betriebsstoffe und für bezogene Waren		3783 Erhaltene Rabatte aus Einkauf Roh-, Hilfs- und Betriebsstoffe
		AV 3784 Erhaltene Rabatte aus Einkauf Roh-, Hilfs- und Betriebsstoffe 7 % Vorsteuer
		AV 3785 Erhaltene Rabatte aus Einkauf Roh-, Hilfs- und Betriebsstoffe 19 % Vorsteuer
		R 3786 -87
		S/AV 3788 Erhaltene Skonti aus Einkauf Roh-, Hilfs- und Betriebsstoffe 10,7 % Vorsteuer
		R 3789
		AV 3790 -91 Erhaltene Rabatte 19 % Vorsteuer
	U	AV 3792 Erhaltene Skonti aus Erwerb Roh-, Hilfs- und Betriebsstoffe als letzter Abnehmer innerhalb Dreiecksgeschäft 19 % Vorsteuer und 19 % Umsatzsteuer
	U	AV 3793 Erhaltene Skonti aus Erwerb Waren als letzter Abnehmer innerhalb Dreiecksgeschäft 19 % Vorsteuer und 19 % Umsatzsteuer
		S/AV 3794 Erhaltene Skonti 5,5 % Vorsteuer
		R 3795
		S/AV 3796 Erhaltene Skonti 10,7 % Vorsteuer
		R 3797
		S/AV 3798 Erhaltene Skonti aus Einkauf Roh-, Hilfs- und Betriebsstoffe 5,5 % Vorsteuer
		R 3799
		3800 Bezugsnebenkosten
		3830 Leergut
		3850 Zölle und Einfuhrabgaben
		3950 -54 Bestandsveränderungen Waren
		3955 -59 Bestandsveränderungen Roh-, Hilfs- und Betriebsstoffe
		3960 -69 Bestandsveränderungen Roh-, Hilfs- und Betriebsstoffe sowie bezogene Waren
		Bestand an Vorräten
Roh-, Hilfs- und Betriebsstoffe		3970 -79 Roh-, Hilfs- und Betriebsstoffe (Bestand)
Fertige Erzeugnisse und Waren		3980 -89 Waren (Bestand)
		Verrechnete Stoffkosten
Aufwendungen für Roh-, Hilfs- und Betriebsstoffe und für bezogene Waren		3990 -99 Verrechnete Stoffkosten (Gegenkonto zu 4000-99)

GuV-Posten[2]	Programmverbindung[4] Abschlusszweck[4]	4 Betriebliche Aufwendungen
		V 4000-4099 V 4200-4299 V 4400-4509 KU 4510-4519 V 4520-4821 V 4900-4983 V 4985-4989
		Material- und Stoffverbrauch
Aufwendungen für Roh-, Hilfs- und Betriebsstoffe und für bezogene Waren		4000 -99 Material- und Stoffverbrauch
		Personalaufwendungen
Löhne und Gehälter		4100 Löhne und Gehälter
		4110 Löhne
		4120 Gehälter
		4124 Geschäftsführergehälter der GmbH-Gesellschafter
		4125 Ehegattengehalt
	K	4126 Tantiemen Gesellschafter-Geschäftsführer
		4127 Geschäftsführergehälter
	G	4128 Vergütungen an angestellte Mitunternehmer § 15 EStG (mit Sonderbetriebseinnahme korrespondierend)
	K	4129 Tantiemen Arbeitnehmer
Soziale Abgaben und Aufwendungen für Altersversorgung und für Unterstützung		4130 Gesetzliche soziale Aufwendungen
	G	4137 Gesetzliche soziale Aufwendungen für Mitunternehmer § 15 EStG (mit Sonderbetriebseinnahme korrespondierend)
		4138 Beiträge zur Berufsgenossenschaft
Sonstige betriebliche Aufwendungen		4139 Ausgleichsabgabe nach dem Schwerbehindertengesetz
Soziale Abgaben und Aufwendungen für Altersversorgung und für Unterstützung		4140 Freiwillige soziale Aufwendungen, lohnsteuerfrei
		4141 Sonstige soziale Abgaben
		4144 Soziale Abgaben für Minijobber
Löhne und Gehälter		4145 Freiwillige soziale Aufwendungen, lohnsteuerpflichtig
		4146 Freiwillige Zuwendungen an Minijobber
		4147 Freiwillige Zuwendungen an Gesellschafter-Geschäftsführer
	G	4148 Freiwillige Zuwendungen an angestellte Mitunternehmer § 15 EStG (mit Sonderbetriebseinnahme korrespondierend)
		4149 Pauschale Steuer auf sonstige Bezüge (z. B. Fahrtkostenzuschüsse)
		4150 Krankengeldzuschüsse
		4151 Sachzuwendungen und Dienstleistungen an Minijobber
		4152 Sachzuwendungen und Dienstleistungen an Arbeitnehmer
		4153 Sachzuwendungen und Dienstleistungen an Gesellschafter-Geschäftsführer

GuV-Posten[2)]	Programmverbindung[4)] Abschlusszweck[4)]	4 Betriebliche Aufwendungen
Löhne und Gehälter	G	4154 Sachzuwendungen und Dienstleistungen an angestellte Mitunternehmer § 15 EStG (mit Sonderbetriebseinnahme korrespondierend)
		4155 Zuschüsse der Agenturen für Arbeit (Haben)
		4156 Aufwendungen aus der Veränderung von Urlaubsrückstellungen
		4157 Aufwendungen aus der Veränderung von Urlaubsrückstellungen für Gesellschafter-Geschäftsführer
	G	4158 Aufwendungen aus der Veränderung von Urlaubsrückstellungen für angestellte Mitunternehmer § 15 EStG (mit Sonderbetriebseinnahme korrespondierend)
		4159 Aufwendungen aus der Veränderung von Urlaubsrückstellungen für Minijobber
Soziale Abgaben und Aufwendungen für Altersversorgung und für Unterstützung		4160 Versorgungskassen
		4165 Aufwendungen für Altersversorgung
		4166 Aufwendungen für Altersversorgung für Gesellschafter-Geschäftsführer
		4167 Pauschale Steuer auf sonstige Bezüge (z. B. Direktversicherungen)
	G	4168 Aufwendungen für Altersversorgung für Mitunternehmer § 15 EStG (mit Sonderbetriebseinnahme korrespondierend)
		4169 Aufwendungen für Unterstützung
Löhne und Gehälter		4170 Vermögenswirksame Leistungen
		4175 Fahrtkostenerstattung - Wohnung/Arbeitsstätte
		4180 Bedienungsgelder
		4190 Aushilfslöhne
		4194 Pauschale Steuer für Minijobber
		4195 Löhne für Minijobs
		4196 Pauschale Steuer für Gesellschafter-Geschäftsführer
	G	4197 Pauschale Steuer für angestellte Mitunternehmer § 15 EStG (mit Sonderbetriebseinnahme korrespondierend)
		4198 Pauschale Steuer für Arbeitnehmer
		4199 Pauschale Steuer für Aushilfen
		Sonstige betriebliche Aufwendungen und Abschreibungen
Sonstige betriebliche Aufwendungen		4200 Raumkosten
	G K	4210 Miete (unbewegliche Wirtschaftsgüter)
	G K	4211 Aufwendungen für gemietete oder gepachtete unbewegliche Wirtschaftsgüter, die gewerbesteuerlich hinzuzurechnen sind
		4212 Miete/Aufwendungen für doppelte Haushaltsführung Unternehmer
	G K	4215 Leasing (unbewegliche Wirtschaftsgüter)
	G	4219 Vergütungen an Mitunternehmer für die mietweise Überlassung ihrer unbeweglichen Wirtschaftsgüter § 15 EStG (mit Sonderbetriebseinnahme korrespondierend)
	G K	4220 Pacht (unbewegliche Wirtschaftsgüter)
	K	4222 Vergütungen an Gesellschafter für die miet- oder pachtweise Überlassung ihrer unbeweglichen Wirtschaftsgüter

GuV-Posten[2)]	Programmverbindung[4)] Abschlusszweck[4)]	4 Betriebliche Aufwendungen
Sonstige betriebliche Aufwendungen		4228 Miet- und Pachtnebenkosten, die gewerbesteuerlich nicht hinzuzurechnen sind
	G	4229 Vergütungen an Mitunternehmer für die pachtweise Überlassung ihrer unbeweglichen Wirtschaftsgüter § 15 EStG (mit Sonderbetriebseinnahme korrespondierend)
		4230 Heizung
		4240 Gas, Strom, Wasser
		4250 Reinigung
		4260 Instandhaltung betrieblicher Räume
		4270 Abgaben für betrieblich genutzten Grundbesitz
		4280 Sonstige Raumkosten
		4288 Aufwendungen für ein häusliches Arbeitszimmer (abziehbarer Anteil)
	G	4289 Aufwendungen für ein häusliches Arbeitszimmer (nicht abziehbarer Anteil)
		4290 Grundstücksaufwendungen betrieblich
		4300 Nicht abziehbare Vorsteuer
		4301 Nicht abziehbare Vorsteuer 7 %
		R 4304 -05
		4306 Nicht abziehbare Vorsteuer 19 %
Steuern vom Einkommen und Ertrag	G K	4320 Gewerbesteuer
Sonstige Steuern		4340 Sonstige Betriebssteuern
		4350 Verbrauchsteuer (sonstige Steuern)
		4355 Ökosteuer
Sonstige betriebliche Aufwendungen		4360 Versicherungen
		4366 Versicherungen für Gebäude
		4370 Netto-Prämie für Rückdeckung künftiger Versorgungsleistungen
		4380 Beiträge
		4390 Sonstige Abgaben
		4396 Steuerlich abzugsfähige Verspätungszuschläge und Zwangsgelder
	G K	4397 Steuerlich nicht abzugsfähige Verspätungszuschläge und Zwangsgelder
		4400 -99 (zur freien Verfügung)
		4500 Fahrzeugkosten[18)]
Sonstige Steuern		4510 Kfz-Steuer
Sonstige betriebliche Aufwendungen		4520 Kfz-Versicherungen
		4530 Laufende Kfz-Betriebskosten
		4540 Kfz-Reparaturen
	G K	4550 Garagenmiete
		4560 Mautgebühren
	G K	4570 Mietleasing Kfz
		4575 Mietleasingaufwendungen für Elektrofahrzeuge, die gewerbesteuerlich hinzuzurechnen sind[1)]
		4580 Sonstige Kfz-Kosten
		4590 Kfz-Kosten für betrieblich genutzte zum Privatvermögen gehörende Kraftfahrzeuge
		4595 Fremdfahrzeugkosten
		4600 Werbekosten
		4605 Streuartikel
		4630 Geschenke abzugsfähig ohne § 37b EStG
		4631 Geschenke abzugsfähig mit § 37b EStG

GuV-Posten[2]	Programmverbindung[4] Abschlusszweck[4]	4 Betriebliche Aufwendungen
Sonstige betriebliche Aufwendungen		4632 Pauschale Steuer für Geschenke und Zuwendungen abzugsfähig
	G K	4635 Geschenke nicht abzugsfähig ohne § 37b EStG
	G K	4636 Geschenke nicht abzugsfähig mit § 37b EStG
	G K	4637 Pauschale Steuer für Geschenke und Zuwendungen nicht abzugsfähig
		4638 Geschenke ausschließlich betrieblich genutzt
		4639 Zugaben mit § 37b EStG
		4640 Repräsentationskosten
		4650 Bewirtungskosten
		4651 Sonstige eingeschränkt abziehbare Betriebsausgaben (abziehbarer Anteil)
	G K	4652 Sonstige eingeschränkt abziehbare Betriebsausgaben (nicht abziehbarer Anteil)
		4653 Aufmerksamkeiten
	G K	4654 Nicht abzugsfähige Bewirtungskosten
	G K	4655 Nicht abzugsfähige Betriebsausgaben aus Werbe- und Repräsentationskosten
		4660 Reisekosten Arbeitnehmer
		4663 Reisekosten Arbeitnehmer Fahrtkosten
		4664 Reisekosten Arbeitnehmer Verpflegungsmehraufwand
		4666 Reisekosten Arbeitnehmer Übernachtungsaufwand
		R 4667
		4668 Kilometergelderstattung Arbeitnehmer
		4670 Reisekosten Unternehmer[18]
	G	4672 Reisekosten Unternehmer (nicht abziehbarer Anteil)
		4673 Reisekosten Unternehmer Fahrtkosten
		4674 Reisekosten Unternehmer Verpflegungsmehraufwand
		R 4675
		4676 Reisekosten Unternehmer Übernachtungsaufwand und Reisenebenkosten
		R 4677
		4678 Fahrten zwischen Wohnung und Betriebsstätte und Familienheimfahrten (abziehbarer Anteil)
	G	4679 Fahrten zwischen Wohnung und Betriebsstätte und Familienheimfahrten (nicht abziehbarer Anteil)
		4680 Fahrten zwischen Wohnung und Betriebsstätte und Familienheimfahrten (Haben)
		4681 Verpflegungsmehraufwendungen im Rahmen der doppelten Haushaltsführung Unternehmer
		R 4685
		4700 Kosten der Warenabgabe
		4710 Verpackungsmaterial
		4730 Ausgangsfrachten
		4750 Transportversicherungen
		4760 Verkaufsprovisionen
		4780 Fremdarbeiten (Vertrieb)
		4790 Aufwand für Gewährleistungen
		4800 Reparaturen und Instandhaltungen von technischen Anlagen und Maschinen
		4801 Reparaturen und Instandhaltung von Bauten

GuV-Posten[2]	Programmverbindung[4] Abschlusszweck[4]	4 Betriebliche Aufwendungen
Sonstige betriebliche Aufwendungen		4805 Reparaturen und Instandhaltungen von anderen Anlagen und Betriebs- und Geschäftsausstattung
		4806 Wartungskosten für Hard- und Software
		4808 Zuführung zu Aufwandsrückstellungen
		4809 Sonstige Reparaturen und Instandhaltungen
	G K	4810 Mietleasing bewegliche Wirtschaftsgüter für technische Anlagen und Maschinen
Abschreibungen auf immaterielle Vermögensgegenstände des Anlagevermögens und Sachanlagen		4815 Kaufleasing
		4822 Abschreibungen auf immaterielle Vermögensgegenstände
	HB	4823 Abschreibungen auf selbst geschaffene immaterielle Vermögensgegenstände
		4824 Abschreibungen auf den Geschäfts- oder Firmenwert
		4825 Außerplanmäßige Abschreibungen auf den Geschäfts- oder Firmenwert
		4826 Außerplanmäßige Abschreibungen auf immaterielle Vermögensgegenstände
	HB	4827 Außerplanmäßige Abschreibungen auf selbst geschaffene immaterielle Vermögensgegenstände
		4830 Abschreibungen auf Sachanlagen (ohne AfA auf Kfz und Gebäude)
		4831 Abschreibungen auf Gebäude
		4832 Abschreibungen auf Kfz
		4833 Abschreibungen auf Gebäudeanteil des häuslichen Arbeitszimmers
		4840 Außerplanmäßige Abschreibungen auf Sachanlagen
		4841 Absetzung für außergewöhnliche technische und wirtschaftliche Abnutzung der Gebäude
		4842 Absetzung für außergewöhnliche technische und wirtschaftliche Abnutzung des Kfz
		4843 Absetzung für außergewöhnliche technische und wirtschaftliche Abnutzung sonstiger Wirtschaftsgüter
	SB	4850 Abschreibungen auf Sachanlagen auf Grund steuerlicher Sondervorschriften
	SB	4851 Sonderabschreibungen nach § 7g Abs. 5 EStG (ohne Kfz)
	SB	4852 Sonderabschreibungen nach § 7g Abs. 5 EStG (für Kfz)
	SB	4853 Kürzung der Anschaffungs- oder Herstellungskosten nach § 7g Abs. 2 EStG (ohne Kfz)
	SB	4854 Kürzung der Anschaffungs- oder Herstellungskosten nach § 7g Abs. 2 EStG (für Kfz)
		4855 Sofortabschreibung geringwertiger Wirtschaftsgüter
	SB	4856 Sonderabschreibungen nach § 7b EStG (Mietwohnungsneubau)[1]
		4860 Abschreibungen auf aktivierte, geringwertige Wirtschaftsgüter
		4862 Abschreibungen auf den Sammelposten Wirtschaftsgüter
		4865 Außerplanmäßige Abschreibungen auf aktivierte, geringwertige Wirtschaftsgüter

GuV-Posten[2]	Programmverbindung[4] Abschlusszweck[4]	4 Betriebliche Aufwendungen
Abschreibungen auf Finanzanlagen und auf Wertpapiere des Umlaufvermögens	HB	4866 Abschreibungen auf Finanzanlagen (nicht dauerhaft)
		4870 Abschreibungen auf Finanzanlagen (dauerhaft)
	G K	4871 Abschreibungen auf Finanzanlagen § 3 Nr. 40 EStG bzw. § 8b Abs. 3 KStG (dauerhaft)[9]
	G K	4872 Aufwendungen auf Grund von Verlustanteilen an gewerblichen und selbständigen Mitunternehmerschaften, § 8 GewStG bzw. § 18 EStG[23]
	G K SB	4873 Abschreibungen auf Finanzanlagen auf Grund § 6b EStG-Rücklage, § 3 Nr. 40 EStG bzw. § 8b Abs. 3 KStG[9]
	SB	4874 Abschreibungen auf Finanzanlagen auf Grund § 6b EStG-Rücklage
		4875 Abschreibungen auf Wertpapiere des Umlaufvermögens
	G K	4876 Abschreibungen auf Wertpapiere des Umlaufvermögens § 3 Nr. 40 EStG bzw. § 8b Abs. 3 KStG[9]
		4877 Abschreibungen auf Finanzanlagen - verbundene Unternehmen
		4878 Abschreibungen auf Wertpapiere des Umlaufvermögens - verbundene Unternehmen
Abschreibungen auf Vermögensgegenstände des Umlaufvermögens, soweit diese die in der Kapitalgesellschaft üblichen Abschreibungen überschreiten		4880 Abschreibungen auf sonstige Vermögensgegenstände des Umlaufvermögens (soweit unüblich hoch)
	SB	4882 Abschreibungen auf Umlaufvermögen, steuerrechtlich bedingt (soweit unüblich hoch)
Sonstige betriebliche Aufwendungen		4886 Abschreibungen auf Umlaufvermögen außer Vorräte und Wertpapiere des Umlaufvermögens (übliche Höhe)
	SB	4887 Abschreibungen auf Umlaufvermögen außer Vorräte und Wertpapiere des Umlaufvermögens, steuerrechtlich bedingt (übliche Höhe)
Abschreibungen auf Vermögensgegenstände des Umlaufvermögens, soweit diese die in der Kapitalgesellschaft üblichen Abschreibungen überschreiten		4892 Abschreibungen auf Roh-, Hilfs- und Betriebsstoffe/Waren (soweit unübliche Höhe)
		4893 Abschreibungen auf fertige und unfertige Erzeugnisse (soweit unübliche Höhe)
Sonstige betriebliche Aufwendungen		4900 Sonstige betriebliche Aufwendungen
		4902 Interimskonto für Aufwendungen in einem anderen Land, bei denen eine Vorsteuervergütung möglich ist
		4905 Sonstige Aufwendungen betrieblich und regelmäßig
		4909 Fremdleistungen/Fremdarbeiten
		4910 Porto
		4920 Telefon
		4925 Telefax und Internetkosten
Sonstige betriebliche Aufwendungen		4930 Bürobedarf
		4940 Zeitschriften, Bücher (Fachliteratur)
		4945 Fortbildungskosten
		4946 Freiwillige Sozialleistungen
	G	4948 Vergütungen an Mitunternehmer § 15 EStG (mit Sonderbetriebseinnahme korrespondierend)
	G	4949 Haftungsvergütung an Mitunternehmer § 15 EStG (mit Sonderbetriebseinnahme korrespondierend)
		4950 Rechts- und Beratungskosten
		4955 Buchführungskosten
		4957 Abschluss- und Prüfungskosten
	K	4958 Vergütungen an Gesellschafter für die miet- oder pachtweise Überlassung ihrer beweglichen Wirtschaftsgüter
	G	4959 Vergütungen an Mitunternehmer für die miet- oder pachtweise Überlassung ihrer beweglichen Wirtschaftsgüter § 15 EStG (mit Sonderbetriebseinnahme korrespondierend)
	G K	4960 Mieten für Einrichtungen (bewegliche Wirtschaftsgüter)
	G K	4961 Pacht (bewegliche Wirtschaftsgüter)
	G K	4963 Aufwendungen für gemietete oder gepachtete bewegliche Wirtschaftsgüter, die gewerbesteuerlich hinzuzurechnen sind
	G K	4964 Aufwendungen für die zeitlich befristete Überlassung von Rechten (Lizenzen, Konzessionen)
	G K	4965 Mietleasing bewegliche Wirtschaftsgüter für Betriebs- und Geschäftsausstattung
		4969 Aufwendungen für Abraum- und Abfallbeseitigung
		4970 Nebenkosten des Geldverkehrs
	G K	4975 Aufwendungen aus Anteilen an Kapitalgesellschaften §§ 3 Nr. 40 und 3c EStG bzw. § 8b Abs. 1 und 4 KStG[9][16]
	G K	4976 Veräußerungskosten § 3 Nr. 40 EStG bzw. § 8b Abs. 2 KStG
		4980 Sonstiger Betriebsbedarf
		4984 Genossenschaftliche Rückvergütung an Mitglieder
Sonstige betriebliche Aufwendungen		4985 Werkzeuge und Kleingeräte
		Kalkulatorische Kosten
Sonstige betriebliche Aufwendungen		4990 Kalkulatorischer Unternehmerlohn
		4991 Kalkulatorische Miete und Pacht
		4992 Kalkulatorische Zinsen
		4993 Kalkulatorische Abschreibungen
		4994 Kalkulatorische Wagnisse
		4995 Kalkulatorischer Lohn für unentgeltliche Mitarbeiter
		Kosten bei Anwendung des Umsatzkostenverfahrens
Sonstige betriebliche Aufwendungen		4996 Herstellungskosten
		4997 Verwaltungskosten
		4998 Vertriebskosten
		4999 Gegenkonto 4996-4998

GuV-Posten[2]	Programm-verbindung[4] Abschluss-zweck[4]	5
Sonstige betriebliche Aufwendungen		**5000 -5999**

GuV-Posten[2]	Programm-verbindung[4] Abschluss-zweck[4]	6
Sonstige betriebliche Aufwendungen		**6000 -6999**

Bilanz-Posten[2]	Programm-verbindung[4] Abschluss-zweck[4]	7 Bestände an Erzeugnissen
		KU 7000-7999
Unfertige Erzeugnisse, unfertige Leistungen		**7000 Unfertige Erzeugnisse, unfertige Leistungen (Bestand)** 7050 Unfertige Erzeugnisse (Bestand) 7080 Unfertige Leistungen (Bestand)
In Ausführung befindliche Bauaufträge		7090 In Ausführung befindliche Bauaufträge
In Arbeit befindliche Aufträge		7095 In Arbeit befindliche Aufträge
Fertige Erzeugnisse und Waren		**7100 Fertige Erzeugnisse und Waren (Bestand)** 7110 Fertige Erzeugnisse (Bestand) 7140 Waren (Bestand)

GuV-Posten[2]	Programm-verbindung[4] Abschluss-zweck[4]		8 Erlöskonten
		M	8000-8191
		KU	8192-8193
		M	8194-8603
		KU	8604
		M	8605-8613
		KU	8614
		M	8615-8904
		KU	8905-8906
		M	8907-8917
		KU	8918-8919
		M	8920-8923
		KU	8924
		M	8925-8928
		KU	8929
		M	8930-8938
		KU	8939
		M	8940-8948
		KU	8949-8999
			Umsatzerlöse
Umsatzerlöse		8000 -99	Umsatzerlöse (Zur freien Verfügung)
	U	AM 8100 -04	Steuerfreie Umsätze § 4 Nr. 8 ff. UStG
	U	AM 8105	Steuerfreie Umsätze nach § 4 Nr. 12 UStG (Vermietung und Verpachtung)
	U	AM 8110	Sonstige steuerfreie Umsätze Inland
	U	AM 8120	Steuerfreie Umsätze nach § 4 Nr. 1a UStG
	U	AM 8125	Steuerfreie innergemeinschaftliche Lieferungen nach § 4 Nr. 1b UStG
		R 8128	
	U	AM 8130	Lieferungen des ersten Abnehmers bei innergemeinschaftlichen Dreiecksgeschäften § 25b Abs. 2 UStG
	U	AM 8135	Steuerfreie innergemeinschaftliche Lieferungen von Neufahrzeugen an Abnehmer ohne USt-Id-Nr.
	U	AM 8140	Steuerfreie Umsätze Offshore usw.
	U	AM 8150	Sonstige steuerfreie Umsätze (z. B. § 4 Nr. 2 bis 7 UStG)
	U	AM 8160	Steuerfreie Umsätze ohne Vorsteuerabzug zum Gesamtumsatz gehörend, § 4 UStG
	U	AM 8165	Steuerfreie Umsätze ohne Vorsteuerabzug zum Gesamtumsatz gehörend
		8190	Erlöse, die mit den Durchschnittssätzen des § 24 UStG versteuert werden
	U	AM 8191	Umsatzerlöse nach §§ 25 und 25a UStG 19 % USt
		R 8192	
		8193	Umsatzerlöse nach §§ 25 und 25a UStG ohne USt
	U	AM 8194	Umsatzerlöse aus Reiseleistungen § 25 Abs. 2 UStG, steuerfrei
	U	8195	Erlöse als Kleinunternehmer nach § 19 Abs. 1 UStG
	U	AM 8196	Erlöse aus Geldspielautomaten 19 % USt
		R 8197 -98	
		8200	Erlöse
	U	AM 8300 -09	Erlöse 7 % USt
	U	AM 8310 -14	Erlöse aus im Inland steuerpflichtigen EU-Lieferungen 7 % USt
	U	AM 8315 -19	Erlöse aus im Inland steuerpflichtigen EU-Lieferungen 19 % USt

GuV-Posten[2]	Programmverbindung[4] Abschlusszweck[4]		8 Erlöskonten
Umsatzerlöse		8320 -29	Erlöse aus im anderen EU-Land steuerpflichtigen Lieferungen[3]
		R 8330	
	U	8331	Erlöse aus im anderen EU-Land steuerpflichtigen elektronischen Dienstleistungen[5]
		R 8332 -34	
	U	AM 8335	Erlöse aus Lieferungen von Mobilfunkgeräten, Tablet-Computern, Spielekonsolen und integrierten Schaltkreisen, für die der Leistungsempfänger die Umsatzsteuer nach § 13b UStG schuldet
	U	AM 8336	Erlöse aus im anderen EU-Land steuerpflichtigen sonstigen Leistungen, für die der Leistungsempfänger die Umsatzsteuer schuldet
	U	AM 8337	Erlöse aus Leistungen, für die der Leistungsempfänger die Umsatzsteuer nach § 13b UStG schuldet
	U	AM 8338	Erlöse aus im Drittland steuerbaren Leistungen, im Inland nicht steuerbare Umsätze
	U	AM 8339	Erlöse aus im anderen EU-Land steuerbaren Leistungen, im Inland nicht steuerbare Umsätze
	U	AM 8340 -49	Erlöse 16 % USt
	U	AM 8400 -09	Erlöse 19 % USt
	U	AM 8410	Erlöse 19 % USt
		R 8411 -48	
	U	AM 8449	Erlöse aus im Inland steuerpflichtigen elektronischen Dienstleistungen 19 % USt
		8499	Nebenerlöse (Bezug zu Materialaufwand)
			Konten für die Verbuchung von Sonderbetriebseinnahmen
		8500	Sonderbetriebseinnahmen, Tätigkeitsvergütung[28]
		8501	Sonderbetriebseinnahmen, Miet-/Pachteinnahmen[28]
		8502	Sonderbetriebseinnahmen, Zinseinnahmen[28]
		8503	Sonderbetriebseinnahmen, Haftungsvergütung[28]
		8504	Sonderbetriebseinnahmen, Pensionszahlungen[28]
		8505	Sonderbetriebseinnahmen, sonstige Sonderbetriebseinnahmen[28]
Umsatzerlöse		8510	Provisionsumsätze
		R 8511 -13	
	U	AM 8514	Provisionsumsätze, steuerfrei § 4 Nr. 8 ff. UStG
	U	AM 8515	Provisionsumsätze, steuerfrei § 4 Nr. 5 UStG
	U	AM 8516	Provisionsumsätze 7 % USt
		R 8517 -18	
	U	AM 8519	Provisionsumsätze 19 % USt
		8520	Erlöse Abfallverwertung
		8540	Erlöse Leergut
		8570	Sonstige Erträge aus Provisionen, Lizenzen und Patenten

GuV-Posten[2]	Programmverbindung[4] Abschlusszweck[4]		8 Erlöskonten
Umsatzerlöse		R 8571 -73	
	U	AM 8574	Sonstige Erträge aus Provisionen, Lizenzen und Patenten, steuerfrei § 4 Nr. 8 ff. UStG
	U	AM 8575	Sonstige Erträge aus Provisionen, Lizenzen und Patenten, steuerfrei § 4 Nr. 5 UStG
	U	AM 8576	Sonstige Erträge aus Provisionen, Lizenzen und Patenten 7 % USt
		R 8577 -78	
	U	AM 8579	Sonstige Erträge aus Provisionen, Lizenzen und Patenten 19 % USt
			Statistische Konten EÜR[15]
	EÜR	8580	Statistisches Konto Erlöse zum allgemeinen Umsatzsteuersatz (EÜR)[15]
	EÜR	8581	Statistisches Konto Erlöse zum ermäßigten Umsatzsteuersatz (EÜR)[15]
	EÜR	8582	Statistisches Konto Erlöse steuerfrei und nicht steuerbar (EÜR)[15]
	EÜR	8589	Gegenkonto 8580-8582 bei Aufteilung der Erlöse nach Steuersätzen (EÜR)
Sonstige betriebliche Erträge		8590	Verrechnete sonstige Sachbezüge (keine Waren)
	U	AM 8591	Sachbezüge 7 % USt (Waren)
		R 8594	
	U	AM 8595	Sachbezüge 19 % USt (Waren)
		R 8596 -97	
		8600	Sonstige Erlöse betrieblich und regelmäßig
		8603	Sonstige betriebliche Erträge
		8604	Erstattete Vorsteuer anderer Länder
		8605	Sonstige Erträge betrieblich und regelmäßig
		8606	Sonstige betriebliche Erträge von verbundenen Unternehmen
Umsatzerlöse		8607	Andere Nebenerlöse
Sonstige betriebliche Erträge	U	AM 8609	Sonstige Erträge betrieblich und regelmäßig, steuerfrei § 4 Nr. 8 ff. UStG
		8610	Verrechnete sonstige Sachbezüge
	U	AM 8611	Verrechnete sonstige Sachbezüge aus Kfz-Gestellung 19 % USt
		R 8612	
	U	AM 8613	Verrechnete sonstige Sachbezüge 19 % USt
		8614	Verrechnete sonstige Sachbezüge ohne Umsatzsteuer
	U	AM 8625 -29	Sonstige betriebliche Erträge, steuerfrei z. B. § 4 Nr. 2 bis 7 UStG
	U	AM 8630 -34	Sonstige Erträge betrieblich und regelmäßig 7 % USt
		R 8635 -39	
	U	AM 8640 -44	Sonstige Erträge betrieblich und regelmäßig 19 % USt
		R 8645 -48	
	U	AM 8649	Sonstige Erträge betrieblich und regelmäßig 16 % USt

GuV-Posten[2]	Programmverbindung[4] Abschlusszweck[4]	8 Erlöskonten
Sonstige Zinsen und ähnliche Erträge		8650 Erlöse Zinsen und Diskontspesen
		8660 Erlöse Zinsen und Diskontspesen aus verbundenen Unternehmen
Umsatzerlöse		8700 Erlösschmälerungen
	U	AM 8701 Erlösschmälerungen für steuerfreie Umsätze nach § 4 Nr. 8 ff. UStG
	U	AM 8702 Erlösschmälerungen für steuerfreie Umsätze nach § 4 Nr. 2 bis 7 UStG
	U	AM 8703 Erlösschmälerungen für sonstige steuerfreie Umsätze ohne Vorsteuerabzug
	U	AM 8704 Erlösschmälerungen für sonstige steuerfreie Umsätze mit Vorsteuerabzug
	U	AM 8705 Erlösschmälerungen aus steuerfreien Umsätzen § 4 Nr. 1a UStG
	U	AM 8706 Erlösschmälerungen für steuerfreie innergemeinschaftliche Dreiecksgeschäfte nach § 25b Abs. 2 und 4 UStG
	U	AM 8710 Erlösschmälerungen 7 % USt
		-11
		R 8712
		-19
	U	AM 8720 Erlösschmälerungen 19 % USt
		-21
		R 8722
		-23
	U	AM 8724 Erlösschmälerungen aus steuerfreien innergemeinschaftlichen Lieferungen
	U	AM 8725 Erlösschmälerungen aus im Inland steuerpflichtigen EU-Lieferungen 7 % USt
	U	AM 8726 Erlösschmälerungen aus im Inland steuerpflichtigen EU-Lieferungen 19 % USt
		8727 Erlösschmälerungen aus im anderen EU-Land steuerpflichtigen Lieferungen[3]
		R 8728
		-29
		S 8730 Gewährte Skonti
	U	S/AM 8731 Gewährte Skonti 7 % USt
		R 8732
		-35
	U	S/AM 8736 Gewährte Skonti 19 % USt
		R 8737
	U	S/AM 8738 Gewährte Skonti aus Lieferungen von Mobilfunkgeräten etc., für die der Leistungsempfänger die Umsatzsteuer nach § 13b Abs. 2 Nr. 10 UStG schuldet
	U	S/AM 8741 Gewährte Skonti aus Leistungen, für die der Leistungsempfänger die Umsatzsteuer nach § 13b UStG schuldet
	U	S/AM 8742 Gewährte Skonti aus Erlösen aus im anderen EU-Land steuerpflichtigen sonstigen Leistungen, für die der Leistungsempfänger die Umsatzsteuer schuldet
	U	S/AM 8743 Gewährte Skonti aus steuerfreien innergemeinschaftlichen Lieferungen § 4 Nr. 1b UStG
		R 8744
		S 8745 Gewährte Skonti aus im Inland steuerpflichtigen EU-Lieferungen
	U	S/AM 8746 Gewährte Skonti aus im Inland steuerpflichtigen EU-Lieferungen 7 % USt
Umsatzerlöse		R 8747
	U	S/AM 8748 Gewährte Skonti aus im Inland steuerpflichtigen EU-Lieferungen 19 % USt
		R 8749
	U	AM 8750 Gewährte Boni 7 % USt
		-51
		R 8752
		-59
	U	AM 8760 Gewährte Boni 19 % USt
		-61
		R 8762
		-68
		8769 Gewährte Boni
		8770 Gewährte Rabatte
	U	AM 8780 Gewährte Rabatte 7 % USt
		-81
		R 8782
		-89
	U	AM 8790 Gewährte Rabatte 19 % USt
		-91
		R 8792
		-99
Sonstige betriebliche Aufwendungen		8800 Erlöse aus Verkäufen Sachanlagevermögen (bei Buchverlust)
	U	AM 8801 -06 Erlöse aus Verkäufen Sachanlagevermögen 19 % USt (bei Buchverlust)
	U	AM 8807 Erlöse aus Verkäufen Sachanlagevermögen steuerfrei § 4 Nr. 1a UStG (bei Buchverlust)
	U	AM 8808 Erlöse aus Verkäufen Sachanlagevermögen steuerfrei § 4 Nr. 1b UStG (bei Buchverlust)
		R 8809
		-16
		8817 Erlöse aus Verkäufen immaterieller Vermögensgegenstände (bei Buchverlust)
		8818 Erlöse aus Verkäufen Finanzanlagen (bei Buchverlust)
	G K	8819 Erlöse aus Verkäufen Finanzanlagen § 3 Nr. 40 EStG bzw. § 8b Abs. 3 KStG (bei Buchverlust)[9]
Sonstige betriebliche Erträge	U	AM 8820 -25 Erlöse aus Verkäufen Sachanlagevermögen 19 % USt (bei Buchgewinn)
		R 8826
	U	AM 8827 Erlöse aus Verkäufen Sachanlagevermögen steuerfrei § 4 Nr. 1a UStG (bei Buchgewinn)
	U	AM 8828 Erlöse aus Verkäufen Sachanlagevermögen steuerfrei § 4 Nr. 1b UStG (bei Buchgewinn)
		8829 Erlöse aus Verkäufen Sachanlagevermögen (bei Buchgewinn)
		R 8830
		-36
		8837 Erlöse aus Verkäufen immaterieller Vermögensgegenstände (bei Buchgewinn)
		8838 Erlöse aus Verkäufen Finanzanlagen (bei Buchgewinn)
	G K	8839 Erlöse aus Verkäufen Finanzanlagen § 3 Nr. 40 EStG bzw. § 8b Abs. 2 KStG (bei Buchgewinn)[9]
	U EÜR	AM 8850 Erlöse aus Verkäufen von Wirtschaftsgütern des Umlaufvermögens 19 % USt für § 4 Abs. 3 Satz 4 EStG

GuV-Posten[2]	Programmverbindung[4] Abschlusszweck[4]	8 Erlöskonten
Sonstige betriebliche Erträge	U EÜR	AM 8851 Erlöse aus Verkäufen von Wirtschaftsgütern des Umlaufvermögens, umsatzsteuerfrei § 4 Nr. 8 ff. UStG i. V. m. § 4 Abs. 3 Satz 4 EStG
	U G K EÜR	AM 8852 Erlöse aus Verkäufen von Wirtschaftsgütern des Umlaufvermögens, umsatzsteuerfrei § 4 Nr. 8 ff. UStG i. V. m. § 4 Abs. 3 Satz 4 EStG und § 3 Nr. 40 EStG bzw. § 8b Abs. 2 KStG[9]
	EÜR	8853 Erlöse aus Verkäufen von Wirtschaftsgütern des Umlaufvermögens nach § 4 Abs 3 Satz 4 EStG
		8900 Unentgeltliche Wertabgaben
		8905 Entnahme von Gegenständen ohne USt
		8906 Verwendung von Gegenständen für Zwecke außerhalb des Unternehmens ohne USt
		R 8908 -09
	U	AM 8910 -13 Entnahme durch den Unternehmer für Zwecke außerhalb des Unternehmens (Waren) 19 % USt
		R 8914
	U	AM 8915 -17 Entnahme durch den Unternehmer für Zwecke außerhalb des Unternehmens (Waren) 7 % USt
		8918 Verwendung von Gegenständen für Zwecke außerhalb des Unternehmens ohne USt (Telefon-Nutzung)
		8919 Entnahme durch den Unternehmer für Zwecke außerhalb des Unternehmens (Waren) ohne USt
	U	AM 8920 Verwendung von Gegenständen für Zwecke außerhalb des Unternehmens 19 % USt
	U	AM 8921 Verwendung von Gegenständen für Zwecke außerhalb des Unternehmens 19 % USt (Kfz-Nutzung)
	U	AM 8922 Verwendung von Gegenständen für Zwecke außerhalb des Unternehmens 19 % USt (Telefon-Nutzung)
		R 8923
		8924 Verwendung von Gegenständen für Zwecke außerhalb des Unternehmens ohne USt (Kfz-Nutzung)
	U	AM 8925 -27 Unentgeltliche Erbringung einer sonstigen Leistung 19 % USt
		R 8928
		8929 Unentgeltliche Erbringung einer sonstigen Leistung ohne USt
	U	AM 8930 -31 Verwendung von Gegenständen für Zwecke außerhalb des Unternehmens 7 % USt
	U	AM 8932 -33 Unentgeltliche Erbringung einer sonstigen Leistung 7 % USt
		R 8934
	U	AM 8935 -37 Unentgeltliche Zuwendung von Gegenständen 19 % USt
		R 8938
		8939 Unentgeltliche Zuwendung von Gegenständen ohne USt
	U	AM 8940 -43 Unentgeltliche Zuwendung von Waren 19 % USt
		R 8944

GuV-Posten[2]	Programmverbindung[4] Abschlusszweck[4]	8 Erlöskonten
Sonstige betriebliche Erträge	U	AM 8945 -47 Unentgeltliche Zuwendung von Waren 7 % USt
		R 8948
		8949 Unentgeltliche Zuwendung von Waren ohne USt
Umsatzerlöse		8950 Nicht steuerbare Umsätze (Innenumsätze)
		8955 Umsatzsteuervergütungen, z. B. nach § 24 UStG
		8959 Direkt mit dem Umsatz verbundene Steuern
Erhöhung des Bestands an fertigen und unfertigen Erzeugnissen oder *Verminderung des Bestands an fertigen und unfertigen Erzeugnissen*		**8960 Bestandsveränderungen - unfertige Erzeugnisse**
		8970 Bestandsveränderungen - unfertige Leistungen
Erhöhung des Bestands in Ausführung befindlicher Bauaufträge oder *Verminderung des Bestands in Ausführung befindlicher Bauaufträge*		**8975 Bestandsveränderungen - in Ausführung befindliche Bauaufträge**
Erhöhung des Bestands in Arbeit befindlicher Aufträge oder *Verminderung des Bestands in Arbeit befindlicher Aufträge*		**8977 Bestandsveränderungen - in Arbeit befindliche Aufträge**
Erhöhung des Bestands an fertigen und unfertigen Erzeugnissen oder *Verminderung des Bestands an fertigen und unfertigen Erzeugnissen*		**8980 Bestandsveränderungen - fertige Erzeugnisse**
Andere aktivierte Eigenleistungen		**8990 Andere aktivierte Eigenleistungen**
	G K	8994 Aktivierte Eigenleistungen (den Herstellungskosten zurechenbare Fremdkapitalzinsen)
	HB	8995 Aktivierte Eigenleistungen zur Erstellung von selbst geschaffenen immateriellen Vermögensgegenständen

Bilanz-Posten[2]	Programmverbindung[4] Abschlusszweck[4]	9 Vortrags-, Kapital-, Korrektur- und statistische Konten

KU 9000-9998

Vortragskonten

S 9000 Saldenvorträge, Sachkonten
F 9001 Saldenvorträge, Sachkonten
-07
S 9008 Saldenvorträge, Debitoren
S 9009 Saldenvorträge, Kreditoren

F 9050 Offene Posten aus 2020[1]

R 9051
-59

R 9060
R 9069
F 9070 Offene Posten aus 2000
F 9071 Offene Posten aus 2001
F 9072 Offene Posten aus 2002
F 9073 Offene Posten aus 2003
F 9074 Offene Posten aus 2004
F 9075 Offene Posten aus 2005
F 9076 Offene Posten aus 2006
F 9077 Offene Posten aus 2007
F 9078 Offene Posten aus 2008
F 9079 Offene Posten aus 2009
F 9080 Offene Posten aus 2010
F 9081 Offene Posten aus 2011
F 9082 Offene Posten aus 2012
F 9083 Offene Posten aus 2013
F 9084 Offene Posten aus 2014
F 9085 Offene Posten aus 2015
F 9086 Offene Posten aus 2016
F 9087 Offene Posten aus 2017
F 9088 Offene Posten aus 2018
F 9089 Offene Posten aus 2019

F 9090 Summenvortragskonto

R 9091
-98

Statistische Konten für Betriebswirtschaftliche Auswertungen (BWA)

F 9101 Verkaufstage
F 9102 Anzahl der Barkunden
F 9103 Beschäftigte Personen
F 9104 Unbezahlte Personen
F 9105 Verkaufskräfte
F 9106 Geschäftsraum qm
F 9107 Verkaufsraum qm
F 9116 Anzahl Rechnungen
F 9117 Anzahl Kreditkunden monatlich
F 9118 Anzahl Kreditkunden aufgelaufen
9120 Erweiterungsinvestitionen
F 9130 [7]
-31
9135 Auftragseingang im Geschäftsjahr
9140 Auftragsbestand

Variables Kapital Teilhafter

F 9141 Variables Kapital TH
F 9142 Variables Kapital - Anteil Teilhafter

Sammelposten anrechenbare Privatsteuern

9143 Privatsteuern Kapitalertragsteuer (Sammelposten)
9144 Privatsteuern Solidaritätszuschlag (Sammelposten)
9145 Privatsteuern Kirchensteuer (Sammelposten)

Bilanz-Posten[2]	Programmverbindung[4] Abschlusszweck[4]	9 Vortrags-, Kapital-, Korrektur- und statistische Konten

Kapitaländerungen durch Übertragung einer § 6b EStG Rücklage

SB F 9146 Variables Kapital Vollhafter - Übertragung einer § 6b EStG-Rücklage
SB F 9147 Variables Kapital Teilhafter - Übertragung einer § 6b EStG-Rücklage
R 9148
- 49

Andere Kapitalkontenanpassungen: Vollhafter

F 9150 Festkapital - andere Kapitalkontenanpassungen VH
F 9151 Variables Kapital - andere Kapitalkontenanpassungen VH
F 9152 Verlust-/Vortragskonto - andere Kapitalkontenanpassungen VH
F 9153 Kapitalkonto III - andere Kapitalkontenanpassungen VH
F 9154 Ausstehende Einlagen auf das Komplementär-Kapital, nicht eingefordert - andere Kapitalkontenanpassungen VH
F 9155 Verrechnungskonto für Einzahlungsverpflichtungen - andere Kapitalkontenanpassungen VH
R 9156

Anrechenbare Privatsteuern Vollhafter, Eigenkapital

F 9157 Privatsteuern Kapitalertragsteuer (VH)
F 9158 Privatsteuern Solidaritätszuschlag (VH)
F 9159 Privatsteuern Kirchensteuer (VH)

Andere Kapitalkontenanpassungen: Teilhafter

F 9160 Kommandit-Kapital - andere Kapitalkontenanpassungen TH
F 9161 Variables Kapital - andere Kapitalkontenanpassungen TH
F 9162 Verlustausgleichskonto - andere Kapitalkontenanpassungen TH
F 9163 Kapitalkonto III - andere Kapitalkontenanpassungen TH
F 9164 Ausstehende Einlagen auf das Kommandit-Kapital, nicht eingefordert - andere Kapitalkontenanpassungen TH
F 9165 Verrechnungskonto für Einzahlungsverpflichtungen - andere Kapitalkontenanpassungen TH
R 9166

Anrechenbare Privatsteuern Teilhafter, Eigenkapital

F 9167 Privatsteuern Kapitalertragsteuer (TH), EK
F 9168 Privatsteuern Solidaritätszuschlag (TH), EK
F 9169 Privatsteuern Kirchensteuer (TH), EK

Umbuchungen auf andere Kapitalkonten: Vollhafter

F 9170 Festkapital - Umbuchungen VH
F 9171 Variables Kapital - Umbuchungen VH
F 9172 Verlust-/Vortragskonto - Umbuchungen VH
F 9173 Kapitalkonto III - Umbuchungen VH

Bilanz-Posten[2]	Programmverbindung[4] Abschlusszweck[4]	9 Vortrags-, Kapital-, Korrektur- und statistische Konten
		F 9174 Ausstehende Einlagen auf das Komplementär-Kapital, nicht eingefordert - Umbuchungen VH
		F 9175 Verrechnungskonto für Einzahlungsverpflichtungen - Umbuchungen VH
		R 9176 - 79
		Umbuchungen auf andere Kapitalkonten: Teilhafter
		F 9180 Kommandit-Kapital - Umbuchungen TH
		F 9181 Variables Kapital - Umbuchungen TH
		F 9182 Verlustausgleichskonto - Umbuchungen TH
		F 9183 Kapitalkonto III - Umbuchungen TH
		F 9184 Ausstehende Einlagen auf das Kommandit-Kapital, nicht eingefordert - Umbuchungen TH
		F 9185 Verrechnungskonto für Einzahlungsverpflichtungen - Umbuchungen TH
		Anrechenbare Privatsteuern Teilhafter, Fremdkapital
		F 9186 Privatsteuern Kapitalertragsteuer (TH), FK
		F 9187 Privatsteuern Solidaritätszuschlag (TH), FK
		F 9188 Privatsteuern Kirchensteuer (TH), FK
		9189 Verrechnungskonto für Umbuchungen zwischen Gesellschafter-Eigenkapitalkonten
		Gegenkonten zu statistischen Konten für Betriebswirtschaftliche Auswertungen
		F 9190 Gegenkonto für statistische Mengeneinheiten Konten 9101-9107 und Konten 9116-9118
		9199 Gegenkonto zu Konten 9120, 9135-9140
		Statistische Konten für den Kennziffernteil der Bilanz
		F 9200 Beschäftigte Personen
		F 9201 -08 [7]
		F 9209 Gegenkonto zu 9200
		9210 Produktive Löhne
		9219 Gegenkonto zu 9210
		Statistische Konten zur informativen Angabe des gezeichneten Kapitals in anderer Währung
Gezeichnetes Kapital in DM	HB	F 9220 Gezeichnetes Kapital in DM (Art. 42 Abs. 3 Satz 1 EGHGB)
Gezeichnetes Kapital in Euro	HB	F 9221 Gezeichnetes Kapital in Euro (Art. 42 Abs. 3 Satz 2 EGHGB)
	HB	F 9229 Gegenkonto zu 9220-9221
		R 9230
		R 9232
		R 9234
		R 9239

Bilanz-Posten[2]	Programmverbindung[4] Abschlusszweck[4]	9 Vortrags-, Kapital-, Korrektur- und statistische Konten
		Statistische Konten für die Kapitalflussrechnung
		9240 Investitionsverbindlichkeiten bei den Leistungsverbindlichkeiten
		9241 Investitionsverbindlichkeiten aus Sachanlagekäufen bei Leistungsverbindlichkeiten
		9242 Investitionsverbindlichkeiten aus Käufen von immateriellen Vermögensgegenständen bei Leistungsverbindlichkeiten
		9243 Investitionsverbindlichkeiten aus Käufen von Finanzanlagen bei Leistungsverbindlichkeiten
		9244 Gegenkonto zu Konten 9240-9243
		9245 Forderungen aus Sachanlageverkäufen bei sonstigen Vermögensgegenständen
		9246 Forderungen aus Verkäufen immaterieller Vermögensgegenstände bei sonstigen Vermögensgegenständen
		9247 Forderungen aus Verkäufen von Finanzanlagen bei sonstigen Vermögensgegenständen
		9249 Gegenkonto zu Konten 9245-9247
		R 9250
		R 9255
		R 9259
		Aufgliederung der Rückstellungen für die Programme der Wirtschaftsberatung
		9260 Kurzfristige Rückstellungen
		9262 Mittelfristige Rückstellungen
		9264 Langfristige Rückstellungen, außer Pensionen
		9269 Gegenkonto zu Konten 9260-9268
		Statistische Konten für in der Bilanz auszuweisende Haftungsverhältnisse
		9270 Gegenkonto zu 9271-9279 (Soll-Buchung)
		9271 Verbindlichkeiten aus der Begebung und Übertragung von Wechseln
		9272 Verbindlichkeiten aus der Begebung und Übertragung von Wechseln gegenüber verbundenen/assoziierten Unternehmen
		9273 Verbindlichkeiten aus Bürgschaften, Wechsel- und Scheckbürgschaften
		9274 Verbindlichkeiten aus Bürgschaften, Wechsel- und Scheckbürgschaften gegenüber verbundenen/assoziierten Unternehmen
		9275 Verbindlichkeiten aus Gewährleistungsverträgen
		9276 Verbindlichkeiten aus Gewährleistungsverträgen gegenüber verbundenen/assoziierten Unternehmen
		9277 Haftung aus der Bestellung von Sicherheiten für fremde Verbindlichkeiten
		9278 Haftung aus der Bestellung von Sicherheiten für fremde Verbindlichkeiten gegenüber verbundenen/assoziierten Unternehmen
		9279 Verpflichtungen aus Treuhandvermögen

Bilanz-Posten[2)]	Programmverbindung[4)] Abschlusszweck[4)]	9 Vortrags-, Kapital-, Korrektur- und statistische Konten
		Statistische Konten für die im Anhang anzugebenden sonstigen finanziellen Verpflichtungen
		9280 Gegenkonto zu 9281-9284
		9281 Verpflichtungen aus Miet- und Leasingverträgen
		9282 Verpflichtungen aus Miet- und Leasingverträgen gegenüber verbundenen Unternehmen
		9283 Andere Verpflichtungen nach § 285 Nr. 3a HGB
		9284 Andere Verpflichtungen nach § 285 Nr. 3a HGB gegenüber verbundenen Unternehmen
		Unterschiedsbetrag aus der Abzinsung von Altersversorgungsverpflichtungen nach § 253 Abs. 6 HGB
	HB	9285 Unterschiedsbetrag aus der Abzinsung von Altersversorgungsverpflichtungen nach § 253 Abs. 6 HGB (Haben)
	HB	9286 Gegenkonto zu 9285
		Statistische Konten für § 4 Abs. 3 EStG
	EÜR	9287 Zinsen bei Buchungen über Debitoren bei § 4 Abs. 3 EStG
	EÜR	9288 Mahngebühren bei Buchungen über Debitoren bei § 4 Abs. 3 EStG
	EÜR	9289 Gegenkonto zu 9287 und 9288
		9290 Statistisches Konto steuerfreie Auslagen
		9291 Gegenkonto zu 9290
		9292 Statistisches Konto Fremdgeld
		9293 Gegenkonto zu 9292
Einlagen stiller Gesellschafter	G K	9295 Einlagen stiller Gesellschafter
Steuerrechtlicher Ausgleichsposten	SB	9297 Steuerrechtlicher Ausgleichsposten
		F 9300 [7)] -20
		F 9326 [7)] -43
		F 9346 [7)] -49
		F 9357 [7)] -60
		F 9365 [7)] -67
		F 9371 [7)] -72
		9390 (Zur freien Verfügung)[24)] -94
		F 9395 (Zur freien Verfügung)[7)] -99
		Privat Teilhafter (Eigenkapital, für Verrechnung mit Kapitalkonto III - Konto 9840)
		F 9400 Privatentnahmen allgemein (TH), EK
		R 9401 -09
		F 9410 Privatsteuern (TH), EK
		R 9411 -19

Bilanz-Posten[2)]	Programmverbindung[4)] Abschlusszweck[4)]	9 Vortrags-, Kapital-, Korrektur- und statistische Konten
		F 9420 Sonderausgaben beschränkt abzugsfähig (TH), EK
		R 9421 -29
		F 9430 Sonderausgaben unbeschränkt abzugsfähig (TH), EK
		R 9431 -39
		F 9440 Zuwendungen, Spenden (TH), EK
		R 9441 -49
		F 9450 Außergewöhnliche Belastungen (TH), EK
		R 9451 -59
		F 9460 Grundstücksaufwand (TH), EK
		R 9461 -69
		F 9470 Grundstücksertrag (TH), EK
		R 9471 -79
		F 9480 Unentgeltliche Wertabgaben (TH), EK
		R 9481 -89
		F 9490 Privateinlagen (TH), EK
		R 9491 -99
		Statistische Konten für die Kapitalkontenentwicklung
		F 9500 Anteil für Konto 0900 Teilhafter
		R 9501 -09
		F 9510 Anteil für Konto 0910 Teilhafter
		R 9511 -19
	HB	F 9520 Anteil für Konto 0920 Teilhafter
		R 9521 -29
	HB	F 9530 Anteil für Konto 9950 Teilhafter
		R 9531 -39
	HB	F 9540 Anteil für Konto 9930 Vollhafter
		R 9541 -49
		F 9550 Anteil für Konto 9810 Vollhafter
		R 9551 -59
		F 9560 Anteil für Konto 9820 Vollhafter
		R 9561 -69
		F 9570 Anteil für Konto 0870 Vollhafter
		R 9571 -79
		F 9580 Anteil für Konto 0880 Vollhafter
		R 9581 -89
	HB	F 9590 Anteil für Konto 0890 Vollhafter
		R 9591 -99
		F 9600 Name des Gesellschafters Vollhafter
		R 9601 -09
		F 9610 Tätigkeitsvergütung Vollhafter
		R 9611 -19
		F 9620 Tantieme Vollhafter
		R 9621 -29
		F 9630 Darlehensverzinsung Vollhafter
		R 9631 -39

Bilanz-Posten[2]	Programmverbindung[4] Abschlusszweck[4]	9 Vortrags-, Kapital-, Korrektur- und statistische Konten
		F 9640 Gebrauchsüberlassung Vollhafter
		R 9641 -49
		F 9650 Sonstige Vergütungen Vollhafter
		R 9651 -59
		F 9660 Sonstige Vergütungen Vollhafter
		R 9661 -69
		F 9670 Sonstige Vergütungen Vollhafter
		R 9671 -79
		F 9680 Sonstige Vergütungen Vollhafter
		R 9681 -89
		F 9690 Restanteil Vollhafter
		R 9691 -99
		F 9700 Name des Gesellschafters Teilhafter
		R 9701 -09
		F 9710 Tätigkeitsvergütung Teilhafter
		R 9711 -19
		F 9720 Tantieme Teilhafter
		R 9721 -29
		F 9730 Darlehensverzinsung Teilhafter
		R 9731 -39
		F 9740 Gebrauchsüberlassung Teilhafter
		R 9741 -49
		F 9750 Sonstige Vergütungen Teilhafter
		R 9751 -59
		F 9760 Sonstige Vergütungen Teilhafter
		R 9761 -69
		F 9770 Sonstige Vergütungen Teilhafter
		R 9771 -79
		F 9780 Anteil für Konto 9840 Teilhafter
		R 9781 -89
		F 9790 Restanteil Teilhafter
		R 9791 -99
		R 9800
		Rücklagen, Gewinn-, Verlustvortrag
		F 9802 Gesamthänderisch gebundene Rücklagen - andere Kapitalkontenanpassungen
		F 9803 Gewinnvortrag/Verlustvortrag - andere Kapitalkontenanpassungen
		F 9804 Gesamthänderisch gebundene Rücklagen - Umbuchungen
		F 9805 Gewinnvortrag/Verlustvortrag - Umbuchungen
		Statistische Anteile an den Posten Jahresüberschuss/-fehlbetrag bzw. Bilanzgewinn/-verlust
	SB	F 9806 Zuzurechnender Anteil am Jahresüberschuss/Jahresfehlbetrag - je Gesellschafter
	SB	F 9807 Zuzurechnender Anteil am Bilanzgewinn/Bilanzverlust - je Gesellschafter

Bilanz-Posten[2]	Programmverbindung[4] Abschlusszweck[4]	9 Vortrags-, Kapital-, Korrektur- und statistische Konten
	SB	F 9808 Gegenkonto für zuzurechnenden Anteil am Jahresüberschuss/Jahresfehlbetrag
	SB	F 9809 Gegenkonto für zuzurechnenden Anteil am Bilanzgewinn/Bilanzverlust
		Kapital Personenhandelsgesellschaft Vollhafter
		F 9810 Kapitalkonto III
		R 9811 -19
		F 9820 Verlust-/Vortragskonto
		R 9821 -29
		F 9830 Verrechnungskonto für Einzahlungsverpflichtungen
		R 9831 -39
		Kapital Personenhandelsgesellschaft Teilhafter
		F 9840 Kapitalkonto III
		R 9841 -49
		F 9850 Verrechnungskonto für Einzahlungsverpflichtungen
		R 9851 -59
		Einzahlungsverpflichtungen im Bereich der Forderungen
		F 9860 Einzahlungsverpflichtungen persönlich haftender Gesellschafter
		R 9861 -69
		F 9870 Einzahlungsverpflichtungen Kommanditisten
		R 9871 -79
		Ausgleichsposten für aktivierte eigene Anteile
		9880 Ausgleichsposten für aktivierte eigene Anteile
		Nicht durch Vermögenseinlagen gedeckte Entnahmen
		F 9883 Nicht durch Vermögenseinlagen gedeckte Entnahmen persönlich haftender Gesellschafter
		F 9884 Nicht durch Vermögenseinlagen gedeckte Entnahmen Kommanditisten
		Verrechnungskonto für nicht durch Vermögenseinlagen gedeckte Entnahmen
		F 9885 Verrechnungskonto für nicht durch Vermögenseinlagen gedeckte Entnahmen persönlich haftender Gesellschafter
		F 9886 Verrechnungskonto für nicht durch Vermögenseinlagen gedeckte Entnahmen Kommanditisten
		Steueraufwand der Gesellschafter
		9887 Steueraufwand der Gesellschafter
		9889 Gegenkonto zu 9887

Bilanz-Posten[2]	Programmverbindung[4] Abschlusszweck[4]	9 Vortrags-, Kapital-, Korrektur- und statistische Konten	
			Statistische Konten für Gewinnzuschlag
	SB	9890	Statistisches Konto für den Gewinnzuschlag nach §§ 6b und 6c EStG (Haben)
	G K SB	9891	Statistisches Konto für den Gewinnzuschlag nach §§ 6b und 6c EStG (Soll) - Gegenkonto zu 9890
			Veränderung der gesamthänderisch gebundenen Rücklagen (Einlagen/Entnahmen)
		F 9892	Veränderung der gesamthänderisch gebundenen Rücklagen (Einlagen/ Entnahmen
			Vorsteuer-/Umsatzsteuerkonten zur Korrektur der Forderungen/ Verbindlichkeiten (EÜR)
	EÜR	9893	Umsatzsteuer in den Forderungen zum allgemeinen Umsatzsteuersatz (EÜR)
	EÜR	9894	Umsatzsteuer in den Forderungen zum ermäßigten Umsatzsteuersatz (EÜR)
	EÜR	9895	Gegenkonto 9893-9894 für die Aufteilung der Umsatzsteuer (EÜR)
	EÜR	9896	Vorsteuer in den Verbindlichkeiten zum allgemeinen Umsatzsteuersatz (EÜR)
	EÜR	9897	Vorsteuer in den Verbindlichkeiten zum ermäßigten Umsatzsteuersatz (EÜR)
	EÜR	9899	Gegenkonto 9896-9897 für die Aufteilung der Vorsteuer (EÜR)
			Statistische Konten zu § 4 Abs. 4a EStG
	EÜR	9910	Gegenkonto zur Minderung der Entnahmen § 4 Abs. 4a EStG
	EÜR	9911	Minderung der Entnahmen § 4 Abs. 4a EStG (Haben)
	EÜR	9912	Erhöhung der Entnahmen § 4 Abs. 4a EStG
	EÜR	9913	Gegenkonto zur Erhöhung der Entnahmen § 4 Abs. 4a EStG (Haben)
			Statistische Konten für den außerhalb der Bilanz zu berücksichtigenden Investitionsabzugsbetrag nach § 7g EStG
	G K SB	9916	Hinzurechnung Investitionsabzugsbetrag § 7g Abs. 2 EStG aus dem 2. vorangegangenen Wirtschaftsjahr, außerbilanziell (Haben)
	G K SB	9917	Hinzurechnung Investitionsabzugsbetrag § 7g Abs. 2 EStG aus dem 3. vorangegangenen Wirtschaftsjahr, außerbilanziell (Haben)
	SB	9918	Rückgängigmachung Investitionsabzugsbetrag § 7g Abs. 3 und 4 EStG im 2. vorangegangenen Wirtschaftsjahr
	SB	9919	Rückgängigmachung Investitionsabzugsbetrag § 7g Abs. 3 und 4 EStG im 3. vorangegangenen Wirtschaftsjahr

Bilanz-Posten[2]	Programmverbindung[4] Abschlusszweck[4]	9 Vortrags-, Kapital-, Korrektur- und statistische Konten	
			Ausstehende Einlagen
		F 9920	Ausstehende Einlagen auf das Komplementär-Kapital, nicht eingefordert
		R 9921 -29	
		F 9930	Ausstehende Einlagen auf das Komplementär-Kapital, eingefordert
		R 9931 -39	
		F 9940	Ausstehende Einlagen auf das Kommandit-Kapital, nicht eingefordert
		R 9941 -49	
		F 9950	Ausstehende Einlagen auf das Kommandit-Kapital, eingefordert
		R 9951 -59	
			Konten zu Bewertungskorrekturen
Forderungen aus Lieferungen und Leistungen		9960	Bewertungskorrektur zu Forderungen aus Lieferungen und Leistungen
Sonstige Verbindlichkeiten		9961	Bewertungskorrektur zu sonstigen Verbindlichkeiten
Kassenbestand, Bundesbankguthaben, Guthaben bei Kreditinstituten und Schecks		9962	Bewertungskorrektur zu Guthaben bei Kreditinstituten
Verbindlichkeiten gegenüber Kreditinstituten		9963	Bewertungskorrektur zu Verbindlichkeiten gegenüber Kreditinstituten
Verbindlichkeiten aus Lieferungen und Leistungen		9964	Bewertungskorrektur zu Verbindlichkeiten aus Lieferungen und Leistungen
Sonstige Vermögensgegenstände		9965	Bewertungskorrektur zu sonstigen Vermögensgegenständen
			Statistische Konten für den außerhalb der Bilanz zu berücksichtigenden Investitionsabzugsbetrag nach § 7g EStG
	G K SB	9970	Investitionsabzugsbetrag § 7g Abs. 1 EStG, außerbilanziell (Soll)
	SB	9971	Investitionsabzugsbetrag § 7g Abs. 1 EStG, außerbilanziell (Haben) - Gegenkonto zu 9970
	G K SB	9972	Hinzurechnung Investitionsabzugsbetrag § 7g Abs. 2 EStG aus dem vorangegangenen Wirtschaftsjahr, außerbilanziell (Haben)

Bilanz-Posten[2)]	Programmverbindung[4)] Abschlusszweck[4)]	9 Vortrags-, Kapital-, Korrektur- und statistische Konten
	SB	9973 Hinzurechnung Investitionsabzugsbetrag § 7g Abs. 2 EStG aus den vorangegangenen Wirtschaftsjahren, außerbilanziell (Soll) - Gegenkonto zu 9972, 9916, 9917
	SB	9974 Rückgängigmachung Investitionsabzugsbetrag § 7g Abs. 3 und 4 EStG im vorangegangenen Wirtschaftsjahr
	SB	9975 Rückgängigmachung Investitionsabzugsbetrag § 7g Abs. 3 und 4 EStG in den vorangegangenen Wirtschaftsjahren - Gegenkonto zu 9974, 9918, 9919
		Statistische Konten für die Zinsschranke § 4h EStG bzw. § 8a KStG
	G SB	9976 Nicht abzugsfähige Zinsaufwendungen nach § 4h EStG (Haben)
	SB	9977 Nicht abzugsfähige Zinsaufwendungen nach § 4h EStG (Soll) - Gegenkonto zu 9976
	G SB	9978 Abziehbare Zinsaufwendungen aus Vorjahren nach § 4h EStG (Soll)
	SB	9979 Abziehbare Zinsaufwendungen aus Vorjahren nach § 4h EStG (Haben) - Gegenkonto zu 9978
		Statistische Konten für den GuV-Ausweis in „Gutschrift bzw. Belastung auf Verbindlichkeitskonten" bei den Zuordnungstabellen für PersHG nach KapCoRiLiG
		9980 Anteil Belastung auf Verbindlichkeitskonten
		9981 Verrechnungskonto für Anteil Belastung auf Verbindlichkeitskonten
		9982 Anteil Gutschrift auf Verbindlichkeitskonten
		9983 Verrechnungskonto für Anteil Gutschrift auf Verbindlichkeitskonten
		Statistische Konten für die Gewinnkorrektur nach § 60 Abs. 2 EStDV
	G K HB	9984 Gewinnkorrektur nach § 60 Abs. 2 EStDV - Erhöhung handelsrechtliches Ergebnis durch Habenbuchung - Minderung handelsrechtliches Ergebnis durch Sollbuchung
	HB	9985 Gegenkonto zu 9984
		Statistische Konten für Korrekturbuchungen in der Überleitungsrechnung
		9986 Ergebnisverteilung auf Fremdkapital
		9987 Bilanzberichtigung
		9989 Gegenkonto zu 9986-9988

Bilanz-Posten[2)]	Programmverbindung[4)] Abschlusszweck[4)]	9 Vortrags-, Kapital-, Korrektur- und statistische Konten
		Statistische Konten für außergewöhnliche und aperiodische Geschäftsvorfälle für Anhangsangabe nach § 285 Nr. 31 und Nr. 32 HGB
		9990 Erträge von außergewöhnlicher Größenordnung oder Bedeutung
		9991 Erträge (aperiodisch)
		9992 Erträge von außergewöhnlicher Größenordnung oder Bedeutung (aperiodisch)
		9993 Aufwendungen von außergewöhnlicher Größenordnung oder Bedeutung
		9994 Aufwendungen (aperiodisch)
		9995 Aufwendungen von außergewöhnlicher Größenordnung oder Bedeutung (aperiodisch)
		9998 Gegenkonto zu 9990-9997
		Personenkonten
Sollsalden: Forderungen aus Lieferungen und Leistungen *Habensalden: Sonstige Verbindlichkeiten*		10000 -69999 Debitoren
Habensalden: Verbindlichkeiten aus Lieferungen und Leistungen *Sollsalden: Sonstige Vermögensgegenstände*		70000 -99999 Kreditoren

Erläuterungen zu den Kontenfunktionen:
Zusatzfunktionen (über einer Kontenklasse):

KU Keine Errechnung der Umsatzsteuer möglich
V Zusatzfunktion „Vorsteuer"
M Zusatzfunktion „Umsatzsteuer"

Hauptfunktionen (vor einem Konto)

AV Automatische Errechnung der Vorsteuer
AM Automatische Errechnung der Umsatzsteuer
S Sammelkonten
F Konten mit allgemeiner Funktion
R Diese Konten dürfen erst dann bebucht werden, wenn ihnen eine andere Funktion zugeteilt wurde.

Hinweise zu den Konten sind durch Fußnoten gekennzeichnet:

1) Konto für das Buchungsjahr 2020 neu eingeführt.
2) Bilanz- und GuV-Posten große Kapitalgesellschaft GuV-Gesamtkostenverfahren Tabelle S4003.
3) Diese Konten können mit BU-Schlüssel 10 bebucht werden. Das EU-Land und der ausländische Steuersatz werden über das EU-Fenster eingegeben.
4) Kontenbezogene Kennzeichnung der Programmverbindung in Rechnungswesen-Programmen zu Umsatzsteuererklärung (U), Gewerbesteuer (G) und Körperschaftsteuer (K).
Da bei Erstellung des SKR-Formulars die Steuererklärungsformulare noch nicht vorlagen, können sich Abweichungen zwischen den in der Programmverbindung berücksichtigten Konten und den Programmverbindungskennzeichen ergeben.
Abschlusszweck:
HB Diese Konten sollten ausschließlich für die Handelsbilanz gebucht werden.
SB Diese Konten sollten ausschließlich für die Steuerbilanz gebucht werden.
EÜR Diese Konten sollten ausschließlich für die Gewinnermittlung nach § 4 Abs. 3 EStG gebucht werden.
5) Dieses Konto kann mit BU-Schlüssel 44 bebucht werden. Das EU-Land und der ausländische Steuersatz werden über das EU-Fenster eingegeben.
6) Das Konto gilt als Hauptkonto für Sachverhalte, die in diesen Kontenbereichen nicht als spezieller Sachverhalt auf Einzelkonten dargestellt sind.
7) Diese Konten werden für die BWA-Form 10 sowie Branchen-BWA-Formen mit statistischen Mengeneinheiten bebucht und wurden mit der Umrechnungssperre, Funktion 18000, belegt.
8) Kontenbeschriftung in 2020 geändert.
9) An der Schnittstelle zu GewSt werden ab VAZ 2009 die Erträge zu 40 % als steuerfrei und die Aufwendungen zu 40 % als nicht abziehbar behandelt. An der Schnittstelle zur KSt werden die Erträge zu 100 % als steuerfrei und die Aufwendungen zu 100 % als nicht abziehbar behandelt.
Siehe §§ 3 Nr. 40 und 3c EStG bzw. § 8b KStG.
10) Diese Konten haben ab Buchungsjahr 2005 nicht mehr die Zusatzfunktion KU. Bitte verwenden Sie diese Konten nur noch in Verbindung mit einem Gegenkonto mit Geldkontenfunktion.
11) Das Konto wird nur noch für Auswertungen mit Vorjahresvergleich benötigt und wird im folgenden Jahr gelöscht.
12) frei
13) frei
14) frei
15) Das Konto wurde zur Aufteilung nach Steuersätzen am Jahresende eingerichtet und sollte unterjährig nicht bebucht werden. Beachten Sie die Buchungsregeln im Dokument 0906057.
16) Das Konto wird in KSt nur bei Organgesellschaften berücksichtigt.
17) Das Konto wird in Körperschaftsteuer ausschließlich in die Positionen „Eigen-/Nennkapital zum Schluss des vorangegangenen Wirtschaftsjahres" übernommen.
18) Da das EÜR-Formular einen differenzierten Ausweis der Reisekosten und Fahrzeugkosten fordert, darf dieses Konto von EÜR-Anwendern nicht genutzt werden.
19) frei
20) frei
21) Diese Konten können mit BU-Schlüssel 94 (Konto mit Vorsteuerabzug) bzw. mit BU-Schlüssel 95 (Konto ohne Vorsteuerabzug) gebucht werden. Der Tatbestand des § 13b UStG ist anschließend zu erfassen.
22) Ab dem Buchungsjahr 2019 dürfen die Konten nur noch für Einzelunternehmer verwendet werden. Mehr Infos dazu finden Sie im Dokument 1000273.
23) Diese Konten fließen im EÜR-Formular in die Zeile Ergebnisanteile aus Beteiligungen an Personengesellschaften.
24) Diese Konten werden für die BWA-Formen der Branchenlösung bebucht.
25) frei
26) frei
27) frei
28) Das Konto wird in Bilanz/GuV nur in den Zuordnungstabellen für Sonderbilanzen abgefragt.
29) frei

Eine Übersicht aller Steuer-/Buchungsschlüssel erhalten Sie im Rechnungswesen-Programm über die Tastenkombination **Umschalt + F3** im Feld **BU/Gegenkonto** in der Buchungszeile. Weitere Informationen finden Sie im Dokument 9231347 in der Info-Datenbank.

Bedeutung der Steuerschlüssel:

1 Umsatzsteuerfrei (mit Vorsteuerabzug)
2 Umsatzsteuer 7 %
3 Umsatzsteuer 19 %
4 gesperrt
5 Umsatzsteuer 16 %
6 gesperrt
7 Vorsteuer 16 %
8 Vorsteuer 7 %
9 Vorsteuer 19 %

Bedeutung der Berichtigungsschlüssel:

1 Steuerschlüssel bei Buchungen mit einem EU-Tatbestand ab Buchungsjahr 1993
4 Aufhebung der Automatik
5 Individueller Umsatzsteuer-Schlüssel
9 Aufzuteilende Vorsteuer

Bedeutung der Steuerschlüssel bei Buchungen mit einem EU-Tatbestand (6. und 7. Stelle des Gegenkontos):

10 nicht steuerbarer Umsatz in Deutschland (Steuerpflicht im anderen EU-Land)
11 Umsatzsteuerfrei (mit Vorsteuerabzug)
12 Umsatzsteuer 7 %
13 Umsatzsteuer 19 %
15 Umsatzsteuer 16 %
17 Umsatzsteuer 16 % Vorsteuer 16 %
18 Umsatzsteuer 7 % Vorsteuer 7 %
19 Umsatzsteuer 19 % Vorsteuer 19 %

Bedeutung der Steuerschlüssel 91/92/94/95 und 46 (6. und 7. Stelle des Gegenkontos)

Umsatzsteuerschlüssel für die Verbuchung von Umsätzen, für die der Leistungsempfänger die Steuer nach § 13b UStG schuldet.

Bedeutung der Steuerschlüssel beim Leistungsempfänger:
91 7 % Vorsteuer und 7 % Umsatzsteuer
92 ohne Vorsteuer und 7 % Umsatzsteuer
94 19 % Vorsteuer und 19 % Umsatzsteuer
95 ohne Vorsteuer und 19 % Umsatzsteuer

Die Unterscheidung der verschiedenen Sachverhalte nach § 13b UStG erfolgt nach Eingabe des Steuerschlüssels direkt bei der Erfassung des Buchungssatzes. Hier erfolgt auch die Eingabe, falls Sie ab Buchungsjahr 2007 noch die Steuerrechnung mit 16 % benötigen.

Beim Leistenden:

46 Ausweis Kennzahl 60 oder 68 der UStVA

Bedeutung des Steuerschlüssels 47

Umsatzsteuerschlüssel für die Verbuchung von Erlösen aus im anderen EU-Land steuerpflichtigen sonstigen Leistungen, für die der Leistungsempfänger die Umsatzsteuer schuldet.

47 Ausweis ZM und Kennzahl 21 der UStVA

Bedeutung des Steuerschlüssels 44

Umsatzsteuerschlüssel für die Verbuchung von im anderen EU-Land steuerpflichtigen elektronischen Dienstleistungen.

44 Ausweis MOSS und Kennzahl 45 der UStVA

Erläuterungen zur Kennzeichnung von Konten für die Programmverbindung zwischen Rechnungswesen-Programmen und Steuerprogrammen:

Die Erweiterung des Standardkontenrahmens um zusätzliche Konten und besondere Kennzeichen verbessert weiter die Integration der DATEV-Programme und erleichtert die Arbeit für Anwender von Rechnungswesen-Programmen, die gleichzeitig DATEV-Steuerprogramme nutzen. Steuerliche Belange können bereits während des Kontierens stärker berücksichtigt werden.

In der Spalte Programmverbindung werden die Konten gekennzeichnet, die über die Schnittstelle in Rechnungswesen-Programmen an das entsprechende Steuerprogramm Umsatzsteuererklärung (U), Gewerbesteuer (G) und Körperschaftsteuer (K) weitergegeben und an entsprechender Stelle der Steuerberechnung zu Grunde gelegt werden.

Die Kennzeichnung „G" und „K" an Standardkonten umfasst für die Weitergabe an Gewerbesteuer und Körperschaftsteuer auch die nachfolgenden Konten bis zum nächsten standardmäßig belegten Konto. Die Kennzeichnung "U" an Standardkonten steht für die Weitergabe an das Programm Umsatzsteuererklärung. Kontenbereiche werden nur weitergegeben, wenn sie im Standardkontenrahmen ausgewiesen sind (z. B. AM 8400-09).

Nicht gekennzeichnet sind solche Konten, die lediglich eine rechnerische Hilfsfunktion im steuerlichen Sinne ausüben wie Löhne und Gehälter sowie Umsätze für die Berechnung des zulässigen Spendenabzugs im Rahmen von Gewerbesteuer und Körperschaftsteuer.

Abgebildet wird mit den Kennzeichen die Programmverbindung, nicht der steuerliche Ursprung. Die Gewerbesteuer-Berechnung für Körperschaften ist in das Produkt Körperschaftsteuer integriert. Daher ist an Konten mit gewerbesteuerlichem Merkmal auch ein „K" für diese Programmverbindung zu finden.

DATEV-Kontenrahmen nach dem Bilanzrichtlinie-Umsetzungsgesetz
Standardkontenrahmen - Abschlussgliederungsprinzip (SKR 04)
Gültig für 2020

Bilanz-Posten[2)]	Programmverbindung[4)] Abschlusszweck[4)]	0 Anlagevermögenskonten
		KU 0050-0089
Sonstige Aktiva oder *sonstige Passiva*		F 0050 Ausstehende Einlagen auf das Komplementär-Kapital, nicht eingefordert R 0051 -59 F 0060 Ausstehende Einlagen auf das Komplementär-Kapital, eingefordert R 0061 -69 F 0070 Ausstehende Einlagen auf das Kommandit-Kapital, nicht eingefordert R 0071 -79 F 0080 Ausstehende Einlagen auf das Kommandit-Kapital, eingefordert R 0081 -89
		0090 Rückständige fällige Einzahlungen auf Geschäftsanteile
		Anlagevermögen
		Immaterielle Vermögensgegenstände
Entgeltlich erworbene Konzessionen, gewerbliche Schutzrechte und ähnliche Rechte und Werte sowie Lizenzen an solchen Rechten und Werten		**0100 Entgeltlich erworbene Konzessionen, gewerbliche Schutzrechte und ähnliche Rechte und Werte sowie Lizenzen an solchen Rechten und Werten** 0110 Konzessionen 0120 Gewerbliche Schutzrechte 0130 Ähnliche Rechte und Werte 0135 EDV-Software 0140 Lizenzen an gewerblichen Schutzrechten und ähnlichen Rechten und Werten
Selbst geschaffene gewerbliche Schutzrechte und ähnliche Rechte und Werte	HB HB HB HB HB HB	**0143 Selbst geschaffene immaterielle Vermögensgegenstände** 0144 EDV-Software 0145 Lizenzen und Franchiseverträge 0146 Konzessionen und gewerbliche Schutzrechte 0147 Rezepte, Verfahren, Prototypen 0148 Immaterielle Vermögensgegenstände in Entwicklung
Geschäfts- oder Firmenwert		**0150 Geschäfts- oder Firmenwert** **0160 Verschmelzungsmehrwert**
Geleistete Anzahlungen		**0170 Geleistete Anzahlungen auf immaterielle Vermögensgegenstände** **0179 Anzahlungen auf Geschäfts- oder Firmenwert**

Bilanz-Posten[2)]	Programmverbindung[4)] Abschlusszweck[4)]	0 Anlagevermögenskonten
		Sachanlagen
Grundstücke, grundstücksgleiche Rechte und Bauten einschließlich der Bauten auf fremden Grundstücken		**0200 Grundstücke, grundstücksgleiche Rechte und Bauten einschließlich der Bauten auf fremden Grundstücken** 0210 Grundstücksgleiche Rechte ohne Bauten 0215 Unbebaute Grundstücke 0220 Grundstücksgleiche Rechte (Erbbaurecht, Dauerwohnrecht, unbebaute Grundstücke) 0225 Grundstücke mit Substanzverzehr 0229 Grundstücksanteil des häuslichen Arbeitszimmers 0230 Bauten auf eigenen Grundstücken und grundstücksgleichen Rechten 0235 Grundstückswerte eigener bebauter Grundstücke 0240 Geschäftsbauten 0250 Fabrikbauten 0260 Andere Bauten 0270 Garagen 0280 Außenanlagen für Geschäfts-, Fabrik- und andere Bauten 0285 Hof- und Wegebefestigungen 0290 Einrichtungen für Geschäfts-, Fabrik- und andere Bauten 0300 Wohnbauten 0305 Garagen 0310 Außenanlagen 0315 Hof- und Wegebefestigungen 0320 Einrichtungen für Wohnbauten 0329 Gebäudeteil des häuslichen Arbeitszimmers 0330 Bauten auf fremden Grundstücken 0340 Geschäftsbauten 0350 Fabrikbauten 0360 Wohnbauten 0370 Andere Bauten 0380 Garagen 0390 Außenanlagen 0395 Hof- und Wegebefestigungen 0398 Einrichtungen für Geschäfts-, Fabrik-, Wohn- und andere Bauten
Technische Anlagen und Maschinen		**0400 Technische Anlagen und Maschinen** 0420 Technische Anlagen 0440 Maschinen 0450 Transportanlagen und Ähnliches 0460 Maschinengebundene Werkzeuge 0470 Betriebsvorrichtungen
Andere Anlagen, Betriebs- und Geschäftsausstattung		**0500 Andere Anlagen, Betriebs- und Geschäftsausstattung** 0510 Andere Anlagen 0520 Pkw 0540 Lkw 0560 Sonstige Transportmittel 0620 Werkzeuge 0630 Betriebsausstattung 0635 Geschäftsausstattung 0640 Ladeneinrichtung 0650 Büroeinrichtung 0660 Gerüst- und Schalungsmaterial 0670 Geringwertige Wirtschaftsgüter 0675 Wirtschaftsgüter (Sammelposten) 0680 Einbauten in fremde Grundstücke 0690 Sonstige Betriebs- und Geschäftsausstattung

Bilanz-Posten[2]	Programmverbindung[4] Abschlusszweck[4]	0 Anlagevermögenskonten
Geleistete Anzahlungen und Anlagen im Bau		**0700 Geleistete Anzahlungen und Anlagen im Bau** 0705 Anzahlungen auf Grundstücke und grundstücksgleiche Rechte ohne Bauten 0710 Geschäfts-, Fabrik- und andere Bauten im Bau auf eigenen Grundstücken 0720 Anzahlungen auf Geschäfts-, Fabrik- und andere Bauten auf eigenen Grundstücken und grundstücksgleichen Rechten 0725 Wohnbauten im Bau auf eigenen Grundstücken 0735 Anzahlungen auf Wohnbauten auf eigenen Grundstücken und grundstücksgleichen Rechten 0740 Geschäfts-, Fabrik- und andere Bauten im Bau auf fremden Grundstücken 0750 Anzahlungen auf Geschäfts-, Fabrik- und andere Bauten auf fremden Grundstücken 0755 Wohnbauten im Bau auf fremden Grundstücken 0765 Anzahlungen auf Wohnbauten auf fremden Grundstücken 0770 Technische Anlagen und Maschinen im Bau 0780 Anzahlungen auf technische Anlagen und Maschinen 0785 Andere Anlagen, Betriebs- und Geschäftsausstattung im Bau 0795 Anzahlungen auf andere Anlagen, Betriebs- und Geschäftsausstattung
		Finanzanlagen
Anteile an verbundenen Unternehmen		0800 Anteile an verbundenen Unternehmen (Anlagevermögen) 0803 Anteile an verbundenen Unternehmen, Personengesellschaften 0804 Anteile an verbundenen Unternehmen, Kapitalgesellschaften 0805 Anteile an herrschender oder mehrheitlich beteiligter Gesellschaft, Personengesellschaften 0806 Anteile einer GmbH & Co. KG an einer Komplementär-GmbH[1] 0808 Anteile an herrschender oder mehrheitlich beteiligter Gesellschaft, Kapitalgesellschaften 0809 Anteile an herrschender oder mehrheitlich beteiligter Gesellschaft
Ausleihungen an verbundene Unternehmen		0810 Ausleihungen an verbundene Unternehmen 0813 Ausleihungen an verbundene Unternehmen, Personengesellschaften 0814 Ausleihungen an verbundene Unternehmen, Kapitalgesellschaften 0815 Ausleihungen an verbundene Unternehmen, Einzelunternehmen
Beteiligungen		0820 Beteiligungen 0829 Beteiligung einer GmbH & Co. KG an einer Komplementär-GmbH 0830 Typisch stille Beteiligungen 0840 Atypisch stille Beteiligungen 0850 Beteiligungen an Kapitalgesellschaften 0860 Beteiligungen an Personengesellschaften
Ausleihungen an Unternehmen, mit denen ein Beteiligungsverhältnis besteht		0880 Ausleihungen an Unternehmen, mit denen ein Beteiligungsverhältnis besteht 0883 Ausleihungen an Unternehmen, mit denen ein Beteiligungsverhältnis besteht, Personengesellschaften 0885 Ausleihungen an Unternehmen, mit denen ein Beteiligungsverhältnis besteht, Kapitalgesellschaften
Wertpapiere des Anlagevermögens		**0900 Wertpapiere des Anlagevermögens** 0910 Wertpapiere mit Gewinnbeteiligungsansprüchen, die dem Teileinkünfteverfahren unterliegen 0920 Festverzinsliche Wertpapiere
Sonstige Ausleihungen		**0930 Sonstige Ausleihungen** 0940 Darlehen 0960 Ausleihungen an Gesellschafter 0961 Ausleihungen an GmbH-Gesellschafter 0962 Ausleihungen an persönlich haftende Gesellschafter 0963 Ausleihungen an Kommanditisten 0964 Ausleihungen an stille Gesellschafter 0970 Ausleihungen an nahe stehende Personen
Genossenschaftsanteile		**0980 Genossenschaftsanteile zum langfristigen Verbleib**
Rückdeckungsansprüche aus Lebensversicherungen		**0990 Rückdeckungsansprüche aus Lebensversicherungen zum langfristigen Verbleib**

Art.-Nr. 11175 2020-01-01

Bilanz-Posten[2]	Programmverbindung[4] Abschlusszweck[4]	1 Umlaufvermögenskonten
		KU 1000-1179 V 1180-1189 M 1190-1199 KU 1200-1486 V 1487 KU 1488-1899
		Vorräte
Roh-, Hilfs- und Betriebsstoffe		**1000 -39 Roh-, Hilfs- und Betriebsstoffe (Bestand)**
Unfertige Erzeugnisse, unfertige Leistungen		**1040 -49 Unfertige Erzeugnisse, unfertige Leistungen (Bestand)** 1050 -79 Unfertige Erzeugnisse (Bestand) 1080 -89 Unfertige Leistungen (Bestand)
In Ausführung befindliche Bauaufträge		1090 -94 In Ausführung befindliche Bauaufträge
In Arbeit befindliche Aufträge		1095 -99 In Arbeit befindliche Aufträge
Fertige Erzeugnisse und Waren		**1100 -09 Fertige Erzeugnisse und Waren (Bestand)** **1110 -39 Fertige Erzeugnisse (Bestand)** **1140 -79 Waren (Bestand)**
Geleistete Anzahlungen		**1180 Geleistete Anzahlungen auf Vorräte** AV 1181 Geleistete Anzahlungen 7 % Vorsteuer R 1182 -85 AV 1186 Geleistete Anzahlungen 19 % Vorsteuer
Erhaltene Anzahlungen auf Bestellungen		1190 Erhaltene Anzahlungen auf Bestellungen (von Vorräten offen abgesetzt)
		Forderungen und sonstige Vermögensgegenstände
Forderungen aus Lieferungen und Leistungen oder *sonstige Verbindlichkeiten*		**S 1200 Forderungen aus Lieferungen und Leistungen** R 1201 -06 Forderungen aus Lieferungen und Leistungen F 1210 -14 Forderungen aus Lieferungen und Leistungen ohne Kontokorrent
	EÜR	F 1215 Forderungen aus Lieferungen und Leistungen zum allgemeinen Umsatzsteuersatz oder eines Kleinunternehmers (EÜR)
	EÜR	F 1216 Forderungen aus Lieferungen und Leistungen zum ermäßigten Umsatzsteuersatz (EÜR)
	EÜR	F 1217 Forderungen aus steuerfreien oder nicht steuerbaren Lieferungen und Leistungen (EÜR)
	EÜR	F 1218 Forderungen aus Lieferungen und Leistungen nach Durchschnittssätzen nach § 24 UStG (EÜR)
	EÜR	F 1219 Gegenkonto 1215-1218 bei Aufteilung der Forderungen nach Steuersätzen (EÜR)

Bilanz-Posten[2]	Programmverbindung[4] Abschlusszweck[4]	1 Umlaufvermögenskonten
Forderungen aus Lieferungen und Leistungen oder *sonstige Verbindlichkeiten*	EÜR	F 1220 Forderungen nach § 11 Abs. 1 Satz 2 EStG für § 4 Abs. 3 EStG
		F 1221 Forderungen aus Lieferungen und Leistungen ohne Kontokorrent – Restlaufzeit bis 1 Jahr F 1225 – Restlaufzeit größer 1 Jahr F 1230 Wechsel aus Lieferungen und Leistungen F 1231 – Restlaufzeit bis 1 Jahr F 1232 – Restlaufzeit größer 1 Jahr F 1235 Wechsel aus Lieferungen und Leistungen, bundesbankfähig F 1240 Zweifelhafte Forderungen F 1241 – Restlaufzeit bis 1 Jahr F 1245 – Restlaufzeit größer 1 Jahr
Forderungen aus Lieferungen und Leistungen H-Saldo		1246 Einzelwertberichtigungen auf Forderungen mit einer – Restlaufzeit bis 1 Jahr 1247 – Restlaufzeit größer 1 Jahr 1248 Pauschalwertberichtigung auf Forderungen mit einer – Restlaufzeit bis 1 Jahr 1249 – Restlaufzeit größer 1 Jahr
Forderungen aus Lieferungen und Leistungen oder *sonstige Verbindlichkeiten*		F 1250 Forderungen aus Lieferungen und Leistungen gegen Gesellschafter F 1251 – Restlaufzeit bis 1 Jahr F 1255 – Restlaufzeit größer 1 Jahr
Forderungen aus Lieferungen und Leistungen H-Saldo		1258 Gegenkonto zu sonstigen Vermögensgegenständen bei Buchungen über Debitorenkonto
Forderungen aus Lieferungen und Leistungen H-Saldo oder *sonstige Verbindlichkeiten S-Saldo*		1259 Gegenkonto 1221-1229, 1240-1245,1250-1257, 1270-1279, 1290-1297 bei Aufteilung Debitorenkonto
Forderungen gegen verbundene Unternehmen oder *Verbindlichkeiten gegenüber verbundenen Unternehmen*		**1260 Forderungen gegen verbundene Unternehmen** 1261 – Restlaufzeit bis 1 Jahr 1265 – Restlaufzeit größer 1 Jahr 1266 Besitzwechsel gegen verbundene Unternehmen 1267 – Restlaufzeit bis 1 Jahr 1268 – Restlaufzeit größer 1 Jahr 1269 Besitzwechsel gegen verbundene Unternehmen, bundesbankfähig F 1270 Forderungen aus Lieferungen und Leistungen gegen verbundene Unternehmen F 1271 – Restlaufzeit bis 1 Jahr F 1275 – Restlaufzeit größer 1 Jahr
Forderungen gegen verbundene Unternehmen H-Saldo		1276 Wertberichtigungen auf Forderungen gegen verbundene Unternehmen – Restlaufzeit bis 1 Jahr 1277 – Restlaufzeit größer 1 Jahr

Bilanz-Posten[2]	Programmverbindung[4] Abschlusszweck[4]	1 Umlaufvermögenskonten
Forderungen gegen Unternehmen, mit denen ein Beteiligungsverhältnis besteht oder *Verbindlichkeiten gegenüber Unternehmen, mit denen ein Beteiligungsverhältnis besteht*		**1280 Forderungen gegen Unternehmen, mit denen ein Beteiligungsverhältnis besteht**
		1281 – Restlaufzeit bis 1 Jahr
		1285 – Restlaufzeit größer 1 Jahr
		1286 Besitzwechsel gegen Unternehmen, mit denen ein Beteiligungsverhältnis besteht
		1287 – Restlaufzeit bis 1 Jahr
		1288 – Restlaufzeit größer 1 Jahr
		1289 Besitzwechsel gegen Unternehmen, mit denen ein Beteiligungsverhältnis besteht, bundesbankfähig
		F 1290 Forderungen aus Lieferungen und Leistungen gegen Unternehmen, mit denen ein Beteiligungsverhältnis besteht
		F 1291 – Restlaufzeit bis 1 Jahr
		F 1295 – Restlaufzeit größer 1 Jahr
Forderungen gegen Unternehmen, mit denen ein Beteiligungsverhältnis besteht H-Saldo		1296 Wertberichtigungen auf Forderungen gegen Unternehmen, mit denen ein Beteiligungsverhältnis besteht – Restlaufzeit bis 1 Jahr
		1297 – Restlaufzeit größer 1 Jahr
Eingeforderte, noch ausstehende Kapitaleinlagen		**1298 Ausstehende Einlagen auf das gezeichnete Kapital, eingefordert (Forderungen, nicht eingeforderte ausstehende Einlagen s. Konto 2910)**
Nachschüsse		**1299 Nachschüsse (Forderungen, Gegenkonto 2929)**
Sonstige Vermögensgegenstände		**1300 Sonstige Vermögensgegenstände**
		1301 – Restlaufzeit bis 1 Jahr
		1305 – Restlaufzeit größer 1 Jahr
		1307 Forderungen gegen GmbH-Gesellschafter
		1308 – Restlaufzeit bis 1 Jahr
		1309 – Restlaufzeit größer 1 Jahr
		1310 Forderungen gegen Vorstandsmitglieder und Geschäftsführer
		1311 – Restlaufzeit bis 1 Jahr
		1315 – Restlaufzeit größer 1 Jahr
		1317 Forderungen gegen persönlich haftende Gesellschafter
		1318 – Restlaufzeit bis 1 Jahr
		1319 – Restlaufzeit größer 1 Jahr
		1320 Forderungen gegen Aufsichtsrats- und Beirats-Mitglieder
		1321 – Restlaufzeit bis 1 Jahr
		1325 – Restlaufzeit größer 1 Jahr
		1327 Forderungen gegen Kommanditisten und atypisch stille Gesellschafter
		1328 – Restlaufzeit bis 1 Jahr
		1329 – Restlaufzeit größer 1 Jahr
		1330 Forderungen gegen sonstige Gesellschafter
		1331 – Restlaufzeit bis 1 Jahr
		1335 – Restlaufzeit größer 1 Jahr
		1337 Forderungen gegen typisch stille Gesellschafter
		1338 – Restlaufzeit bis 1 Jahr
		1339 – Restlaufzeit größer 1 Jahr

Bilanz-Posten[2]	Programmverbindung[4] Abschlusszweck[4]	1 Umlaufvermögenskonten
Sonstige Vermögensgegenstände		1340 Forderungen gegen Personal aus Lohn- und Gehaltsabrechnung
		1341 – Restlaufzeit bis 1 Jahr
		1345 – Restlaufzeit größer 1 Jahr
		1349 Ansprüche aus betrieblicher Altersversorgung und Pensionsansprüche (Mitunternehmer)[28]
Sonstige Vermögensgegenstände		1350 Kautionen
		1351 – Restlaufzeit bis 1 Jahr
		1355 – Restlaufzeit größer 1 Jahr
		1360 Darlehen
		1361 – Restlaufzeit bis 1 Jahr
		1365 – Restlaufzeit größer 1 Jahr
		1369 Forderungen gegenüber Krankenkassen aus Aufwendungsausgleichsgesetz
Sonstige Vermögensgegenstände oder *sonstige Verbindlichkeiten*		1370 Durchlaufende Posten
		1374 Fremdgeld
Sonstige Vermögensgegenstände		1375 Agenturwarenabrechnung
Sonstige Vermögensgegenstände oder *sonstige Verbindlichkeiten*	U	F 1376 Nachträglich abziehbare Vorsteuer nach § 15a Abs. 2 UStG
	U	F 1377 Zurückzuzahlende Vorsteuer nach § 15a Abs. 2 UStG
Sonstige Vermögensgegenstände		1378 Ansprüche aus Rückdeckungsversicherungen
	SB	1380 Vermögensgegenstände zur Erfüllung von Pensionsrückstellungen und ähnlichen Verpflichtungen zum langfristigen Verbleib
Aktiver Unterschiedsbetrag aus der Vermögensverrechnung oder *Rückstellungen für Pensionen und ähnliche Verpflichtungen*	HB	1381 Vermögensgegenstände zur Saldierung mit Pensionsrückstellungen und ähnlichen Verpflichtungen zum langfristigen Verbleib nach § 246 Abs. 2 HGB
Sonstige Vermögensgegenstände	SB	1382 Vermögensgegenstände zur Erfüllung von mit der Altersversorgung vergleichbaren langfristigen Verpflichtungen
Aktiver Unterschiedsbetrag aus Vermögensverrechnung oder *sonstige Rückstellungen*	HB	1383 Vermögensgegenstände zur Saldierung mit der Altersversorgung vergleichbaren langfristigen Verpflichtungen nach § 246 Abs. 2 HGB
Sonstige Vermögensgegenstände		1390 GmbH-Anteile zum kurzfristigen Verbleib
		1391 Forderungen gegen Arbeitsgemeinschaften
		1393 Genussrechte
		1394 Einzahlungsansprüche zu Nebenleistungen oder Zuzahlungen
		1395 Genossenschaftsanteile zum kurzfristigen Verbleib

Bilanz-Posten[2)]	Programmverbindung[4)] Abschlusszweck[4)]	1 Umlaufvermögenskonten	
Sonstige Vermögensgegenstände oder *sonstige Verbindlichkeiten*	U	F 1396	Nachträglich abziehbare Vorsteuer nach § 15a Abs. 1 UStG, bewegliche Wirtschaftsgüter
	U	F 1397	Zurückzuzahlende Vorsteuer nach § 15a Abs. 1 UStG, bewegliche Wirtschaftsgüter
	U	F 1398	Nachträglich abziehbare Vorsteuer nach § 15a Abs. 1 UStG, unbewegliche Wirtschaftsgüter
	U	F 1399	Zurückzuzahlende Vorsteuer nach § 15a Abs. 1 UStG, unbewegliche Wirtschaftsgüter
	U	S 1400	Abziehbare Vorsteuer
	U	S 1401	Abziehbare Vorsteuer 7 %
	U	S 1402	Abziehbare Vorsteuer aus innergemeinschaftlichem Erwerb
		R 1403	
	U	S 1404	Abziehbare Vorsteuer aus innergemeinschaftlichem Erwerb 19 %
		R 1405	
	U	S 1406	Abziehbare Vorsteuer 19 %
	U	S 1407	Abziehbare Vorsteuer nach § 13b UStG 19 %
	U	S 1408	Abziehbare Vorsteuer nach § 13b UStG
		R 1409	
		S 1410	Aufzuteilende Vorsteuer
		S 1411	Aufzuteilende Vorsteuer 7 %
		S 1412	Aufzuteilende Vorsteuer aus innergemeinschaftlichem Erwerb
		S 1413	Aufzuteilende Vorsteuer aus innergemeinschaftlichem Erwerb 19 %
		R 1414 -15	
		S 1416	Aufzuteilende Vorsteuer 19 %
		S 1417	Aufzuteilende Vorsteuer nach §§ 13a und 13b UStG
		R 1418	
		S 1419	Aufzuteilende Vorsteuer nach §§ 13a und 13b UStG 19 %
Sonstige Vermögensgegenstände		1420	Forderungen aus Umsatzsteuer-Vorauszahlungen
Sonstige Vermögensgegenstände oder *sonstige Verbindlichkeiten*		1421	Umsatzsteuerforderungen laufendes Jahr
Sonstige Vermögensgegenstände		1422	Umsatzsteuerforderungen Vorjahr
		1425	Umsatzsteuerforderungen frühere Jahre
		1427	Forderungen aus entrichteten Verbrauchsteuern
Sonstige Vermögensgegenstände oder *sonstige Verbindlichkeiten*	U	S 1431	Abziehbare Vorsteuer aus der Auslagerung von Gegenständen aus einem Umsatzsteuerlager
	U	S 1432	Abziehbare Vorsteuer aus innergemeinschaftlichem Erwerb von Neufahrzeugen von Lieferanten ohne USt-Identifikationsnummer
	U	F 1433	Entstandene Einfuhrumsatzsteuer
		S 1434	Vorsteuer in Folgeperiode/im Folgejahr abziehbar
Sonstige Vermögensgegenstände		1435	Forderungen aus Gewerbesteuerüberzahlungen

Bilanz-Posten[2)]	Programmverbindung[4)] Abschlusszweck[4)]	1 Umlaufvermögenskonten	
Sonstige Vermögensgegenstände oder *sonstige Verbindlichkeiten*	U	S 1436	Vorsteuer aus Erwerb als letzter Abnehmer innerhalb eines Dreiecksgeschäfts
Sonstige Vermögensgegenstände		1440	Steuererstattungsansprüche gegenüber anderen Ländern
		1450	Körperschaftsteuerrückforderung
		R 1452 -53	
		F 1456	Forderungen an das Finanzamt aus abgeführtem Bauabzugsbetrag
		1457	Forderung gegenüber Bundesagentur für Arbeit
Sonstige Vermögensgegenstände oder *sonstige Verbindlichkeiten*		F 1460	Geldtransit
	EÜR	1480	Gegenkonto Vorsteuer § 4 Abs. 3 EStG
	EÜR	1481	Auflösung Vorsteuer aus Vorjahr § 4 Abs. 3 EStG
	EÜR	1482	Vorsteuer aus Investitionen § 4 Abs. 3 EStG
	EÜR	1483	Gegenkonto für Vorsteuer nach Durchschnittssätzen für § 4 Abs. 3 EStG
	U	F 1484	Vorsteuer nach allgemeinen Durchschnittssätzen UStVA Kz. 63
		R 1485	
	EÜR	F 1486	Verrechnungskonto für Gewinnermittlung § 4 Abs. 3 EStG, nicht ergebniswirksam
	EÜR	1487	Wirtschaftsgüter des Umlaufvermögens nach § 4 Abs. 3 Satz 4 EStG
		F 1490	Verrechnungskonto Ist-Versteuerung
	EÜR	F 1491	Neutralisierung ertragswirksamer Sachverhalte für § 4 Abs. 3 EStG
	SB	1494	Forderungen gegen Gesellschaft/Gesamthand[1)28)]
Sonstige Verbindlichkeiten S-Saldo		F 1495	Verrechnungskonto erhaltene Anzahlungen bei Buchung über Debitorenkonto
		F 1496 -97	
Sonstige Vermögensgegenstände oder *sonstige Verbindlichkeiten*		F 1498	Überleitungskonto Kostenstellen
			Wertpapiere
Anteile an verbundenen Unternehmen		**1500**	**Anteile an verbundenen Unternehmen (Umlaufvermögen)**
		1504	**Anteile an herrschender oder mehrheitlich beteiligter Gesellschaft**
Sonstige Wertpapiere		**1510**	**Sonstige Wertpapiere**
		1520	Finanzwechsel
		1525	Andere Wertpapiere mit unwesentlichen Wertschwankungen
		1530	Wertpapieranlagen im Rahmen der kurzfristigen Finanzdisposition

Bilanz-Posten[2]	Programmverbindung[4] Abschlusszweck[4]	1 Umlaufvermögenskonten	Bilanz-Posten[2]	Programmverbindung[4] Abschlusszweck[4]	2 Eigenkapitalkonten/ Fremdkapitalkonten

Kassenbestand, Bundesbankguthaben, Guthaben bei Kreditinstituten und Schecks

Bilanz-Posten: Kassenbestand, Bundesbankguthaben, Guthaben bei Kreditinstituten und Schecks

F 1550 Schecks
F 1600 Kasse
F 1610 Nebenkasse 1
F 1620 Nebenkasse 2

*Bilanz-Posten: Kassenbestand, Bundesbankguthaben, Guthaben bei Kreditinstituten und Schecks oder *Verbindlichkeiten gegenüber Kreditinstituten**

F 1700 Bank (Postbank)
F 1710 Bank (Postbank 1)
F 1720 Bank (Postbank 2)
F 1730 Bank (Postbank 3)
F 1780 LZB-Guthaben
F 1790 Bundesbankguthaben

F 1800 Bank
F 1810 Bank 1
F 1820 Bank 2
F 1830 Bank 3
F 1840 Bank 4
F 1850 Bank 5
R 1889
1890 Finanzmittelanlagen im Rahmen der kurzfristigen Finanzdisposition (nicht im Finanzmittelfonds enthalten)
1895 Verbindlichkeiten gegenüber Kreditinstituten (nicht im Finanzmittelfonds enthalten)

Abgrenzungsposten

Bilanz-Posten: Rechnungsabgrenzungsposten

1900 Aktive Rechnungsabgrenzung
SB 1920 Als Aufwand berücksichtigte Zölle und Verbrauchsteuern auf Vorräte
SB 1930 Als Aufwand berücksichtigte Umsatzsteuer auf Anzahlungen
1940 Damnum/Disagio

Bilanz-Posten: Aktive latente Steuern

HB **1950 Aktive latente Steuern**

KU	2000-2308	M	2359[10]
V	2309[10]	KU	2360-2368
KU	2310-2318	M	2369[10]
V	2319[10]	KU	2370-2378
KU	2320-2328	M	2379[10]
V	2329[10]	KU	2380-2388
KU	2330-2338	M	2389[10]
V	2339[10]	KU	2390-2398
KU	2340-2348	M	2399[10]
V	2349[10]	KU	2400-2900
KU	2350-2358	KU	2908-2999

Kapital

Eigenkapital Vollhafter/Einzelunternehmer

F 2000 Festkapital
F 2001 -09 Kapital (fester Anteil nur Einzelunternehmen)[8)22)]
F 2010 Variables Kapital
F 2011 -19 Kapital (variabler Anteil, nur Einzelunternehmen)[8)22)]

Fremdkapital Vollhafter

F 2020 Gesellschafter-Darlehen
R 2021 -29

Eigenkapital Einzelunternehmer

2030 -49 (zur freien Verfügung)

Eigenkapital Teilhafter

F 2050 Kommandit-Kapital
R 2051 -59

F 2060 Verlustausgleichskonto
R 2061 -69

Fremdkapital Teilhafter

F 2070 Gesellschafter-Darlehen
R 2071 -79

Eigenkapital (keine Abfrage)

R 2080 -99

Privat (Eigenkapital) Vollhafter/Einzelunternehmer

F 2100 Privatentnahmen allgemein
F 2101 -09 Privatentnahmen allgemein (nur Einzelunternehmen)[8)22)]
F 2110 Privatentnahmen allgemein
F 2111 -19 Privatentnahmen allgemein (nur Einzelunternehmen)[8)22)]
F 2120 Privatentnahmen allgemein
F 2121 -29 Privatentnahmen allgemein (nur Einzelunternehmen)[8)22)]
F 2130 Unentgeltliche Wertabgaben
F 2131 -39 Unentgeltliche Wertabgaben (nur Einzelunternehmen)[8)22)]
F 2140 Unentgeltliche Wertabgaben
F 2141 -49 Unentgeltliche Wertabgaben (nur Einzelunternehmen)[8)22)]

Bilanz-Posten[2)]	Programmverbindung[4)] Abschlusszweck[4)]	2 Eigenkapitalkonten/ Fremdkapitalkonten
		F 2150 Privatsteuern
		F 2151 -59 Privatsteuern (nur Einzelunternehmen)[8)22)]
		F 2160 Privatsteuern
		F 2161 -69 Privatsteuern (nur Einzelunternehmen)[8)22)]
		F 2170 Privatsteuern
		F 2171 -79 Privatsteuern (nur Einzelunternehmen)[8)22)]
		F 2180 Privateinlagen
		F 2181 -89 Privateinlagen (nur Einzelunternehmen)[8)22)]
		F 2190 Privateinlagen
		F 2191 -99 Privateinlagen (nur Einzelunternehmen)[8)22)]
		F 2200 Sonderausgaben beschränkt abzugsfähig
		F 2201 -09 Sonderausgaben beschränkt abzugsfähig (nur Einzelunternehmen)[8)22)]
		F 2210 Sonderausgaben beschränkt abzugsfähig
		F 2211 -19 Sonderausgaben beschränkt abzugsfähig (nur Einzelunternehmen)[8)22)]
		F 2220 Sonderausgaben beschränkt abzugsfähig
		F 2221 -29 Sonderausgaben beschränkt abzugsfähig (nur Einzelunternehmen)[8)22)]
		F 2230 Sonderausgaben unbeschränkt abzugsfähig
		F 2231 -39 Sonderausgaben unbeschränkt abzugsfähig (nur Einzelunternehmen)[8)22)]
		F 2240 Sonderausgaben unbeschränkt abzugsfähig
		F 2241 -49 Sonderausgaben unbeschränkt abzugsfähig (nur Einzelunternehmen)[8)22)]
		F 2250 Zuwendungen, Spenden
		F 2251 -59 Zuwendungen, Spenden (nur Einzelunternehmen)[8)22)]
		F 2260 Zuwendungen, Spenden
		F 2261 -69 Zuwendungen, Spenden (nur Einzelunternehmen)[8)22)]
		F 2270 Zuwendungen, Spenden
		F 2271 -79 Zuwendungen, Spenden (nur Einzelunternehmen)[8)22)]
		F 2280 Außergewöhnliche Belastungen
		F 2281 -89 Außergewöhnliche Belastungen (nur Einzelunternehmen)[8)22)]
		F 2290 Außergewöhnliche Belastungen
		F 2291 -99 Außergewöhnliche Belastungen (nur Einzelunternehmen)[8)22)]
		F 2300 Grundstücksaufwand
		F 2301 -08 Grundstücksaufwand (nur Einzelunternehmen)[8)22)]
		2309 Grundstücksaufwand (Umsatzsteuerschlüssel möglich, nur Einzelunternehmen)[8)10)22)]
		F 2310 Grundstücksaufwand
		F 2311 -18 Grundstücksaufwand (nur Einzelunternehmen)[8)22)]
		2319 Grundstücksaufwand (Umsatzsteuerschlüssel möglich, nur Einzelunternehmen)[8)10)22)]
		F 2320 Grundstücksaufwand
		F 2321 -28 Grundstücksaufwand (nur Einzelunternehmen)[8)22)]
		2329 Grundstücksaufwand (Umsatzsteuerschlüssel möglich, nur Einzelunternehmen)[8)10)22)]
		F 2330 Grundstücksaufwand
		F 2331 -38 Grundstücksaufwand (nur Einzelunternehmen)[8)22)]
		2339 Grundstücksaufwand (Umsatzsteuerschlüssel möglich, nur Einzelunternehmen)[8)10)22)]
		F 2340 Grundstücksaufwand
		F 2341 -48 Grundstücksaufwand (nur Einzelunternehmen)[8)22)]
		2349 Grundstücksaufwand (Umsatzsteuerschlüssel möglich, nur Einzelunternehmen)[8)10)22)]
		F 2350 Grundstücksertrag
		F 2351 -58 Grundstücksertrag (nur Einzelunternehmen)[8)22)]
		2359 Grundstücksertrag (Umsatzsteuerschlüssel möglich, nur Einzelunternehmen)[8)10)22)]
		F 2360 Grundstücksertrag
		F 2361 -68 Grundstücksertrag (nur Einzelunternehmen)[8)22)]
		2369 Grundstücksertrag (Umsatzsteuerschlüssel möglich, nur Einzelunternehmen)[8)10)22)]
		F 2370 Grundstücksertrag
		F 2371 -78 Grundstücksertrag (nur Einzelunternehmen)[8)22)]
		2379 Grundstücksertrag (Umsatzsteuerschlüssel möglich, nur Einzelunternehmen)[8)10)22)]
		F 2380 Grundstücksertrag
		F 2381 -88 Grundstücksertrag (nur Einzelunternehmen)[8)22)]
		2389 Grundstücksertrag (Umsatzsteuerschlüssel möglich, nur Einzelunternehmen)[8)10)22)]
		F 2390 Grundstücksertrag
		F 2391 -98 Grundstücksertrag (nur Einzelunternehmen)[8)22)]
		2399 Grundstücksertrag (Umsatzsteuerschlüssel möglich, nur Einzelunternehmen)[8)10)22)]
		Privat (Fremdkapital) Teilhafter
		F 2500 Privatentnahmen allgemein (TH), FK
		R 2501 -09
		F 2510 Privatentnahmen allgemein (TH), FK
		R 2511 -19
		F 2520 Privatentnahmen allgemein (TH), FK
		R 2521 -29
		F 2530 Unentgeltliche Wertabgaben (TH), FK
		R 2531 -39
		F 2540 Unentgeltliche Wertabgaben (TH), FK
		R 2541 -49
		F 2550 Privatsteuern (TH), FK
		R 2551 -59
		F 2560 Privatsteuern (TH), FK

Bilanz-Posten[2]	Programm-verbindung[4] Abschluss-zweck[4]	2 Eigenkapitalkonten/ Fremdkapitalkonten
		R 2561 -69
		F 2570 Privatsteuern (TH), FK
		R 2571 -79
		F 2580 Privateinlagen (TH), FK
		R 2581 -89
		F 2590 Privateinlagen (TH), FK
		R 2591 -99
		F 2600 Sonderausgaben beschränkt abzugsfähig (TH), FK
		R 2601 -09
		F 2610 Sonderausgaben beschränkt abzugsfähig (TH), FK
		R 2611 -19
		F 2620 Sonderausgaben beschränkt abzugsfähig (TH), FK
		R 2621 -29
		F 2630 Sonderausgaben unbeschränkt abzugsfähig (TH), FK
		R 2631 -39
		F 2640 Sonderausgaben unbeschränkt abzugsfähig (TH), FK
		R 2641 -49
		F 2650 Zuwendungen, Spenden (TH), FK
		R 2651 -59
		F 2660 Zuwendungen, Spenden (TH), FK
		R 2661 -69
		F 2670 Zuwendungen, Spenden (TH), FK
		R 2671 -79
		F 2680 Außergewöhnliche Belastungen (TH), FK
		R 2681 -89
		F 2690 Außergewöhnliche Belastungen (TH), FK
		R 2691 -99
		F 2700 Grundstücksaufwand (TH), FK
		R 2701 -09
		F 2710 Grundstücksaufwand (TH), FK
		R 2711 -19
		F 2720 Grundstücksaufwand (TH), FK
		R 2721 -29
		F 2730 Grundstücksaufwand (TH), FK
		R 2731 -39
		F 2740 Grundstücksaufwand (TH), FK
		R 2741 -49
		F 2750 Grundstücksertrag (TH), FK
		R 2751 -59
		F 2760 Grundstücksertrag (TH), FK
		R 2761 -69
		F 2770 Grundstücksertrag (TH), FK
		R 2771 -79
		F 2780 Grundstücksertrag (TH), FK

Bilanz-Posten[2]	Programm-verbindung[4] Abschluss-zweck[4]	2 Eigenkapitalkonten/ Fremdkapitalkonten
		R 2781 -89
		F 2790 Grundstücksertrag (TH), FK
		R 2791 -99
		Gezeichnetes Kapital
Gezeichnetes Kapital	K	**2900 Gezeichnetes Kapital[17]**
	K	2901 Geschäftsguthaben der verbleibenden Mitglieder
	K	2902 Geschäftsguthaben der ausscheidenden Mitglieder
	K	2903 Geschäftsguthaben aus gekündigten Geschäftsanteilen
	K	2906 Rückständige fällige Einzahlungen auf Geschäftsanteile, vermerkt
		2907 Gegenkonto Rückständige fällige Einzahlungen auf Geschäftsanteile, vermerkt
Gezeichnetes Kapital	K	2908 Kapitalerhöhung aus Gesellschaftsmitteln
Eigene Anteile	K	2909 Erworbene eigene Anteile
Nicht eingeforderte ausstehende Einlagen		2910 Ausstehende Einlagen auf das gezeichnete Kapital, nicht eingefordert (Passivausweis, vom gezeichneten Kapital offen abgesetzt; eingeforderte ausstehende Einlagen s. Konto 1298)
		Kapitalrücklage
Kapitalrücklage	K	**2920 Kapitalrücklage[17]**
	K	2925 Kapitalrücklage durch Ausgabe von Anteilen über Nennbetrag[17]
	K	2926 Kapitalrücklage durch Ausgabe von Schuldverschreibungen für Wandlungsrechte und Optionsrechte zum Erwerb von Anteilen[17]
	K	2927 Kapitalrücklage durch Zuzahlungen gegen Gewährung eines Vorzugs für Anteile[17]
	K	2928 Kapitalrücklage durch Zuzahlungen in das Eigenkapital[17]
	K	2929 Nachschusskapital (Gegenkonto 1299)[17]
		Gewinnrücklagen
Gesetzliche Rücklage	K	**2930 Gesetzliche Rücklage[17]**
Rücklage für Anteile an einem herrschenden oder mehrheitlich beteiligten Unternehmen		2935 Rücklage für Anteile an einem herrschenden oder mehrheitlich beteiligten Unternehmen
	K	2937 Andere Ergebnisrücklagen
Satzungsmäßige Rücklagen	K	**2950 Satzungsmäßige Rücklagen[17]**
		F 2959 Gesamthänderisch gebundene Rücklagen (mit Aufteilung für Kapitalkontenentwicklung)

Bilanz-Posten[2]	Programmverbindung[4] Abschlusszweck[4]	2 Eigenkapitalkonten/ Fremdkapitalkonten
Andere Gewinnrücklagen	K	**2960 Andere Gewinnrücklagen[17]**
	K	2961 Andere Gewinnrücklagen aus dem Erwerb eigener Anteile
	K	2962 Eigenkapitalanteil von Wertaufholungen[17]
	K HB	2963 Gewinnrücklagen aus den Übergangsvorschriften BilMoG
	K HB	2964 Gewinnrücklagen aus den Übergangsvorschriften BilMoG (Zuschreibung Sachanlagevermögen)
	K HB	2965 Gewinnrücklagen aus den Übergangsvorschriften BilMoG (Zuschreibung Finanzanlagevermögen)
	K HB	2966 Gewinnrücklagen aus den Übergangsvorschriften BilMoG (Auflösung der Sonderposten mit Rücklageanteil)
	K HB	2967 Latente Steuern (Gewinnrücklage Haben) aus erfolgsneutralen Verrechnungen
	K HB	2968 Latente Steuern (Gewinnrücklage Soll) aus erfolgsneutralen Verrechnungen
	K HB	2969 Rechnungsabgrenzungsposten (Gewinnrücklage Soll) aus erfolgsneutralen Verrechnungen
		Gewinnvortrag/Verlustvortrag vor Verwendung
Gewinnvortrag oder *Verlustvortrag*	K	2970 Gewinnvortrag vor Verwendung[17]
		F 2975 Gewinnvortrag vor Verwendung (mit Aufteilung für Kapitalkontenentwicklung)
		F 2977 Verlustvortrag vor Verwendung (mit Aufteilung für Kapitalkontenentwicklung)
Gewinnvortrag oder *Verlustvortrag*	K	2978 Verlustvortrag vor Verwendung[17]
		R 2979
		Sonderposten mit Rücklageanteil
Sonderposten mit Rücklageanteil		2980 Sonderposten mit Rücklageanteil, steuerfreie Rücklagen[6]
	SB	2981 Steuerfreie Rücklagen nach § 6b EStG[8]
	SB	2982 Sonderposten mit Rücklageanteil nach R 6.6 EStR
	SB	2988 Rücklage für Zuschüsse
		R 2989
		2990 Sonderposten mit Rücklageanteil, Sonderabschreibungen[6]
		R 2993
	SB	2995 Ausgleichsposten bei Entnahmen § 4g EStG
		2997 Sonderposten mit Rücklageanteil nach § 7g Abs. 5 EStG
Sonderposten für Zuschüsse und Zulagen	HB	2999 Sonderposten für Zuschüsse und Zulagen

Bilanz-Posten[2]	Programmverbindung[4] Abschlusszweck[4]	3 Fremdkapitalkonten
		KU 3000-3069 KU 3079-3084 KU 3100-3249 M 3250-3299 KU 3300-3899
		Rückstellungen
Rückstellungen für Pensionen und ähnliche Verpflichtungen		**3000 Rückstellungen für Pensionen und ähnliche Verpflichtungen**
		3005 Rückstellungen für Pensionen und ähnliche Verpflichtungen gegenüber Gesellschaftern oder nahe stehenden Personen (10 % Beteiligung am Kapital)
Rückstellungen für Pensionen und ähnliche Verpflichtungen oder *Aktiver Unterschiedsbetrag aus der Vermögensverrechnung*	HB	3009 Rückstellungen für Pensionen und ähnliche Verpflichtungen zur Saldierung mit Vermögensgegenständen zum langfristigen Verbleib nach § 246 Abs. 2 HGB
Rückstellungen für Pensionen und ähnliche Verpflichtungen		3010 Rückstellungen für Direktzusagen
		3011 Rückstellungen für Zuschussverpflichtungen für Pensionskassen und Lebensversicherungen
		3015 Rückstellungen für pensionsähnliche Verpflichtungen
Steuerrückstellungen		**3020 Steuerrückstellungen**
		R 3030
		3035 Gewerbesteuerrückstellung nach § 4 Abs. 5b EStG
		3040 Körperschaftsteuerrückstellung
		3050 Steuerrückstellung aus Steuerstundung (BStBK)
	HB	3060 Rückstellung für latente Steuern
Passive latente Steuern	HB	3065 Passive latente Steuern
Sonstige Rückstellungen		**3070 Sonstige Rückstellungen**
		3074 Rückstellungen für Personalkosten
		3075 Rückstellungen für unterlassene Aufwendungen für Instandhaltung, Nachholung in den ersten drei Monaten
		3076 Rückstellungen für mit der Altersversorgung vergleichbare langfristige Verpflichtungen zum langfristigen Verbleib
Sonstige Rückstellungen oder *Aktiver Unterschiedsbetrag aus der Vermögensverrechnung*	HB	3077 Rückstellungen für mit der Altersversorgung vergleichbare langfristige Verpflichtungen zur Saldierung mit Vermögensgegenständen zum langfristigen Verbleib nach § 246 Abs. 2 HGB
Sonstige Rückstellungen		3079 Urlaubsrückstellungen
		3085 Rückstellungen für Abraum- und Abfallbeseitigung
		3090 Rückstellungen für Gewährleistungen (Gegenkonto 6790)
	HB	3092 Rückstellungen für drohende Verluste aus schwebenden Geschäften
		3095 Rückstellungen für Abschluss- und Prüfungskosten
		3096 Rückstellungen zur Erfüllung der Aufbewahrungspflichten

Bilanz-Posten[2]	Programm-verbindung[4] Abschluss-zweck[4]	3 Fremdkapitalkonten
Sonstige Rückstellungen	HB	3098 Aufwandsrückstellungen nach § 249 Abs. 2 HGB a. F. 3099 Rückstellungen für Umweltschutz
		Verbindlichkeiten
Anleihen		**3100 Anleihen**, nicht konvertibel 3101 – Restlaufzeit bis 1 Jahr 3105 – Restlaufzeit 1 bis 5 Jahre 3110 – Restlaufzeit größer 5 Jahre 3120 Anleihen, konvertibel 3121 – Restlaufzeit bis 1 Jahr 3125 – Restlaufzeit 1 bis 5 Jahre 3130 – Restlaufzeit größer 5 Jahre
Verbindlichkeiten gegenüber Kreditinstituten oder *Kassenbestand, Bundesbankguthaben, Guthaben bei Kreditinstituten und Schecks*		**3150 Verbindlichkeiten gegenüber Kreditinstituten** 3151 – Restlaufzeit bis 1 Jahr 3160 – Restlaufzeit 1 bis 5 Jahre 3170 – Restlaufzeit größer 5 Jahre 3180 Verbindlichkeiten gegenüber Kreditinstituten aus Teilzahlungsverträgen 3181 – Restlaufzeit bis 1 Jahr 3190 – Restlaufzeit 1 bis 5 Jahre 3200 – Restlaufzeit größer 5 Jahre 3210-48 Verbindlichkeiten gegenüber Kreditinstituten, für Restlaufzeitdifferenzierung (nur Bilanzierer)[8]
Verbindlichkeiten gegenüber Kreditinstituten		3249 Gegenkonto 3150-3209 bei Aufteilung der Konten 3210-3248
Erhaltene Anzahlungen auf Bestellungen		**3250 Erhaltene Anzahlungen auf Bestellungen (Verbindlichkeiten)**
	U	AM 3260 Erhaltene, versteuerte Anzahlungen 7 % USt (Verbindlichkeiten)
		R 3261-64 R 3270-71
	U	AM 3272 Erhaltene, versteuerte Anzahlungen 19 % USt (Verbindlichkeiten)
		R 3273-74 3280 Erhaltene Anzahlungen – Restlaufzeit bis 1 Jahr 3284 – Restlaufzeit 1 bis 5 Jahre 3285 – Restlaufzeit größer 5 Jahre
Verbindlichkeiten aus Lieferungen und Leistungen oder *sonstige Vermögensgegenstände*		**S 3300 Verbindlichkeiten aus Lieferungen und Leistungen** R 3301-03 Verbindlichkeiten aus Lieferungen und Leistungen
	EÜR	F 3305 Verbindlichkeiten aus Lieferungen und Leistungen zum allgemeinen Umsatzsteuersatz (EÜR)
	EÜR	F 3306 Verbindlichkeiten aus Lieferungen und Leistungen zum ermäßigten Umsatzsteuersatz (EÜR)
	EÜR	F 3307 Verbindlichkeiten aus Lieferungen und Leistungen ohne Vorsteuer (EÜR)
	EÜR	F 3309 Gegenkonto 3305-3307 bei Aufteilung der Verbindlichkeiten nach Steuersätzen (EÜR)
		F 3310-33 Verbindlichkeiten aus Lieferungen und Leistungen ohne Kontokorrent
Verbindlichkeiten aus Lieferungen und Leistungen oder *sonstige Vermögensgegenstände*	EÜR	F 3334 Verbindlichkeiten aus Lieferungen und Leistungen für Investitionen für § 4 Abs. 3 EStG
		F 3335 Verbindlichkeiten aus Lieferungen und Leistungen ohne Kontokorrent – Restlaufzeit bis 1 Jahr F 3337 – Restlaufzeit 1 bis 5 Jahre F 3338 – Restlaufzeit größer 5 Jahre F 3340 Verbindlichkeiten aus Lieferungen und Leistungen gegenüber Gesellschaftern F 3341 – Restlaufzeit bis 1 Jahr F 3345 – Restlaufzeit 1 bis 5 Jahre F 3348 – Restlaufzeit größer 5 Jahre
Verbindlichkeiten aus Lieferungen und Leistungen S-Saldo oder *sonstige Vermögensgegenstände H-Saldo*		3349 Gegenkonto 3335-3348, 3420-3449, 3470-3499 bei Aufteilung Kreditorenkonto
Verbindlichkeiten aus der Annahme gezogener Wechsel und aus der Ausstellung eigener Wechsel		**F 3350 Wechselverbindlichkeiten** F 3351 – Restlaufzeit bis 1 Jahr F 3380 – Restlaufzeit 1 bis 5 Jahre F 3390 – Restlaufzeit größer 5 Jahre
Verbindlichkeiten gegenüber verbundenen Unternehmen oder *Forderungen gegen verbundene Unternehmen*		**3400 Verbindlichkeiten gegenüber verbundenen Unternehmen** 3401 – Restlaufzeit bis 1 Jahr 3405 – Restlaufzeit 1 bis 5 Jahre 3410 – Restlaufzeit größer 5 Jahre F 3420 Verbindlichkeiten aus Lieferungen und Leistungen gegenüber verbundenen Unternehmen F 3421 – Restlaufzeit bis 1 Jahr F 3425 – Restlaufzeit 1 bis 5 Jahre F 3430 – Restlaufzeit größer 5 Jahre
Verbindlichkeiten gegenüber Unternehmen, mit denen ein Beteiligungsverhältnis besteht oder *Forderungen gegen Unternehmen, mit denen ein Beteiligungsverhältnis besteht*		**3450 Verbindlichkeiten gegenüber Unternehmen, mit denen ein Beteiligungsverhältnis besteht** 3451 – Restlaufzeit bis 1 Jahr 3455 – Restlaufzeit 1 bis 5 Jahre 3460 – Restlaufzeit größer 5 Jahre F 3470 Verbindlichkeiten aus Lieferungen und Leistungen gegenüber Unternehmen, mit denen ein Beteiligungsverhältnis besteht F 3471 – Restlaufzeit bis 1 Jahr F 3475 – Restlaufzeit 1 bis 5 Jahre F 3480 – Restlaufzeit größer 5 Jahre
Sonstige Verbindlichkeiten		**3500 Sonstige Verbindlichkeiten** 3501 – Restlaufzeit bis 1 Jahr 3504 – Restlaufzeit 1 bis 5 Jahre 3507 – Restlaufzeit größer 5 Jahre
	EÜR	3509 Sonstige Verbindlichkeiten nach § 11 Abs. 2 Satz 2 EStG für § 4 Abs. 3 EStG
		3510 Verbindlichkeiten gegenüber Gesellschaftern 3511 – Restlaufzeit bis 1 Jahr 3514 – Restlaufzeit 1 bis 5 Jahre 3517 – Restlaufzeit größer 5 Jahre 3519 Verbindlichkeiten gegenüber Gesellschaftern für offene Ausschüttungen

Bilanz-Posten[2]	Programmverbindung[4] Abschlusszweck[4]	3 Fremdkapitalkonten	
Sonstige Verbindlichkeiten		3520	Darlehen typisch stiller Gesellschafter
		3521	– Restlaufzeit bis 1 Jahr
		3524	– Restlaufzeit 1 bis 5 Jahre
		3527	– Restlaufzeit größer 5 Jahre
		3530	Darlehen atypisch stiller Gesellschafter
		3531	– Restlaufzeit bis 1 Jahr
		3534	– Restlaufzeit 1 bis 5 Jahre
		3537	– Restlaufzeit größer 5 Jahre
		3540	Partiarische Darlehen
		3541	– Restlaufzeit bis 1 Jahr
		3544	– Restlaufzeit 1 bis 5 Jahre
		3547	– Restlaufzeit größer 5 Jahre
		3550	Erhaltene Kautionen
		3551	– Restlaufzeit bis 1 Jahr
		3554	– Restlaufzeit 1 bis 5 Jahre
		3557	– Restlaufzeit größer 5 Jahre
		3560	Darlehen
		3561	– Restlaufzeit bis 1 Jahr
		3564	– Restlaufzeit 1 bis 5 Jahre
		3567	– Restlaufzeit größer 5 Jahre
		3570 -98	Sonstige Verbindlichkeiten, für Restlaufzeitdifferenzierung (nur Bilanzierer)[8]
		3599	Gegenkonto 3500-3569 und 3640-3658 bei Aufteilung der Konten 3570-3598
		3600	Agenturwarenabrechnungen
		3610	Kreditkartenabrechnung
		3611	Verbindlichkeiten gegenüber Arbeitsgemeinschaften
	EÜR	3612	Neutralisierung aufwandswirksamer Sachverhalte für § 4 Abs. 3 EStG
	EÜR	3613	Ergebnisneutrale Sachverhalte für § 4 Abs. 3 EStG
Sonstige Vermögensgegenstände oder *sonstige Verbindlichkeiten*		3620	Gewinnverfügungskonto stille Gesellschafter
		3630	Sonstige Verrechnungskonten (Interimskonto)
	SB	3634	Verbindlichkeiten gegenüber Gesellschaft/Gesamthand[1)28)]
		3635	Sonstige Verbindlichkeiten aus genossenschaftlicher Rückvergütung
Sonstige Verbindlichkeiten		3640	Verbindlichkeiten gegenüber GmbH-Gesellschaftern
		3641	– Restlaufzeit bis 1 Jahr
		3642	– Restlaufzeit 1 bis 5 Jahre
		3643	– Restlaufzeit größer 5 Jahre
		3645	Verbindlichkeiten gegenüber persönlich haftenden Gesellschaftern
		3646	– Restlaufzeit bis 1 Jahr
		3647	– Restlaufzeit 1 bis 5 Jahre
		3648	– Restlaufzeit größer 5 Jahre
		3650	Verbindlichkeiten gegenüber Kommanditisten
		3651	– Restlaufzeit bis 1 Jahr
		3652	– Restlaufzeit 1 bis 5 Jahre
		3653	– Restlaufzeit größer 5 Jahre
		3655	Verbindlichkeiten gegenüber stillen Gesellschaftern
		3656	– Restlaufzeit bis 1 Jahr
		3657	– Restlaufzeit 1 bis 5 Jahre
		3658	– Restlaufzeit größer 5 Jahre
Sonstige Vermögensgegenstände H-Saldo		3695	Verrechnungskonto geleistete Anzahlungen bei Buchung über Kreditorenkonto

Bilanz-Posten[2]	Programmverbindung[4] Abschlusszweck[4]	3 Fremdkapitalkonten	
Sonstige Verbindlichkeiten		3700	Verbindlichkeiten aus Steuern und Abgaben
		3701	– Restlaufzeit bis 1 Jahr
		3710	– Restlaufzeit 1 bis 5 Jahre
		3715	– Restlaufzeit größer 5 Jahre
		3720	Verbindlichkeiten aus Lohn und Gehalt
		3725	Verbindlichkeiten für Einbehaltungen von Arbeitnehmern
		3726	Verbindlichkeiten an das Finanzamt aus abzuführendem Bauabzugsbetrag
Sonstige Verbindlichkeiten oder *sonstige Vermögensgegenstände*		3730	Verbindlichkeiten aus Lohn- und Kirchensteuer
		3740	Verbindlichkeiten im Rahmen der sozialen Sicherheit
		3741	– Restlaufzeit bis 1 Jahr
		3750	– Restlaufzeit 1 bis 5 Jahre
		3755	– Restlaufzeit größer 5 Jahre
		3759	Voraussichtliche Beitragsschuld gegenüber den Sozialversicherungsträgern
Sonstige Verbindlichkeiten		3760	Verbindlichkeiten aus Einbehaltungen (KapESt und SolZ, KiSt auf KapESt) für offene Ausschüttungen
		3761	Verbindlichkeiten für Verbrauchsteuern
		3770	Verbindlichkeiten aus Vermögensbildung
		3771	– Restlaufzeit bis 1 Jahr
		3780	– Restlaufzeit 1 bis 5 Jahre
		3785	– Restlaufzeit größer 5 Jahre
		3786	Ausgegebene Geschenkgutscheine
Sonstige Verbindlichkeiten oder *sonstige Vermögensgegenstände*		**3790**	**Lohn- und Gehaltsverrechnungskonto**
	EÜR	3791	Lohn- und Gehaltsverrechnung nach § 11 Abs. 2 Satz 2 EStG für § 4 Abs. 3 EStG
Sonstige Verbindlichkeiten	EÜR	3796	Verbindlichkeiten im Rahmen der sozialen Sicherheit für § 4 Abs. 3 EStG
		S 3798	Umsatzsteuer aus im anderen EU-Land steuerpflichtigen elektronischen Dienstleistungen
		3799	Steuerzahlungen aus im anderen EU-Land steuerpflichtigen elektronischen Dienstleistungen an kleine einzige Anlaufstelle (KEA/MOSS)
Sonstige Verbindlichkeiten oder *sonstige Vermögensgegenstände*		S 3800	Umsatzsteuer
		S 3801	Umsatzsteuer 7 %
		S 3802	Umsatzsteuer aus innergemeinschaftlichem Erwerb
		R 3803	
		S 3804	Umsatzsteuer aus innergemeinschaftlichem Erwerb 19 %
		R 3805	
		S 3806	Umsatzsteuer 19 %
		S 3807	Umsatzsteuer aus im Inland steuerpflichtigen EU-Lieferungen
		S 3808	Umsatzsteuer aus im Inland steuerpflichtigen EU-Lieferungen 19 %
		S 3809	Umsatzsteuer aus innergemeinschaftlichem Erwerb ohne Vorsteuerabzug

Bilanz-Posten[2]	Programmverbindung[4] Abschlusszweck[4]	3 Fremdkapitalkonten
Steuerrückstellungen oder *sonstige Vermögensgegenstände*		S 3810 Umsatzsteuer nicht fällig
	U	S 3811 Umsatzsteuer nicht fällig 7 %
		S 3812 Umsatzsteuer nicht fällig aus im Inland steuerpflichtigen EU-Lieferungen
		R 3813
	U	S 3814 Umsatzsteuer nicht fällig aus im Inland steuerpflichtigen EU-Lieferungen 19 %
		R 3815
	U	S 3816 Umsatzsteuer nicht fällig 19 %
Sonstige Verbindlichkeiten		S 3817 Umsatzsteuer aus im anderen EU-Land steuerpflichtigen Lieferungen
		S 3818 Umsatzsteuer aus im anderen EU-Land steuerpflichtigen sonstigen Leistungen/Werklieferungen
Sonstige Verbindlichkeiten oder *sonstige Vermögensgegenstände*		S 3819 Umsatzsteuer aus Erwerb als letzter Abnehmer innerhalb eines Dreiecksgeschäfts
	U	F 3820 Umsatzsteuer-Vorauszahlungen
	U	F 3830 Umsatzsteuer-Vorauszahlungen 1/11
		R 3831
	U	F 3832 Nachsteuer, UStVA Kz. 65
		R 3833
	U	S 3834 Umsatzsteuer aus innergemeinschaftlichem Erwerb von Neufahrzeugen von Lieferanten ohne Umsatzsteuer-Identifikationsnummer
		S 3835 Umsatzsteuer nach § 13b UStG
		R 3836
		S 3837 Umsatzsteuer nach § 13b UStG 19 %
		R 3838
		S 3839 Umsatzsteuer aus der Auslagerung von Gegenständen aus einem Umsatzsteuerlager
		3840 Umsatzsteuer laufendes Jahr
		3841 Umsatzsteuer Vorjahr
		3845 Umsatzsteuer frühere Jahre
		3850 Einfuhrumsatzsteuer aufgeschoben bis ...
	U	F 3851 In Rechnung unrichtig oder unberechtigt ausgewiesene Steuerbeträge, UStVA Kz. 69
Sonstige Verbindlichkeiten		3854 Steuerzahlungen an andere Länder
		3860 Verbindlichkeiten aus Umsatzsteuer-Vorauszahlungen
Sonstige Verbindlichkeiten oder *sonstige Vermögensgegenstände*		S 3865 Umsatzsteuer in Folgeperiode fällig (§§ 13 Abs. 1 Nr. 6 und 13b Abs. 2 UStG)
		Rechnungsabgrenzungsposten
Rechnungsabgrenzungsposten		**3900 Passive Rechnungsabgrenzung**
Sonstige Passiva oder *sonstige Aktiva*		3950 Abgrenzung unterjährig pauschal gebuchter Abschreibungen für BWA

GuV-Posten[2]	Programmverbindung[4] Abschlusszweck[4]	4 Betriebliche Erträge
		M 4000-4136
		KU 4137-4138
		M 4139-4604
		KU 4605
		M 4606-4618
		KU 4619
		M 4620-4636
		KU 4637-4639
		M 4640-4658
		KU 4659
		M 4660-4678
		KU 4679
		M 4680-4688
		KU 4689-4699
		M 4700-4799
		KU 4800-4829
		M 4830-4837
		KU 4838
		M 4839
		KU 4840
		M 4841-4842
		KU 4843
		M 4844-4845
		KU 4846-4847
		M 4848-4854
		KU 4855-4859
		M 4860-4926
		KU 4927-4929
		V 4932-4934
		KU 4935-4939
		M 4940-4948
		KU 4949
		M 4950-4959
		Umsatzerlöse
Umsatzerlöse		4000 Umsatzerlöse
		-99 (Zur freien Verfügung)
	U	AM 4100 Steuerfreie Umsätze
		-04 § 4 Nr. 8 ff. UStG
	U	AM 4105 Steuerfreie Umsätze nach § 4 Nr. 12 UStG (Vermietung und Verpachtung)
	U	AM 4110 Sonstige steuerfreie Umsätze Inland
	U	AM 4120 Steuerfreie Umsätze nach § 4 Nr. 1a UStG
	U	AM 4125 Steuerfreie innergemeinschaftliche Lieferungen nach § 4 Nr. 1b UStG
	U	AM 4130 Lieferungen des ersten Abnehmers bei innergemeinschaftlichen Dreiecksgeschäften § 25b Abs. 2 UStG
	U	AM 4135 Steuerfreie innergemeinschaftliche Lieferungen von Neufahrzeugen an Abnehmer ohne Umsatzsteuer-Identifikationsnummer
	U	AM 4136 Umsatzerlöse nach §§ 25 und 25a UStG 19 % USt
		R 4137
		4138 Umsatzerlöse nach §§ 25 und 25a UStG ohne USt
	U	AM 4139 Umsatzerlöse aus Reiseleistungen § 25 Abs. 2 UStG, steuerfrei
	U	AM 4140 Steuerfreie Umsätze Offshore etc.
	U	AM 4150 Sonstige steuerfreie Umsätze (z. B. § 4 Nr. 2 bis 7 UStG)
	U	AM 4160 Steuerfreie Umsätze ohne Vorsteuerabzug zum Gesamtumsatz gehörend, § 4 UStG
	U	AM 4165 Steuerfreie Umsätze ohne Vorsteuerabzug zum Gesamtumsatz gehörend
		4180 Erlöse, die mit den Durchschnittssätzen des § 24 UStG versteuert werden
		R 4182
		-83
	U	4185 Erlöse als Kleinunternehmer nach § 19 Abs. 1 UStG
	U	AM 4186 Erlöse aus Geldspielautomaten 19 % USt
		R 4187
		-88
		4200 Erlöse
	U	AM 4300 Erlöse 7 % USt
		-09

GuV-Posten[2]	Programmverbindung[4] Abschlusszweck[4]	4 Betriebliche Erträge	
Umsatzerlöse	U	AM 4310 -14	Erlöse aus im Inland steuerpflichtigen EU-Lieferungen 7 % USt
	U	AM 4315 -19	Erlöse aus im Inland steuerpflichtigen EU-Lieferungen 19 % USt
		4320 -29	Erlöse aus im anderen EU-Land steuerpflichtigen Lieferungen[3]
		R 4330	
	U	4331	Erlöse aus im anderen EU-Land steuerpflichtigen elektronischen Dienstleistungen[5]
		R 4332 -34	
	U	AM 4335	Erlöse aus Lieferungen von Mobilfunkgeräten, Tablet-Computern, Spielekonsolen und integrierten Schaltkreisen, für die der Leistungsempfänger die Umsatzsteuer nach § 13b UStG schuldet
	U	AM 4336	Erlöse aus im anderen EU-Land steuerpflichtigen sonstigen Leistungen, für die der Leistungsempfänger die Umsatzsteuer schuldet
	U	AM 4337	Erlöse aus Leistungen, für die der Leistungsempfänger die Umsatzsteuer nach § 13b UStG schuldet
	U	AM 4338	Erlöse aus im Drittland steuerbaren Leistungen, im Inland nicht steuerbare Umsätze
	U	AM 4339	Erlöse aus im anderen EU-Land steuerbaren Leistungen, im Inland nicht steuerbare Umsätze
	U	AM 4340 -49	Erlöse 16 % USt
	U	AM 4400 -09	Erlöse 19 % USt
	U	AM 4410	Erlöse 19 % USt
		R 4411 -48	
	U	AM 4449	Erlöse aus im Inland steuerpflichtigen elektronischen Dienstleistungen 19 % USt
		4499	Nebenerlöse (Bezug zu Materialaufwand)
			Konten für die Verbuchung von Sonderbetriebseinnahmen
		4500	Sonderbetriebseinnahmen, Tätigkeitsvergütung[28]
		4501	Sonderbetriebseinnahmen, Miet-/Pachteinnahmen[28]
		4502	Sonderbetriebseinnahmen, Zinseinnahmen[28]
		4503	Sonderbetriebseinnahmen, Haftungsvergütung[28]
		4504	Sonderbetriebseinnahmen, Pensionszahlungen[28]
		4505	Sonderbetriebseinnahmen, sonstige Sonderbetriebseinnahmen[28]
Umsatzerlöse		4510	Erlöse Abfallverwertung
		4520	Erlöse Leergut
		4560	Provisionsumsätze
		R 4561 -63	
	U	AM 4564	Provisionsumsätze, steuerfrei § 4 Nr. 8 ff. UStG
	U	AM 4565	Provisionsumsätze, steuerfrei § 4 Nr. 5 UStG
	U	AM 4566	Provisionsumsätze 7 % USt
		R 4567 -68	
	U	AM 4569	Provisionsumsätze 19 % USt

GuV-Posten[2]	Programmverbindung[4] Abschlusszweck[4]	4 Betriebliche Erträge	
Umsatzerlöse		4570	Sonstige Erträge aus Provisionen, Lizenzen und Patenten
		R 4571 -73	
	U	AM 4574	Sonstige Erträge aus Provisionen, Lizenzen und Patenten, steuerfrei § 4 Nr. 8 ff. UStG
	U	AM 4575	Sonstige Erträge aus Provisionen, Lizenzen und Patenten, steuerfrei § 4 Nr. 5 UStG
	U	AM 4576	Sonstige Erträge aus Provisionen, Lizenzen und Patenten 7 % USt
		R 4577 -78	
	U	AM 4579	Sonstige Erträge aus Provisionen, Lizenzen und Patenten 19 % USt
			Statistische Konten EÜR[15]
	EÜR	4580	Statistisches Konto Erlöse zum allgemeinen Umsatzsteuersatz (EÜR)[15]
	EÜR	4581	Statistisches Konto Erlöse zum ermäßigten Umsatzsteuersatz (EÜR)[15]
	EÜR	4582	Statistisches Konto Erlöse steuerfrei und nicht steuerbar (EÜR)[15]
	EÜR	4589	Gegenkonto 4580-4582 bei Aufteilung der Erlöse nach Steuersätzen (EÜR)
Sonstige betriebliche Erträge		4600	Unentgeltliche Wertabgaben
		4605	Entnahme von Gegenständen ohne USt
		R 4608 -09	
	U	AM 4610 -16	Entnahme durch Unternehmer für Zwecke außerhalb des Unternehmens (Waren) 7 % USt
		R 4617 -18	
		4619	Entnahme durch Unternehmer für Zwecke außerhalb des Unternehmens (Waren) ohne USt
	U	AM 4620 -26	Entnahme durch Unternehmer für Zwecke außerhalb des Unternehmens (Waren) 19 % USt
		R 4627 -29	
	U	AM 4630 -36	Verwendung von Gegenständen für Zwecke außerhalb des Unternehmens 7 % USt
		4637	Verwendung von Gegenständen für Zwecke außerhalb des Unternehmens ohne USt
		4638	Verwendung von Gegenständen für Zwecke außerhalb des Unternehmens ohne USt (Telefon-Nutzung)
		4639	Verwendung von Gegenständen für Zwecke außerhalb des Unternehmens ohne USt (Kfz-Nutzung)
	U	AM 4640 -44	Verwendung von Gegenständen für Zwecke außerhalb des Unternehmens 19 % USt
	U	AM 4645	Verwendung von Gegenständen für Zwecke außerhalb des Unternehmens 19 % USt (Kfz-Nutzung)
	U	AM 4646	Verwendung von Gegenständen für Zwecke außerhalb des Unternehmens 19 % USt (Telefon-Nutzung)

GuV-Posten[2]	Programmverbindung[4] Abschlusszweck[4]	4	Betriebliche Erträge
Sonstige betriebliche Erträge		R 4647 -49	
	U	AM 4650 -56	Unentgeltliche Erbringung einer sonstigen Leistung 7 % USt
		R 4657 -58	
		4659	Unentgeltliche Erbringung einer sonstigen Leistung ohne USt
	U	AM 4660 -66	Unentgeltliche Erbringung einer sonstigen Leistung 19 % USt
		R 4667 -69	
	U	AM 4670 -76	Unentgeltliche Zuwendung von Waren 7 % USt
		R 4677 -78	
		4679	Unentgeltliche Zuwendung von Waren ohne USt
	U	AM 4680 -84	Unentgeltliche Zuwendung von Waren 19 % USt
		R 4685	
	U	AM 4686 -87	Unentgeltliche Zuwendung von Gegenständen 19 % USt
		R 4688	
		4689	Unentgeltliche Zuwendung von Gegenständen ohne USt
Umsatzerlöse		4690	Nicht steuerbare Umsätze (Innenumsätze)
		4695	Umsatzsteuervergütungen, z. B. nach § 24 UStG
		4699	Direkt mit dem Umsatz verbundene Steuern
		4700	Erlösschmälerungen
	U	AM 4701	Erlösschmälerungen für steuerfreie Umsätze nach § 4 Nr. 8 ff. UStG
	U	AM 4702	Erlösschmälerungen für steuerfreie Umsätze nach § 4 Nr. 2 bis 7 UStG
	U	AM 4703	Erlösschmälerungen für sonstige steuerfreie Umsätze ohne Vorsteuerabzug
	U	AM 4704	Erlösschmälerungen für sonstige steuerfreie Umsätze mit Vorsteuerabzug
	U	AM 4705	Erlösschmälerungen aus steuerfreien Umsätzen § 4 Nr. 1a UStG
	U	AM 4706	Erlösschmälerungen für steuerfreie innergemeinschaftliche Dreiecksgeschäfte nach § 25b Abs. 2 und 4 UStG
	U	AM 4710 -11	Erlösschmälerungen 7 % USt
		R 4712 -19	
	U	AM 4720 -21	Erlösschmälerungen 19 % USt
		R 4722 -23	
	U	AM 4724	Erlösschmälerungen aus steuerfreien innergemeinschaftlichen Lieferungen
	U	AM 4725	Erlösschmälerungen aus im Inland steuerpflichtigen EU-Lieferungen 7 % USt
	U	AM 4726	Erlösschmälerungen aus im Inland steuerpflichtigen EU-Lieferungen 19 % USt
		4727	Erlösschmälerungen aus im anderen EU-Land steuerpflichtigen Lieferungen[3]
Umsatzerlöse		R 4728 -29	
		S 4730	Gewährte Skonti
	U	S/AM 4731	Gewährte Skonti 7 % USt
		R 4732 -35	
	U	S/AM 4736	Gewährte Skonti 19 % USt
		R 4737	
	U	S/AM 4738	Gewährte Skonti aus Lieferungen von Mobilfunkgeräten etc., für die der Leistungsempfänger die Umsatzsteuer nach § 13b Abs. 2 Nr. 10 UStG schuldet
	U	S/AM 4741	Gewährte Skonti aus Leistungen, für die der Leistungsempfänger die Umsatzsteuer nach § 13b UStG schuldet
	U	S/AM 4742	Gewährte Skonti aus Erlösen aus im anderen EU-Land steuerpflichtigen sonstigen Leistungen, für die der Leistungsempfänger die Umsatzsteuer schuldet
	U	S/AM 4743	Gewährte Skonti aus steuerfreien innergemeinschaftlichen Lieferungen § 4 Nr. 1b UStG
		R 4744	
		S 4745	Gewährte Skonti aus im Inland steuerpflichtigen EU-Lieferungen
	U	S/AM 4746	Gewährte Skonti aus im Inland steuerpflichtigen EU-Lieferungen 7 % USt
		R 4747	
	U	S/AM 4748	Gewährte Skonti aus im Inland steuerpflichtigen EU-Lieferungen 19 % USt
		R 4749	
	U	AM 4750 -51	Gewährte Boni 7 % USt
		R 4752 -59	
	U	AM 4760 -61	Gewährte Boni 19 % USt
		R 4762 -68	
		4769	Gewährte Boni
		4770	Gewährte Rabatte
	U	AM 4780 -81	Gewährte Rabatte 7 % USt
		R 4782 -89	
	U	AM 4790 -91	Gewährte Rabatte 19 % USt
		R 4792 -99	
			Erhöhung oder Verminderung des Bestands an fertigen und unfertigen Erzeugnissen
Erhöhung des Bestands an fertigen und unfertigen Erzeugnissen oder *Verminderung des Bestands an fertigen und unfertigen Erzeugnissen*		4800	Bestandsveränderungen - fertige Erzeugnisse
		4810	Bestandsveränderungen - unfertige Erzeugnisse
		4815	Bestandsveränderungen - unfertige Leistungen

GuV-Posten[2]	Programmverbindung[4] Abschlusszweck[4]	4 Betriebliche Erträge
Erhöhung des Bestands in Ausführung befindlicher Bauaufträge oder *Verminderung des Bestands in Ausführung befindlicher Bauaufträge*		4816 Bestandsveränderungen in Ausführung befindlicher Bauaufträge
Erhöhung des Bestands in Arbeit befindlicher Aufträge oder *Verminderung des Bestands in Arbeit befindlicher Aufträge*		4818 Bestandsveränderungen in Arbeit befindlicher Aufträge
		Andere aktivierte Eigenleistungen
Andere aktivierte Eigenleistungen		**4820 Andere aktivierte Eigenleistungen**
	G K	4824 Aktivierte Eigenleistungen (den Herstellungskosten zurechenbare Fremdkapitalzinsen)
	HB	4825 Aktivierte Eigenleistungen zur Erstellung von selbst geschaffenen immateriellen Vermögensgegenständen
		Sonstige betriebliche Erträge
Sonstige betriebliche Erträge		4830 Sonstige betriebliche Erträge
		4832 Sonstige betriebliche Erträge von verbundenen Unternehmen
Umsatzerlöse		4833 Andere Nebenerlöse
Sonstige betriebliche Erträge	U	AM 4834 Sonstige Erträge betrieblich und regelmäßig 16 % USt
		4835 Sonstige Erträge betrieblich und regelmäßig
	U	AM 4836 Sonstige Erträge betrieblich und regelmäßig 19 % USt
		4837 Sonstige Erträge betriebsfremd und regelmäßig
		4838 Erstattete Vorsteuer anderer Länder
		4839 Sonstige Erträge unregelmäßig
		4840 Erträge aus der Währungsumrechnung
	U	AM 4841 Sonstige Erträge betrieblich und regelmäßig, steuerfrei § 4 Nr. 8 ff. UStG
	U	AM 4842 Sonstige betriebliche Erträge, steuerfrei z. B. § 4 Nr. 2 bis 7 UStG
		4843 Erträge aus Bewertung Finanzmittelfonds
	U	AM 4844 Erlöse aus Verkäufen Sachanlagevermögen steuerfrei § 4 Nr. 1a UStG (bei Buchgewinn)
	U	AM 4845 Erlöse aus Verkäufen Sachanlagevermögen 19 % USt (bei Buchgewinn)
		R 4846
		4847 Erträge aus der Währungsumrechnung (nicht § 256a HGB)
	U	AM 4848 Erlöse aus Verkäufen Sachanlagevermögen steuerfrei § 4 Nr. 1b UStG (bei Buchgewinn)
		4849 Erlöse aus Verkäufen Sachanlagevermögen (bei Buchgewinn)

GuV-Posten[2]	Programmverbindung[4] Abschlusszweck[4]	4 Betriebliche Erträge
Sonstige betriebliche Erträge		4850 Erlöse aus Verkäufen immaterieller Vermögensgegenstände (bei Buchgewinn)
		4851 Erlöse aus Verkäufen Finanzanlagen (bei Buchgewinn)
	G K	4852 Erlöse aus Verkäufen Finanzanlagen § 3 Nr. 40 EStG bzw. § 8b Abs. 2 KStG (bei Buchgewinn)[9]
		4855 Anlagenabgänge Sachanlagen (Restbuchwert bei Buchgewinn)
		4856 Anlagenabgänge immaterielle Vermögensgegenstände (Restbuchwert bei Buchgewinn)
		4857 Anlagenabgänge Finanzanlagen (Restbuchwert bei Buchgewinn)
	G K	4858 Anlagenabgänge Finanzanlagen § 3 Nr. 40 EStG bzw. § 8b Abs. 2 KStG (Restbuchwert bei Buchgewinn)[9]
Umsatzerlöse		4860 Grundstückserträge
	U	AM 4861 Erlöse aus Vermietung und Verpachtung, umsatzsteuerfrei § 4 Nr. 12 UStG
	U	AM 4862 Erlöse aus Vermietung und Verpachtung 19 % USt
		R 4863 -64
Sonstige betriebliche Erträge	U EÜR	AM 4865 Erlöse aus Verkäufen von Wirtschaftsgütern des Umlaufvermögens 19 % USt für § 4 Abs. 3 Satz 4 EStG
	U EÜR	AM 4866 Erlöse aus Verkäufen von Wirtschaftsgütern des Umlaufvermögens, umsatzsteuerfrei § 4 Nr. 8 ff. UStG i. V. m. § 4 Abs. 3 Satz 4 EStG
	U G K EÜR	AM 4867 Erlöse aus Verkäufen von Wirtschaftsgütern des Umlaufvermögens, umsatzsteuerfrei § 4 Nr. 8 ff. UStG i. V. m. § 4 Abs. 3 Satz 4 EStG, § 3 Nr. 40 EStG bzw. § 8b Abs. 2 KStG[9]
	EÜR	4869 Erlöse aus Verkäufen von Wirtschaftsgütern des Umlaufvermögens nach § 4 Abs. 3 Satz 4 EStG
		4900 Erträge aus dem Abgang von Gegenständen des Anlagevermögens
	G K	4901 Erträge aus der Veräußerung von Anteilen an Kapitalgesellschaften (Finanzanlagevermögen) § 3 Nr. 40 EStG bzw. § 8b Abs. 2 KStG[9]
		4905 Erträge aus dem Abgang von Gegenständen des Umlaufvermögens außer Vorräte
	G K	4906 Erträge aus dem Abgang von Gegenständen des Umlaufvermögens (außer Vorräte) § 3 Nr. 40 EStG bzw. § 8b Abs. 2 KStG[9]
		4910 Erträge aus Zuschreibungen des Sachanlagevermögens
		4911 Erträge aus Zuschreibungen des immateriellen Anlagevermögens
		4912 Erträge aus Zuschreibungen des Finanzanlagevermögens
	G K	4913 Erträge aus Zuschreibungen des Finanzanlagevermögens § 3 Nr. 40 EStG bzw. § 8b Abs. 3 Satz 8 KStG[9]
	G K	4914 Erträge aus Zuschreibungen § 3 Nr. 40 EStG bzw. § 8b Abs. 2 KStG[9]

GuV-Posten[2]	Programmverbindung[4] Abschlusszweck[4]	4 Betriebliche Erträge	
Sonstige betriebliche Erträge		4915	Erträge aus Zuschreibungen des Umlaufvermögens (außer Vorräte)
	G K	4916	Erträge aus Zuschreibungen des Umlaufvermögens § 3 Nr. 40 EStG bzw. § 8b Abs. 3 Satz 8 KStG[9]
		4920	Erträge aus der Herabsetzung der Pauschalwertberichtigung auf Forderungen
		4923	Erträge aus der Herabsetzung der Einzelwertberichtigung auf Forderungen
		4925	Erträge aus abgeschriebenen Forderungen
		4927	Erträge aus der Auflösung einer steuerlichen Rücklage nach § 6b Abs. 3 EStG
		4928	Erträge aus der Auflösung einer steuerlichen Rücklage nach § 6b Abs. 10 EStG
	SB	4929	Erträge aus der Auflösung der Rücklage für Ersatzbeschaffung, R 6.6 EStR
		4930	Erträge aus der Auflösung von Rückstellungen
		4932	Erträge aus der Herabsetzung von Verbindlichkeiten
		4935	Erträge aus der Auflösung einer steuerlichen Rücklage
		R 4936	
	SB	4937	Erträge aus der Auflösung steuerrechtlicher Sonderabschreibungen
		4938	Erträge aus der Auflösung einer steuerlichen Rücklage nach § 4g EStG
		R 4939	
		4940	Verrechnete sonstige Sachbezüge (keine Waren)
	U	AM 4941	Sachbezüge 7 % USt (Waren)
		R 4942 -44	
	U	AM 4945	Sachbezüge 19 % USt (Waren)
		4946	Verrechnete sonstige Sachbezüge
	U	AM 4947	Verrechnete sonstige Sachbezüge aus Kfz-Gestellung 19 % USt
	U	AM 4948	Verrechnete sonstige Sachbezüge 19 % USt
		4949	Verrechnete sonstige Sachbezüge ohne Umsatzsteuer
		4960	Periodenfremde Erträge
		4970	Versicherungsentschädigungen und Schadenersatzleistungen
		4972	Erstattungen Aufwendungsausgleichsgesetz
		4975	Investitionszuschüsse (steuerpflichtig)
	G K	4980	Investitionszulagen (steuerfrei)
	G K	4981	Steuerfreie Erträge aus der Auflösung von steuerlichen Rücklagen
	G K	4982	Sonstige steuerfreie Betriebseinnahmen
		4987	Erträge aus der Aktivierung unentgeltlich erworbener Vermögensgegenstände
		4989	Kostenerstattungen, Rückvergütungen und Gutschriften für frühere Jahre
Umsatzerlöse		4992	Erträge aus Verwaltungskostenumlagen

GuV-Posten[2]	Programmverbindung[4] Abschlusszweck[4]	5 Betriebliche Aufwendungen	
			V 5000-5348 KU 5349 V 5350-5599 V 5700-5859 KU 5860-5899 V 5900-5908 KU 5909 V 5910-5999
			Material- und Stoffverbrauch
Aufwendungen für Roh-, Hilfs- und Betriebsstoffe und für bezogene Waren		5000 -99	Aufwendungen für Roh-, Hilfs- und Betriebsstoffe und für bezogene Waren
			Materialaufwand
		5100	Einkauf Roh-, Hilfs- und Betriebsstoffe
		AV 5110 -19	Einkauf Roh-, Hilfs- und Betriebsstoffe 7 % Vorsteuer
		R 5120 -29	
		AV 5130 -39	Einkauf Roh-, Hilfs- und Betriebsstoffe 19 % Vorsteuer
		R 5140 -59	
	U	AV 5160	Einkauf Roh-, Hilfs- und Betriebsstoffe, innergemeinschaftlicher Erwerb 7 % Vorsteuer und 7 % Umsatzsteuer
		R 5161	
	U	AV 5162 -63	Einkauf Roh-, Hilfs- und Betriebsstoffe, innergemeinschaftlicher Erwerb 19 % Vorsteuer und 19 % Umsatzsteuer
		R 5164 -65	
	U	AV 5166	Einkauf Roh-, Hilfs- und Betriebsstoffe, innergemeinschaftlicher Erwerb ohne Vorsteuer und 7 % Umsatzsteuer
	U	AV 5167	Einkauf Roh-, Hilfs- und Betriebsstoffe, innergemeinschaftlicher Erwerb ohne Vorsteuer und 19 % Umsatzsteuer
		R 5168 -69	
		AV 5170	Einkauf Roh-, Hilfs- und Betriebsstoffe 5,5 % Vorsteuer
		AV 5171	Einkauf Roh-, Hilfs- und Betriebsstoffe 10,7 % Vorsteuer
		R 5172 -74	
	U	AV 5175	Einkauf Roh-, Hilfs- und Betriebsstoffe aus einem USt-Lager § 13a UStG 7 % Vorsteuer und 7 % Umsatzsteuer
	U	AV 5176	Einkauf Roh-, Hilfs- und Betriebsstoffe aus einem USt-Lager § 13a UStG 19 % Vorsteuer und 19 % Umsatzsteuer
		R 5177 -88	
	U	AV 5189	Erwerb Roh-, Hilfs- und Betriebsstoffe als letzter Abnehmer innerhalb Dreiecksgeschäft 19 % Vorsteuer und 19 % Umsatzsteuer
		5190	Energiestoffe (Fertigung)
		AV 5191	Energiestoffe (Fertigung) 7 % Vorsteuer
		AV 5192	Energiestoffe (Fertigung) 19 % Vorsteuer
		R 5193 -98	

GuV-Posten[2]	Programmverbindung[4] Abschlusszweck[4]	5	Betriebliche Aufwendungen
Aufwendungen für Roh-, Hilfs- und Betriebsstoffe und für bezogene Waren		**5200**	**Wareneingang**
		AV 5300 -09	Wareneingang 7 % Vorsteuer
		R 5310 -48	
		5349	Wareneingang ohne Vorsteuerabzug
		AV 5400 -09	Wareneingang 19 % Vorsteuer
		R 5410 -19	
	U	AV 5420 -24	Innergemeinschaftlicher Erwerb 7 % Vorsteuer und 7 % Umsatzsteuer
	U	AV 5425 -29	Innergemeinschaftlicher Erwerb 19 % Vorsteuer und 19 % Umsatzsteuer
	U	AV 5430	Innergemeinschaftlicher Erwerb ohne Vorsteuerabzug 7 % Umsatzsteuer
		R 5431 -34	
	U	AV 5435	Innergemeinschaftlicher Erwerb ohne Vorsteuerabzug und 19 % Umsatzsteuer
		R 5436 -39	
	U	AV 5440	Innergemeinschaftlicher Erwerb von Neufahrzeugen von Lieferanten ohne Umsatzsteuer-Identifikationsnummer 19 % Vorsteuer und 19 % Umsatzsteuer
		R 5441 -49	
		R 5500 -04	
		AV 5505 -09	Wareneingang 5,5 % Vorsteuer
		R 5510 -39	
		AV 5540 -49	Wareneingang 10,7 % Vorsteuer
	U	AV 5550	Steuerfreier innergemeinschaftlicher Erwerb
		5551	Wareneingang im Drittland steuerbar
		5552	Erwerb 1. Abnehmer innerhalb eines Dreiecksgeschäftes
	U	AV 5553	Erwerb Waren als letzter Abnehmer innerhalb Dreiecksgeschäft 19 % Vorsteuer und 19 % Umsatzsteuer
		R 5554 -57	
		5558	Wareneingang im anderen EU-Land steuerbar
		5559	Steuerfreie Einfuhren
	U	AV 5560	Waren aus einem Umsatzsteuerlager, § 13a UStG 7 % Vorsteuer und 7 % Umsatzsteuer
		R 5561 -64	
	U	AV 5565	Waren aus einem Umsatzsteuerlager, § 13a UStG 19 % Vorsteuer und 19 % Umsatzsteuer
		R 5566 -69	
		5600 -09	Nicht abziehbare Vorsteuer
		5610 -19	Nicht abziehbare Vorsteuer 7 %

GuV-Posten[2]	Programmverbindung[4] Abschlusszweck[4]	5	Betriebliche Aufwendungen
Aufwendungen für Roh-, Hilfs- und Betriebsstoffe und für bezogene Waren		R 5650 -59	
		5660 -69	Nicht abziehbare Vorsteuer 19 %
		5700	Nachlässe
		5701	Nachlässe aus Einkauf Roh-, Hilfs- und Betriebsstoffe
		AV 5710 -11	Nachlässe 7 % Vorsteuer
		R 5712 -13	
		AV 5714	Nachlässe aus Einkauf Roh-, Hilfs- und Betriebsstoffe 7 % Vorsteuer
		AV 5715	Nachlässe aus Einkauf Roh-, Hilfs- und Betriebsstoffe 19 % Vorsteuer
		R 5716	
	U	AV 5717	Nachlässe aus Einkauf Roh-, Hilfs- und Betriebsstoffe, innergemeinschaftlicher Erwerb 7 % Vorsteuer und 7 % Umsatzsteuer
	U	AV 5718	Nachlässe aus Einkauf Roh-, Hilfs- und Betriebsstoffe, innergemeinschaftlicher Erwerb 19 % Vorsteuer und 19 % Umsatzsteuer
		R 5719	
		AV 5720	Nachlässe 19 % Vorsteuer
		R 5722 -23	
	U	AV 5724	Nachlässe aus innergemeinschaftlichem Erwerb 7 % Vorsteuer und 7 % Umsatzsteuer
	U	AV 5725	Nachlässe aus innergemeinschaftlichem Erwerb 19 % Vorsteuer und 19 % Umsatzsteuer
		R 5726 -29	
		S/AV 5730	Erhaltene Skonti
		S/AV 5731	Erhaltene Skonti 7 % Vorsteuer
		R 5732	
		S/AV 5733	Erhaltene Skonti aus Einkauf Roh-, Hilfs- und Betriebsstoffe
		S/AV 5734	Erhaltene Skonti aus Einkauf Roh-, Hilfs- und Betriebsstoffe 7 % Vorsteuer
		R 5735	
		S/AV 5736	Erhaltene Skonti 19 % Vorsteuer
		R 5737	
		S/AV 5738	Erhaltene Skonti aus Einkauf Roh-, Hilfs- und Betriebsstoffe 19 % Vorsteuer
		R 5739 -40	
	U	S/AV 5741	Erhaltene Skonti aus Einkauf Roh-, Hilfs- und Betriebsstoffe aus steuerpflichtigem innergemeinschaftlichem Erwerb 19 % Vorsteuer und 19 % Umsatzsteuer
		R 5742	
	U	S/AV 5743	Erhaltene Skonti aus Einkauf Roh-, Hilfs- und Betriebsstoffe aus steuerpflichtigem innergemeinschaftlichem Erwerb 7 % Vorsteuer und 7 % Umsatzsteuer

GuV-Posten[2]	Programmverbindung[4] Abschlusszweck[4]	Konto	5 Betriebliche Aufwendungen
Aufwendungen für Roh-, Hilfs- und Betriebsstoffe und für bezogene Waren		S/AV 5744	Erhaltene Skonti aus Einkauf Roh-, Hilfs- und Betriebsstoffe aus steuerpflichtigem innergemeinschaftlichem Erwerb
		S/AV 5745	Erhaltene Skonti aus steuerpflichtigem innergemeinschaftlichem Erwerb
	U	S/AV 5746	Erhaltene Skonti aus steuerpflichtigem innergemeinschaftlichem Erwerb 7 % Vorsteuer und 7 % Umsatzsteuer
		R 5747	
	U	S/AV 5748	Erhaltene Skonti aus steuerpflichtigem innergemeinschaftlichem Erwerb 19 % Vorsteuer und 19 % Umsatzsteuer
		R 5749	
		AV 5750 -51	Erhaltene Boni 7 % Vorsteuer
		R 5752	
		5753	Erhaltene Boni aus Einkauf Roh-, Hilfs- und Betriebsstoffe
		AV 5754	Erhaltene Boni aus Einkauf Roh-, Hilfs- und Betriebsstoffe 7 % Vorsteuer
		AV 5755	Erhaltene Boni aus Einkauf Roh-, Hilfs- und Betriebsstoffe 19 % Vorsteuer
		R 5756 -59	
		AV 5760 -61	Erhaltene Boni 19 % Vorsteuer
		R 5762 -68	
		5769	Erhaltene Boni
		5770	Erhaltene Rabatte
		AV 5780 -81	Erhaltene Rabatte 7 % Vorsteuer
		R 5782	
		5783	Erhaltene Rabatte aus Einkauf Roh-, Hilfs- und Betriebsstoffe
		AV 5784	Erhaltene Rabatte aus Einkauf Roh-, Hilfs- und Betriebsstoffe 7 % Vorsteuer
		AV 5785	Erhaltene Rabatte aus Einkauf Roh-, Hilfs- und Betriebsstoffe 19 % Vorsteuer
		R 5786 -87	
		S/AV 5788	Erhaltene Skonti aus Einkauf Roh-, Hilfs- und Betriebsstoffe 10,7 % Vorsteuer
		R 5789	
		AV 5790 -91	Erhaltene Rabatte 19 % Vorsteuer
	U	AV 5792	Erhaltene Skonti aus Erwerb Roh-, Hilfs- und Betriebsstoffe als letzter Abnehmer innerhalb Dreiecksgeschäft 19 % Vorsteuer und 19 % Umsatzsteuer
	U	AV 5793	Erhaltene Skonti aus Erwerb Waren als letzter Abnehmer innerhalb Dreiecksgeschäft 19 % Vorsteuer und 19 % Umsatzsteuer
		S/AV 5794	Erhaltene Skonti 5,5 % Vorsteuer
		R 5795	
		S/AV 5796	Erhaltene Skonti 10,7 % Vorsteuer
		R 5797	

GuV-Posten[2]	Programmverbindung[4] Abschlusszweck[4]	Konto	5 Betriebliche Aufwendungen
Aufwendungen für Roh-, Hilfs- und Betriebsstoffe und für bezogene Waren		S/AV 5798	Erhaltene Skonti aus Einkauf Roh-, Hilfs- und Betriebsstoffe 5,5 % Vorsteuer
		R 5799	
		5800	Bezugsnebenkosten
		5820	Leergut
		5840	Zölle und Einfuhrabgaben
		5860	Verrechnete Stoffkosten (Gegenkonto 5000-99)
		5880	Bestandsveränderungen Roh-, Hilfs- und Betriebsstoffe sowie bezogene Waren
		5881	Bestandsveränderungen Waren
		5885	Bestandsveränderungen Roh-, Hilfs- und Betriebsstoffe
			Aufwendungen für bezogene Leistungen
Aufwendungen für bezogene Leistungen		5900	Fremdleistungen
		AV 5906	Fremdleistungen 19 % Vorsteuer
		R 5907	
		AV 5908	Fremdleistungen 7 % Vorsteuer
		5909	Fremdleistungen ohne Vorsteuer
			Umsätze, für die als Leistungsempfänger die Steuer nach § 13b UStG geschuldet wird
	U	AV 5910	Bauleistungen eines im Inland ansässigen Unternehmers 7 % Vorsteuer und 7 % Umsatzsteuer
		R 5911 -12	
	U	AV 5913	Sonstige Leistungen eines im anderen EU-Land ansässigen Unternehmers 7 % Vorsteuer und 7 % Umsatzsteuer
		R 5914	
	U	AV 5915	Leistungen eines im Ausland ansässigen Unternehmers 7 % Vorsteuer und 7 % Umsatzsteuer
		R 5916 -19	
	U	AV 5920 -21	Bauleistungen eines im Inland ansässigen Unternehmers 19 % Vorsteuer und 19 % Umsatzsteuer
		R 5922	
	U	AV 5923	Sonstige Leistungen eines im anderen EU-Land ansässigen Unternehmers 19 % Vorsteuer und 19 % Umsatzsteuer
		R 5924	
	U	AV 5925 -26	Leistungen eines im Ausland ansässigen Unternehmers 19 % Vorsteuer und 19 % Umsatzsteuer
		R 5927 -29	
	U	AV 5930	Bauleistungen eines im Inland ansässigen Unternehmers ohne Vorsteuer und 7 % Umsatzsteuer
		R 5931 -32	
	U	AV 5933	Sonstige Leistungen eines im anderen EU-Land ansässigen Unternehmers ohne Vorsteuer und 7 % Umsatzsteuer
		R 5934	
	U	AV 5935	Leistungen eines im Ausland ansässigen Unternehmers ohne Vorsteuer und 7 % Umsatzsteuer

GuV-Posten[2]	Programmverbindung[4) Abschlusszweck[4]	5 Betriebliche Aufwendungen	
Aufwendungen für bezogene Leistungen		R 5936 -39	
	U	AV 5940 -41	Bauleistungen eines im Inland ansässigen Unternehmers ohne Vorsteuer und 19 % Umsatzsteuer
		R 5942	
	U	AV 5943	Sonstige Leistungen eines im anderen EU-Land ansässigen Unternehmers ohne Vorsteuer und 19 % Umsatzsteuer
		R 5944	
	U	AV 5945 -46	Leistungen eines im Ausland ansässigen Unternehmers ohne Vorsteuer und 19 % Umsatzsteuer
		R 5947 -49	
		S/AV 5950	Erhaltene Skonti aus Leistungen, für die als Leistungsempfänger die Steuer nach § 13b UStG geschuldet wird
	U	S/AV 5951	Erhaltene Skonti aus Leistungen, für die als Leistungsempfänger die Steuer nach § 13b UStG geschuldet wird 19 % Vorsteuer und 19 % Umsatzsteuer
		R 5952	
		S/AV 5953	Erhaltene Skonti aus Leistungen, für die als Leistungsempfänger die Steuer nach § 13b UStG geschuldet wird ohne Vorsteuer aber mit Umsatzsteuer
	U	S/AV 5954	Erhaltene Skonti aus Leistungen, für die als Leistungsempfänger die Steuer nach § 13b UStG geschuldet wird ohne Vorsteuer, mit 19 % Umsatzsteuer
		R 5955 -59	
		5960	Leistungen nach § 13b UStG mit Vorsteuerabzug[21]
		5965	Leistungen nach § 13b UStG ohne Vorsteuerabzug[21]
	G K	5970	Fremdleistungen (Miet- und Pachtzinsen bewegliche Wirtschaftsgüter)
	G K	5975	Fremdleistungen (Miet- und Pachtzinsen unbewegliche Wirtschaftsgüter)
	G K	5980	Fremdleistungen (Entgelte für Rechte und Lizenzen)
	G	5985	Fremdleistungen (Vergütungen für die Überlassung von Wirtschaftsgütern - mit Sonderbetriebseinnahme korrespondierend)

GuV-Posten[2]	Programmverbindung[4] Abschlusszweck[4]	6 Betriebliche Aufwendungen	
			V 6250-6259 M 6280-6299 V 6300-6389 V 6450-6853 V 6855-6859 M 6884-6894 KU 6895-6899 M 6930-6939
			Personalaufwand
Löhne und Gehälter		**6000**	**Löhne und Gehälter**
		6010	Löhne
		6020	Gehälter
		6024	Geschäftsführergehälter der GmbH-Gesellschafter
	K	6026	Tantiemen Gesellschafter-Geschäftsführer
		6027	Geschäftsführergehälter
	G	6028	Vergütungen an angestellte Mitunternehmer § 15 EStG (mit Sonderbetriebseinnahme korrespondierend)
	K	6029	Tantiemen Arbeitnehmer
		6030	Aushilfslöhne
		6035	Löhne für Minijobs
		6036	Pauschale Steuer für Minijobber
		6037	Pauschale Steuer für Gesellschafter-Geschäftsführer
	G	6038	Pauschale Steuer für angestellte Mitunternehmer § 15 EStG (mit Sonderbetriebseinnahme korrespondierend)
		6039	Pauschale Steuer für Arbeitnehmer
		6040	Pauschale Steuer für Aushilfen
		6045	Bedienungsgelder
		6050	Ehegattengehalt
		6060	Freiwillige soziale Aufwendungen, lohnsteuerpflichtig
		6066	Freiwillige Zuwendungen an Minijobber
		6067	Freiwillige Zuwendungen an Gesellschafter-Geschäftsführer
	G	6068	Freiwillige Zuwendungen an angestellte Mitunternehmer § 15 EStG (mit Sonderbetriebseinnahme korrespondierend)
		6069	Pauschale Steuer auf sonstige Bezüge (z. B. Fahrtkostenzuschüsse)
		6070	Krankengeldzuschüsse
		6071	Sachzuwendungen und Dienstleistungen an Minijobber
		6072	Sachzuwendungen und Dienstleistungen an Arbeitnehmer
		6073	Sachzuwendungen und Dienstleistungen an Gesellschafter-Geschäftsführer
	G	6074	Sachzuwendungen und Dienstleistungen an angestellte Mitunternehmer § 15 EStG (mit Sonderbetriebseinnahme korrespondierend)
		6075	Zuschüsse der Agenturen für Arbeit (Haben)
		6076	Aufwendungen aus der Veränderung von Urlaubsrückstellungen
		6077	Aufwendungen aus der Veränderung von Urlaubsrückstellungen für Gesellschafter-Geschäftsführer

GuV-Posten[2]	Programmverbindung[4] Abschlusszweck[4]	6 Betriebliche Aufwendungen
Löhne und Gehälter	G	6078 Aufwendungen aus der Veränderung von Urlaubsrückstellungen für angestellte Mitunternehmer § 15 EStG (mit Sonderbetriebseinnahme korrespondierend)
		6079 Aufwendungen aus der Veränderung von Urlaubsrückstellungen für Minijobber
		6080 Vermögenswirksame Leistungen
		6090 Fahrtkostenerstattung Wohnung/Arbeitsstätte
Soziale Abgaben und Aufwendungen für Altersversorgung und für Unterstützung		**6100 Soziale Abgaben und Aufwendungen für Altersversorgung und für Unterstützung**
		6110 Gesetzliche soziale Aufwendungen
	G	6118 Gesetzliche soziale Aufwendungen für Mitunternehmer § 15 EStG (mit Sonderbetriebseinnahme korrespondierend)
		6120 Beiträge zur Berufsgenossenschaft
		6130 Freiwillige soziale Aufwendungen, lohnsteuerfrei
		6140 Aufwendungen für Altersversorgung
		6147 Pauschale Steuer auf sonstige Bezüge (z. B. Direktversicherungen)
	G	6148 Aufwendungen für Altersversorgung für Mitunternehmer § 15 EStG (mit Sonderbetriebseinnahme korrespondierend)
		6149 Aufwendungen für Altersversorgung für Gesellschafter-Geschäftsführer
		6150 Versorgungskassen
		6160 Aufwendungen für Unterstützung
		6170 Sonstige soziale Abgaben
		6171 Soziale Abgaben für Minijobber
		Abschreibungen auf immaterielle Vermögensgegenstände des Anlagevermögens und Sachanlagen
Abschreibungen auf immaterielle Vermögensgegenstände des Anlagevermögens und Sachanlagen		6200 Abschreibungen auf immaterielle Vermögensgegenstände
	HB	6201 Abschreibungen auf selbst geschaffene immaterielle Vermögensgegenstände
		6205 Abschreibungen auf den Geschäfts- oder Firmenwert
		6209 Außerplanmäßige Abschreibungen auf den Geschäfts- oder Firmenwert
		6210 Außerplanmäßige Abschreibungen auf immaterielle Vermögensgegenstände
	HB	6211 Außerplanmäßige Abschreibungen auf selbst geschaffene immaterielle Vermögensgegenstände
		6220 Abschreibungen auf Sachanlagen (ohne AfA auf Kfz und Gebäude)
		6221 Abschreibungen auf Gebäude
		6222 Abschreibungen auf Kfz
		6223 Abschreibungen auf Gebäudeteil des häuslichen Arbeitszimmers
		6230 Außerplanmäßige Abschreibungen auf Sachanlagen
		6231 Absetzung für außergewöhnliche technische und wirtschaftliche Abnutzung der Gebäude

GuV-Posten[2]	Programmverbindung[4] Abschlusszweck[4]	6 Betriebliche Aufwendungen
Abschreibungen auf immaterielle Vermögensgegenstände des Anlagevermögens und Sachanlagen		6232 Absetzung für außergewöhnliche technische und wirtschaftliche Abnutzung des Kfz
		6233 Absetzung für außergewöhnliche technische und wirtschaftliche Abnutzung sonstiger Wirtschaftsgüter
	SB	6240 Abschreibungen auf Sachanlagen auf Grund steuerlicher Sondervorschriften
	SB	6241 Sonderabschreibungen nach § 7g Abs. 5 EStG (ohne Kfz)
	SB	6242 Sonderabschreibungen nach § 7g Abs. 5 EStG (für Kfz)
	SB	6243 Kürzung der Anschaffungs- oder Herstellungskosten nach § 7g Abs. 2 EStG (ohne Kfz)
	SB	6244 Kürzung der Anschaffungs- oder Herstellungskosten nach § 7g Abs. 2 EStG (für Kfz)
	SB	6245 Sonderabschreibungen nach § 7b EStG (Mietwohnungsneubau)[1]
		6250 Kaufleasing
		6260 Sofortabschreibungen geringwertiger Wirtschaftsgüter
		6262 Abschreibungen auf aktivierte, geringwertige Wirtschaftsgüter
		6264 Abschreibungen auf den Sammelposten Wirtschaftsgüter
		6266 Außerplanmäßige Abschreibungen auf aktivierte, geringwertige Wirtschaftsgüter
		Abschreibungen auf Vermögensgegenstände des Umlaufvermögens, soweit diese die in der Kapitalgesellschaft üblichen Abschreibungen überschreiten
Abschreibungen auf Vermögensgegenstände des Umlaufvermögens, soweit diese die in der Kapitalgesellschaft üblichen Abschreibungen überschreiten		6270 Abschreibungen auf sonstige Vermögensgegenstände des Umlaufvermögens (soweit unüblich hoch)
	SB	6272 Abschreibungen auf Umlaufvermögen, steuerrechtlich bedingt (soweit unüblich hoch)
		6278 Abschreibungen auf Roh-, Hilfs- und Betriebsstoffe/Waren (soweit unüblich hoch)
		6279 Abschreibungen auf fertige und unfertige Erzeugnisse (soweit unüblich hoch)
		6280 Forderungsverluste (soweit unüblich hoch)
	U	AM 6281 Forderungsverluste 7 % USt (soweit unüblich hoch)
		R 6282 -85
	U	AM 6286 Forderungsverluste 19 % USt (soweit unüblich hoch)
		R 6287 -88
	G K	6290 Abschreibungen auf Forderungen gegenüber Kapitalgesellschaften, an denen eine Beteiligung besteht (soweit unüblich hoch), § 3c EStG bzw. § 8b Abs. 3 KStG
	K	6291 Abschreibungen auf Forderungen gegenüber Gesellschaftern und nahe stehenden Personen (soweit unüblich hoch), § 8b Abs. 3 KStG

GuV-Posten[2]	Programmverbindung[4] Abschlusszweck[4]	6 Betriebliche Aufwendungen
Sonstige betriebliche Aufwendungen		**Sonstige betriebliche Aufwendungen**
		6300 Sonstige betriebliche Aufwendungen
		6302 Interimskonto für Aufwendungen in einem anderen Land, bei denen eine Vorsteuervergütung möglich ist
		6303 Fremdleistungen/Fremdarbeiten
		6304 Sonstige Aufwendungen betrieblich und regelmäßig
		6305 Raumkosten
	G K	6310 Miete (unbewegliche Wirtschaftsgüter)
		6312 Miete/Aufwendungen für doppelte Haushaltsführung Unternehmer
	K	6313 Vergütungen an Gesellschafter für die miet- oder pachtweise Überlassung ihrer unbeweglichen Wirtschaftsgüter
	G	6314 Vergütungen an Mitunternehmer für die mietweise Überlassung ihrer unbeweglichen Wirtschaftsgüter § 15 EStG (mit Sonderbetriebseinnahme korrespondierend)
	G K	6315 Pacht (unbewegliche Wirtschaftsgüter)
	G K	6316 Leasing (unbewegliche Wirtschaftsgüter)
	G K	6317 Aufwendungen für gemietete oder gepachtete unbewegliche Wirtschaftsgüter, die gewerbesteuerlich hinzuzurechnen sind
		6318 Miet- und Pachtnebenkosten, die gewerbesteuerlich nicht hinzuzurechnen sind
	G	6319 Vergütungen an Mitunternehmer für die pachtweise Überlassung ihrer unbeweglichen Wirtschaftsgüter § 15 EStG (mit Sonderbetriebseinnahme korrespondierend)
		6320 Heizung
		6325 Gas, Strom, Wasser
		6330 Reinigung
		6335 Instandhaltung betrieblicher Räume
		6340 Abgaben für betrieblich genutzten Grundbesitz
		6345 Sonstige Raumkosten
		6348 Aufwendungen für ein häusliches Arbeitszimmer (abziehbarer Anteil)
	G	6349 Aufwendungen für ein häusliches Arbeitszimmer (nicht abziehbarer Anteil)
		6350 Grundstücksaufwendungen, betrieblich
		6352 Sonstige Grundstücksaufwendungen (neutral)
	G K	6390 Zuwendungen, Spenden, steuerlich nicht abziehbar
	G K	6391 Zuwendungen, Spenden für wissenschaftliche und kulturelle Zwecke
	G K	6392 Zuwendungen, Spenden für mildtätige Zwecke
	G K	6393 Zuwendungen, Spenden für kirchliche, religiöse und gemeinnützige Zwecke
Sonstige betriebliche Aufwendungen	G K	6394 Zuwendungen, Spenden an politische Parteien
	G K	6395 Zuwendungen, Spenden in das zu erhaltende Vermögen (Vermögensstock) einer Stiftung für gemeinnützige Zwecke
		R 6396
	G K	6397 Zuwendungen, Spenden in das zu erhaltende Vermögen (Vermögensstock) einer Stiftung für kirchliche, religiöse und gemeinnützige Zwecke
	G K	6398 Zuwendungen, Spenden an Stiftungen in das zu erhaltende Vermögen (Vermögensstock) für wissenschaftliche, mildtätige, kulturelle Zwecke
		6400 Versicherungen
		6405 Versicherungen für Gebäude
		6410 Netto-Prämie für Rückdeckung künftiger Versorgungsleistungen
		6420 Beiträge
		6430 Sonstige Abgaben
		6436 Steuerlich abzugsfähige Verspätungszuschläge und Zwangsgelder
	G K	6437 Steuerlich nicht abzugsfähige Verspätungszuschläge und Zwangsgelder
		6440 Ausgleichsabgabe nach dem Schwerbehindertengesetz
		6450 Reparaturen und Instandhaltung von Bauten
		6460 Reparaturen und Instandhaltung von technischen Anlagen und Maschinen
		6470 Reparaturen und Instandhaltung von anderen Anlagen und Betriebs- und Geschäftsausstattung
		6475 Zuführung zu Aufwandsrückstellungen
		6485 Reparaturen und Instandhaltung von anderen Anlagen
		6490 Sonstige Reparaturen und Instandhaltung
		6495 Wartungskosten für Hard- und Software
	G K	6498 Mietleasing bewegliche Wirtschaftsgüter für technische Anlagen und Maschinen
		6500 Fahrzeugkosten[18]
		6520 Kfz-Versicherungen
		6530 Laufende Kfz-Betriebskosten
		6540 Kfz-Reparaturen
	G K	6550 Garagenmiete
	G K	6560 Mietleasing Kfz
		6565 Mietleasingaufwendungen für Elektrofahrzeuge, die gewerbesteuerlich hinzuzurechnen sind[1]
		6570 Sonstige Kfz-Kosten
		6580 Mautgebühren
		6590 Kfz-Kosten für betrieblich genutzte zum Privatvermögen gehörende Kraftfahrzeuge
		6595 Fremdfahrzeugkosten
		6600 Werbekosten
		6605 Streuartikel

GuV-Posten[2]	Programmverbindung[4] Abschlusszweck[4]	6 Betriebliche Aufwendungen
Sonstige betriebliche Aufwendungen		6610 Geschenke abzugsfähig ohne § 37b EStG
		6611 Geschenke abzugsfähig mit § 37b EStG
		6612 Pauschale Steuer für Geschenke und Zuwendungen abzugsfähig
	G K	6620 Geschenke nicht abzugsfähig ohne § 37b EStG
	G K	6621 Geschenke nicht abzugsfähig mit § 37b EStG
	G K	6622 Pauschale Steuer für Geschenke und Zuwendungen nicht abzugsfähig
		6625 Geschenke ausschließlich betrieblich genutzt
		6629 Zugaben mit § 37b EStG
		6630 Repräsentationskosten
		6640 Bewirtungskosten
		6641 Sonstige eingeschränkt abziehbare Betriebsausgaben (abziehbarer Anteil)
	G K	6642 Sonstige eingeschränkt abziehbare Betriebsausgaben (nicht abziehbarer Anteil)
		6643 Aufmerksamkeiten
	G K	6644 Nicht abzugsfähige Bewirtungskosten
	G K	6645 Nicht abzugsfähige Betriebsausgaben aus Werbe- und Repräsentationskosten
		6650 Reisekosten Arbeitnehmer
		6660 Reisekosten Arbeitnehmer Übernachtungsaufwand
		6663 Reisekosten Arbeitnehmer Fahrtkosten
		6664 Reisekosten Arbeitnehmer Verpflegungsmehraufwand
		R 6665
		6668 Kilometergelderstattung Arbeitnehmer
		6670 Reisekosten Unternehmer[18]
	G	6672 Reisekosten Unternehmer (nicht abziehbarer Anteil)
		6673 Reisekosten Unternehmer Fahrtkosten
		6674 Reisekosten Unternehmer Verpflegungsmehraufwand
		6680 Reisekosten Unternehmer Übernachtungsaufwand und Reisenebenkosten
		R 6685 -86
		6688 Fahrten zwischen Wohnung und Betriebsstätte und Familienheimfahrten (abziehbarer Anteil)
	G	6689 Fahrten zwischen Wohnung und Betriebsstätte und Familienheimfahrten (nicht abziehbarer Anteil)
		6690 Fahrten zwischen Wohnung und Betriebsstätte und Familienheimfahrten (Haben)
		6691 Verpflegungsmehraufwendungen im Rahmen der doppelten Haushaltsführung Unternehmer
		6700 Kosten der Warenabgabe
		6710 Verpackungsmaterial
		6740 Ausgangsfrachten
		6760 Transportversicherungen
		6770 Verkaufsprovisionen
		6780 Fremdarbeiten (Vertrieb)
		6790 Aufwand für Gewährleistung

GuV-Posten[2]	Programmverbindung[4] Abschlusszweck[4]	6 Betriebliche Aufwendungen
Sonstige betriebliche Aufwendungen		6800 Porto
		6805 Telefon
		6810 Telefax und Internetkosten
		6815 Bürobedarf
		6820 Zeitschriften, Bücher (Fachliteratur)
		6821 Fortbildungskosten
		6822 Freiwillige Sozialleistungen
	G	6823 Vergütungen an Mitunternehmer § 15 EStG (mit Sonderbetriebseinnahme korrespondierend)
	G	6824 Haftungsvergütung an Mitunternehmer § 15 EStG (mit Sonderbetriebseinnahme korrespondierend)
		6825 Rechts- und Beratungskosten
		6827 Abschluss- und Prüfungskosten
		6830 Buchführungskosten
	K	6833 Vergütungen an Gesellschafter für die miet- oder pachtweise Überlassung ihrer beweglichen Wirtschaftsgüter
	G	6834 Vergütungen an Mitunternehmer für die miet- oder pachtweise Überlassung ihrer beweglichen Wirtschaftsgüter § 15 EStG (mit Sonderbetriebseinnahme korrespondierend)
	G K	6835 Mieten für Einrichtungen (bewegliche Wirtschaftsgüter)
	G K	6836 Pacht (bewegliche Wirtschaftsgüter)
	G K	6837 Aufwendungen für die zeitlich befristete Überlassung von Rechten (Lizenzen, Konzessionen)
	G K	6838 Aufwendungen für gemietete oder gepachtete bewegliche Wirtschaftsgüter, die gewerbesteuerlich hinzuzurechnen sind
	G K	6840 Mietleasing bewegliche Wirtschaftsgüter für Betriebs- und Geschäftsausstattung
		6845 Werkzeuge und Kleingeräte
		6850 Sonstiger Betriebsbedarf
		6854 Genossenschaftliche Rückvergütung an Mitglieder
Sonstige betriebliche Aufwendungen		6855 Nebenkosten des Geldverkehrs
	G K	6856 Aufwendungen aus Anteilen an Kapitalgesellschaften §§ 3 Nr. 40 und 3c EStG bzw. § 8b Abs. 1 und 4 KStG[9)16)]
	G K	6857 Veräußerungskosten § 3 Nr. 40 EStG bzw. § 8b Abs. 2 KStG
		6859 Aufwendungen für Abraum- und Abfallbeseitigung
		6860 Nicht abziehbare Vorsteuer
		6865 Nicht abziehbare Vorsteuer 7 %
		6871 Nicht abziehbare Vorsteuer 19 %
	K	6875 Nicht abziehbare Hälfte der Aufsichtsratsvergütungen
		6876 Abziehbare Aufsichtsratsvergütungen
		6880 Aufwendungen aus der Währungsumrechnung
		6881 Aufwendungen aus der Währungsumrechnung (nicht § 256a HGB)
		6883 Aufwendungen aus Bewertung Finanzmittelfonds
	U	AM 6884 Erlöse aus Verkäufen Sachanlagevermögen steuerfrei § 4 Nr. 1a UStG (bei Buchverlust)

GuV-Posten[2]	Programmverbindung[4] Abschlusszweck[4]	6 Betriebliche Aufwendungen
Sonstige betriebliche Aufwendungen	U	AM 6885 Erlöse aus Verkäufen Sachanlagevermögen 19 % USt (bei Buchverlust)
		R 6886 -87
	U	AM 6888 Erlöse aus Verkäufen Sachanlagevermögen steuerfrei § 4 Nr. 1b UStG (bei Buchverlust)
		6889 Erlöse aus Verkäufen Sachanlagevermögen (bei Buchverlust)
		6890 Erlöse aus Verkäufen immaterieller Vermögensgegenstände (bei Buchverlust)
		6891 Erlöse aus Verkäufen Finanzanlagen (bei Buchverlust)
	G K	6892 Erlöse aus Verkäufen Finanzanlagen § 3 Nr. 40 EStG bzw. § 8b Abs. 3 KStG (bei Buchverlust)[9]
		6895 Anlagenabgänge Sachanlagen (Restbuchwert bei Buchverlust)
		6896 Anlagenabgänge immaterielle Vermögensgegenstände (Restbuchwert bei Buchverlust)
		6897 Anlagenabgänge Finanzanlagen (Restbuchwert bei Buchverlust)
	G K	6898 Anlagenabgänge Finanzanlagen § 3 Nr. 40 EStG bzw. § 8b Abs. 3 KStG (Restbuchwert bei Buchverlust)[9]
		6900 Verluste aus dem Abgang von Gegenständen des Anlagevermögens
	G K	6903 Verluste aus der Veräußerung von Anteilen an Kapitalgesellschaften (Finanzanlagevermögen) § 3 Nr. 40 EStG bzw. § 8b Abs. 3 KStG[9]
		6905 Verluste aus dem Abgang von Gegenständen des Umlaufvermögens außer Vorräte
	G K	6906 Verluste aus dem Abgang von Gegenständen des Umlaufvermögens (außer Vorräte) § 3 Nr. 40 EStG bzw. § 8b Abs. 3 KStG[9]
	EÜR	6907 Abgang von Wirtschaftsgütern des Umlaufvermögens nach § 4 Abs. 3 Satz 4 EStG
	G K EÜR	6908 Abgang von Wirtschaftsgütern des Umlaufvermögens § 3 Nr. 40 EStG bzw. § 8b Abs. 3 KStG nach § 4 Abs. 3 Satz 4 EStG[9]
		6910 Abschreibungen auf Umlaufvermögen außer Vorräte und Wertpapiere des Umlaufvermögens (übliche Höhe)
	SB	6912 Abschreibungen auf Umlaufvermögen außer Vorräte und Wertpapiere des Umlaufvermögens, steuerrechtlich bedingt (übliche Höhe)
		6918 Aufwendungen aus dem Erwerb eigener Anteile
		6920 Einstellung in die Pauschalwertberichtigung auf Forderungen
	SB	6922 Einstellungen in die steuerliche Rücklage nach § 6b Abs. 3 EStG
		6923 Einstellung in die Einzelwertberichtigung auf Forderungen
	SB	6924 Einstellungen in die steuerliche Rücklage nach § 6b Abs. 10 EStG

GuV-Posten[2]	Programmverbindung[4] Abschlusszweck[4]	6 Betriebliche Aufwendungen
Sonstige betriebliche Aufwendungen	SB	6927 Einstellungen in steuerliche Rücklagen
	SB	6928 Einstellungen in die Rücklage für Ersatzbeschaffung nach R 6.6 EStR
	SB	6929 Einstellungen in die steuerliche Rücklage nach § 4g EStG
		6930 Forderungsverluste (übliche Höhe)
	U	AM 6931 Forderungsverluste 7 % USt (übliche Höhe)
	U	AM 6932 Forderungsverluste aus steuerfreien EU-Lieferungen (übliche Höhe)
	U	AM 6933 Forderungsverluste aus im Inland steuerpflichtigen EU-Lieferungen 7 % USt (übliche Höhe)
		R 6934 -35
	U	AM 6936 Forderungsverluste 19 % USt (übliche Höhe)
		R 6937
	U	AM 6938 Forderungsverluste aus im Inland steuerpflichtigen EU-Lieferungen 19 % USt (übliche Höhe)
		R 6939
		6960 Periodenfremde Aufwendungen
		6967 Sonstige Aufwendungen betriebsfremd und regelmäßig
	G K	6968 Sonstige nicht abziehbare Aufwendungen
		6969 Sonstige Aufwendungen unregelmäßig
		Kalkulatorische Kosten
		6970 Kalkulatorischer Unternehmerlohn
		6972 Kalkulatorische Miete/Pacht
		6974 Kalkulatorische Zinsen
		6976 Kalkulatorische Abschreibungen
		6978 Kalkulatorische Wagnisse
		6979 Kalkulatorischer Lohn für unentgeltliche Mitarbeiter
		6980 Verrechneter kalkulatorischer Unternehmerlohn
		6982 Verrechnete kalkulatorische Miete/Pacht
		6984 Verrechnete kalkulatorische Zinsen
		6986 Verrechnete kalkulatorische Abschreibungen
		6988 Verrechnete kalkulatorische Wagnisse
		6989 Verrechneter kalkulatorischer Lohn für unentgeltliche Mitarbeiter
		Kosten bei Anwendung des Umsatzkostenverfahrens
		6990 Herstellungskosten
		6992 Verwaltungskosten
		6994 Vertriebskosten
		6999 Gegenkonto 6990-6998

GuV-Posten[2]	Programmverbindung[4] Abschlusszweck[4]	7 Weitere Erträge und Aufwendungen
		KU 7685-7689 KU 7705 KU 7725 KU 7751 KU 7781 V 7800-7899
		Erträge aus Beteiligungen
Erträge aus Beteiligungen		7000 Erträge aus Beteiligungen
	G K	7004 Erträge aus Beteiligungen an Personengesellschaften (verbundene Unternehmen), § 9 GewStG bzw. § 18 EStG[23]
	G K	7005 Erträge aus Anteilen an Kapitalgesellschaften (Beteiligung) § 3 Nr. 40 EStG bzw. § 8b Abs. 1 KStG[9]
	G K	7006 Erträge aus Anteilen an Kapitalgesellschaften (verbundene Unternehmen) § 3 Nr. 40 EStG bzw. § 8b Abs. 1 KStG[9]
	G K	7008 Gewinnanteile aus gewerblichen und selbständigen Mitunternehmerschaften, § 9 GewStG bzw. § 18 EStG[23]
		7009 Erträge aus Beteiligungen an verbundenen Unternehmen
		Erträge aus anderen Wertpapieren und Ausleihungen des Finanzanlagevermögens
Erträge aus anderen Wertpapieren und Ausleihungen des Finanzanlagevermögens		7010 Erträge aus anderen Wertpapieren und Ausleihungen des Finanzanlagevermögens
		7011 Erträge aus Ausleihungen des Finanzanlagevermögens
		7012 Erträge aus Ausleihungen des Finanzanlagevermögens an verbundenen Unternehmen
		7013 Erträge aus Anteilen an Personengesellschaften (Finanzanlagevermögen)
	G K	7014 Erträge aus Anteilen an Kapitalgesellschaften (Finanzanlagevermögen) § 3 Nr. 40 EStG bzw. § 8b Abs. 1 und 4 KStG[9]
	G K	7015 Erträge aus Anteilen an Kapitalgesellschaften (verbundene Unternehmen) § 3 Nr. 40 EStG bzw. § 8b Abs. 1 KStG[9]
		7016 Erträge aus Anteilen an Personengesellschaften (verbundene Unternehmen)
		7017 Erträge aus anderen Wertpapieren des Finanzanlagevermögens an Kapitalgesellschaften (verbundene Unternehmen)
		7018 Erträge aus anderen Wertpapieren des Finanzanlagevermögens an Personengesellschaften (verbundene Unternehmen)
		7019 Erträge aus anderen Wertpapieren und Ausleihungen des Finanzanlagevermögens aus verbundenen Unternehmen
		7020 Zins- und Dividendenerträge
		7030 Erhaltene Ausgleichszahlungen (als außenstehender Aktionär)

GuV-Posten[2]	Programmverbindung[4] Abschlusszweck[4]	7 Weitere Erträge und Aufwendungen
		Sonstige Zinsen und ähnliche Erträge
Sonstige Zinsen und ähnliche Erträge		7100 Sonstige Zinsen und ähnliche Erträge
		R 7102
	G K	7103 Erträge aus Anteilen an Kapitalgesellschaften (Umlaufvermögen) § 3 Nr. 40 EStG bzw. § 8b Abs. 1 und 4 KStG[9]
	G K	7104 Erträge aus Anteilen an Kapitalgesellschaften (verbundene Unternehmen) § 3 Nr. 40 EStG bzw. § 8b Abs. 1 KStG[9]
		7105 Zinserträge § 233a AO, steuerpflichtig
	K	7106 Zinserträge § 233a AO, steuerfrei (Anlage GK KSt)[8]
	G K	7107 Zinserträge § 233a AO und § 4 Abs. 5b EStG, steuerfrei
		7109 Sonstige Zinsen und ähnliche Erträge aus verbundenen Unternehmen
		7110 Sonstige Zinserträge
		7115 Erträge aus anderen Wertpapieren und Ausleihungen des Umlaufvermögens
		7119 Sonstige Zinserträge aus verbundenen Unternehmen
		7120 Zinsähnliche Erträge
		7128 Zinsertrag aus vorzeitiger Rückzahlung des Körperschaftsteuer-Erhöhungsbetrags § 38 KStG[11]
		7129 Zinsähnliche Erträge aus verbundenen Unternehmen
		7130 Diskonterträge
		7139 Diskonterträge aus verbundenen Unternehmen
	G K	7140 Steuerfreie Zinserträge aus der Abzinsung von Rückstellungen
		7141 Zinserträge aus der Abzinsung von Verbindlichkeiten
		7142 Zinserträge aus der Abzinsung von Rückstellungen
		7143 Zinserträge aus der Abzinsung von Pensionsrückstellungen und ähnlichen/vergleichbaren Verpflichtungen
Sonstige Zinsen und ähnliche Erträge oder *Zinsen und ähnliche Aufwendungen*	HB	7144 Zinserträge aus der Abzinsung von Pensionsrückstellungen und ähnlichen/vergleichbaren Verpflichtungen zur Verrechnung nach § 246 Abs. 2 HGB
	HB	7145 Erträge aus Vermögensgegenständen zur Verrechnung nach § 246 Abs. 2 HGB
		Erträge aus Verlustübernahme und auf Grund einer Gewinngemeinschaft, eines Gewinn- oder Teilgewinnabführungsvertrags erhaltene Gewinne
Erträge aus Verlustübernahme	K	7190 Erträge aus Verlustübernahme
Auf Grund einer Gewinngemeinschaft, eines Gewinn- oder Teilgewinnabführungsvertrags erhaltene Gewinne		7192 Erhaltene Gewinne auf Grund einer Gewinngemeinschaft
	G K	7194 Erhaltene Gewinne auf Grund eines Gewinn- oder Teilgewinnabführungsvertrags

GuV-Posten[2]	Programmverbindung[4] Abschlusszweck[4]	7 Weitere Erträge und Aufwendungen
		Abschreibungen auf Finanzanlagen und auf Wertpapiere des Umlaufvermögens
Abschreibungen auf Finanzanlagen und auf Wertpapiere des Umlaufvermögens		7200 Abschreibungen auf Finanzanlagen (dauerhaft)
	HB	7201 Abschreibungen auf Finanzanlagen (nicht dauerhaft)
	G K	7204 Abschreibungen auf Finanzanlagen § 3 Nr. 40 EStG bzw. § 8b Abs. 3 KStG (dauerhaft)[9]
		7207 Abschreibungen auf Finanzanlagen - verbundene Unternehmen
	G K	7208 Aufwendungen auf Grund von Verlustanteilen an gewerblichen und selbständigen Mitunternehmerschaften, § 8 GewStG bzw. § 18 EStG[23]
		7210 Abschreibungen auf Wertpapiere des Umlaufvermögens
	G K	7214 Abschreibungen auf Wertpapiere des Umlaufvermögens § 3 Nr. 40 EStG bzw. § 8b Abs. 3 KStG[9]
		7217 Abschreibungen auf Wertpapiere des Umlaufvermögens - verbundene Unternehmen
	SB	7250 Abschreibungen auf Finanzanlagen auf Grund § 6b EStG-Rücklage
	G K SB	7255 Abschreibungen auf Finanzanlagen auf Grund § 6b EStG-Rücklage, § 3 Nr. 40 EStG bzw. § 8b Abs. 3 KStG[9]
		Zinsen und ähnliche Aufwendungen
Zinsen und ähnliche Aufwendungen	G K	7300 Zinsen und ähnliche Aufwendungen
	G K	7302 Steuerlich nicht abzugsfähige andere Nebenleistungen zu Steuern § 4 Abs. 5b EStG
		7303 Steuerlich abzugsfähige andere Nebenleistungen zu Steuern
	G K	7304 Steuerlich nicht abzugsfähige andere Nebenleistungen zu Steuern
	G K	7305 Zinsaufwendungen § 233a AO abzugsfähig
	G K	7306 Zinsaufwendungen §§ 234 bis 237 AO nicht abzugsfähig
		7307 Zinsen aus Abzinsung des KSt-Erhöhungsbetrags § 38 KStG[11]
	G K	7308 Zinsaufwendungen § 233a AO nicht abzugsfähig
	G K	7309 Zinsaufwendungen an verbundene Unternehmen
	G K	7310 Zinsaufwendungen für kurzfristige Verbindlichkeiten
	G K	7311 Zinsaufwendungen §§ 234 bis 237 AO abzugsfähig
	G	7313 Nicht abzugsfähige Schuldzinsen nach § 4 Abs. 4a EStG (Hinzurechnungsbetrag)
	K	7316 Zinsen für Gesellschafterdarlehen
	K	7317 Zinsen an Gesellschafter mit einer Beteiligung von mehr als 25 % bzw. diesen nahe stehende Personen

GuV-Posten[2]	Programmverbindung[4] Abschlusszweck[4]	7 Weitere Erträge und Aufwendungen
Zinsen und ähnliche Aufwendungen	G K	7318 Zinsen auf Kontokorrentkonten
	G K	7319 Zinsaufwendungen für kurzfristige Verbindlichkeiten an verbundene Unternehmen
	G K	7320 Zinsaufwendungen für langfristige Verbindlichkeiten
	G K	7323 Abschreibungen auf Disagio zur Finanzierung
	G K	7324 Abschreibungen auf Disagio zur Finanzierung des Anlagevermögens
	G K	7325 Zinsaufwendungen für Gebäude, die zum Betriebsvermögen gehören
	G K	7326 Zinsen zur Finanzierung des Anlagevermögens
	G K	7327 Renten und dauernde Lasten
	G	7328 Zinsaufwendungen für Kapitalüberlassung durch Mitunternehmer § 15 EStG (mit Sonderbetriebseinnahme korrespondierend)
	G K	7329 Zinsaufwendungen für langfristige Verbindlichkeiten an verbundene Unternehmen
		7330 Zinsähnliche Aufwendungen
		7339 Zinsähnliche Aufwendungen an verbundene Unternehmen
	G K	7340 Diskontaufwendungen
	G K	7349 Diskontaufwendungen an verbundene Unternehmen
	G K	7350 Zinsen und ähnliche Aufwendungen §§ 3 Nr. 40 und 3c EStG bzw. § 8b Abs. 1 und 4 KStG[9][16]
	G K	7351 Zinsen und ähnliche Aufwendungen an verbundene Unternehmen §§ 3 Nr. 40 und 3c EStG bzw. § 8b Abs. 1 KStG[9][16]
		7355 Kreditprovisionen und Verwaltungskostenbeiträge
		7360 Zinsanteil der Zuführungen zu Pensionsrückstellungen
		7361 Zinsaufwendungen aus der Abzinsung von Verbindlichkeiten
		7362 Zinsaufwendungen aus der Abzinsung von Rückstellungen
		7363 Zinsaufwendungen aus der Abzinsung von Pensionsrückstellungen und ähnlichen/vergleichbaren Verpflichtungen
Zinsen und ähnliche Aufwendungen oder *sonstige Zinsen und ähnliche Erträge*	HB	7364 Zinsaufwendungen aus der Abzinsung von Pensionsrückstellungen und ähnlichen/vergleichbaren Verpflichtungen zur Verrechnung nach § 246 Abs. 2 HGB
	HB	7365 Aufwendungen aus Vermögensgegenständen zur Verrechnung nach § 246 Abs. 2 HGB
Zinsen und ähnliche Aufwendungen	G K	7366 Steuerlich nicht abzugsfähige Zinsaufwendungen aus der Abzinsung von Rückstellungen

GuV-Posten[2]	Programmverbindung[4] Abschlusszweck[4]	7 Weitere Erträge und Aufwendungen
		Aufwendungen aus Verlustübernahme und auf Grund einer Gewinngemeinschaft, eines Gewinn- oder Teilgewinnabführungsvertrags abgeführte Gewinne
Aufwendungen aus Verlustübernahme	G K	7390 Aufwendungen aus Verlustübernahme
Auf Grund einer Gewinngemeinschaft, eines Gewinn- oder Teilgewinnabführungsvertrags abgeführte Gewinne		7392 Abgeführte Gewinne auf Grund einer Gewinngemeinschaft
	K	7394 Abgeführte Gewinne auf Grund eines Gewinn- oder Teilgewinnabführungsvertrags
Auf Grund einer Gewinngemeinschaft, eines Gewinn- oder Teilgewinnabführungsvertrags abgeführte Gewinne oder *Erträge aus Verlustübernahme*	G K	7399 Abgeführte Gewinnanteile (Soll)/ ausgeglichene Verlustanteile (Haben) bei stiller Gesellschaft § 8 GewStG
		Sonstige betriebliche Erträge
Sonstige betriebliche Erträge		R 7400 -01
		R 7450
	K	7451 Erträge durch Verschmelzung und Umwandlung
		R 7452 -53
		7454 Gewinn aus der Veräußerung oder der Aufgabe von Geschäftsaktivitäten nach Steuern
		Erträge aus der Anwendung von Übergangsvorschriften i. S. d. BilMoG
	HB	7460 Erträge aus der Anwendung von Übergangsvorschriften
		R 7461 -63
	HB	7464 Erträge aus der Anwendung von Übergangsvorschriften (latente Steuern)

GuV-Posten[2]	Programmverbindung[4] Abschlusszweck[4]	7 Weitere Erträge und Aufwendungen
		Sonstige betriebliche Aufwendungen
Sonstige betriebliche Aufwendungen		R 7500
		R 7501
		R 7550
	K	7551 Verluste durch Verschmelzung und Umwandlung
		7552 Verluste durch außergewöhnliche Schadensfälle (nur Bilanzierer)[8]
		7553 Aufwendungen für Restrukturierungs- und Sanierungsmaßnahmen
		7554 Verluste aus der Veräußerung oder der Aufgabe von Geschäftsaktivitäten nach Steuern
		Aufwendungen aus der Anwendung von Übergangsvorschriften i. S. d. BilMoG
	HB	7560 Aufwendungen aus der Anwendung von Übergangsvorschriften
	HB	7561 Aufwendungen aus der Anwendung von Übergangsvorschriften (Pensionsrückstellungen)
		R 7562
	HB	7563 Aufwendungen aus der Anwendung von Übergangsvorschriften (Latente Steuern)
		Steuern vom Einkommen und Ertrag
Steuern vom Einkommen und Ertrag	K	7600 Körperschaftsteuer
	K	7603 Körperschaftsteuer für Vorjahre
	K	7604 Körperschaftsteuererstattungen für Vorjahre
	K	7607 Solidaritätszuschlagerstattungen für Vorjahre
	K	7608 Solidaritätszuschlag
	K	7609 Solidaritätszuschlag für Vorjahre
	G K	7610 Gewerbesteuer
	G K	7630 Kapitalertragsteuer 25 %
	G K	7633 Anrechenbarer Solidaritätszuschlag auf Kapitalertragsteuer 25 %
	G K	7638 Ausländische Steuer auf im Inland steuerfreie DBA-Einkünfte
	G K	7639 Anrechnung/Abzug ausländischer Quellensteuer
		R 7640
	G K	7641 Gewerbesteuernachzahlungen und Gewerbesteuererstattungen für Vorjahre nach § 4 Abs. 5b EStG
		R 7642
	G K	7643 Erträge aus der Auflösung von Gewerbesteuerrückstellungen nach § 4 Abs. 5b EStG
		R 7644
	G K HB	7645 Aufwendungen aus der Zuführung und Auflösung von latenten Steuern
	G K	7646 Aufwendungen aus der Zuführung zu Steuerrückstellungen für Steuerstundung (BStBK)
	G K	7648 Erträge aus der Auflösung von Steuerrückstellungen für Steuerstundung (BStBK)
	G K HB	7649 Erträge aus der Zuführung und Auflösung von latenten Steuern

GuV-Posten[2]	Programmverbindung[4] Abschlusszweck[4]	7 Weitere Erträge und Aufwendungen
		Sonstige Steuern
Sonstige Steuern		7650 Sonstige Betriebssteuern 7675 Verbrauchsteuer (sonstige Steuern) 7678 Ökosteuer 7680 Grundsteuer 7685 Kfz-Steuer 7690 Steuernachzahlungen Vorjahre für sonstige Steuern 7692 Steuererstattungen Vorjahre für sonstige Steuern 7694 Erträge aus der Auflösung von Rückstellungen für sonstige Steuern
Gewinnvortrag oder *Verlustvortrag*		**7700 Gewinnvortrag nach Verwendung**
		F 7705 Gewinnvortrag nach Verwendung (mit Aufteilung für Kapitalkontenentwicklung)
Gewinnvortrag oder *Verlustvortrag*		**7720 Verlustvortrag nach Verwendung**
		F 7725 Verlustvortrag nach Verwendung (mit Aufteilung für Kapitalkontenentwicklung)
Entnahmen aus der Kapitalrücklage		**7730 Entnahmen aus der Kapitalrücklage**
		Entnahmen aus Gewinnrücklagen
Entnahmen aus Gewinnrücklagen aus der gesetzlichen Rücklage		**7735 Entnahmen aus der gesetzlichen Rücklage**
Entnahmen aus Gewinnrücklagen aus der Rücklage für Anteile an einem herrschenden oder mehrheitlich beteiligten Unternehmen		**7740 Entnahmen aus dem Ausgleichsposten für aktivierte eigene Anteile** **7743 Entnahmen aus der Rücklage für Anteile an einem herrschenden oder mehrheitlich beteiligten Unternehmen**
		7744 Entnahmen aus anderen Ergebnisrücklagen
Entnahmen aus Gewinnrücklagen aus satzungsmäßigen Rücklagen		**7745 Entnahmen aus satzungsmäßigen Rücklagen**
Entnahmen aus Gewinnrücklagen aus anderen Gewinnrücklagen		**7750 Entnahmen aus anderen Gewinnrücklagen**
		F 7751 Entnahmen aus gesamthänderisch gebundenen Rücklagen (mit Aufteilung für Kapitalkontenentwicklung)
Ertrag aus Kapitalherabsetzung	K	**7755 Erträge aus Kapitalherabsetzung**

GuV-Posten[2]	Programmverbindung[4] Abschlusszweck[4]	7 Weitere Erträge und Aufwendungen
Einstellung in die Kapitalrücklage nach den Vorschriften über die vereinfachte Kapitalherabsetzung		**7760 Einstellungen in die Kapitalrücklage nach den Vorschriften über die vereinfachte Kapitalherabsetzung**
		Einstellungen in Gewinnrücklagen
Einstellungen in Gewinnrücklagen in die gesetzliche Rücklage		**7765 Einstellungen in die gesetzliche Rücklage**
Einstellungen in Gewinnrücklagen in die Rücklage für Anteile an einem herrschenden oder mehrheitlich beteiligten Unternehmen		**7770 Einstellungen in den Ausgleichsposten für aktivierte eigene Anteile** **7773 Einstellungen in die Rücklage für Anteile an einem herrschenden oder mehrheitlich beteiligten Unternehmen**
Einstellungen in Gewinnrücklagen in satzungsmäßige Rücklagen		**7775 Einstellungen in satzungsmäßige Rücklagen**
Einstellungen in Gewinnrücklagen in andere Gewinnrücklagen		**7780 Einstellungen in andere Gewinnrücklagen**
		F 7781 Einstellungen in gesamthänderisch gebundene Rücklagen (mit Aufteilung für Kapitalkontenentwicklung)
		7785 Einstellungen in andere Ergebnisrücklagen
Ausschüttung		**7790 Vorabausschüttung**
		R 7795
Sonstige betriebliche Aufwendungen		7800-99 (zur freien Verfügung) R 7900 (reserviertes Konto)

GuV-Posten[2]	Programmverbindung[4] Abschlusszweck[4]	8	Bilanz-Posten[2]	Programmverbindung[4] Abschlusszweck[4]	9 Vortrags-, Kapital-, Korrektur- und statistische Konten
Sonstige betriebliche Aufwendungen		**8000 -8999 Zur freien Verfügung**			KU 9000-9998

Vortragskonten

S 9000 Saldenvorträge, Sachkonten
F 9001 -07 Saldenvorträge, Sachkonten
S 9008 Saldenvorträge, Debitoren
S 9009 Saldenvorträge, Kreditoren

F 9050 Offene Posten aus 2020[1]
R 9051 -59
R 9060
R 9069
F 9070 Offene Posten aus 2000
F 9071 Offene Posten aus 2001
F 9072 Offene Posten aus 2002
F 9073 Offene Posten aus 2003
F 9074 Offene Posten aus 2004
F 9075 Offene Posten aus 2005
F 9076 Offene Posten aus 2006
F 9077 Offene Posten aus 2007
F 9078 Offene Posten aus 2008
F 9079 Offene Posten aus 2009
F 9080 Offene Posten aus 2010
F 9081 Offene Posten aus 2011
F 9082 Offene Posten aus 2012
F 9083 Offene Posten aus 2013
F 9084 Offene Posten aus 2014
F 9085 Offene Posten aus 2015
F 9086 Offene Posten aus 2016
F 9087 Offene Posten aus 2017
F 9088 Offene Posten aus 2018
F 9089 Offene Posten aus 2019

F 9090 Summenvortragskonto
R 9091 -98

Statistische Konten für Betriebswirtschaftliche Auswertungen (BWA)

F 9101 Verkaufstage
F 9102 Anzahl der Barkunden
F 9103 Beschäftigte Personen
F 9104 Unbezahlte Personen
F 9105 Verkaufskräfte
F 9106 Geschäftsraum qm
F 9107 Verkaufsraum qm
F 9116 Anzahl Rechnungen
F 9117 Anzahl Kreditkunden monatlich
F 9118 Anzahl Kreditkunden aufgelaufen
9120 Erweiterungsinvestitionen
F 9130 -31 [7]
9135 Auftragseingang im Geschäftsjahr
9140 Auftragsbestand

Variables Kapital Teilhafter

F 9141 Variables Kapital TH
F 9142 Variables Kapital - Anteil Teilhafter

Sammelposten anrechenbare Privatsteuern

9143 Privatsteuern Kapitalertragsteuer (Sammelposten)
9144 Privatsteuern Solidaritätszuschlag (Sammelposten)
9145 Privatsteuern Kirchensteuer (Sammelposten)

Bilanz-Posten[2]	Programmverbindung[4] Abschlusszweck[4]	9 Vortrags-, Kapital-, Korrektur- und statistische Konten
		Kapitaländerungen durch Übertragung einer § 6b EStG-Rücklage
	SB	F 9146 Variables Kapital Vollhafter - Übertragung einer § 6b EStG-Rücklage
	SB	F 9147 Variables Kapital Teilhafter - Übertragung einer § 6b EStG-Rücklage
		R 9148 -49
		Andere Kapitalkontenanpassungen: Vollhafter
		F 9150 Festkapital - andere Kapitalkontenanpassungen VH
		F 9151 Variables Kapital - andere Kapitalkontenanpassungen VH
		F 9152 Verlust-/Vortragskonto - andere Kapitalkontenanpassungen VH
		F 9153 Kapitalkonto III - andere Kapitalkontenanpassungen VH
		F 9154 Ausstehende Einlagen auf das Komplementär-Kapital, nicht eingefordert - andere Kapitalkontenanpassungen VH
		F 9155 Verrechnungskonto für Einzahlungsverpflichtungen - andere Kapitalkontenanpassungen VH
		R 9156
		Anrechenbare Privatsteuern Vollhafter, Eigenkapital
		F 9157 Privatsteuern Kapitalertragsteuer (VH)
		F 9158 Privatsteuern Solidaritätszuschlag (VH)
		F 9159 Privatsteuern Kirchensteuer (VH)
		Andere Kapitalkontenanpassungen: Teilhafter
		F 9160 Kommandit-Kapital - andere Kapitalkontenanpassungen TH
		F 9161 Variables Kapital - andere Kapitalkontenanpassungen TH
		F 9162 Verlustausgleichskonto - andere Kapitalkontenanpassungen TH
		F 9163 Kapitalkonto III - andere Kapitalkontenanpassungen TH
		F 9164 Ausstehende Einlagen auf das Kommandit-Kapital, nicht eingefordert - andere Kapitalkontenanpassungen TH
		F 9165 Verrechnungskonto für Einzahlungsverpflichtungen - andere Kapitalkontenanpassungen TH
		R 9166
		Anrechenbare Privatsteuern Teilhafter, Eigenkapital
		F 9167 Privatsteuern Kapitalertragsteuer (TH), EK
		F 9168 Privatsteuern Solidaritätszuschlag (TH), EK
		F 9169 Privatsteuern Kirchensteuer (TH), EK

Bilanz-Posten[2]	Programmverbindung[4] Abschlusszweck[4]	9 Vortrags-, Kapital-, Korrektur- und statistische Konten
		Umbuchungen auf andere Kapitalkonten: Vollhafter
		F 9170 Festkapital - Umbuchungen VH
		F 9171 Variables Kapital - Umbuchungen VH
		F 9172 Verlust-/Vortragskonto - Umbuchungen VH
		F 9173 Kapitalkonto III - Umbuchungen VH
		F 9174 Ausstehende Einlagen auf das Komplementär-Kapital, nicht eingefordert - Umbuchungen VH
		F 9175 Verrechnungskonto für Einzahlungsverpflichtungen - Umbuchungen VH
		R 9176 -79
		Umbuchungen auf andere Kapitalkonten: Teilhafter
		F 9180 Kommandit-Kapital - Umbuchungen TH
		F 9181 Variables Kapital - Umbuchungen TH
		F 9182 Verlustausgleichskonto - Umbuchungen TH
		F 9183 Kapitalkonto III - Umbuchungen TH
		F 9184 Ausstehende Einlagen auf das Kommandit-Kapital, nicht eingefordert - Umbuchungen TH
		F 9185 Verrechnungskonto für Einzahlungsverpflichtungen - Umbuchungen TH
		Anrechenbare Privatsteuern Teilhafter, Fremdkapital
		F 9186 Privatsteuern Kapitalertragsteuer (TH), FK
		F 9187 Privatsteuern Solidaritätszuschlag (TH), FK
		F 9188 Privatsteuern Kirchensteuer (TH), FK
		9189 Verrechnungskonto für Umbuchungen zwischen Gesellschafter-Eigenkapitalkonten
		Gegenkonten zu Statistischen Konten für Betriebswirtschaftliche Auswertungen
		F 9190 Gegenkonto für statistische Mengeneinheiten Konten 9101-9107 und Konten 9116-9118
		9199 Gegenkonto zu Konten 9120, 9135-9140
		Statistische Konten für den Kennzifferntteil der Bilanz
		F 9200 Beschäftigte Personen
		F 9201 [7] -08
		F 9209 Gegenkonto zu 9200
		9210 Produktive Löhne
		9219 Gegenkonto zu 9210

Bilanz-Posten[2)]	Programmverbindung[4)] Abschlusszweck[4)]	9 Vortrags-, Kapital-, Korrektur- und statistische Konten
		Statistische Konten zur informativen Angabe des gezeichneten Kapitals in anderer Währung
Gezeichnetes Kapital in DM	HB	F 9220 Gezeichnetes Kapital in DM (Art. 42 Abs. 3 Satz 1 EGHGB)
Gezeichnetes Kapital in Euro	HB	F 9221 Gezeichnetes Kapital in Euro (Art. 42 Abs. 3 Satz 2 EGHGB)
	HB	F 9229 Gegenkonto zu 9220-9221
		R 9230
		R 9232
		R 9234
		R 9239
		Statistische Konten für die Kapitalflussrechnung
		9240 Investitionsverbindlichkeiten bei den Leistungsverbindlichkeiten
		9241 Investitionsverbindlichkeiten aus Sachanlagekäufen bei Leistungsverbindlichkeiten
		9242 Investitionsverbindlichkeiten aus Käufen von immateriellen Vermögensgegenständen bei Leistungsverbindlichkeiten
		9243 Investitionsverbindlichkeiten aus Käufen von Finanzanlagen bei Leistungsverbindlichkeiten
		9244 Gegenkonto zu Konto 9240-43
		9245 Forderungen aus Sachanlageverkäufen bei sonstigen Vermögensgegenständen
		9246 Forderungen aus Verkäufen immaterieller Vermögensgegenstände bei sonstigen Vermögensgegenständen
		9247 Forderungen aus Verkäufen von Finanzanlagen bei sonstigen Vermögensgegenständen
		9249 Gegenkonto zu Konto 9245-47
		R 9250
		R 9255
		R 9259
		Aufgliederung der Rückstellungen für die Programme der Wirtschaftsberatung
		9260 Kurzfristige Rückstellungen
		9262 Mittelfristige Rückstellungen
		9264 Langfristige Rückstellungen, außer Pensionen
		9269 Gegenkonto zu Konten 9260-9268
		Statistische Konten für in der Bilanz auszuweisende Haftungsverhältnisse
		9270 Gegenkonto zu 9271-9279 (Soll-Buchung)
		9271 Verbindlichkeiten aus der Begebung und Übertragung von Wechseln
		9272 Verbindlichkeiten aus der Begebung und Übertragung von Wechseln gegenüber verbundenen/assoziierten Unternehmen

Bilanz-Posten[2)]	Programmverbindung[4)] Abschlusszweck[4)]	9 Vortrags-, Kapital-, Korrektur- und statistische Konten
		9273 Verbindlichkeiten aus Bürgschaften, Wechsel- und Scheckbürgschaften
		9274 Verbindlichkeiten aus Bürgschaften, Wechsel- und Scheckbürgschaften gegenüber verbundenen/assoziierten Unternehmen
		9275 Verbindlichkeiten aus Gewährleistungsverträgen
		9276 Verbindlichkeiten aus Gewährleistungsverträgen gegenüber verbundenen/assoziierten Unternehmen
		9277 Haftung aus der Bestellung von Sicherheiten für fremde Verbindlichkeiten
		9278 Haftung aus der Bestellung von Sicherheiten für fremde Verbindlichkeiten gegenüber verbundenen/assoziierten Unternehmen
		9279 Verpflichtungen aus Treuhandvermögen
		Statistische Konten für die im Anhang anzugebenden sonstigen finanziellen Verpflichtungen
		9280 Gegenkonto zu 9281-9284
		9281 Verpflichtungen aus Miet- und Leasingverträgen
		9282 Verpflichtungen aus Miet- und Leasingverträgen gegenüber verbundenen Unternehmen
		9283 Andere Verpflichtungen nach § 285 Nr. 3a HGB
		9284 Andere Verpflichtungen nach § 285 Nr. 3a HGB gegenüber verbundenen Unternehmen
		Unterschiedsbetrag aus der Abzinsung von Altersversorgungsverpflichtungen nach § 253 Abs. 6 HGB
	HB	9285 Unterschiedsbetrag aus der Abzinsung von Altersversorgungsverpflichtungen nach § 253 Abs. 6 HGB (Haben)
	HB	9286 Gegenkonto zu 9285
		Statistische Konten für § 4 Abs. 3 EStG
	EÜR	9287 Zinsen bei Buchungen über Debitoren bei § 4 Abs. 3 EStG
	EÜR	9288 Mahngebühren bei Buchungen über Debitoren bei § 4 Abs. 3 EStG
	EÜR	9289 Gegenkonto zu 9287 und 9288
		9290 Statistisches Konto steuerfreie Auslagen
		9291 Gegenkonto zu 9290
		9292 Statistisches Konto Fremdgeld
		9293 Gegenkonto zu 9292
Einlagen stiller Gesellschafter	G K	9295 Einlagen stiller Gesellschafter
Steuerrechtlicher Ausgleichsposten	SB	9297 Steuerrechtlicher Ausgleichsposten

Bilanz-Posten[2]	Programmverbindung[4] Abschlusszweck[4]	9 Vortrags-, Kapital-, Korrektur- und statistische Konten
		F 9300 [7]
		-20
		F 9326 [7]
		-43
		F 9346 [7]
		-49
		F 9357 [7]
		-60
		F 9365 [7]
		-67
		F 9371 [7]
		-72
		9390 (Zur freien Verfügung)[24]
		-94
		F 9395 (Zur freien Verfügung)[7]
		-99
		Privat Teilhafter (Eigenkapital, für Verrechnung mit Kapitalkonto III - Konto 9840)
		F 9400 Privatentnahmen allgemein (TH), EK
		R 9401
		-09
		F 9410 Privatsteuern (TH), EK
		R 9411
		-19
		F 9420 Sonderausgaben beschränkt abzugsfähig (TH), EK
		R 9421
		-29
		F 9430 Sonderausgaben unbeschränkt abzugsfähig (TH), EK
		R 9431
		-39
		F 9440 Zuwendungen, Spenden (TH), EK
		R 9441
		-49
		F 9450 Außergewöhnliche Belastungen (TH), EK
		R 9451
		-59
		F 9460 Grundstücksaufwand (TH), EK
		R 9461
		-69
		F 9470 Grundstücksertrag (TH), EK
		R 9471
		-79
		F 9480 Unentgeltliche Wertabgaben (TH), EK
		R 9481
		-89
		F 9490 Privateinlagen (TH), EK
		R 9491
		-99
		Statistische Konten für die Kapitalkontenentwicklung
		F 9500 Anteil für Konto 2000 Vollhafter
		R 9501
		-09
		F 9510 Anteil für Konto 2010 Vollhafter
		R 9511
		-19
	HB	F 9520 Anteil für Konto 2020 Vollhafter
		R 9521
		-29
		F 9530 Anteil für Konto 9810 Vollhafter
		R 9531
		-39
	HB	F 9540 Anteil für Konto 0060 Vollhafter
		R 9541
		-49

Bilanz-Posten[2]	Programmverbindung[4] Abschlusszweck[4]	9 Vortrags-, Kapital-, Korrektur- und statistische Konten
		F 9550 Anteil für Konto 2050 Teilhafter
		R 9551
		-59
		F 9560 Anteil für Konto 2060 Teilhafter
		R 9561
		-69
	HB	F 9570 Anteil für Konto 2070 Teilhafter
		R 9571
		-79
		F 9580 Anteil für Konto 9820 Vollhafter
		R 9581
		-89
	HB	F 9590 Anteil für Konto 0080 Teilhafter
		R 9591
		-99
		F 9600 Name des Gesellschafters Vollhafter
		R 9601
		-09
		F 9610 Tätigkeitsvergütung Vollhafter
		R 9611
		-19
		F 9620 Tantieme Vollhafter
		R 9621
		-29
		F 9630 Darlehensverzinsung Vollhafter
		R 9631
		-39
		F 9640 Gebrauchsüberlassung Vollhafter
		R 9641
		-49
		F 9650 Sonstige Vergütungen Vollhafter
		R 9651
		-59
		F 9660 Sonstige Vergütungen Vollhafter
		R 9661
		-69
		F 9670 Sonstige Vergütungen Vollhafter
		R 9671
		-79
		F 9680 Sonstige Vergütungen Vollhafter
		R 9681
		-89
		F 9690 Restanteil Vollhafter
		R 9691
		-99
		F 9700 Name des Gesellschafters Teilhafter
		R 9701
		-09
		F 9710 Tätigkeitsvergütung Teilhafter
		R 9711
		-19
		F 9720 Tantieme Teilhafter
		R 9721
		-29
		F 9730 Darlehensverzinsung Teilhafter
		R 9731
		-39
		F 9740 Gebrauchsüberlassung Teilhafter
		R 9741
		-49
		F 9750 Sonstige Vergütungen Teilhafter
		R 9751
		-59
		F 9760 Sonstige Vergütungen Teilhafter
		R 9761
		-69
		F 9770 Sonstige Vergütungen Teilhafter
		R 9771
		-79

Bilanz-Posten[2)]	Programmverbindung[4)] Abschlusszweck[4)]	9 Vortrags-, Kapital-, Korrektur- und statistische Konten	
		F 9780	Anteil für Konto 9840 Teilhafter
		R 9781 -89	
		F 9790	Restanteil Teilhafter
		R 9791 -99	
		R 9800	
			Rücklagen, Gewinn-, Verlustvortrag
		F 9802	Gesamthänderisch gebundene Rücklagen - andere Kapitalkontenanpassungen
		F 9803	Gewinnvortrag/Verlustvortrag - andere Kapitalkontenanpassungen
		F 9804	Gesamthänderisch gebundene Rücklagen - Umbuchungen
		F 9805	Gewinnvortrag/Verlustvortrag - Umbuchungen
			Statistische Anteile an den Posten Jahresüberschuss/-fehlbetrag bzw. Bilanzgewinn/ -verlust
	SB	F 9806	Zuzurechnender Anteil am Jahresüberschuss/Jahresfehlbetrag - je Gesellschafter
	SB	F 9807	Zuzurechnender Anteil am Bilanzgewinn/Bilanzverlust - je Gesellschafter
	SB	F 9808	Gegenkonto für zuzurechnenden Anteil am Jahresüberschuss/ Jahresfehlbetrag
	SB	F 9809	Gegenkonto für zuzurechnenden Anteil am Bilanzgewinn/Bilanzverlust
			Kapital Personenhandelsgesellschaft Vollhafter
		F 9810	Kapitalkonto III
		R 9811 -19	
		F 9820	Verlust-/Vortragskonto
		R 9821 -29	
		F 9830	Verrechnungskonto für Einzahlungsverpflichtungen
		R 9831 -39	
			Kapital Personenhandelsgesellschaft Teilhafter
		F 9840	Kapitalkonto III
		R 9841 -49	
		F 9850	Verrechnungskonto für Einzahlungsverpflichtungen
		R 9851 -59	
			Einzahlungsverpflichtungen im Bereich der Forderungen
		F 9860	Einzahlungsverpflichtungen persönlich haftender Gesellschafter
		R 9861 -69	
		F 9870	Einzahlungsverpflichtungen Kommanditisten
		R 9871 -79	

Bilanz-Posten[2)]	Programmverbindung[4)] Abschlusszweck[4)]	9 Vortrags-, Kapital-, Korrektur- und statistische Konten	
			Ausgleichsposten für aktivierte eigene Anteile
		9880	Ausgleichsposten für aktivierte eigene Anteile
			Nicht durch Vermögenseinlagen gedeckte Entnahmen
		F 9883	Nicht durch Vermögenseinlagen gedeckte Entnahmen persönlich haftender Gesellschafter
		F 9884	Nicht durch Vermögenseinlagen gedeckte Entnahmen Kommanditisten
			Verrechnungskonto für nicht durch Vermögenseinlagen gedeckte Entnahmen
		F 9885	Verrechnungskonto für nicht durch Vermögenseinlagen gedeckte Entnahmen persönlich haftender Gesellschafter
		F 9886	Verrechnungskonto für nicht durch Vermögenseinlagen gedeckte Entnahmen Kommanditisten
			Steueraufwand der Gesellschafter
		9887	Steueraufwand der Gesellschafter
		9889	Gegenkonto zu 9887
			Statistische Konten für Gewinnzuschlag
	SB	9890	Statistisches Konto für den Gewinnzuschlag nach §§ 6b und 6c EStG (Haben)
	G K SB	9891	Statistisches Konto für den Gewinnzuschlag nach §§ 6b und 6c EStG (Soll) - Gegenkonto zu 9890
			Veränderung der gesamthänderisch gebundenen Rücklagen (Einlagen/Entnahmen)
		F 9892	Veränderung der gesamthänderisch gebundenen Rücklagen (Einlagen/Entnahmen)
			Vorsteuer-/Umsatzsteuerkonten zur Korrektur der Forderungen/Verbindlichkeiten (EÜR)
	EÜR	9893	Umsatzsteuer in den Forderungen zum allgemeinen Umsatzsteuersatz (EÜR)
	EÜR	9894	Umsatzsteuer in den Forderungen zum ermäßigten Umsatzsteuersatz (EÜR)
	EÜR	9895	Gegenkonto 9893-9894 für die Aufteilung der Umsatzsteuer (EÜR)
	EÜR	9896	Vorsteuer in den Verbindlichkeiten zum allgemeinen Umsatzsteuersatz (EÜR)
	EÜR	9897	Vorsteuer in den Verbindlichkeiten zum ermäßigten Umsatzsteuersatz (EÜR)
	EÜR	9899	Gegenkonto 9896-9897 für die Aufteilung der Vorsteuer (EÜR)

Bilanz-Posten[2)]	Programmverbindung[4)] Abschlusszweck[4)]	9 Vortrags-, Kapital-, Korrektur- und statistische Konten
		Statistische Konten zu § 4 Abs. 4a EStG
	EÜR	9910 Gegenkonto zur Minderung der Entnahmen § 4 Abs. 4a EStG
	EÜR	9911 Minderung der Entnahmen § 4 Abs. 4a EStG (Haben)
	EÜR	9912 Erhöhung der Entnahmen § 4 Abs. 4a EStG
	EÜR	9913 Gegenkonto zur Erhöhung der Entnahmen § 4 Abs. 4a EStG (Haben)
		Statistische Konten für den außerhalb der Bilanz zu berücksichtigenden Investitionsabzugsbetrag nach § 7g EStG
	G K SB	9916 Hinzurechnung Investitionsabzugsbetrag § 7g Abs. 2 EStG aus dem 2. vorangegangenen Wirtschaftsjahr, außerbilanziell (Haben)
	G K SB	9917 Hinzurechnung Investitionsabzugsbetrag § 7g Abs. 2 EStG aus dem 3. vorangegangenen Wirtschaftsjahr, außerbilanziell (Haben)
	SB	9918 Rückgängigmachung Investitionsabzugsbetrag § 7g Abs. 3 und 4 EStG im 2. vorangegangenen Wirtschaftsjahr
	SB	9919 Rückgängigmachung Investitionsabzugsbetrag § 7g Abs. 3 und 4 EStG im 3. vorangegangenen Wirtschaftsjahr
		Konten zu Bewertungskorrekturen
Forderungen aus Lieferungen und Leistungen		9960 Bewertungskorrektur zu Forderungen aus Lieferungen und Leistungen
Sonstige Verbindlichkeiten		9961 Bewertungskorrektur zu sonstigen Verbindlichkeiten
Kassenbestand, Bundesbankguthaben, Guthaben bei Kreditinstituten und Schecks		9962 Bewertungskorrektur zu Guthaben bei Kreditinstituten
Verbindlichkeiten gegenüber Kreditinstituten		9963 Bewertungskorrektur zu Verbindlichkeiten gegenüber Kreditinstituten
Verbindlichkeiten aus Lieferungen und Leistungen		9964 Bewertungskorrektur zu Verbindlichkeiten aus Lieferungen und Leistungen
Sonstige Vermögensgegenstände		9965 Bewertungskorrektur zu sonstigen Vermögensgegenständen

Bilanz-Posten[2)]	Programmverbindung[4)] Abschlusszweck[4)]	9 Vortrags-, Kapital-, Korrektur- und statistische Konten
		Statistische Konten für den außerhalb der Bilanz zu berücksichtigenden Investitionsabzugsbetrag nach § 7g EStG
	G K SB	9970 Investitionsabzugsbetrag § 7g Abs. 1 EStG, außerbilanziell (Soll)
	SB	9971 Investitionsabzugsbetrag § 7g Abs. 1 EStG, außerbilanziell (Haben) - Gegenkonto zu 9970
	G K SB	9972 Hinzurechnung Investitionsabzugsbetrag § 7g Abs. 2 EStG aus dem vorangegangenen Wirtschaftsjahr, außerbilanziell (Haben)
	SB	9973 Hinzurechnung Investitionsabzugsbetrag § 7g Abs. 2 EStG aus den vorangegangenen Wirtschaftsjahren, außerbilanziell (Soll) - Gegenkonto zu 9972, 9916, 9917
	SB	9974 Rückgängigmachung Investitionsabzugsbetrag § 7g Abs. 3 und 4 EStG im vorangegangenen Wirtschaftsjahr
	SB	9975 Rückgängigmachung Investitionsabzugsbetrag § 7g Abs. 3 und 4 EStG in den vorangegangenen Wirtschaftsjahren - Gegenkonto zu 9974, 9918, 9919
		Statistische Konten für die Zinsschranke § 4h EStG bzw. § 8a KStG
	G SB	9976 Nicht abzugsfähige Zinsaufwendungen nach § 4h EStG (Haben)
	SB	9977 Nicht abzugsfähige Zinsaufwendungen nach § 4h EStG (Soll) - Gegenkonto zu 9976
	G SB	9978 Abziehbare Zinsaufwendungen aus Vorjahren nach § 4h EStG (Soll)
	SB	9979 Abziehbare Zinsaufwendungen aus Vorjahren nach § 4h EStG (Haben) - Gegenkonto zu 9978
		Statistische Konten für den GuV-Ausweis in „Gutschrift bzw. Belastung auf Verbindlichkeitskonten" bei den Zuordnungstabellen für PersHG nach KapCoRiLiG
		9980 Anteil Belastung auf Verbindlichkeitskonten
		9981 Verrechnungskonto für Anteil Belastung auf Verbindlichkeitskonten
		9982 Anteil Gutschrift auf Verbindlichkeitskonten
		9983 Verrechnungskonto für Anteil Gutschrift auf Verbindlichkeitskonten

Bilanz-Posten[2]	Programmverbindung[4] Abschlusszweck[4]	9 Vortrags-, Kapital-, Korrektur- und statistische Konten
		Statistische Konten für die Gewinnkorrektur nach § 60 Abs. 2 EStDV
	G K HB	9984 Gewinnkorrektur nach § 60 Abs. 2 EStDV - Erhöhung handelsrechtliches Ergebnis durch Habenbuchung - Minderung handelsrechtliches Ergebnis durch Sollbuchung
	HB	9985 Gegenkonto zu 9984
		Statistische Konten für Korrekturbuchungen in der Überleitungsrechnung
		9986 Ergebnisverteilung auf Fremdkapital
		9987 Bilanzberichtigung
		9989 Gegenkonto zu 9986-9988
		Statistische Konten für außergewöhnliche und aperiodische Geschäftsvorfälle für Anhangsangabe nach § 285 Nr. 31 und Nr. 32 HGB
		9990 Erträge von außergewöhnlicher Größenordnung oder Bedeutung
		9991 Erträge (aperiodisch)
		9992 Erträge von außergewöhnlicher Größenordnung oder Bedeutung (aperiodisch)
		9993 Aufwendungen von außergewöhnlicher Größenordnung oder Bedeutung
		9994 Aufwendungen (aperiodisch)
		9995 Aufwendungen von außergewöhnlicher Größenordnung oder Bedeutung (aperiodisch)
		9998 Gegenkonto zu 9990-9997
		Personenkonten
Sollsalden: Forderungen aus Lieferungen und Leistungen *Habensalden: Sonstige Verbindlichkeiten*		10000 -69999 = Debitoren
Habensalden: Verbindlichkeiten aus Lieferungen und Leistungen *Sollsalden: Sonstige Vermögensgegenstände*		70000 -99999 = Kreditoren

Erläuterungen zu den Kontenfunktionen:

Zusatzfunktionen (über einer Kontenklasse):

KU Keine Errechnung der Umsatzsteuer möglich
V Zusatzfunktion „Vorsteuer"
M Zusatzfunktion „Umsatzsteuer"

Hauptfunktionen (vor einem Konto)

AV Automatische Errechnung der Vorsteuer
AM Automatische Errechnung der Umsatzsteuer
S Sammelkonten
F Konten mit allgemeiner Funktion
R Diese Konten dürfen erst dann bebucht werden, wenn ihnen eine andere Funktion zugeteilt wurde.

Hinweise zu den Konten sind durch Fußnoten gekennzeichnet:

1) Konto für das Buchungsjahr 2020 neu eingeführt.
2) Bilanz- und GuV-Posten große Kapitalgesellschaft GuV-Gesamtkostenverfahren Tabelle S4004.
3) Diese Konten können mit BU-Schlüssel 10 bebucht werden. Das EU-Land und der ausländische Steuersatz werden über das EU-Fenster eingegeben.
4) Kontenbezogene Kennzeichnung der Programmverbindung in Rechnungswesen-Programmen zu Umsatzsteuererklärung (U), Gewerbesteuer (G) und Körperschaftsteuer (K).
Da bei Erstellung des SKR-Formulars die Steuererklärungsformulare noch nicht vorlagen, können sich Abweichungen zwischen den in der Programmverbindung berücksichtigten Konten und den Programmverbindungskennzeichen ergeben.
Abschlusszweck:
HB Diese Konten sollten ausschließlich für die Handelsbilanz gebucht werden.
SB Diese Konten sollten ausschließlich für die Steuerbilanz gebucht werden.
EÜR Diese Konten sollten ausschließlich für die Gewinnermittlung nach § 4 Abs. 3 EStG gebucht werden.
5) Dieses Konto kann mit BU-Schlüssel 44 bebucht werden. Das EU-Land und der ausländische Steuersatz werden über das EU-Fenster eingegeben.
6) Das Konto gilt als Hauptkonto für Sachverhalte, die in diesen Kontenbereichen nicht als spezieller Sachverhalt auf Einzelkonten dargestellt sind.
7) Diese Konten werden für die BWA-Form 10 sowie Branchen-BWA-Formen mit statistischen Mengeneinheiten bebucht und wurden mit der Umrechnungssperre, Funktion 18000, belegt.
8) Kontenbeschriftung in 2020 geändert.
9) An der Schnittstelle zu GewSt werden ab VAZ 2009 die Erträge zu 40 % als steuerfrei und die Aufwendungen zu 40 % als nicht abziehbar behandelt. An der Schnittstelle zur KSt werden die Erträge zu 100 % als steuerfrei und die Aufwendungen zu 100 % als nicht abziehbar behandelt. Siehe §§ 3 Nr. 40 und 3c EStG bzw. § 8b KStG.
10) Diese Konten haben ab Buchungsjahr 2005 nicht mehr die Zusatzfunktion KU. Bitte verwenden Sie diese Konten nur noch in Verbindung mit einem Gegenkonto mit Geldkontenfunktion.
11) Das Konto wird nur noch für Auswertungen mit Vorjahresvergleich benötigt und wird im folgenden Jahr gelöscht.
12) frei
13) frei
14) frei
15) Das Konto wurde zur Aufteilung nach Steuersätzen am Jahresende eingerichtet und sollte unterjährig nicht bebucht werden. Beachten Sie die Buchungsregeln im Dokument 0906057.
16) Das Konto wird in KSt nur bei Organgesellschaften berücksichtigt.
17) Das Konto wird in Körperschaftsteuer ausschließlich in die Positionen „Eigen-/Nennkapital zum Schluss des vorangegangenen Wirtschaftsjahres" übernommen.
18) Da das EÜR-Formular einen differenzierten Ausweis der Reisekosten und Fahrzeugkosten fordert, darf dieses Konto von EÜR-Anwendern nicht genutzt werden.
19) frei
20) frei
21) Diese Konten können mit BU-Schlüssel 94 (Konto mit Vorsteuerabzug) bzw. mit BU-Schlüssel 95 (Konto ohne Vorsteuerabzug) gebucht werden. Der Tatbestand des § 13b UStG ist anschließend zu erfassen.
22) Ab dem Buchungsjahr 2019 dürfen die Konten nur noch für Einzelunternehmer verwendet werden. Mehr Infos dazu finden Sie im Dokument 1000273.

23) Diese Konten fließen im EÜR-Formular in die Zeile Ergebnisanteile aus Beteiligungen an Personengesellschaften.
24) Diese Konten werden für die BWA-Formen der Branchenlösung bebucht.
25) frei
26) frei
27) frei
28) Das Konto wird in Bilanz/GuV nur in den Zuordnungstabellen für Sonderbilanzen abgefragt.

Eine Übersicht aller Steuer-/Buchungsschlüssel erhalten Sie im Rechnungswesen-Programm über die Tastenkombination **Umschalt + F3** im Feld **BU/Gegenkonto** in der Buchungszeile. Weitere Informationen finden Sie im Dokument 9231347 in der Info-Datenbank.

Bedeutung der Steuerschlüssel:

1 Umsatzsteuerfrei (mit Vorsteuerabzug)
2 Umsatzsteuer 7 %
3 Umsatzsteuer 19 %
4 gesperrt
5 Umsatzsteuer 16 %
6 gesperrt
7 Vorsteuer 16 %
8 Vorsteuer 7 %
9 Vorsteuer 19 %

Bedeutung der Berichtigungsschlüssel:

1 Steuerschlüssel bei Buchungen mit einem EU-Tatbestand ab Buchungsjahr 1993
4 Aufhebung der Automatik
5 Individueller Umsatzsteuer-Schlüssel
9 Aufzuteilende Vorsteuer

Bedeutung der Steuerschlüssel bei Buchungen mit einem EU-Tatbestand (6. und 7. Stelle des Gegenkontos):

10 nicht steuerbarer Umsatz in Deutschland (Steuerpflicht im anderen EU-Land)
11 Umsatzsteuerfrei (mit Vorsteuerabzug)
12 Umsatzsteuer 7 %
13 Umsatzsteuer 19 %
15 Umsatzsteuer 16 %
17 Umsatzsteuer 16 % Vorsteuer 16 %
18 Umsatzsteuer 7 % Vorsteuer 7 %
19 Umsatzsteuer 19 % Vorsteuer 19 %

Bedeutung der Steuerschlüssel 91/92/94/95 und 46 (6. und 7. Stelle des Gegenkontos)

Umsatzsteuerschlüssel für die Verbuchung von Umsätzen, für die der Leistungsempfänger die Steuer nach § 13b UStG schuldet.

Bedeutung der Steuerschlüssel beim Leistungsempfänger:

91 7 % Vorsteuer und 7 % Umsatzsteuer
92 ohne Vorsteuer und 7 % Umsatzsteuer
94 19 % Vorsteuer und 19 % Umsatzsteuer
95 ohne Vorsteuer und 19 % Umsatzsteuer

Die Unterscheidung der verschiedenen Sachverhalte nach § 13b UStG erfolgt nach Eingabe des Steuerschlüssels direkt bei der Erfassung des Buchungssatzes.
Hier erfolgt auch die Eingabe, falls Sie ab Buchungsjahr 2007 noch die Steuerrechnung mit 16 % benötigen.

Beim Leistenden:

46 Ausweis Kennzahl 60 oder 68 der UStVA

Bedeutung des Steuerschlüssels 47

Umsatzsteuerschlüssel für die Verbuchung von Erlösen aus im anderen EU-Land steuerpflichtigen sonstigen Leistungen, für die der Leistungsempfänger die Umsatzsteuer schuldet.

47 Ausweis ZM und Kennzahl 21 der UStVA

Bedeutung des Steuerschlüssels 44

Umsatzsteuerschlüssel für die Verbuchung von im anderen EU-Land steuerpflichtigen elektronischen Dienstleistungen.

44 Ausweis MOSS und Kennzahl 45 der UStVA

Erläuterungen zur Kennzeichnung von Konten für die Programmverbindung zwischen Rechnungswesen-Programmen und Steuerprogrammen:

Die Erweiterung des Standardkontenrahmens um zusätzliche Konten und besondere Kennzeichen verbessert weiter die Integration der DATEV-Programme und erleichtert die Arbeit für Anwender von Rechnungswesen-Programmen, die gleichzeitig DATEV-Steuerprogramme nutzen. Steuerliche Belange können bereits während des Kontierens stärker berücksichtigt werden.

In der Spalte Programmverbindung werden die Konten gekennzeichnet, die über die Schnittstelle in Rechnungswesen-Programmen an das entsprechende Steuerprogramm Umsatzsteuererklärung (U), Gewerbesteuer (G) und Körperschaftsteuer (K) weitergegeben und an entsprechender Stelle der Steuerberechnung zu Grunde gelegt werden.

Die Kennzeichnung „G" und „K" an Standardkonten umfasst für die Weitergabe an Gewerbesteuer und Körperschaftsteuer auch die nachfolgenden Konten bis zum nächsten standardmäßig belegten Konto.

Die Kennzeichnung "U" an Standardkonten steht für die Weitergabe an das Programm Umsatzsteuererklärung. Kontenbereiche werden nur weitergegeben, wenn sie im Standardkontenrahmen ausgewiesen sind (z. B. AM 4300-09).

Nicht gekennzeichnet sind solche Konten, die lediglich eine rechnerische Hilfsfunktion im steuerlichen Sinne ausüben wie Löhne und Gehälter sowie Umsätze für die Berechnung des zulässigen Spendenabzugs im Rahmen von Gewerbesteuer und Körperschaftsteuer.

Abgebildet wird mit den Kennzeichen die Programmverbindung, nicht der steuerliche Ursprung. Die Gewerbesteuer-Berechnung für Körperschaften ist in das Produkt Körperschaftsteuer integriert. Daher ist an Konten mit gewerbesteuerlichem Merkmal auch ein „K" für diese Programmverbindung zu finden.

A

B

D

E

F

G

H

I

J

K

L

M

N

O

P

R

V

W

Z